教育部职业教育与成人教育司推荐教材

中文 Photoshop CS6 案例教程

（第四版）

沈　昕　沈大林　主编

魏娟娟　王爱赪　王浩轩　张　伦　姜　萍　副主编

中国铁道出版社有限公司
CHINA RAILWAY PUBLISHING HOUSE CO., LTD.

内 容 简 介

Photoshop 是 Adobe 公司开发的图像处理软件，它具有强大的图像处理功能，广泛应用于网页制作、包装装潢、多媒体制作等领域。全书共分为 8 章，36 个案例，较全面地介绍了中文 Photoshop CS6 的使用方法及动画的制作方法等。本书采用案例驱动的教学方式，融通俗性、实用性和技巧性于一身。本书以节为教学单元，除第 1 章和第 8 章外每个教学单元均由"案例效果""操作步骤""相关知识"和"思考与练习"4 部分组成。

在本书的编写过程中，编者努力遵从教学规律，本着面向实际应用、理论联系实际、便于自学等原则，注重训练和培养学生分析问题和解决问题的能力，注重提高学生的学习兴趣和培养学生的创造能力，注重将重要的制作技巧融于案例的介绍中。

本书适合作为中等职业学校计算机专业和高等职业院校非计算机专业教材，还可以作为广大计算机爱好者、多媒体程序设计人员的自学读物。

图书在版编目（CIP）数据

中文 Photoshop CS6 案例教程/沈昕，沈大林主编. —4 版. —北京：中国铁道出版社，2018.12（2021.8 重印）
教育部职业教育与成人教育司推荐教材
ISBN 978-7-113-25190-1

Ⅰ.①中… Ⅱ.①沈… ②沈… Ⅲ.①图象处理软件-职业教育-教材 Ⅳ.①TP391.413

中国版本图书馆 CIP 数据核字（2018）第 272805 号

书　　名：中文 Photoshop CS6 案例教程
作　　者：沈　昕　沈大林

策　　划：邬郑希　　　　**编辑部电话：**（010）83527746
责任编辑：邬郑希
封面设计：刘　颖
责任校对：张玉华
责任印制：樊启鹏

出版发行：中国铁道出版社有限公司（100054，北京市西城区右安门西街 8 号）
网　　址：http://www.tpress.com/51eds/
印　　刷：北京柏力行彩印有限公司
版　　次：2004 年 11 月第 1 版　2018 年 12 月第 4 版　2021 年 8 月第 2 次印刷
开　　本：787mm×1092mm　1/16　**印张：**16　**字数：**372 千
书　　号：ISBN 978-7-113-25190-1
定　　价：48.00 元

教育部职业教育与成人教育司推荐教材

丛书序

FOREWORD

本套教材依据教育部办公厅和原信息产业部办公厅联合颁发的《中等职业院校计算机应用与软件技术专业领域技能型紧缺人才培养指导方案》进行规划，是教育部职业教育与成人教育司推荐教材。

根据我们多年的教学经验和对国外教学的先进方法的分析，针对目前职业技术学校学生的特点，采用案例引领、将知识按节细化、案例与知识相结合的教学方式，充分体现我国教育学家陶行知先生“教学做合一”的教育思想。通过完成案例的实际操作，学习相关知识、基本技能和技巧，让学生在学习中始终保持学习兴趣，充满成就感和探索精神。这样不仅可以让学生迅速上手，还可以培养学生的创作能力。从教学效果来看，这种教学方式可以使学生快速掌握知识和应用技巧，有利于学生适应社会的需要。

每本书按知识体系划分为多个章节，每一个案例是一个教学单元，按照每一个教学单元将知识细化，每一个案例的知识都有相对的体系结构。在每一个教学单元中，将知识与技能的学习融于完成一个案例的教学中，将知识与案例很好地结合成一体，案例与知识不是分割的。在保证一定的知识系统性和完整性的情况下，体现知识的实用性。

每个教学单元均由“案例效果”“操作步骤”“相关知识”和“思考与练习”四部分组成。在“案例效果”栏目中介绍案例完成的效果；在“操作步骤”栏目中介绍完成案例的操作方法和操作技巧；在“相关知识”栏目中介绍与本案例单元有关的知识，起到总结和提高的作用；在“思考与练习”栏目中提供了一些与本案例有关的思考与练习题。对于程序设计类的教程，考虑到程序设计技巧较多，不易于用一个案例带动多项知识点的学习，因此采用先介绍相关知识，再结合知识介绍一个或多个案例。

丛书作者努力遵从教学规律、面向实际应用、理论联系实际、便于自学等原则，注重训练和培养学生分析问题和解决问题的能力，注重提高学生的学习兴趣和培养学生的创造能力，注重将重要的制作技巧融于案例介绍中。每本书内容由浅入深、循序渐进，使读者在阅读学习时能够快速入门，从而达到较高的水平。读者可以边进行案例制作，边学习相关知识和技巧。采用这种方法，特别有利于教师进行教学和学生自学。

为便于教师教学，丛书均提供了实时演示的多媒体电子教案，将大部分案例的操作步骤实时录制下来，让教师摆脱重复操作的烦琐，轻松教学。

参与本套教材编写的作者不仅有在教学一线的教师，还有在企业负责项目开发的技术人员。他们将教学与工作需求更紧密地结合起来，通过完全的案例教学，提高学生的应用操作能力，为我国职业技术教育探索更添一臂之力。

沈大林

前言（第四版） PREFACE

Photoshop 是 Adobe 公司开发的图像处理软件，它具有强大的图像处理功能，已经成为众多图像处理软件中的佼佼者，是美术设计中不可缺少的图像处理软件。该软件广泛应用于网页设计、包装装潢设计、商业展示、服饰设计、广告宣传、徽标和营销手册设计、建筑及环境艺术设计、多媒体画面制作、插画设计、海报制作、印刷出版物设计等各方面。

本书共分 8 章，较全面地介绍了中文 Photoshop CS6 的基本使用方法和使用技巧。本书的特点是知识与案例制作相结合，结构合理，条理清楚，通俗易懂，便于初学者学习，而且信息含量高。本书对上一版中的部分案例进行更新，并提供视频讲解。

本书采用案例驱动的教学方式，融通俗性、实用性和技巧性于一身。本书除第 1 章和第 8 章外，其他各章均以一节（相当于 1～4 课时）为一个教学单元，对知识点进行了细致的舍取和编排，按节细化了知识点，以细化的知识为核心，并配有应用这些知识的案例，通过案例的制作带动相关知识的学习，使知识和案例相结合。

每章的各节均由“案例效果”“操作步骤”“相关知识”和“思考与练习”4 部分组成。在“案例效果”中，介绍案例完成的效果；在“操作步骤”中介绍完成案例的操作方法和操作技巧；在“相关知识”中介绍与本案例有关的知识，起到总结和提高的作用；在“思考与练习”中，提供了一些与本案例有关的思考与练习题，主要是操作性练习题。全书提供 36 个案例，较全面地介绍了中文 Photoshop CS6 的使用方法。本书还提供了大量的思考与练习题。

在编写过程中，编者努力遵从教学规律，本着面向实际应用、理论联系实际、便于自学等原则，注重训练和培养学生的分析问题和解决问题能力，注重提高学生的学习兴趣和培养创造能力，注重将重要的制作技巧融于案例的介绍中。本书还特别注意由浅入深、循序渐进，使读者在阅读学习时能够快速入门，进而达到较高的水平。读者可以边进行案例制作，边学习相关知识和技巧。采用这种方法学习的学生，掌握知识的速度快，学习效果好，特别有利于教师进行教学和学生自学，可以用较短的时间，引导学生快速步入中文 Photoshop CS6 的殿堂。

本书由沈昕、沈大林任主编，魏娟娟、王爱赪、王浩轩、张伦、姜萍任副主编。参加本书编写工作的主要人员有：朱凌雁、张秋、许崇、陶宁、肖柠朴、王威、万忠、曾昊、郭政、于建海、郑原、郑鹤、郭海、陈恺硕、毕凌云、郝侠、丰金兰、王小兵、闫怀兵、崔玥等。

本书相关配套资源可在中国铁道出版社教育资源数字化平台（www.51eds.com）下载。

由于编者水平有限，加上编写、出版时间仓促，书中难免有疏漏和不妥之处，恳请广大读者批评指正。

编　者

2018 年 9 月

CONTENTS

目录

第 1 章　中文 Photoshop CS6 工作区和基本操作

通过本章的学习，可以了解图像的基本概念，了解 Photoshop CS6 工作区，文档的基本操作和图像的基本操作，图像填充单色和图案的方法，以及裁剪的方法等，为全书的学习奠定一定的基础。

1.1　色彩和图像的基本概念

1.1.1　色彩的基本知识

1. 色彩的三要素

任何一种颜色都可以用色调、色饱和度和亮度三个物理量（色彩的三要素）来确定。

（1）色调：色调也称色相，它是从物体反射或透过物体传播的颜色，表示彩色的颜色种类，即通常所说的红、橙、黄、绿、青、蓝、紫等。

（2）色饱和度：色饱和度也称色度，它表示颜色的深浅程度，表示色调中灰色分量所占的比例，使用从 0%（灰色）至 100%（完全饱和）的百分比来度量。对于同一色调的颜色，其色饱和度越高，颜色越深，在某一彩色光中掺入的白光越多，彩色的色饱和度就越低。

（3）亮度：亮度也称明度，它是指颜色的相对明暗程度。通常使用从 0%（黑色）至 100%（白色）的百分比来度量。

2. 三原色和混色

在对人眼进行混色实验时发现，只要将三原色（三基色）按一定比例混合就可以得到自然界中绝大多数的颜色。对于彩色光的混合来说，三原色是红（R）、绿（G）、蓝（B）三色，将红、绿、蓝三束光投射在白色屏幕上的同一位置，不断改变三束光的强度比，就可以在白色屏幕上看到各种颜色。进行三基色混色实验可得出如下结论：红+绿→黄，红+蓝→紫，绿+蓝→青，红+绿+蓝→白，黄+青+紫→白，如图 1-1-1（a）所示。通常把黄、青、紫（也称品红）称为三基色的三个补色。

对于不发光物体来说，物体的颜色是反射照射光而产生的颜色，这种颜色（颜料的混合色）的三原色是黄、青、品红色，它们的混色特点如图 1-1-1（b）所示。

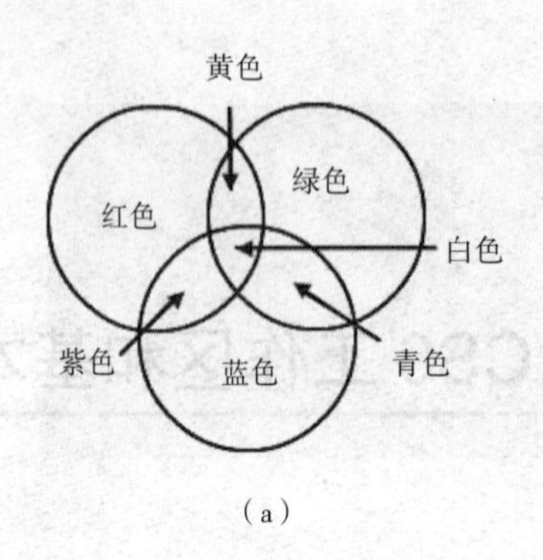

（a）

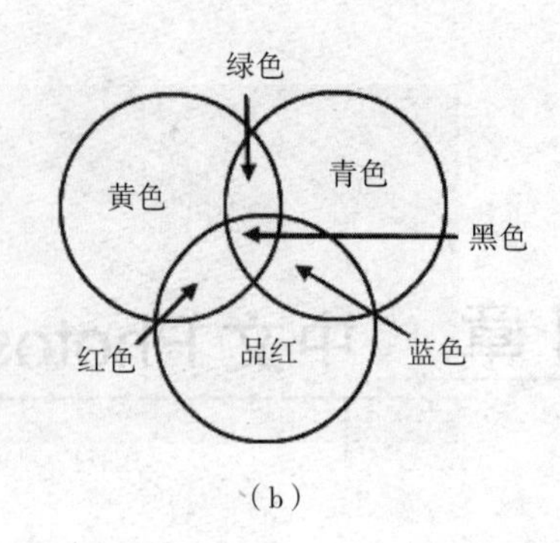

（b）

图 1-1-1 三基色混色

1.1.2 点阵图和矢量图

1. 点阵图

点阵图也称位图，它由许多颜色、深浅均不同的像素组成的。像素是组成图像的最小单位，许许多多像素构成一幅（或帧）图像。在一幅图像中，像素越小，数目越多，则图像越清晰。例如，每帧电视画面约有 40 万个像素。

当人眼观察由像素组成的画面时，为什么看不到像素的存在呢？这是因为人眼对细小物体的分辨力有限，当相邻两个像素对人眼所张的视角小于 1′～1.5′时，人眼就无法分清两个像素点。图 1-1-2（a）是一幅在 Photoshop 软件中打开的点阵图像。用放大镜工具放大后如图 1-1-2（b）所示。

点阵图的图像文件记录的是组成点阵图的各像素点的色度和亮度信息，颜色的种类越多，图像文件越大。通常，点阵图可以表现得更自然和更逼真。但文件一般较大，在将它放大、缩小和旋转时，会失真。

（a）（b）

图 1-1-2 点阵图像

2. 矢量图

矢量图由一些基本的图元组成，这些图元是一些几何图形，例如：点、线、矩形、多边形、圆和弧线等。这些几何图形均可以由数学公式计算后获得。矢量图的图形文件是绘制图形中各图元的命令。显示矢量图时，需要相应的软件读取这些命令，并将命令转换为组成图形的各个图元。由于矢量图是采用数学描述方式的图形，所以通常由它生成的图形文件相对比较小，而且图形颜色的多少与文件的大小基本无关。另外，在将它放大、缩小和旋转时，不会像点阵图那样产生失真。它的缺点是色彩相对比较单调。

1.1.3 图像的主要参数和文件格式

1. 分辨率

通常，分辨率可分为显示分辨率和图像分辨率。

（1）显示分辨率：也称屏幕分辨率，是指每个单位长度内显示的像素个数，以“点/英寸”（dpi）来表示。也可以描述为，在屏幕的最大显示区域内，水平与垂直方向的像素或点的个数。

例如：1 680×1 050 的分辨率表示屏幕可以显示 1 050 行，每行有 1 680 个像素，即 1 764 000 个像素。屏幕可以显示的像素个数越多，图像越清晰逼真。

显示分辨率不但与显示器和显示卡的质量有关，还与显示模式的设置有关。右击 Windows 桌面，调出它的快捷菜单，选择该菜单内的“属性”命令，调出“显示属性”对话框，切换到“设置”选项卡，此时的“显示属性”对话框如图 1-1-3 所示。用鼠标拖动调整该对话框内“屏幕分辨率”栏的滑块，可以调整显示分辨率。

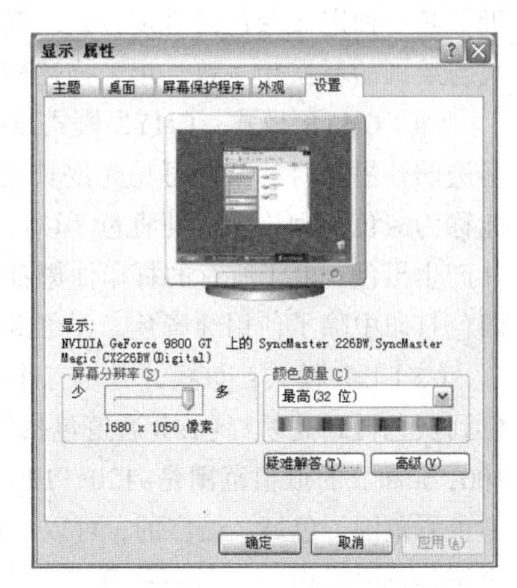

图 1-1-3　“显示属性”对话框

（2）图像分辨率：是指打印图像时，每个单位长度上打印的像素个数，通常以“像素/英寸”（pixel/inch，ppi）来表示。它也可以描述为组成一帧图像的像素数。例如：400×300 图像分辨率表示该幅图像由 300 行，每行 400 个像素组成。它既反映了该图像的精细度，又给出了图像的大小。如果图像分辨率大于显示分辨率，则图像只会显示其中的一部分。在显示分辨率一定的情况下，图像分辨率越高，图像越清晰，但文件也越大。

2. 颜色深度

点阵图像中各像素的颜色信息是用若干二进制数据来描述的，二进制的位数就是点阵图像的颜色深度。颜色深度决定了图像中可以出现的颜色的最大个数。目前，颜色深度有 1、4、8、16、24 和 32 等几种。例如：颜色深度为 1 时，点阵图像中各像素的颜色只有 1 位，可以表示黑和白两种颜色；为 8 时，点阵图像中各像素的颜色为 8 位，可以表示 2^8=256 种颜色；为 24 时，点阵图像中各像素的颜色为 24 位，可以表示 2^{24}=16 777 216 种颜色，它是用三个 8 位来分别表示 R、G、B 颜色，这种图像称真彩色图像；颜色深度为 32 时，也是用三个 8 位来分别表示 R、G、B 颜色，另一个 8 位用来表示图像的其他属性（透明度等）。颜色深度不但与显示器和显示卡的质量有关，还与显示设置有关。利用“显示属性”（设置）对话框中的“颜色质量”下拉列表框可以选择不同的颜色深度。

3. 颜色模式

颜色模式决定了用于显示和打印图像的颜色模型，它决定了如何描述和重现图像的色彩。颜色模式不但影响图像中显示的颜色数量，还影响通道数和图像文件的大小。另外，选用何种颜色模式还与图像的文件格式有关。

（1）灰度模式：该模式只有灰度色（图像的亮度），没有彩色。在灰度色图像中，每个像素都以 8 位或 16 位表示，取值范围在 0（黑色）～255（白色）之间。

（2）RGB 模式：该模式是用红（R）、绿（G）、蓝（B）三基色来描述颜色的方式，是相加混色模式，用于光照、视频和显示器。对于真彩色，R、G、B 三基色分别用 8 位二进制数来描述，共有 256 种。R、G、B 的取值范围在 0～255 之间，可以表示的彩色数目为 256×256×256=16 777 216 种颜色。这是计算机绘图中经常使用的模式。R=255、G=0、B=0 时表示红色；

R=0、G=255、B=0 时表示绿色；R=0、G=0、B=255 时表示蓝色。

（3）HSB 模式：该模式是利用颜色的三要素来表示颜色的，它与人眼观察颜色的方式最接近，是一种定义颜色的直观方式。其中，H 表示色相，S 表示色饱和度，B 表示亮度。这种方式与绘画的习惯相一致，用来描述颜色比较自然，但实际使用中不太方便。

（4）CMYK 模式：CMYK 模式以打印在纸上的油墨的光线吸收特性为基础。当白光照射到半透明油墨上时，某些可见光波长被吸收（减去），而其他波长则被反射回眼睛。这些颜色因此称为减色。理论上，纯青色（C）、品红（M）和黄色（Y）色素在合成后可以吸收所有光线并产生黑色。由于所有的打印油墨都存在一些杂质，这三种油墨实际会产生土棕色。因此，在四色打印中除了使用纯青色、洋红和黄色油墨外，还会使用黑色（K）油墨。

（5）Lab 模式：该模式是由三个通道组成。亮度，用 L 表示；a 通道包括的颜色是从深绿色到灰色再到亮粉红色；b 通道包括的颜色是从亮蓝色到灰色再到焦黄色。L 的取值范围是 0～100，a 和 b 的取值范围是-120～120。该颜色模式可以表示的颜色最多，是目前所有颜色模式中色彩范围（色域）最广的，可以产生明亮的颜色。在进行不同颜色模式之间的转换时，常使用该颜色模式作为中间颜色模式。另外，Lab 模式与光线和设备无关，而且处理的速度与 RGB 模式一样快，是 CMYK 模式处理速度的数倍。

（6）索引颜色模式：它也称为“映射颜色”，在该模式下只能存储一个 8 bit 色彩深度的文件，即最多 256 种颜色，且颜色都是预先定义好的。该模式颜色种类较少，但是文件字节数小，有利于用于多媒体演示文稿、网页文档等。

4. 色域和色阶

（1）色域：一种模式的图像可以有的颜色数目。对于灰色模式图像，每个像素用一个字节表示，最多可以有 2^8=256 种颜色，它的色域为 0～255。对于 RGB 模式图像，如果一种基色用一字节表示，最多可以有 2^{24} 种颜色，它的色域为 0～2^{24}-1。对于 CMYK 模式图像，每个像素的颜色由 4 种基色按不同比例混合得到，如果一种基色用一个字节表示，最多可以有 2^{32} 种颜色，它的色域为 0～2^{32} - 1。

（2）色阶：是图像亮度强弱的指示数值，图像色彩的丰满程度、精细度和层次感由色阶来决定。色阶有 2^8=256 个等级，范围是 0～255。其值越大，亮度越暗；其值越小，亮度越亮。图像的色阶等级越多，则图像的色彩层次越丰富，图像也越好看。

5. 图像的文件格式

由于记录的内容不同和压缩的方式不同，图像文件格式也不同。不同的文件格式具有不同的文件扩展名。每种格式的图形图像文件都有不同的特点，常见的图像文件格式简介如下。

（1）BMP 格式：它是 Windows 系统下的标准格式。该格式结构较简单，每个文件只存放一幅图像。对于压缩的 BMP 格式图像文件，它使用行编码方法进行压缩，压缩比适中，压缩和解压缩较快，对于非压缩的 BMP 格式，是一种通用的格式，但文件较大。

（2）JPG 格式：它是用 JPEG 压缩标准压缩的图像文件格式，JPEG 压缩是一种高效有损压缩，它将人眼很难分辨的图像信息进行删除，使压缩比较大。这种格式的图像文件不适合放大观看和制成印刷品。由于它的压缩比较大，文件较小，所以应用较广。

（3）GIF 格式：它能够将图像存储成背景透明的形式，并将多幅图像存成一个图像文件，形成动画效果，常用于网页制作。它适用于各种计算机平台，各种软件均支持这种格式。

（4）PSD 格式：它是 Adobe Photoshop 图像处理软件的专用图像文件格式。采用 RGB 和 CMYK 颜色模式的图像可以存储成该格式。另外，可以将不同图层分别存储。

（5）PDF 格式：它是 Adobe 公司推出的专用于网上格式。采用 RGB、CMYK 和 Lab 等颜色模式的图像都可以存储成该格式。

（6）TIFF（TIF）格式：它有压缩和非压缩两种，支持包含一个 Alpha 通道的 RGB 和 CMYK 等颜色模式。另外，它可以设置透明背景。

（7）PNG 格式：它的压缩比一般大于 GIF 图像文件格式，利用 Alpha 通道可以调节图像的透明度，可以提供 16 位灰度图像和 48 位真彩色图像。一个图像文件只可以存储一幅图像。它是为了适应网络传输而设计的一种图像文件格式。

1.2　Photoshop CS6 工作区简介

双击 Windows 桌面上的 Photoshop CS6 图标，可启动 Photoshop CS6。然后，打开一幅图像文件，中文 Photoshop CS6 工作区如图 1-2-1 所示。

图 1-2-1　中文 Photoshop CS6 工作区

Photoshop CS6 工作区主要由菜单栏、选项栏、工具箱（也称“工具”面板）、各种面板和文档窗口（即画布窗口）等组成。菜单栏是标准的 Windows 菜单栏，它有 10 个主菜单项。选择主菜单项，会调出其菜单。单击菜单之外的任何地方或按【Esc】键（【Alt】键或【F10】键），都可以关闭已打开的菜单。单击“窗口”→“工具”命令，可以显示或隐藏工具箱；单击“窗口”→“选项”命令，可以显示或隐藏选项栏；单击“窗口”→“××”命令（“××”是“窗口”菜单内第 3 栏中的命令名称），可以显示或隐藏相应的面板。单击工具箱中不同的工具，选项栏会随之变化，但在选项栏右边总有一个“基本功能”按钮。

注意：在安装完 Photoshop CS6 后，工作区界面的底色是黑色的，文字是白色的。单击“编辑”→“首选项”→“界面”命令，调出“首选项”对话框“界面”选项卡，单击“外观”栏中“颜色方案”行内最右边的色块，如图 1-2-2 所示。然后，单击“确定”按钮，关闭该对话框，即可将工作区界面的底色改为灰色，文字颜色改为黑色，如图 1-2-1 所示。

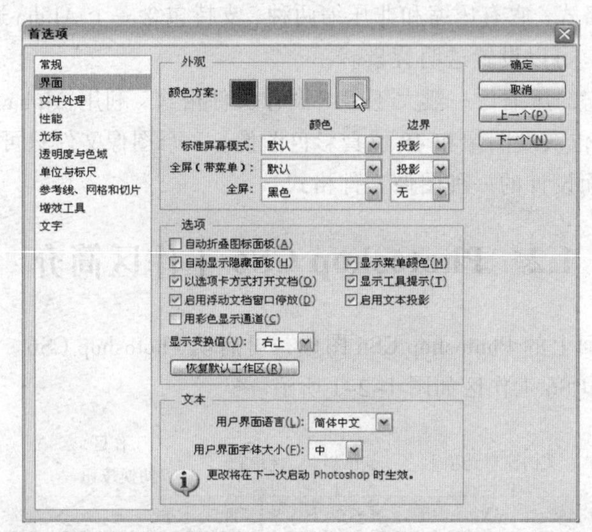

图 1-2-2 “首选项”对话框“界面”选项卡

1.2.1 选项栏、工具箱和面板

1. 选项栏

在选择工具箱中的大部分工具后，选项栏会随之发生变化。在其中可以进行工具参数的设置。例如，“画笔工具”选项栏如图 1-2-3 所示。

图 1-2-3 “画笔工具”选项栏

它由以下几部分组成。

（1）头部区：它在选项栏的最左边，拖动其可以调整选项栏的位置。当选项栏紧靠在菜单栏的下边时，头部区呈一条虚竖线形状；当其被移出时，头部区呈黑色矩形形状。

（2）工具图标：它在头部区的右边，单击其可以调出“工具预设”面板，选择和预设相应的工具参数、保存工具的参数设置等。例如，单击“画笔工具”按钮后，再单击选项栏中的工具图标，调出的“工具预设”面板如图 1-2-4 所示。

◎ 单击“工具预设”面板中的工具名称或图标，可以选中相应的工具（包括相应的参数设置），同时关闭“工具预设”面板。单击该面板外部也可以关闭该面板。

◎ 如果选中“工具预设”面板内的“仅限当前工具”复选框，则“工具预设”面板内只显示与选中工具有关的工具参数设置选项。

◎ 右击工具名称或图标，调出其菜单，如图 1-2-5 所示，利用其中的命令可以进行工具预设的一些操作。单击“工具预设”面板右上角的按钮，可以调出“工具预设”面板菜单，利用其可以更换、添加、删除和管理各种工具。

◎ 单击“工具预设”面板的按钮与单击“新建工具预设”命令的作用一样，可以调出“新建工具预设”对话框，如图 1-2-6 所示。在“名称”文本框中输入工具的名称，再单击“确定”按钮，即可将当前选择的工具和设置的参数保存在“工具预设”面板中。

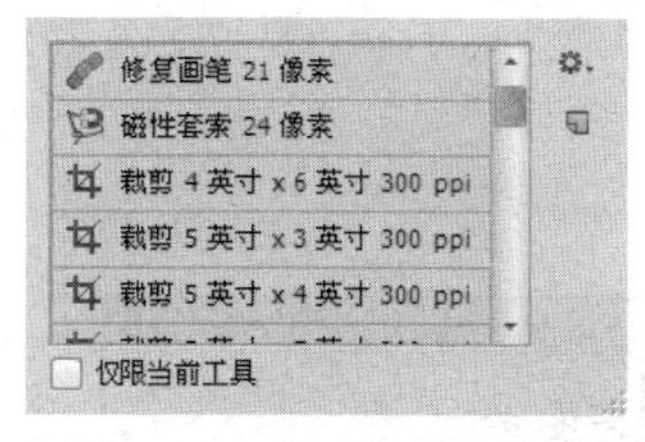

图 1-2-4 “工具预设”面板

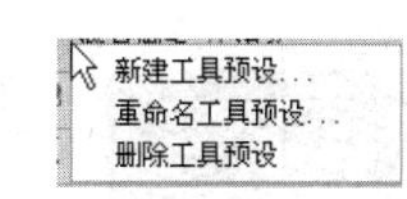

图 1-2-5 “工具预设”菜单

图 1-2-6 “新建工具预设”对话框

（3）参数设置区：由按钮、复选框和下拉列表框等组成，用来设置工具的各种参数。

2. 工具箱

工具箱在屏幕左侧，由“图像编辑工具”“前景色和背景色工具”“切换模式工具”三栏组成（见图 1-2-1）。利用“图像编辑工具”栏内的工具，可以进行输入文字、创建选区、绘制图像、编辑图像、移动图像或选择的选区、注释和查看图像等操作。按【Tab】键可以在关闭和隐藏工具箱之间切换；“前景色和背景色工具”栏可以更改前景色和背景色；“切换模式工具”栏有两个选项，分别用来可以切换标准和快速蒙版模式，以及切换屏幕显示格式。

（1）移动工具箱：拖动工具箱顶部的黑色矩形条或水平虚线条，可以移动工具箱到其他位置。

（2）工具组内工具的切换：工具箱中一些工具图标的右下角有小黑三角，表示这是一个工具按钮组，包含多个待用工具按钮。单击或右击工具按钮组按钮（其右下角的黑色小箭头），可以调出工具按钮组内所有工具按钮，再单击其中一个按钮，即可完成工具按钮组内工具的切换。例如，单击工具箱中第 3 栏第 1 行第 1 列按钮，即可调出该工具组中所有工具图标，如图 1-2-7 所示。另外，按住【Alt】键的同时单击工具按钮组按钮，或者按住【Shift】键的同时按工具的快捷键，也可以完成工具组内大部分工具的切换。例如：按住【Shift】键的同时按【T】键，可以切换图 1-2-7 所示的文字工具组中的工具。

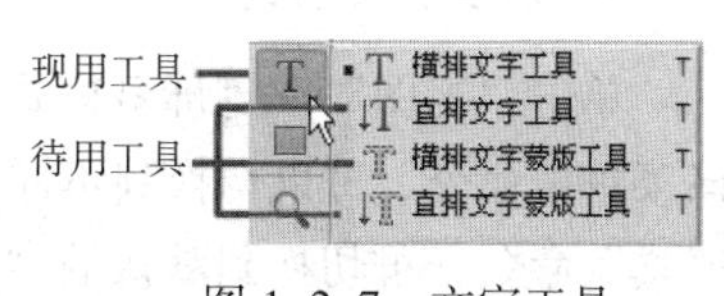

图 1-2-7 文字工具

（3）选择工具：单击工具箱中的工具按钮，即可选择该工具。

3. 面板和面板组

面板具有随着调整即可看到效果的特点。它可以方便地拆分、组合和移动，几个面板可以组合成一个面板组。单击其中的面板标签可以切换面板。

（1）面板菜单：面板的右上角均有一个按钮，单击该按钮可以调出该面板的菜单（面板菜单），利用该菜单可以扩充面板的功能。

（2）面板组和面板收缩与展开：单击面板组右上角的“折叠为图标”按钮，可以将停放区内多个面板组收缩为面板图标和名称，同时按钮变为按钮。单击“展开停放”按钮，可将相应的面板组展开。单击图标或面板的名称，可以调出相应的面板。右边放置面板和面板组的区域常称为停放区，如图 1-2-8 所示。拖动面板或面板组顶部标题栏，可以将它们移动到停放区；拖动收缩的面板或面板组图标顶部水平线条，可以将它们移出“停放”区，独立出来。拖动面板图标，可以移出面板；单击面板图标，可以展开面板。

例如，拖动“图层”面板图标，将其从“停放”区内移出，单击“图层”面板图标，展开“图层”面板，如图 1-2-9 所示。例如，“历史记录”面板和“属性”面板组成一个面板组，单击“历史记录”标签，可以展开“历史记录”面板，如图 1-2-10 所示。

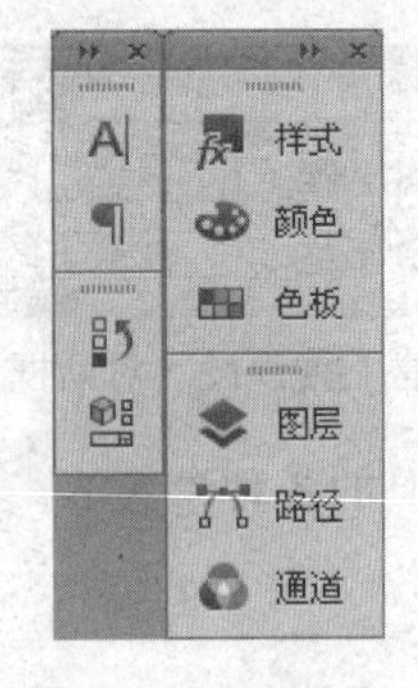

图 1-2-8 “停放”区

图 1-2-9 “图层”面板

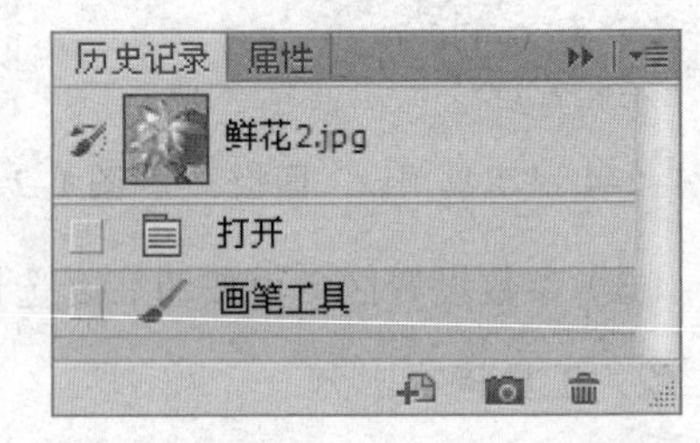

图 1-2-10 “历史记录”面板和面板组

（3）面板分离和组合：拖动面板标签（例如“历史记录”标签）到面板组外面，可以使该面板独立。拖动面板的标签（例如“历史记录”标签）到其他面板或面板组（例如“属性”面板）的标签处，可以将该面板与其他面板或面板组组合在一起，如图 1-2-11 所示。在图 1-2-8 和图 1-2-9 所示的面板组内，上下或水平拖动面板标签或图标，也可以改变面板图标或标签的相对位置。

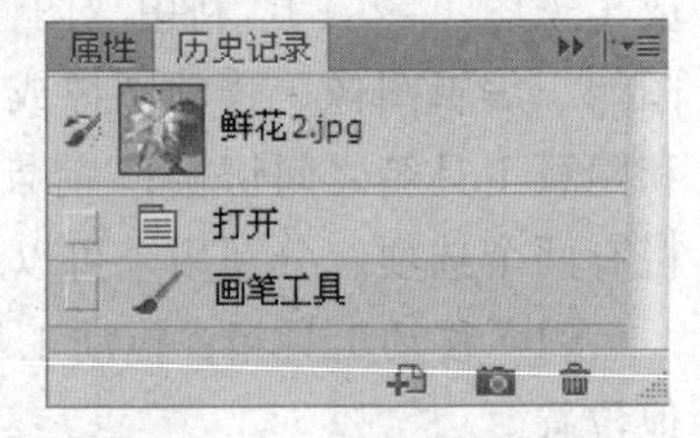

图 1-2-11　面板重新组合

1.2.2　切换屏幕模式和工作区

1. 切换屏幕模式

单击“视图”→“屏幕模式”命令，调出“屏幕模式”子菜单，如图 1-2-12 所示。选择该菜单中命令，可以切换到不同的屏幕模式。例如，单击“屏幕模式”子菜单内的“标准屏幕模式”命令，可切换到默认的“标准”屏幕模式。菜单栏位于顶部，滚动条位于侧面。

2. 新建和切换工作区

单击“窗口”→“工作区”命令，调出“工作区”子菜单，选择其中的命令，可以切换到不同类型的工作区。单击“窗口”→“工作区”→“新建工作区”命令，调出“新建工作区”对话框，在“名称”文本框中输入工作区的名称，如图 1-2-13 所示。该对话框中有两个复选框，用来确定是否保存工作区内建立的快捷键和菜单。

单击“存储”按钮，可将当前工作区保存。以后单击“窗口”→“工作区”→“× ×”（工作区名称）命令，即可恢复指定的工作区。

另外，单击选项栏行右边的工作区切换按钮，也可以调出“工作区”菜单。

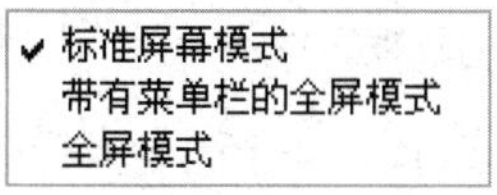

图 1-2-12 “屏幕模式”菜单

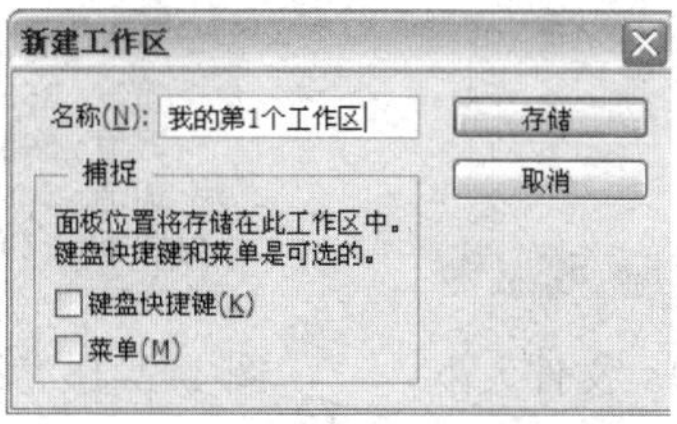

图 1-2-13 “新建工作区”对话框

1.2.3　文档窗口和状态栏

1. 文档窗口

文档窗口也称为画布窗口，用来显示图像、绘制和编辑图像。可以同时打开多个文档窗口。文档窗口标题栏显示当前图像文件的名称、显示比例和彩色模式等信息。它是一个标准的 Windows 窗口，可对其进行移动、调大小、最大化、最小化和关闭操作。

（1）建立文档窗口：在新建一个文档（单击“文件”→“新建”命令）或打开一个图像文件（单击“文件”→“打开”命令）后，即可建立一个新文档窗口。

（2）在两个文档窗口打开同一幅图像：例如，打开“鲜花.jpg”图像，再单击“窗口”→“排列”→“为‘鲜花.jpg’新建窗口”命令，可以在两个文档窗口内都打开“鲜花.jpg”图像。在其中一个文档窗口进行的操作，会在另一个文档窗口产生相同的效果。

（3）选择文档窗口：当打开多个文档窗口时，只能在一个文档窗口进行操作，这个窗口称做当前文档窗口，其标题栏呈高亮度显示状态。单击文档标签、窗口内部或标题栏，即可选择该文档窗口，使其成为当前文档窗口。

（4）调整文档窗口的大小：拖动文档窗口的选项卡标签，可以移出文档窗口，使其浮动。将鼠标指针移动到文档窗口的边缘处，鼠标指针会呈双箭头形状，拖动鼠标即可调整文档窗口大小。如果文档窗口小于其内的图像，在文档窗口右边和下边会出现滚动条。拖动浮动的文档窗口标题栏到选项栏下边处，可恢复到图 1-2-1 所示的选项卡状态。

（5）多个文档窗口相对位置的调整：单击“窗口”→“排列”命令，调出其菜单，其中第 2 栏的“层叠”“平铺”等 4 个命令，以及第 1 栏中的“将所有内容合并到选项卡中”等命令，都可用来进行不同方式的文档窗口排列。

2. 状态栏

状态栏位于每个文档窗口的底部，其由 3 部分组成（见图 1-2-1），主要用来显示当前图像的有关信息。状态栏中从左到右 3 部分的作用介绍如下。

（1）第 1 部分：是图像显示比例的文本框。该文本框内显示的是当前画布窗口内图像的显示百分比例数。可以单击该文本框内部，然后输入图像的显示比例数。

（2）第 2 部分：显示当前画布窗口内图像文件的大小（见图 1-2-14）、虚拟内存大小、效率或当前使用工具等信息。在第 2 部分按住鼠标左键，可以调出一个信息框，给出图像的宽度、高度、通道数、颜色模式和分辨率等信息，如图 1-2-15 所示。

（3）第 3 部分：单击下拉菜单按钮▶，可以调出状态栏选项的下拉菜单，如图 1-2-16 所示。选择其中的命令，可以设置第 2 部分显示的信息内容。部分命令含义如下。

文档:571.6 K/571.6K

图 1-2-14 文件大小

宽度：360 像素(12.7 厘米)
高度：542 像素(19.12 厘米)
通道：3(RGB 颜色，8bpc)
分辨率：72 像素/英寸

图 1-2-15 状态栏的图像信息

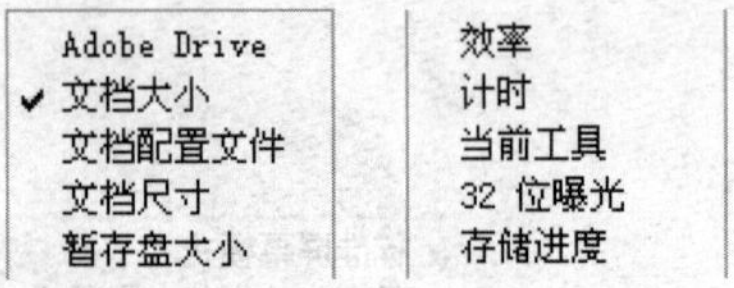

Adobe Drive
✔ 文档大小
文档配置文件
文档尺寸
暂存盘大小
效率
计时
当前工具
32 位曝光
存储进度

图 1-2-16 状态栏选项下拉菜单

◎“文档大小”命令：显示图像文件的大小信息，左边数字表示图像的打印大小，它近似于以 Adobe Photoshop 格式拼合并存储的文件大小，不含任何图层和通道等时的大小；右边数字表示文件的近似大小，其中包括图层和通道。数字的单位是字节。

◎“文档配置文件”命令：显示图像所使用颜色配置文件的名称。

◎“文档尺寸”命令：显示图像文件的尺寸。

◎“暂存盘大小”命令：显示处理图像的 RAM（内存）量和暂存盘的信息。左边数字表示当前所有打开图像的 RAM 量；右边数字表示可用于处理图像的总 RAM 量。单位是字节。

◎“效率”命令：以百分数的形式显示 Photoshop CS6 的工作效率。执行操作所花时间的百分比，非读写暂存盘所花时间的百分比。

◎“计时”命令：显示前一次操作到目前操作所用的时间。

◎“当前工具”命令：显示当前工具的名称。

1.3 文档的基本操作

1.3.1 打开文件和新建文档

1. 打开文件

（1）打开一个文件：单击“文件”→“打开”命令，调出“打开”对话框，如图 1-3-1 所示。在“查找范围”下拉列表框中选择文件夹，在“文件类型”下拉列表框中选择文件类型，在文件列表框中选中文件，再单击“打开”按钮。

（2）打开多个文件：如果同时打开多个连续的文件，则选中第一个文件，再按住【Shift】键，单击最后一个文件，再单击“打开”按钮；如果同时打开多个不连续的文件，则按住【Ctrl】键，依次单击要打开的各个文件，再单击“打开”按钮。

（3）单击“打开”对话框右上角的“收藏夹”按钮，调出一个菜单，如图 1-3-2 所示。单击该菜单中的“添加到收藏夹”命令，即可将当前的文件夹保存。以后再单击“收藏夹”按钮时可以看到，调出的菜单中已经添加了保存的文件夹路径命令，单击该命令，可以切换到该文件夹，有利于迅速找到要打开的文件。可以添加多个文件夹路径命令。单击菜单中的“移去收藏夹”命令，可调出“从收藏夹中移去文件夹”对话框，在其中的“文件夹”下拉列表框中选中一个文件夹名称，再单击“移去”按钮，可将选中的文件夹路径命令删除。

（4）按照上述操作打开多个文件后，单击“文件”→“最近打开文件”命令，它的下一级菜单（见图 1-3-3），给出了最近打开的图像文件名称。选择这些图像文件名，即可打开相应的文件。单击“清除最近的文件列表”命令，可以清除这些命令。

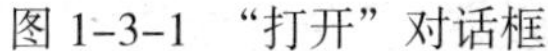

图 1-3-1 “打开”对话框

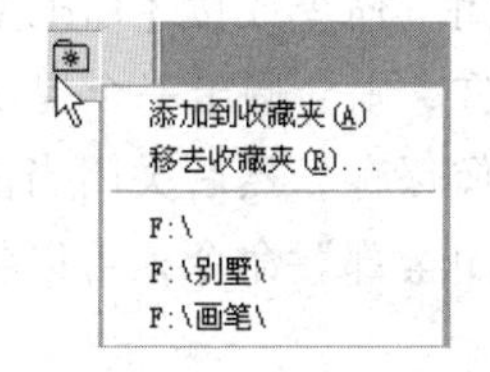

图 1-3-2 “收藏夹”菜单

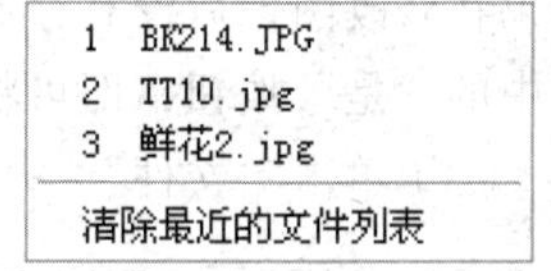

图 1-3-3 “最近打开文件”菜单

（5）单击“文件”→“打开为”命令，调出“打开为”对话框，它与图 1-3-1 所示对话框基本一样，利用该对话框也可以打开图像文件，只是该对话框的右上角没有“收藏夹”按钮。该对话框的使用方法与“打开”对话框的使用方法基本一样。

2. 新建文档

单击“文件”→“新建”命令，调出“新建”对话框，单击该对话框内的“高级”按钮 高级，展开“新建”对话框，如图 1-3-4 所示。该对话框各选项的作用如下。

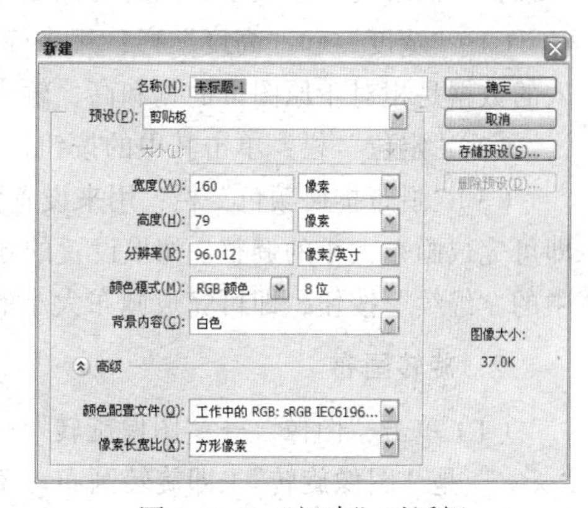

图 1-3-4 “新建”对话框

（1）“名称”文本框：用来输入图像文件的名称（例如，输入“图像 1”）。

（2）“预设”下拉列表框：用来选择预设的图像文件的参数。

（3）“宽度”和“高度”栏：设置图像的尺寸大小，单位有像素、厘米等。

（4）“分辨率”栏：用来设置图像的分辨率，单位有“像素/英寸”等。

（5）“颜色模式”栏：用来设置图像的模式（有 5 种）和位数（有 8 位和 16 位等）。

（6）“背景内容”下拉列表框：用来设置画布的背景色颜色为白色、背景色或透明。

（7）“存储预设”按钮：在修改参数后，单击该按钮，可调出“存储预设”对话框，利用该对话框可以将设置保存。在“预设”下拉列表框中可以选择保存的设置。

（8）“删除预设”按钮：在“预设”下拉列表框中选择一种设置后，单击“删除预设”按钮，可删除“预设”下拉列表框内选中的预设。

设置完后，单击“确定”按钮，即可增加一个新画布窗口。

1.3.2 存储和关闭图像文件

1. 存储文件

（1）单击“文件”→“存储为”命令，调出“存储为”对话框。利用该对话框，选择文件类型、选择文件夹和输入文件名字等。单击“保存”按钮，即可调出相应于图像格式的对话框，设置有关参数，单击“确定”按钮，即可保存图像。

（2）单击“文件”→“存储”命令。如果是存储新建的图像文件，则会调出“存储”对话框，其与“存储为”对话框基本一样，操作方法也一样。如果不是存储新建的图像文件或存储没有修改的打开的图像文件，则不会调出“存储”对话框，直接进行存储。

2. 关闭画布窗口

（1）单击当前画布窗口内图像标签的按钮☒，也可以将当前的画布窗口关闭。

（2）单击“文件”→“关闭”命令或按【Ctrl+W】组合键，即可将当前的画布窗口关闭。如果在修改图像后没有存储图像，则会调出一个提示框，提示用户是否保存图像。单击该提示框中的“是”按钮，即可将图像保存，然后关闭当前的画布窗口。

（3）单击“文件”→“关闭全部”命令，可以将所有画布窗口关闭。

1.3.3 改变画布

1. 改变画布大小

单击“图像”→“画布大小”命令，调出“画布大小”对话框，如图 1-3-5 所示。利用该对话框可以改变画布大小，同时对图像进行裁剪。其中各选项的作用如下。

（1）“宽度”和“高度”栏：用来确定画布大小和单位。如果选中“相对”复选框，则输入的数据是相对于原图像的宽和高，输入正数表示扩大，负数表示缩小和裁剪图像。

（2）“定位”栏：单击其中的按钮，可以选择图像裁剪的起始位置。

（3）“画布扩展颜色”栏：用来设置画布扩展部分的颜色。设置完后，单击“确定”按钮，即可完成画布大小的调整。如果设置的新画布比原画布小，会调出一个提示框，单击该提示框中的“继续”按钮，即可完成画布大小的调整和图像的裁剪。

2. 旋转画布

（1）单击“图像”→“图像旋转”→“××”命令，即可按选定的方式旋转画布。其中，“××”是“图像旋转”（即旋转画布）菜单的子命令，如图 1-3-6 所示。

（2）单击“图像”→“图像旋转”→“任意角度”命令，调出“旋转画布”对话框，如图 1-3-7 所示，设置旋转角度和旋转方向，单击“确定”按钮，即可按照已进行的设置旋转图像。

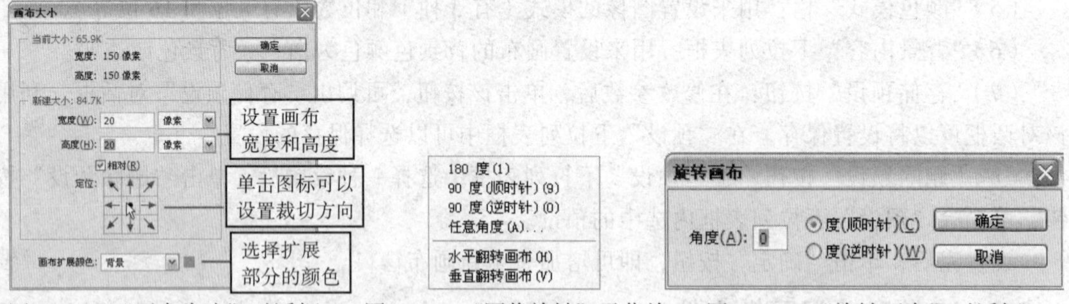

图 1-3-5 “画布大小”对话框　　图 1-3-6 “图像旋转”子菜单　　图 1-3-7 “旋转画布”对话框

1.4 图像基本操作

1.4.1 改变图像显示比例和显示部位

1. 改变图像显示比例

（1）使用命令改变图像的显示比例：简介如下。

◎ 选择“视图”→“放大”命令，可以使图像显示比例放大。

◎ 选择“视图”→“缩小”命令，可以使图像显示比例缩小。

◎ 选择“视图”→“按屏幕大小缩放”命令，可以使图像以文档窗口大小显示。

◎ 选择“视图”→“实际像素”命令，可以使图像以 100%比例显示。

◎ 选择“视图”→“打印尺寸”命令，可以使图像以实际的打印尺寸显示。

（2）使用缩放工具：单击工具箱中的“缩放工具”按钮，此时的选项栏如图 1-4-1 所示。单击或按钮，确定放大或缩小，确定是否选择复选框，再单击画布窗口内部，即可调整图像的显示比例。如果单击选项栏中的不同按钮，可以实现不同的图像显示。按住【Alt】键，再单击画布窗口内部，则可以将图像显示比例缩小。

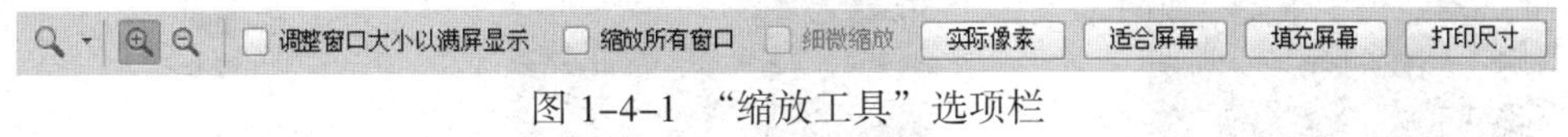

图 1-4-1 “缩放工具”选项栏

拖动鼠标选中图像的一部分，可以使该部分图像布满整个画布窗口。

（3）使用“导航器”面板：打开一幅图像，“导航器”面板如图 1-4-2 所示。拖动“导航器”面板中的滑块或改变文本框内数值，可以改变图像的显示比例；当图像放大的比画布窗口大时，拖动代理预览区域内的红框，可以调整图像的显示区域。只有在红框内的图像才会在画布窗口内显示。选择“导航器”面板菜单中的“面板选项”命令，可以调出“面板选项”对话框，利用该对话框可以改变“导航器”面板内红框的颜色。

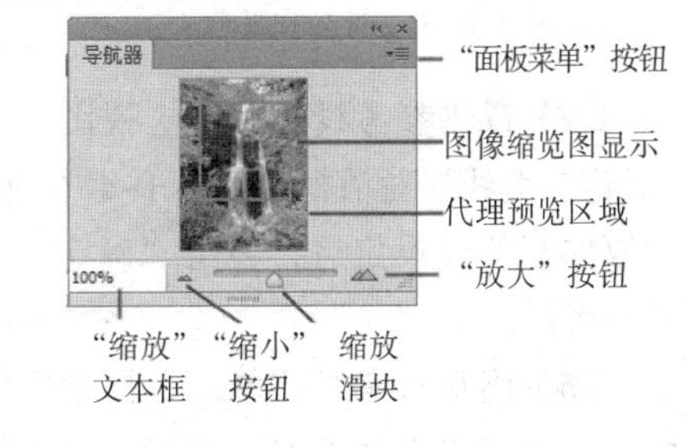

图 1-4-2 “导航器”调板

2. 改变图像显示部位

只有在图像大于画布窗口时，才有必要改变图像的显示部位。使用窗口滚动条可以滚动浏览图像，使用“抓手工具”按钮可以移动画布窗口内显示的图像部位。

（1）单击“抓手工具”按钮，再在图像上拖动，可以调整图像的显示部位。

（2）双击工具箱的“抓手工具”按钮，可使图像尽可能大地显示在屏幕中。

（3）在使用了工具箱内的其他工具后，按住空格键，可临时切换到抓手工具，此时可以使用“抓手工具”。释放空格键后，又回到原来工具状态。

另外，在 Photoshop CS6 中新增加了“旋转视图工具”按钮，利用其可以旋转视图，但是它只能用于已经启动了 OpenGL 的文档窗口。

1.4.2 网格和参考线

1. 显示出网格

单击“视图”→“显示”→“网格”命令，可以在显示和取消显示网格（在画布窗口内）之间切换，窗口内的标尺和网格如图 1-4-3 所示。网格不会随图像输出。另外，单击“视图”→“显示额外内容”命令，可以在显示和取消显示网格等内容（在画布窗口内）之间切换。

2. 显示标尺和参考线

（1）显示标尺：单击“视图”→“标尺”命令，可在显示和隐藏标尺（画布窗口内的上边和左边）之间切换，如图 1-4-3 所示。

（2）创建参考线：从标尺处向窗口内拖动，可创建水平或垂直的参考线，如图 1-4-4 所示（两条水平蓝色参考线和两条垂直参考线）。参考线不会随图像输出。单击“视图”→“显示”→“参考线”命令，可以在显示和隐藏参考线之间切换。

（3）改变标尺刻度的单位：将鼠标指针移到标尺之上右击，调出标尺单位菜单，如图 1-4-5 所示，单击该菜单中的命令，可以改变标尺刻度的单位。

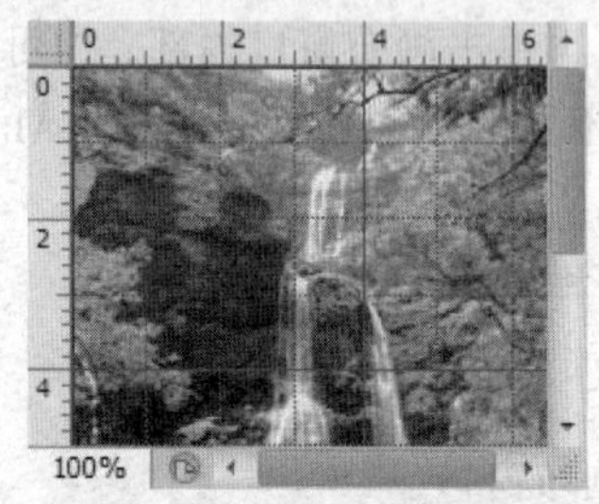
图 1-4-3　网格和标尺

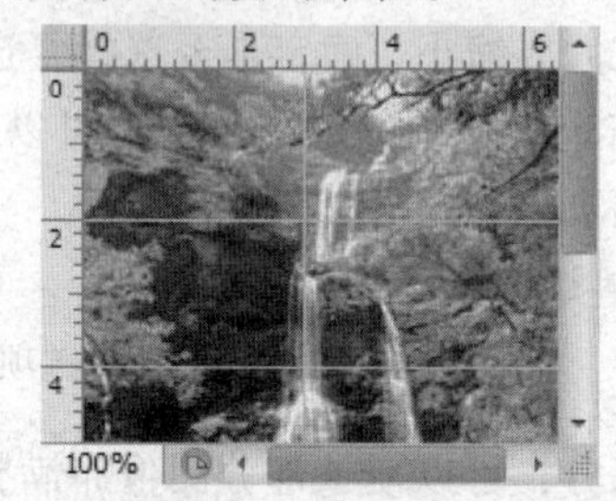
图 1-4-4　标尺和参考线

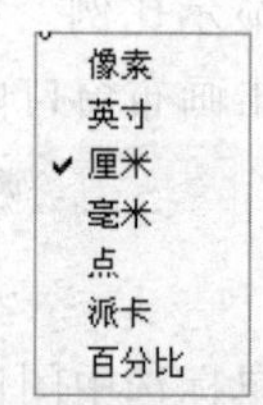

图 1-4-5　标尺单位菜单

（4）新建参考线：单击“视图”→“新建参考线”命令，调出“新建参考线”对话框，如图 1-4-6 所示。利用该对话框进行新参考线取向与位置设定后，单击“确定”按钮，即可在指定的位置增加新参考线。

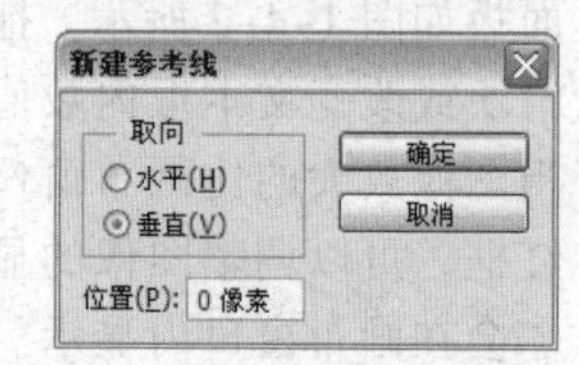

图 1-4-6 “新建参考线”对话框

（5）调整参考线：单击工具箱中的“移动工具”按钮，将鼠标指针移到参考线处时，鼠标指针变为带箭头的双线形状，拖动鼠标可以调整参考线的位置。

（6）清除所有参考线：单击“视图”→“清除参考线”命令，即可清除所有参考线。

（7）单击“视图”→“锁定参考线”命令后，即可锁定参考线。锁定的参考线不能移动。再次单击“视图”→“锁定参考线”命令，即可解除参考线的锁定。

1.4.3　图像测量和注释

1. 使用标尺工具

使用工具箱中的“标尺工具”按钮，可以精确地测量出画布窗口内任意两点间的距离和两点间直线与水平直线的夹角。单击“标尺工具”按钮，在画布内拖出一条直线，如图 1-4-7 所示。此时“信息”面板内“A:”右边的数据是直线与水平线的夹角；“L:”右边的数据是两点间距离，如图 1-4-8 所示。测量结果会显示在标尺工具的选项栏内。该直线不与图像一起输出。单击选项栏中的“清除”按钮或其他工具按钮，可以清除直线。

2. 使用附注工具

“附注工具”按钮是用来给图像加文字注释的。它的选项栏如图 1-4-9 所示。“附注工具”选项栏中各选项的作用如下。

（1）“作者”文本框：用来输入作者名字，作者名字会出现在注释窗口的标题栏上。

（2）“颜色”按钮：单击该按钮后，可以调出“拾色器”对话框，用来选择注释文字的颜色。

（3）“清除全部”按钮：单击该按钮后可以清除全部注释文字。

图 1-4-7　拖出一条直线

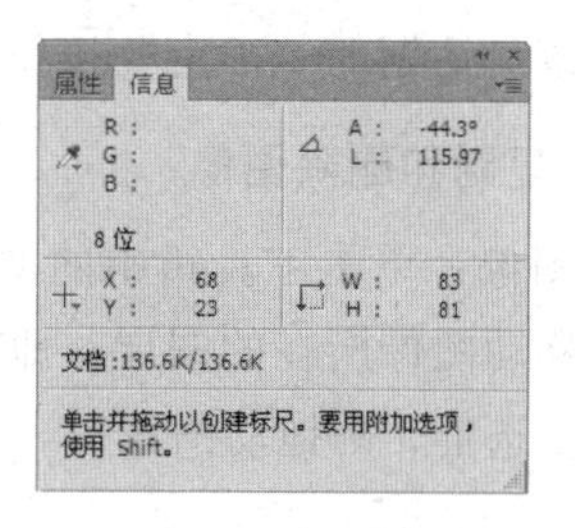

图 1-4-8　“信息”面板

单击工具箱中的“注释工具”按钮，再在图像上单击或拖动，可以调出“注释”面板，用来给图像输入注释文字，如图 1-4-10 所示。加入注释文字后关闭“注释”面板，在图像上只留有注释图标（不会输出显示）。双击该图标，可以打开“注释”面板，还可以拖动移动释图标。另外，选择“文件”→“导入”→“注释”命令，可以导入外部注释文件。

图 1-4-9　“注释工具”选项栏

图 1-4-10　输入注释文字

1.4.4　调整图像大小和图像变换

1. 调整图像大小

（1）单击“图像”→“图像大小”命令，调出“图像大小”对话框，如图 1-4-11 所示。利用该对话框，可以用两种方法调整图像的大小，还可以改变图像清晰度及算法。

（2）单击“图像大小”对话框中的“自动”按钮，调出“自动分辨率”对话框，如图 1-4-12 所示，可以设置图像的品质，也可以设置“线/英寸”或“线/厘米”形式的分辨率。单击“确定”按钮，可完成分辨率设置。

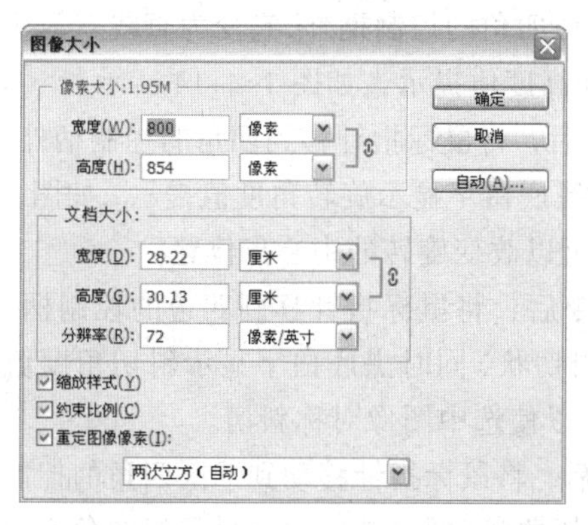

图 1-4-11　“图像大小”对话框

图 1-4-12　“自动分辨率”对话框

（3）选中“约束比例”复选框，则会保证图像的宽高比例。例如，对于一个宽度为 800 像素、高度为 600 像素的图像，在“宽度”下拉列表框中选择“像素”，在文本框中输入宽度数据 400，则“高度”栏文本框中的数据会自动改为 300。取消选中“约束比例”复选框，则可以分别调整图像的高度和宽度，改变图像原来的宽高比例。

（4）单击该对话框的“确定”按钮，即可按照设置好的尺寸调整图像的大小。

2．移动、复制和删除图像

（1）移动图像：单击工具箱中的“移动工具”按钮，鼠标指针变为形状，选中“图层”面板内要移动图像所在的图层，即可拖动该图像。如果选中“移动工具”选项栏中的“自动选择图层”复选框，则拖动图像时，可以自动选择被拖动图像所在的图层，保证可以移动和调整该对象。

在选中要移动的图像之后，按光标移动键，可以每次移动图像 1 像素。按住【Shift】键的同时按光标移动键，可以每次移动图像 10 像素。

（2）复制图像：按住【Alt】键的同时拖动图像，可复制图像，此时的鼠标指针呈重叠的黑白双箭头形状。如果使用“移动工具”按钮将一个画布中的图像拖动到另一个画布中，则可以将该图像复制到其他画布中，同时在“图层”面板中增加一个图层，用来放置复制的图像。

（3）删除图像：使用“移动工具”按钮，选中选项栏中的“自动选择图层”复选框，选中要删除的图像，同时也选中了该图像所在的图层，然后按【Delete】键或【Backspace】键，可将选中的图像删除，同时也删除该图像所在的图层。

注意：如果图像只有一个图层，则不能删除图像，也不可以将“背景”图层中的图像移动和复制。如果要处理“背景”图层中的图像，可以双击“背景”图层，调出“新建图层”对话框，再单击该对话框中的“确定”按钮，即可将“背景”图层转换为常规图层。

3．变换图像

单击“编辑”→“变换”→“××”命令，即可按选定的方式调整选中的图像。其中，“××”是“变换”子菜单中的命令，如图 1-4-13 所示。利用该子菜单可以完成选中图像的缩放、旋转、斜切、扭曲和透视等操作。

（1）缩放图像：单击“变换”→“缩放”命令后，在选中图像的四周会显示一个矩形框、8 个控制柄和中心点标记 。将鼠标指针移动到图像四角的控制柄外，它变为直线双箭头形状，即可拖动调整图像的大小，同时黑底白字显示宽和高度值提示，如图 1-4-14 所示。

（2）旋转图像：单击“变换”→“旋转”命令后，将鼠标指针移到四角的控制柄外，其会变为弧线的双箭头形状，即可拖动旋转图像，同时黑底白字显示旋转角度值提示，如图 1-4-15 所示。拖动移动矩形框中间的中心点标记 处，可以改变旋转的中心点位置。

（3）斜切图像：单击“变换”→“斜切”命令后，将鼠标指针移到四边的控制柄处，鼠标指针会添加一个双箭头形状，即可拖动图像呈斜切状，同时黑底白字显示斜切角度值提示，如图 1-4-16 所示。按住【Alt】键的同时拖动，可以使选中图像对称斜切。

（4）扭曲图像：单击“变换”→“扭曲”命令后，将鼠标指针移动到选区四角的控制柄处，当其变成三角箭头形状时拖动，即可使选中图像呈扭曲状，同时黑底白字显示扭曲角度值提示，如图 1-4-17 所示。按住【Alt】键的同时拖动，可以使选中图像对称扭曲。

（5）透视图像：单击“变换”→“透视”命令后，将鼠标指针移到图像四角的控制柄处，当其变成三角箭头形状时拖动，使选中图像呈透视状，同时黑底白字显示透视角度值提示，如图 1-4-18 所示。

再次(A)　Shift+Ctrl+T
缩放(S)
旋转(R)
斜切(K)
扭曲(D)
透视(P)
变形(W)
旋转 180 度(1)
旋转 90 度(顺时针)(9)
旋转 90 度(逆时针)(0)
水平翻转(H)
垂直翻转(V)

图 1-4-13　菜单

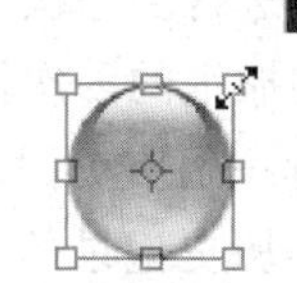

图 1-4-14　缩放图像

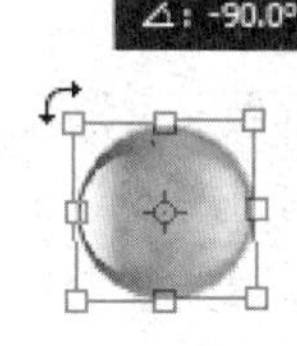

图 1-4-15　旋转图像

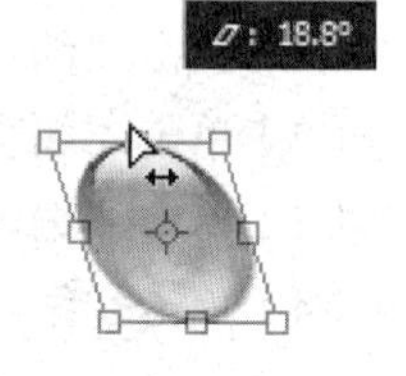

图 1-4-16　斜切图像

（6）变形图像：单击“变换”→“变形”命令后，将鼠标指针移动到四角的控制柄处时拖动，可以使图像变形，同时黑底白字显示相关提示，如图 1-4-19（a）所示；将鼠标指针移动到切线的黑色圆形控制柄处时拖动，也可以使图像变形，如图 1-4-19（b）所示。

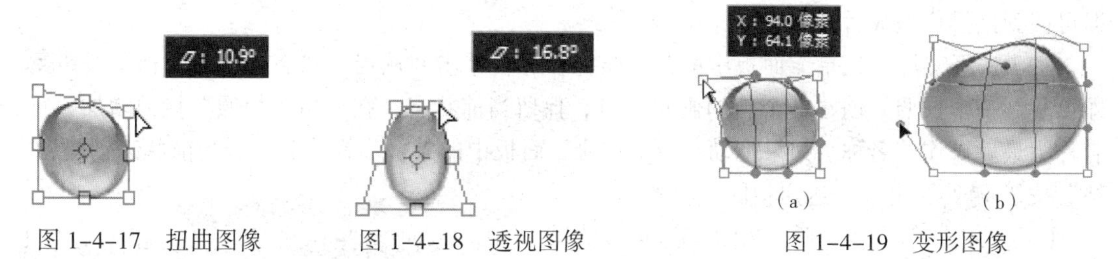

图 1-4-17　扭曲图像　　图 1-4-18　透视图像　　图 1-4-19　变形图像

（7）按特殊角度旋转图像：单击“变换”→“水平翻转”命令后，即可将选中图像水平翻转。单击“变换”→“垂直翻转”命令后，即可将选中图像水平翻转。另外，还可以旋转 180°，顺时针旋转和顺逆时针旋转 90°。

（8）自由变换图像：单击“变换”→“自由变换”命令，在选中图像的四周会显示矩形框、控制柄和中心点标记。以后可按照变换图像的方法自由变换选中图像。

4．裁切图像四周的白边

如果一幅图像四周有白边，可通过“裁切”命令将白边删除。例如，利用“画布大小”对话框（参数设置如图 1-3-5 所示）将图 1-4-20 所示图像的画布向四周扩展 20 像素，效果如图 1-4-21 所示。单击“图像”→“裁切”命令，调出“裁切”对话框，如图 1-4-22 所示。其中，“基于”选项栏用来确定裁切内容所依据的像素颜色；“裁切”选项栏用来确定裁切的位置。单击“确定”按钮，可将图 1-4-21 所示图像四周白边裁切掉，效果如图 4-1-20 所示。

图 1-4-20　图像

图 1-4-21　向外扩 20 像素

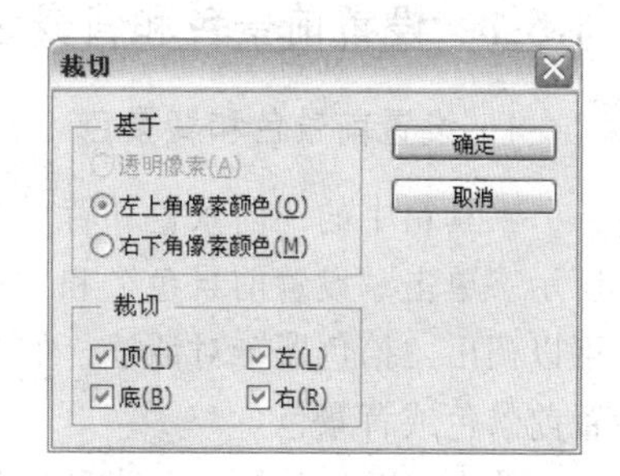

图 1-4-22　“裁切”对话框

1.4.5 撤销与重做操作

1. 撤销与重做一次操作

（1）单击“编辑”→“还原××”命令，可撤销刚刚进行的一次操作。

（2）单击“编辑”→“重做××”命令，可重做刚刚撤销的一次操作。

（3）单击“编辑”→“前进一步”命令，可向前执行一条历史记录的操作。

（4）单击“编辑”→“后退一步”命令，可返回一条历史记录的操作。

2. “历史记录”面板撤销

“历史记录”面板如图 1-4-23 所示，它主要用来记录用户进行操作的步骤，用户可以恢复到以前某一步操作的状态。使用方法如下。

（1）单击“历史记录”面板中的某一步历史操作文字或图标，使该历史操作背景为浅蓝色，即可回到该操作完成后的状态。

（2）选择“历史记录”面板中的某一步操作，再单击“从当前状态创建新文档”按钮，即可复制一个快照，创建一个新的画布窗口，保留当前状态，在“历史快照”栏内增加一行，名称为最后操作的名称。如果拖动“历史记录”面板中的某一步操作到“从当前状态创建新文档”按钮处，也可以达到相同的目的。

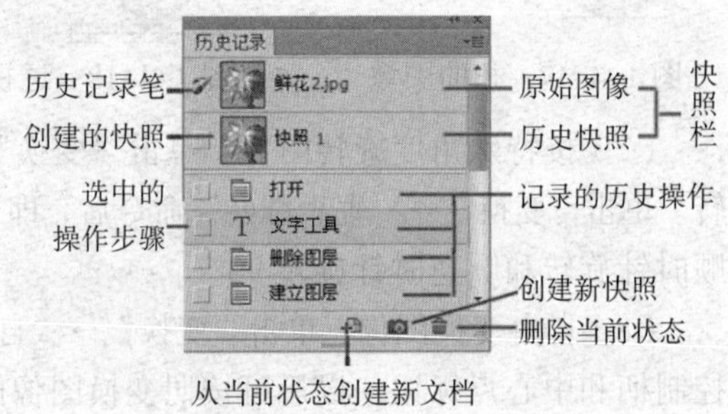

图 1-4-23 “历史记录”面板

（3）单击“创建新快照”按钮，可以为某几步操作后的图像建立一个快照，在“历史快照”栏内增加一行，名称为“快照×”（“×”是序号），如图 1-4-23 所示。

（4）双击“历史快照”栏内的快照名称，即可进入快照名称的编辑状态。

（5）选中“历史记录”面板中的某一步操作，再单击“删除当前状态”按钮，可删除从选中的操作到最后一个操作的全部操作。如果用鼠标拖动“历史记录”面板中的某一步操作到“删除当前状态”按钮处，也可以达到相同的目的。

1.5 图 像 着 色

1.5.1 设置前景色和背景色

1. 设置前景色和背景色

工具箱中的“前景色和背景色”工具栏如图 1-5-1 所示。单击“设置前景色”和“设置背景色”图标，都可以调出“拾色器”对话框，如图 1-5-2 所示，用来设置前景色或背景色。

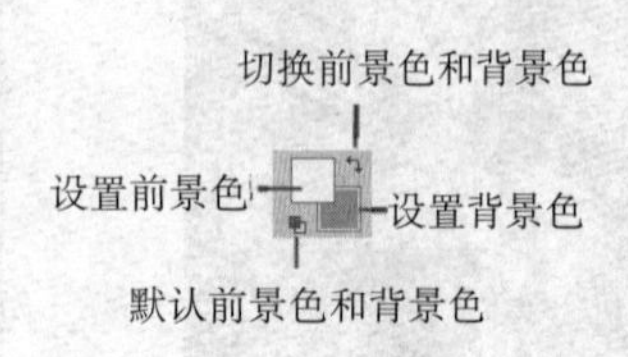

图 1-5-1 “前景色和背景色”工具栏

单击“默认前景色和背景色”图标，可以使前景色和背景色还原为前景色黑色，背景色白色的默认状态。单击“切换前景色和背景色”图标，可以将前景色和背景色的颜色互换。

2. “拾色器”对话框

“拾色器”分为 Adobe 和 Windows“拾色器”两种。默认的是 Adobe“拾色器”对话框，如图 1-5-2 所示。使用该对话框的方法如下。

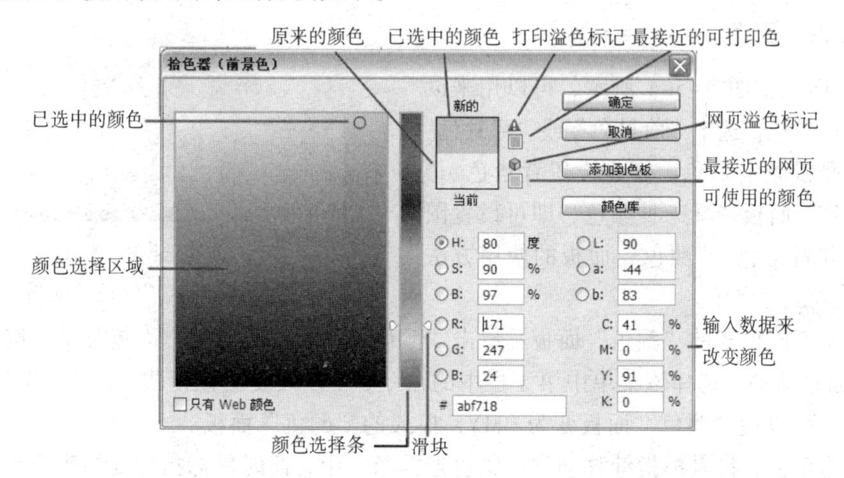

图 1-5-2　Adobe“拾色器”对话框

（1）粗选颜色：单击“颜色选择条”内一种颜色，这时“颜色选择区域”的颜色也会随之发生变化。在“颜色选择区域”内会有一个小圆，它是目前选中的颜色。

（2）细选颜色：在“颜色选择区域”内，单击要选择的颜色。

（3）精确设定颜色：可以在 Adobe“拾色器”对话框右下角的各文本框内输入相应的数据来精确设定颜色。在“#”文本框内应输入 RRGGBB 格式的 6 位十六进制数。

（4）“最接近的网页可使用的颜色”图标：单击该图标，可以选择接近的网页色。

（5）“最接近的可打印色”图标：要打印图像，可以单击该图标，选择最接近的打印色。

（6）“只有 Web 颜色”复选框：选中该复选框后，“拾色器”对话框会发生变化，只给出网页可以使用的颜色，“网页溢出标记”和“最接近的网页可使用的颜色”图标消失。

（7）“颜色库”按钮：单击该按钮，可以调出“颜色库”对话框，用来选择颜色。

（8）“添加到色板”按钮：单击该按钮，调出“色板名称”对话框，在“名称”文本框中输入名称，再单击“确定”按钮，即可将选中颜色添加到“色板”面板内末尾。

3. “色板”面板

“色板”面板如图 1-5-3 所示。使用方法如下。

（1）设置前景色：将鼠标指针移动到“色板”面板内的色块上，此时的鼠标指针变为吸管形状，稍等片刻，即会显示出该色块的名称。单击色块，即可将前景色设置为该颜色。

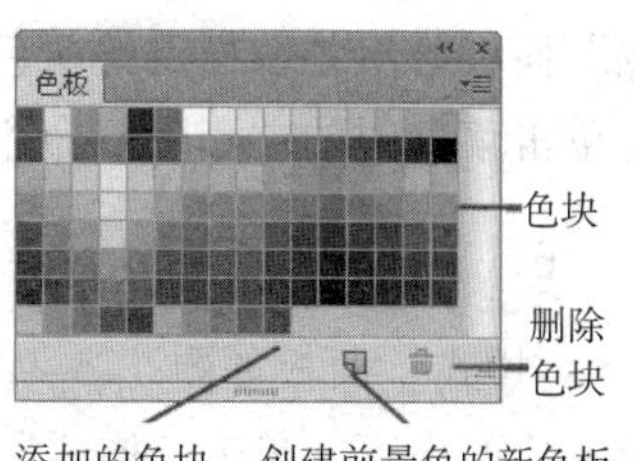

图 1-5-3　“色板”面板

（2）创建新色块：单击“创建前景色的新色板”按钮，即可在“色板”面板的最后，创建一个与当前前景色颜色一样的色块。

（3）删除原有色块：选中一个要删除的色块后，再单击“删除色块”图标。将要删除的色块拖动到“删除色块”图标上，也可以删除该色块。

（4）“色板”面板菜单的使用：单击“色板”面板右上角的“面板菜单”按钮，调出面板菜单，选择菜单中的命令，可以更换色板、存储色板、改变色板显示方式等。

4．“颜色”面板

“颜色”面板如图 1-5-4 所示，可以用来设置前景色和背景色。选中“前景色”或“背景色”色块（确定是设置前景色，还是设置背景色），再利用“颜色”面板选择一种颜色，即可设置图像的前景色和背景色。“颜色”面板的使用方法如下。

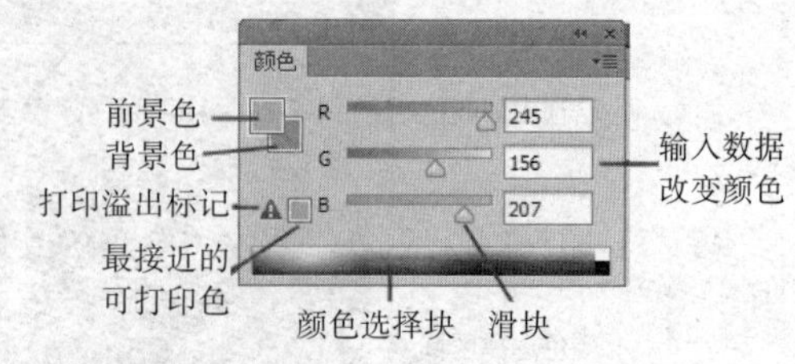

图 1-5-4 “颜色”面板

（1）选择不同模式的“颜色”面板：单击“颜色”面板右上角的“面板菜单”按钮，调出“颜色”面板菜单，选择该菜单中第 1 栏中的命令，可以改变颜色模式。例如，选择“CMYK 滑块”命令，可以使“颜色”面板变为 CMYK 模式的“颜色”面板。

（2）粗选颜色：将鼠标指针移动到“颜色选择条”中，此时鼠标指针变为吸管形状。单击一种颜色，可以看到其他部分的颜色和数据也随之发生了变化。

（3）细选颜色：拖动 R、G、B 的三个滑块，分别调整 R、G、B 颜色的深浅。

（4）精确设定颜色：在三个文本框中输入数据（0～255），来精确设定颜色。

5．吸管工具和颜色取样器工具

（1）“吸管工具”按钮：单击工具箱中的“吸管工具”按钮，此时鼠标指针变为形状。单击画布中任一处，即可将单击处的颜色设置为前景色。吸管工具的选项栏如图 1-5-5 所示。选择“取样大小”下拉列表框内的选项，可以改变吸管工具取样点的大小。

（2）“颜色取样器工具”按钮：它可以获取多个点的颜色信息。单击工具箱中的“颜色取样器工具”按钮，选项栏如图 1-5-6 所示。在“取样大小”下拉列表框中选择取样点的大小；单击“清除”按钮，可以将所有取样点的颜色信息标记删除。

图 1-5-5 “吸管工具”选项栏　　图 1-5-6 “颜色取样器工具”选项栏

使用“颜色取样器工具”按钮添加颜色信息标记的方法：单击“颜色取样器工具”按钮，将鼠标指针移动到画布窗口内部，此时鼠标指针变为十字形状。单击画布中要获取颜色信息的各点，即可在这些点处产生带数值序号的标记（例如），如图 1-5-7 所示。同时“信息”面板给出各取样点的颜色信息，如图 1-5-8 所示。右击要删除的标记，调出其快捷菜单，再单击菜单中的“删除”命令，可删除一个取样点的颜色信息标记。

6．“样式”面板

“样式”面板如图 1-5-9 所示，单击其中的样式图标，可以给当前图层内的文字和图像填充相应的内容。单击“样式”面板右上角的“面板菜单”按钮，调出该面板菜单。选择其中的命令，可以添加或更换样式、存储样式、改变“样式”面板显示方式等。

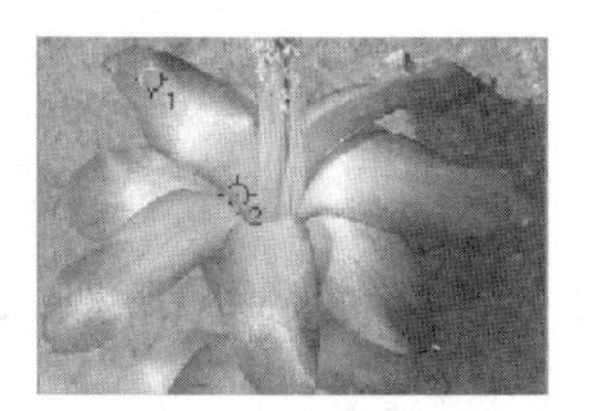
图 1-5-7　获取颜色信息的各点

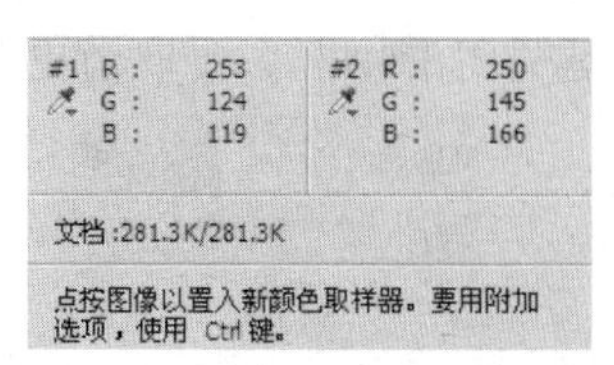

图 1-5-8　“信息”面板的信息

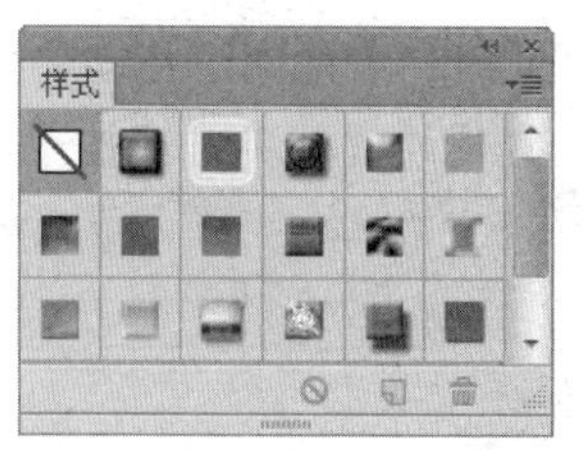

图 1-5-9　“样式”面板

1.5.2　填充单色或图案

1. 定义填充图案

导入或绘制一幅不大的图像。选中图像（见图 1-5-7）所在的画布，单击“编辑”→“定义图案”命令，调出“图案名称”对话框，在其文本框内输入图案名称（如“花”）。单击“确定”按钮，“图案样式”面板中最后会增加该图案，如图 1-5-10 所示。关于“图案样式”面板将在下面介绍。

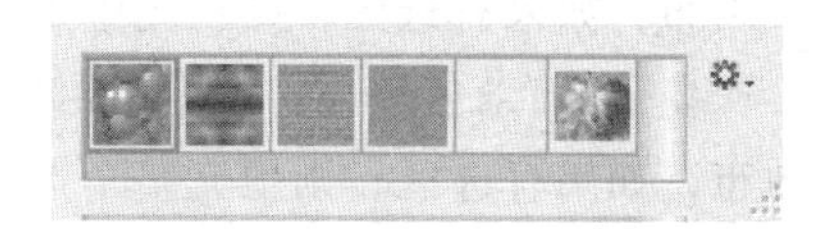
图 1-5-10　“图案样式”面板

2. 使用“油漆桶工具”填充

使用工具箱中的“油漆桶工具”按钮，可以给颜色容差在设置范围内的区域填充颜色或图案。在设置前景色或图案后，只要单击要填充处，即可给单击处和与该处颜色容差在设置范围内的区域填充前景色或图案。在创建选区后，只可以在选区内填充颜色或图案。关于选区将在第 2 章介绍。该工具的选项栏如图 1-5-11 所示。

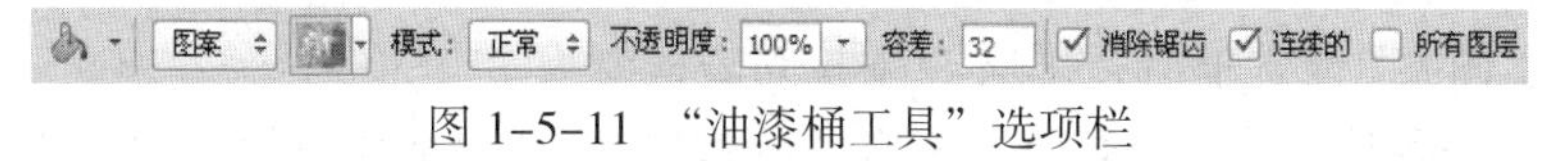

图 1-5-11　“油漆桶工具”选项栏

其中一些选项的作用如下。

（1）“填充”下拉列表框：选择“前景”选项后填充的是前景色，选择“图案”选项后填充的是图案，此时“图案”下拉列表框变为有效。

（2）“图案”按钮：单击其箭头按钮，可以调出“图案样式”面板（见图 1-5-10），用来设置填充的图案。可以更换、删除和新建图案样式。利用面板菜单可以载入图案。

（3）“容差”文本框：其内的数值决定了容差的大小。容差的数值决定了填充色的范围，其值越大，填充色的范围也越大。

（4）“消除锯齿”复选框：选中该复选框后，可以使填充的图像边缘锯齿减小。

（5）“连续的”复选框：在给几个不连续的颜色容差在设置范围内的区域填充颜色或图案时，如果选中该复选框，则只给单击的连续区域填充前景色或图案；如果没选中该复选框，则给所有颜色容差在设置范围内的区域（可以是不连续的）填充。

（6）“所有图层”复选框：选中该复选框后，可在所有可见图层内进行操作，即给选区内所有可见图层中颜色容差在设置范围内的区域填充颜色或图案。

（7）“不透明度”数字框：用来设置填充色或图案的不透明程度。“不透明度”数字框除了可以在其文本框中输入数值外，还可以单击数字框的按钮，调出滑槽和滑块，如图 1-5-12（a）所示；可以拖动滑块来更改数值，如图 1-5-12（b）所示。还可以将指针移到数字框的标题文字之上，当指针呈指向手指形状时，可向左或向右拖动来调整数值，如图 1-5-12（c）所示；

按住【Shift】键同时拖动，可以以 10 为增量进行数值调整。

在滑块框外单击或按【Enter】键关闭滑块框。要取消更改，可按【Esc】键。

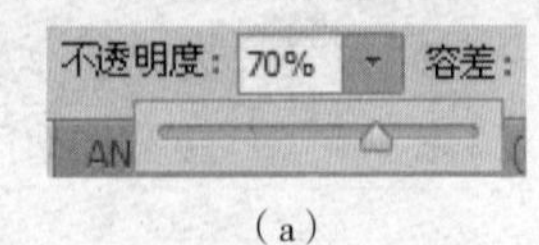

（a）

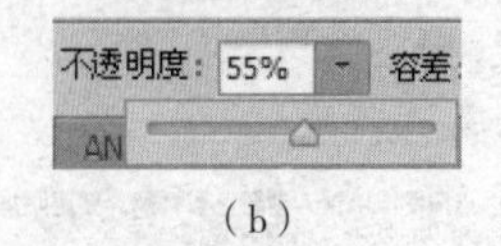

（b）

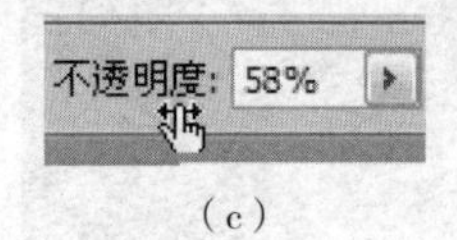

（c）

图 1-5-12 各种调数值的方法

3. 使用快捷键和命令填充

（1）使用快捷键填充单色：有如下两种方法。

◎ 用背景色填充：按【Ctrl+Delete】或【Ctrl+Backspace】组合键，可以用背景色填充整个画布，如果有选区，则填充整个选区。

◎ 用前景色填充：按【Alt+Delete】或【Alt+Backspace】组合键，可以用前景色填充整个画布，如果有选区，则填充整个选区。

（2）使用命令填充：单击“编辑”→“填充”命令，调出“填充”对话框，如图 1-5-13 所示。该对话框内许多选项与“油漆桶工具”选项栏内相应选项的作用一样。“使用”下拉列表框用来选择颜色类型，如果选择“图案”选项，则“填充”对话框内的“自定图案”按钮和“脚本”栏会变为有效。“自定图案”按钮的作用与“油漆桶工具”选项栏内“图案”按钮的作用一样。

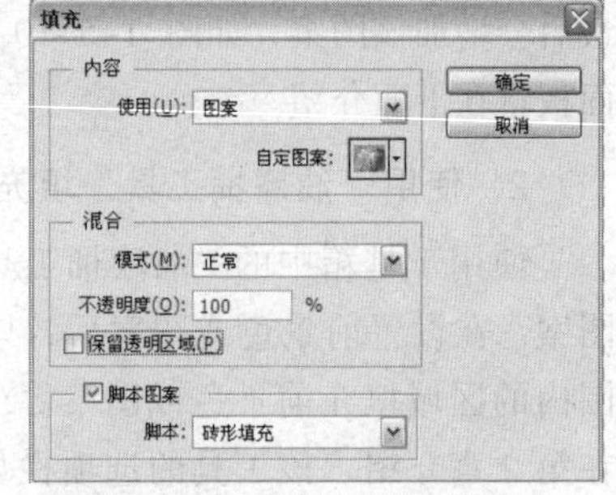

图 1-5-13 “填充”对话框

选中“脚本图案”复选框后，“脚本”下拉列表框变为有效，可以选择一种填充方式。填充方式有“砖形填充”“十字线织物填充”“随机填充”“螺线填充”“对称填充”五种填充方式。

（3）使用剪贴板粘贴图像：单击“编辑”→“粘贴”命令，即可将剪贴板中的图像复制到当前图像中，同时会在“图层”面板中增加一个新图层，用来存放粘贴的图像。

4. 混合模式

在画布窗口内绘图（包括使用画笔、铅笔、仿制图章等工具绘制图形图像，以及给选区内填充单色和渐变色及纹理图案）时，在选项栏内都有一个“模式”下拉列表框，用来选择绘图时的混合模式。绘图的混合模式就是绘图颜色与下面原有图像像素混合的方法。可以使用的模式会根据当前选定的工具自动确定。使用混合模式可以创建各种特殊效果。

“图层”面板内也有一个“模式”下拉列表框，它为图层或组指定混合模式，图层混合模式与绘画模式类似。图层的混合模式确定了其像素如何与图像中的下层像素进行混合。

图层没有“背后”和“清除”混合模式。此外，“颜色减淡”“颜色加深”“变暗”“变亮”“差值”“排除”模式不可用于 Lab 图像。仅有“正常”“溶解”“变暗”“正片叠底”“变亮”“线性减淡（添加）”“差值”“色相”“饱和度”“颜色”“亮度”“浅色”“深色”混合模式适用于 32 位图像。

下面简单介绍各种混合模式的特点，在介绍混合模式的效果时，所述的基色是图像中的原颜色，混合色是通过绘画或编辑工具应用的颜色，结果色是混合后得到的颜色。

（1）正常：当前图层中新绘制或编辑的图像的每个像素将覆盖原来的底色或图像的每个像素，使其成为结果色。绘图效果受“不透明度”的影响。这是默认模式。

（2）溶解：编辑或绘制每个像素，使其成为结果色，效果受“不透明度”的影响。根据任何像素位置的不透明度，结果色由基色或混合色的像素随机替换。

（3）背后：只能用于非背景图层中，仅在图层的透明部分编辑或绘画，而且仅在取消选择“锁定透明区域”复选框的图层中使用，类似于在透明纸的透明区域背面绘画。

（4）清除：取消选择“锁定透明区域”复选框的图层中才能使用此模式。用来清除当前图层的内容。编辑或绘制每个像素，使其透明。此模式可用于形状工具（当选定填充区域时）、“油漆桶工具”、“画笔工具”、“铅笔工具”、“填充”和“描边”命令。

（5）变暗：系统将查看每个通道中的颜色信息（或比较新绘制图像的颜色与底色），并选择基色或混合色中较暗的颜色作为结果色，替换比混合色亮的像素，而比混合色暗的像素保持不变。从而使混合后的图像颜色变暗。

（6）正片叠底：查看各通道的颜色信息，将基色与混合色进行正片叠底。结果色总是较暗颜色。任何颜色与黑色正片叠底产生黑色。任何颜色与白色正片叠底保持不变。当使用黑色或白色以外的颜色绘画时，结果色产生不同程度的变暗效果。

（7）颜色加深：通过增加对比度使基色变暗以反映混合色。与白色混合后不变化。

（8）线性加深：通过减小亮度使基色变暗以反映混合色。与白色混合后不变化。

（9）深色：比较混合色和基色的所有通道值的总和并显示值较小的颜色，从基色和混合色中选择最小的通道值来创建结果颜色。

（10）查看每个通道中的颜色信息，并选择基色或混合色中较亮的颜色作为结果色。比混合色暗的像素被替换，比混合色亮的像素保持不变。

（11）滤色：查看每个通道的颜色信息，并将混合色的互补色与基色进行正片叠底。例如：红色与蓝色混合后的颜色是粉红色。结果色总是较亮的颜色。用黑色过滤时颜色保持不变。用白色过滤时将产生白色。该模式类似于将两张幻灯片分别用两台幻灯机同时放映到同一位置，由于有来自两台幻灯机的光，因此结果图像通常比较亮。

（12）颜色减淡：通过减小对比度使基色变亮以反映混合色。与黑色混合不变化。

（13）线性减淡（添加）：增加亮度使基色变亮以反映混合色。与黑色混合不变化。

（14）浅色：比较混合色和基色的所有通道值的总和并显示值较大的颜色。“浅色”不会生成第三种颜色，因为它将从基色和混合色中选择最大的通道值来创建结果颜色。

（15）叠加：对颜色正片叠底或过滤，具体取决于基色。颜色在现有像素上叠加，同时保留基色的明暗对比。不替换基色，但基色与混合色相混以反映原色的亮度或暗度。

（16）柔光：新绘制图像的混合色有柔光照射效果。系统将使灰度小于 50%的像素变亮，使灰度大于 50%的像素变暗，从而调整了图像灰度，使图像亮度反差减小。

（17）强光：新绘制图像的混合色有耀眼的聚光灯照在图像上的效果。当新绘制的图像颜色灰度大于 50%时，以屏幕模式混合，产生加光的效果；当新绘制的图像颜色灰度小于 50%时，以正片叠底模式混合，产生暗化的效果。

（18）亮光：通过增加或减小对比度来加深或减淡颜色，具体取决于混合色。如果混合色（光源）比 50%灰色亮，则使图像变亮。如果混合色比 50%灰色暗，则使图像变暗。

（19）线性光：减小或增加亮度来加深或减淡颜色，具体取决于混合色。如果混合色（光源）比 50%灰色亮，则使图像变亮。如果混合色比 50% 灰色暗，则使图像变暗。

（20）点光：根据混合色替换颜色。如果混合色比 50%灰色亮，则替换比混合色暗的像素，而不改变比混合色亮的像素。如果混合色比 50%灰色暗，则替换比混合色亮的像素，而比混合色暗的像素保持不变。这对于向图像添加特殊效果非常有用。

（21）实色混合：将混合颜色的红、绿和蓝色通道值添加到基色 RGB 值。如果通道的结果总和大于或等 255，则值为 255；否则值为 0。因此，所有混合像素的红、绿和蓝色通道值是 0 或 255。这会将所有像素更改为原色：红、绿、蓝、青、黄、洋红、白或黑色。

（22）差值：查看各通道的颜色，从基色中减去混合色，或从混合色中减去基色，具体取决于哪一个颜色的亮度更大。与白色混合将反转基色值；与黑色混合则不变化。

（23）排除：它的混色效果与差值模式基本一样，只是图像对比度更低，更柔和一些。与白色混合将反转基色值。与黑色混合则不发生变化。

（24）色相：用基色的明亮度和饱和度及混合色的色相创建结果色。

（25）饱和度：用基色的明亮度和色相及混合色的饱和度创建结果色。在无饱和度（灰色）的区域上使用此模式绘画不会发生任何变化。

（26）颜色：用基色的明亮度及混合色的色相和饱和度创建结果色。这样可以保留图像中的灰阶，并且对于给单色图像上色和给彩色图像着色都会非常有用。

（27）明度：用基色色相和饱和度及混合色的亮度创建结果色，与“颜色”模式效果相反。

可以通过实际的实验性操作来了解各种混合模式的特点。

1.6 图像裁剪

1.6.1 裁剪工具裁剪图像

在 Photoshop CS6 中，“裁剪工具”有了很大改进。在选择“裁剪工具”的同时也产生和画布一样大小的裁剪框，调整裁剪框大小和旋转角度后，只需要拖动图像，将要保留的图像部分拖动到裁剪框内，即可看到裁剪效果，同时还可以看到原图像。它将原本“裁剪工具”裁掉的部分也进行了保留，无须经过“后退一步”命令便可以轻松还原图像。

另外，Photoshop CS6 还添加了全新的“透视裁剪工具”，通过此工具可以把具有透视的影像进行裁剪，同时把画面拉直，并纠正成正确的视角。

1. 裁剪工具的选项栏

单击工具箱中“裁剪工具”按钮 ，即可产生裁剪框，“裁剪工具”选项栏如图 1-6-1 所示，各选项的作用如下。

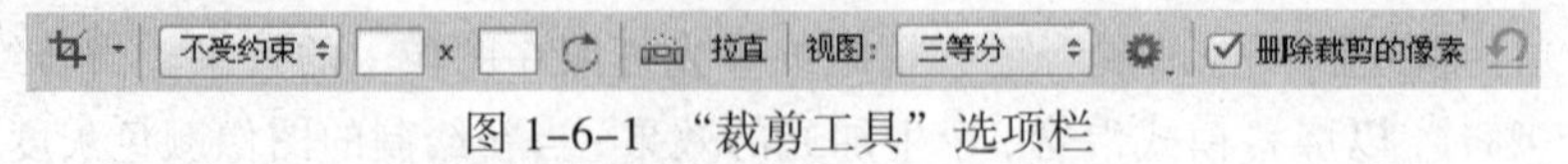

图 1-6-1 “裁剪工具”选项栏

（1）“设置自定长宽比”（即“设置宽高比”）文本框：它是两个文本框，其间是字符 x，用来分别输入矩形裁剪框的宽度和高度比例数值。如果这两个文本框内无数值时，拖动裁剪框的控制柄，可以调整裁剪框（见图 1-6-2）的宽和高为任意值；在画布内拖动可以重新创建任意宽度和高度数值的裁剪框。如果这两个文本框内有数值时，拖动裁剪框的控制柄和在画布内拖动，裁剪框的宽高比不会改变，由两个文本框内的数值决定。

（2）按钮 ：两个文本框中的数值指示为裁剪框的宽高比，或者指示为裁剪框高宽比。单击该按钮，可以在两种指示状态之间相互切换，如图 1-6-2 所示。

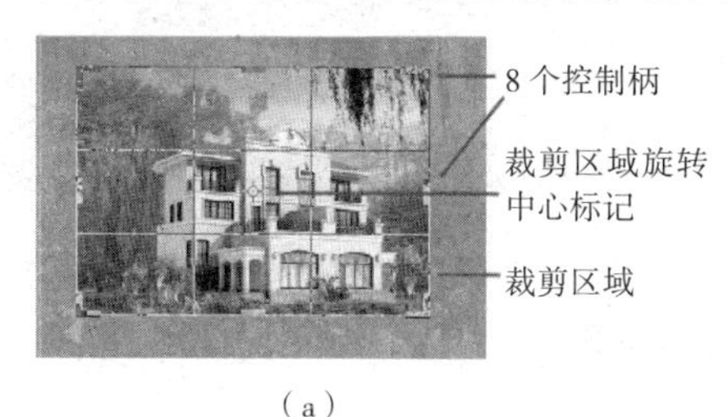

（a）

（b）

图 1-6-2　矩形裁剪框和两种指示状态的裁剪框效果

（3）“裁剪比例预设”按钮：单击该按钮，可以调出其菜单，选择该菜单内的第 2 栏中的命令，可以选择一种预设的裁剪宽高比例。其他命令介绍如下。

◎ 选择“不受约束”命令，则相当于两个文本框内均不输入数值。

◎ 选择“原始比例”命令，则保持原图像的宽高比。

◎ 选择“存储预设”命令，调出“新建裁剪预设”对话框，如图 1-6-3 所示。用来将当前设置的宽高比以“名称”文本框内的名称保存，以后在下拉列表中会显示该预设的名称。

◎ 如果自定预设后，菜单中的“删除预设”命令变为有效，选择该命令，可以调出“删除裁剪预设”对话框，在该对话框的下拉列表框内选中一种自定预设选项后，单击“删除”按钮，即可将选中的自定预设选项删除。

◎ 选择“大小和分辨率”命令，调出“裁剪图像大小和分辨率”对话框，如图 1-6-4 所示，可以设置裁剪后图像的宽度和高度，以及分辨率等，“分辨率”下拉列表框用来选择分辨率的单位，有“像素/英寸”和“像素/厘米”两个选项。设置完后，单击“确定”按钮，即可按照该对话框的设置完成图像裁剪。

◎ 选择下拉列表中的“旋转裁剪框”命令和单击 按钮的作用一样。

（4）“拉直”按钮 ：单击该按钮后，鼠标指针变为 形状，然后在图像之上拖动，可以使图像按照拖动的直线旋转调整图像的倾斜角度。常利用该功能来校正地平线倾斜的图像。

例如，打开“建筑”图像，如图 1-6-5 所示。单击工具箱中的“裁剪工具”按钮 ，单击“拉直”按钮 ，沿着地平线拖动出一条直线，如图 1-6-6 所示，释放鼠标左键后，即可将图像调整好，使地平线保持水平，如图 1-6-7 所示。

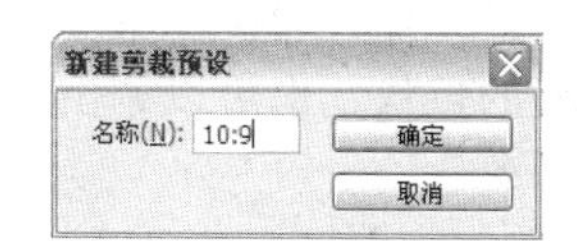

图 1-6-3　“新建裁剪预设”对话框

图 1-6-4　“裁剪图像大小和分辨率”对话框

图 1-6-5　“建筑”图像

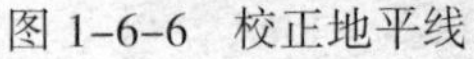

图 1-6-6 校正地平线

图 1-6-7 校正地平线后的效果

（5）“设置其他裁切选项”按钮：单击该按钮，会调出一个面板，如图 1-6-8 所示。该面板内各选项的作用如下。

◎“使用经典模式”复选框：选中该复选框后，“裁剪工具”的使用方法与以前 Photoshop 版本“裁剪工具”的使用方法一样，裁剪框也和以前的一样，它是一个矩形框，四周有 8 个控制柄，形状是黑色正方形，如图 1-6-9 所示。当鼠标指针移到控制柄之上时，鼠标指针的形状变换和以前是一样的，变为双箭头形状。

选中“使用经典模式”复选框后，可以拖动移动裁剪框的位置、调整其大小和旋转角度，图像是不动的。不选中“使用经典模式”复选框，可以拖动移动图像的位置和旋转图像，裁剪框是不动的，如图 1-6-10 所示。两种情况下，都可以拖动裁剪框 8 个控制柄，调整裁剪框的大小，如图 1-6-9 和图 1-6-11 所示，只是使用经典模式下，没有提供提示信息。

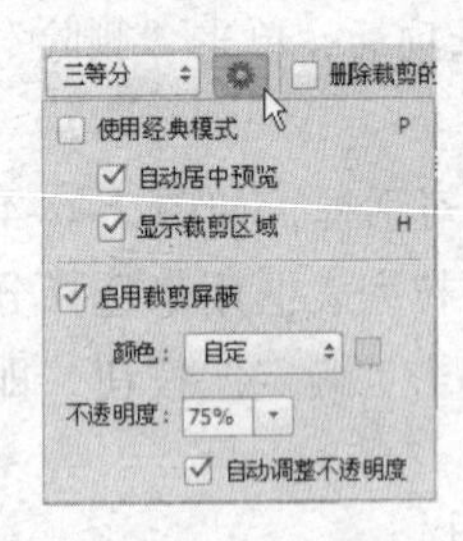

图 1-6-8 面板

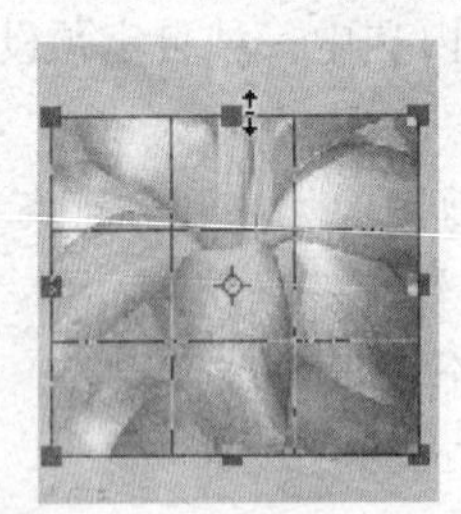

图 1-6-9 裁剪框

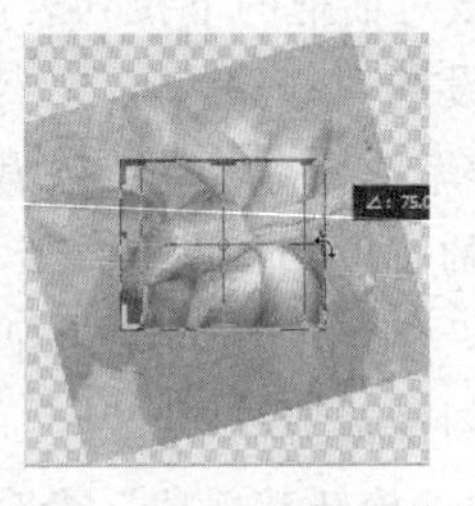

图 1-6-10 旋转图像 图 1-6-11 调裁剪框大小

◎“自动居中预览”复选框：选中该复选框后，在进行裁剪框调整时，裁剪框位于画布的中央。

◎“显示裁剪区域”复选框：选中该复选框后，在调整裁剪框过程中，始终显示整幅图像。

◎“启用裁剪屏蔽”复选框：选中该复选框后，会在裁剪框外的图像之上形成一个遮蔽层。不选中它，则裁剪框外的图像之上没有遮蔽层。

◎“颜色”按钮：用来设置遮蔽层的颜色。单击“颜色”按钮，可以调出它的菜单，选择其中的“匹配画布”命令，则遮蔽层会自动设置为半透明灰色；选择其中的“自定”选项，则会调出“拾色器”对话框，用来设置遮蔽层的颜色。单击“颜色”栏的色块，也可以调出“拾色器”对话框。

◎“不透明度”数字框：用来设置遮蔽层的不透明度。

◎“自动调整不透明度”复选框：选中该复选框后，不管“不透明度”设置为多少，在调整裁剪框中会自动将遮蔽层调整得更小一些。

（6）“视图”按钮：单击该按钮，可以调出“视图”菜单，其中第 1 栏内有“三等分”“网格”“对角”“三角形”“黄金比例”“金色螺旋”6 个命令，用来确定裁剪框内的参考线的特点，便于裁切时图像的裁剪定位。

（7）“删除裁剪的像素”复选框：在进行完裁剪调整后，按【Enter】键确定即可完成图像的裁切。如果选中该复选框，则图像裁剪后，裁剪框外的图像删除；如果没选中该复选框，则图像裁剪后，裁剪框外的图像隐藏，再单击“裁剪工具”按钮，单击图像，即可将隐藏的图像显示出来。

2. 裁剪图像举例

（1）打开一幅“杨柳.psd”图像，单击“裁剪工具”按钮，图像四周产生矩形剪裁框，如图 1-6-12 所示。裁剪框的边界线上有 8 个控制柄，裁剪框内有一个中心标记。将鼠标指针移动到画布内，鼠标指针会变为▶形状。

（2）在选项栏中，单击“裁剪比例预设”按钮，调出其菜单，选择“不受约束”命令，在“设置自定长宽比”两个文本框内不输入数值。

（3）单击选项栏的“设置其他裁切选项”按钮，调出一个面板，启用裁剪屏蔽，设置裁剪屏蔽颜色为粉红色，不透明度设置为 75%（见图 1-6-8）。

（4）将鼠标指针移动到裁剪框四周的控制柄处，当鼠标指针会变为直线的双箭头形状时拖动，可以调整裁剪框的大小。也可以在要保留的部分拖动出一个矩形，重新创建裁剪框，如图 1-6-13 所示。

（5）将鼠标指针移动到裁剪框四角控制柄外，当鼠标指针呈弧线双箭头形状时，拖动鼠标，可以旋转图像，如图 1-6-14 所示。如果选中图 1-6-8 所示面板内的“使用经典模式”复选框，则拖动鼠标的结果是拖动裁剪框旋转。拖动移动中心标记，则旋转中心会改变。

图 1-6-12　矩形裁剪区

图 1-6-13　调整裁剪框

图 1-6-14　旋转裁剪框

（6）将鼠标指针移到裁剪框内，当鼠标指针呈黑三角箭头形状时，拖动鼠标，可以移动图像，裁剪框位置不变，从而调整了裁剪框的图像部位。如果选中图 1-6-8 所示面板内的“使用经典模式”复选框，则拖动鼠标的结果是拖动裁剪框。

（7）按【Enter】键确定，完成裁剪图像任务。或者，单击工具箱中其他工具，调出一个提示框，单击“裁剪”按钮，也可以完成裁剪图像的任务；单击“不裁剪”按钮，不进行图像的裁剪；单击“取消”按钮，取消裁剪操作。

（8）如果在其选项栏的“设置自定长宽比”两个文本框内输入数值（例如，输入 400 和 300），则裁剪框会按照给定的宽高比自动调整。调整裁剪框时裁剪框的宽高比不会改变。

1.6.2　透视裁剪工具裁剪图像

1. 透视裁剪工具的选项栏

单击工具箱中“透视裁剪工具”按钮，即可产生裁剪框，“透视裁剪工具”选项栏如

图 1-6-15 所示，各选项的作用如下。

图 1-6-15 “透视裁剪工具”选项栏

（1）W（宽度）和 H（高度）文本框：用来确定裁剪后图像的宽度和高度。如果这两个文本框内无数据时，裁剪后图像的宽度和高度就是裁剪框外切矩形的宽度和高度。单击两个文本框之间的“高度和宽度互换”按钮，可以将两个文本框内的数值互换。

（2）“分辨率”文本框：用来设置裁剪后图像的分辨率。

（3）“分辨率”下拉列表框：用来选择分辨率的单位。

（4）“前面的图像”按钮：单击该按钮后，可以将当前图像的“宽度”“高度”和“分辨率”的数值进行采集，并填入选项栏。

（5）“清除”按钮：单击该按钮后，可将“宽度”、“高度”等文本框内的数据清除。

（6）“显示网格”复选框：选中该复选框后，裁剪框内显示网格，否则不显示网格。

2. 透视裁剪图像举例

（1）打开一幅“北欧建筑.jpg”图像，如图 1-6-16 所示。单击“透视裁剪工具”按钮，选中选项栏的“显示网格”复选框，将鼠标指针移到画布内，鼠标指针会变为形状。

（2）在图像中拖动，创建一个有网格的矩形裁剪框，如图 1-6-17 所示。

（3）将鼠标指针移动到裁剪框四角的控制柄处时，鼠标指针会变为白三角箭头形状，此时拖动鼠标可以改变裁剪框的形状。垂直向下拖动裁剪框左上角的控制柄，再垂直向上拖动裁剪框左下角的控制柄，调整裁剪框的形状。调整后如图 1-6-18 所示。

图 1-6-16 “北欧建筑.jpg”图像

图 1-6-17 矩形裁剪框

图 1-6-18 透视裁剪框

（4）创建图 1-6-18 所示的裁剪框还可以在完成第 1 步操作后，单击图 1-6-18 所示左上角控制柄处，再单击右上角控制柄处，接着将鼠标指针移动到右下角控制柄处并单击，最后单击左下角控制柄处。

（5）将鼠标指针移动到裁剪框四边的控制柄处，当鼠标指针会变为直线的双箭头形状时，可以调整裁剪框的高度或宽度。将鼠标指针移动到裁剪框四角控制柄外，当鼠标指针呈弧线双箭头形状时，拖动鼠标，可以旋转图像。将鼠标指针移到裁剪框内，当鼠标指针呈黑三角箭头形状时，拖动鼠标，可以移动裁剪框，调整裁剪框的位置。

图 1-6-19 裁剪效果

（6）创建图 1-6-18 所示透视裁剪框后，按【Enter】键确定，完成裁剪图像任务，图像裁剪效果如图 1-6-19 所示。单击工具箱中其他工具，调出一个提示框，单击“裁剪”按钮，也可以完成裁剪图像的任务。

思考与练习

1．填空题

（1）色彩的三要素是________、________和________。色彩的三原色是________、________和________。

（2）色域是________。色阶范围是________，其值越大，亮度越________；其值越小，亮度越________。图像的色阶等级越________则图像的层次越丰富。

（3）选择“视图”→“标尺”命令，可以________。

（4）单击“历史记录”面板中的某一步历史操作文字或图标，即可________。

（5）单击工具箱中的“吸管工具”按钮，再单击画布中任一处，即可________。

（6）变换图像的常用操作有________、________、________、________、________和________六种。

2．问答题

（1）点阵图和矢量图有什么不同点？

（2）如何将当前工作区状态保存？如何切换不同的工作区？

（3）简述给选区内填充单色的方法有几种？分别如何进行操作？

3．操作题

（1）启动中文 Photoshop CS6，将“色板”“颜色”和“样式”三个面板组成一个面板组，将“字符”“字符样式”“段落”和“段落样式”四个面板组成一个面板组。然后设置工作区，再将工作区以您的名字保存。

（2）打开一幅 JPG 格式的图像，将其均匀地裁切成四份，分别以不同名称保存。

（3）将四幅大小和格式不同的图像加工成大小和格式（JPG）一样的图像。

（4）将一幅图像的宽度调整为 500 像素，同时图像的宽高比不改变。

（5）新建一个文档，它的宽度为 400 像素，高度为 300 像素，分辨率为 96 像素/英寸，颜色模式为 RGB 颜色、8 位。设置前景色为白色，背景色为黑色。

（6）将一幅扩展名为“.bmp”的图像文件转换为名称不变，扩展名为“.jpg”图像文件。

（7）将一幅图像设置为名称“图像 1”的图案，再填充到一个矩形选区内。

（8）将一幅图像进行裁剪，裁剪后的图像宽度为 400 像素，高度为 300 像素。将另一幅图像进行透视裁剪，裁剪后的图像宽度为 400 像素，高度为 300 像素。

第2章 选区操作

本章通过3个案例制作的学习，可以掌握创建和编辑各种选区，选区单色填充，选区内填充渐变颜色，编辑选区内图像和选择性粘贴图像，选区描边等。

选区也称选框，是一条流动虚线围成的区域。有了选区后，则可以只对选区内的图像进行编辑。创建选区可以使用工具箱中的一些工具、菜单命令，以及使用路径、通道和蒙版等技术。利用路径、通道和蒙版等技术来创建选区的方法将在第6章和第7章介绍。

2.1 【案例1】动物摄影

案例效果

“动物摄影”图像如图2-1-1所示。可以看到，在黑色背景之上，放置有6幅摄影照片图像，其中2幅图像有金黄色框架；2幅为“三原色混色效果”图像；1幅为发白光的立体文字“动物摄影”；1幅为四周有羽化白光的照相机图像。

图2-1-1 “动物摄影”图像

操作步骤

1. 制作“三原色混色”图像

（1）单击图1-5-1所示的“设置背景色”图标，调出“拾色器”对话框，在该对话框中的R、G、B文本框内均输入0，单击“确定”按钮，设置背景色为黑色。

（2）单击“文件”→“新建”命令，调出“新建”对话框，如图1-3-4所示。设置宽度为

200 像素、高度为 200 像素，背景为黑色，单击“确定”按钮，新建一个画布窗口。然后，单击“文件”→“存储为”命令，调出“存储为”对话框，利用它将新画布以名称“三原色混合.psd”保存。

（3）单击“设置前景色”图标，调出“拾色器”对话框，在 R、G、B 文本框内分别输入 255、0、0。单击“确定”按钮，设置前景色为红色。单击“设置背景色”图标，调出“拾色器”对话框，在 R、G、B 文本框内分别输入 0、255、0。单击“确定”按钮，设置背景色为绿色。

（4）调出“图层”面板，单击“图层”面板底部的“创建新图层”按钮，在“背景”图层之上创建一个新“图层 1”图层。单击选中该图层。

（5）单击工具箱中的“椭圆选框工具”按钮，按住【Shift】键，在画布窗口内拖动创建一个圆形选区，如图 2-1-2（a）所示。按【Alt+Delete】或【Alt+Backspace】组合键，给圆形选区内填充前景色红色，如图 2-1-2（b）所示。

（6）在“图层 1”图层之上创建一个“图层 2”图层，选中该图层。水平拖动圆形选区到图 2-1-2（c）所示的位置。按【Ctrl+Delete】或【Ctrl+Backspace】组合键，给圆形选区内填充背景色绿色，如图 2-1-2（d）所示。

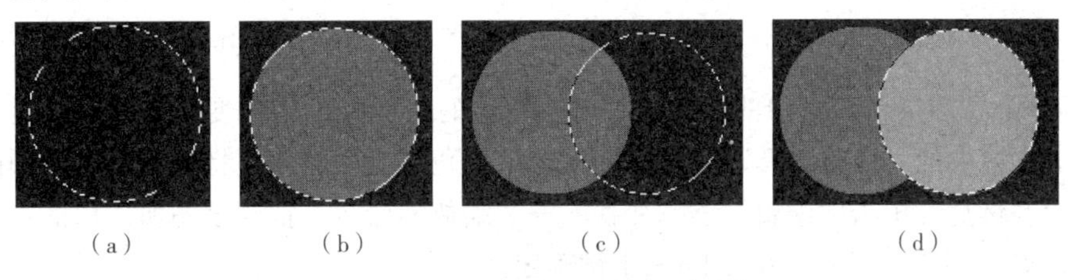

（a）　（b）　（c）　（d）

图 2-1-2　绘制红色圆形和绿色圆形的过程

如果要调整绿色圆的位置，可以单击选中“图层”面板内的“图层 2”图层，单击工具箱中的“移动工具”按钮，再拖动绿色圆的位置。

（7）在“图层 2”图层之上创建一个“图层 3” 图层，选中该图层。将圆形选区移动到图 2-1-3（a）所示的位置。设置前景色为蓝色（R=0、G=0、B=255），按【Alt+Delelte】组合键，给圆形选区内填充前景色蓝色，如图 2-1-3（b）所示。按【Ctrl+D】组合键，取消选区，完成蓝色圆形的绘制，如图 2-1-3（c）所示。

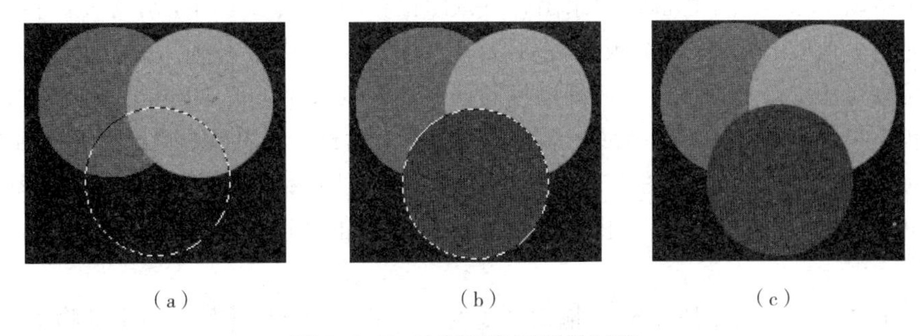

（a）　（b）　（c）

图 2-1-3　绘制蓝色圆形的过程

（8）选中“图层 3”图层。在“图层”面板的“设置图层的混合模式”下拉列表框中选择“差值”选项，使“图层 3”和“图层 2”图层中的图像颜色按照差值混合。

选中“图层 2”图层。在“图层”面板的“设置图层的混合模式”下拉列表框中选择“差值”选项。三原色混色效果图如图 2-1-4 所示。

（9）单击“图层”面板中的“背景”图层左边的图标，使其变为图标，显示“背景”图层，图像背景为黑色。“图层”面板如图 2-1-5 所示。

（10）单击“图层”面板中的“背景”图层左边的图标，使其变为图标，隐藏该图层。选中“图层 1”图层，单击“图层”→“合并可见图层”命令，将“图层 2”和“图层 3”图层的内容合并到“图层 1”图层，“图层”面板如图 2-1-6 所示。

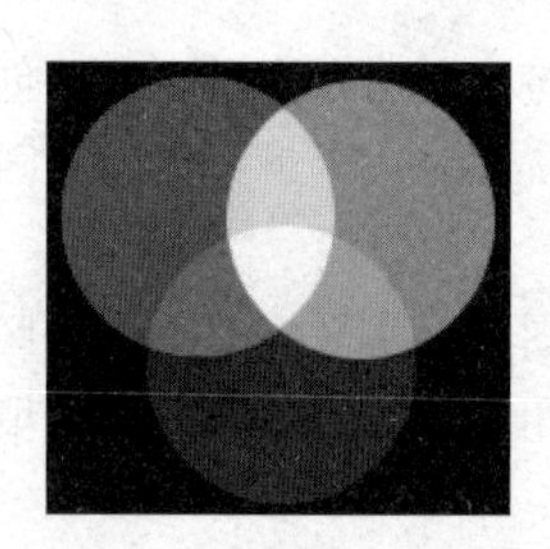

图 2-1-4　三原色混色效果　　图 2-1-5　显示背景图层　　图 2-1-6　合并图层

（11）单击“图层”面板中的“背景”图层左边的图标，使其变为图标，显示背景黑色。单击工具箱中的“移动工具”按钮，拖动三原色混色效果图，将该图形移动到画布窗口内的左上角。然后，单击“编辑”→“变换”→“缩放”命令，拖动该图像四周的控制柄，调整其大小，如图 2-1-7 所示，按【Enter】键确定。

2. 添加图像

（1）单击“默认前景色和背景色”图标，再单击“切换前景色和背景色”图标，设置背景色为黑色，前景色为白色。单击“文件”→“新建”命令，调出“新建”对话框（见图 1-3-4）。设置宽度为 900 像素、高度为 400 像素，背景内容为黑色，单击“确定”按钮，新建一个画布窗口。然后，以名称“【案例 1】动物摄影.psd”保存。

（2）单击“移动工具”按钮，垂直向下拖动“三原色混合.psd”图像的标签，使该图像独立。再拖动该图像内三原色混色效果图，将该图像移动到“【案例 1】动物摄影.psd”画布窗口内的左上角。此时，“图层”面板内自动增添“图层 1”图层。然后，单击“编辑”→“变换”→“缩放”命令，拖动该图像四周的控制柄，调整其大小，按【Enter】键确定。

（3）单击“文件”→“打开”命令，调出“打开”对话框，利用该对话框打开“动物 1.jpg”、“动物 2.jpg”和“动物 3.jpg”图像。选中“动物 1.jpg”图像，单击“图像”→“图像大小”命令，调出“图像大小”对话框，将“动物 1.jpg”图像的宽度调整为 300 像素，高度等比例自动变化。

（4）单击“移动工具”按钮，拖动“动物 1.jpg”图像到“【案例 1】动物摄影.psd”图像的画布窗口内，在该画布窗口内复制一份“动物 1.jpg”图像。此时，“图层”面板内自动增加“图层 2”图层。

（5）选中“图层 2”图层，单击“编辑”→“变换”→“缩放”命令，在复制的“动物 1.jpg”

图像四周会出现 8 个控制柄，拖动复制图像四周的控制柄，调整该图像的大小；拖动复制图像，调整该图像的位置。调整好后按【Enter】键确定。

（6）按照上述方法，分别调整“动物 2.jpg”和“动物 3.jpg”图像的大小，再依次将这两幅图像拖动到“【案例 1】动物摄影.psd”图像的画布窗口内，调整这两幅复制图像的大小和位置。

（7）在“图层”面板内将“图层 1”图层拖动到“创建新图层”按钮上，在“图层 1”图层之上创建一个新“图层 1 副本”图层。此时“【案例 1】动物摄影.psd”图像的画布窗口如图 2-1-8 所示。

（8）在“图层”面板内，双击三原色混色图像所在图层的名称，进入图层名称的编辑状态，将图层的名称分别改为“三原色 1”和“三原色 2”。将复制的“动物 1.jpg”“动物 2.jpg”“动物 3.jpg”图像所在的“图层 2”“图层 3”“图层 4”图层名称分别改为“图像 1”“图像 2”“图像 3”，如图 2-1-9 所示。

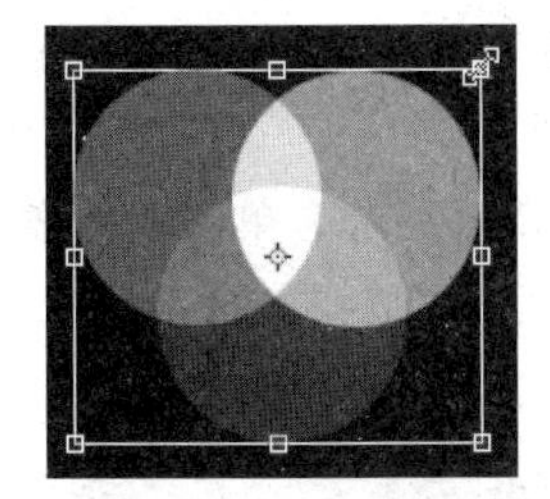

图 2-1-7　调整大小

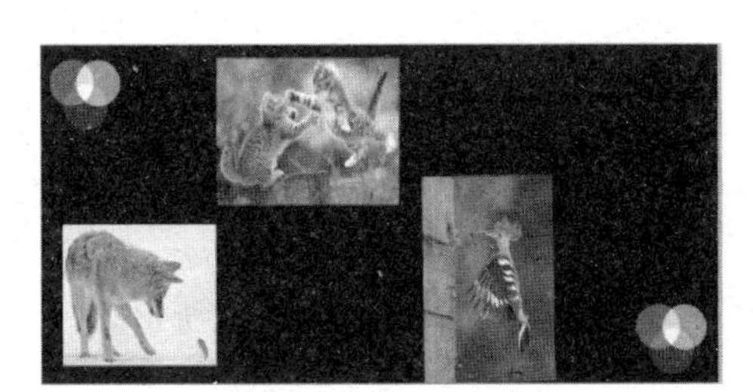

图 2-1-8　画布窗口

图 2-1-9　“图层”面板

3．粘贴羽化的相机图像

（1）打开“照相机.jpg”图像，如图 2-1-10 所示。单击“图像”→“画布大小”命令，调出“画布大小”对话框，在“宽度”下拉列表框中选择“像素”选项，选中“相对”复选框，在“宽度”和“高度”文本框中分别输入 30，单击“确定”按钮，将图像四周增加 30 像素白边，如图 2-1-11 所示。

（2）单击工具箱中的“魔棒工具”按钮，鼠标指针变为魔棒形状，在其选项栏中的“容差”文本框内输入 10，单击“照相机.jpg”图像内的白色背景，创建一个选中白色背景区域的选区，如图 2-1-12 所示。

图 2-1-10　“照相机”图像

图 2-1-11　增加白边

图 2-1-12　选中白色的选区

（3）单击“选择”→“反向”命令，使选区反向，如图 2-1-13 所示。

（4）单击“选择”→“修改”→“羽化”命令，调出“羽化选区”对话框，在“羽化半径”文本框中输入 30，如图 2-1-14 所示。单击“确定”按钮，使选区羽化 30 像素，如图 2-1-15 所示。

图 2-1-13　选区反向

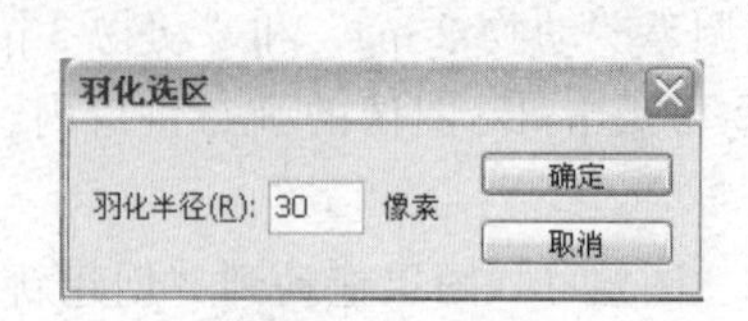

图 2-1-14　“羽化选区”对话框

图 2-1-15　羽化选区

（5）单击“编辑”→“拷贝”命令，将羽化选区内的羽化图像复制到剪贴板中。

单击选中“【案例 1】动物摄影.psd”图像的画布，单击选中“图层”面板中的“图像 3”图层。单击“编辑”→“粘贴”命令，将剪贴板内的羽化图像粘贴到“【案例 1】动物摄影.psd”图像的画布窗口内，如图 2-1-16 所示。同时，在“图层”面板内最上边增加一个新图层，将该图层的名称改为“相机”。

（6）单击“移动工具”按钮，将“相机”图层的图像拖动到画布窗口的右上角。单击“编辑”→“自由变换”命令，调整图像的大小和旋转角度，按【Enter】键确定。

（7）单击“图层”面板中的“添加图层样式”按钮，调出它的快捷菜单，单击“外发光”命令，调出“图层样式”对话框，设置如图 2-1-17 所示。单击“确定”按钮，给“相机”图层图像添加白色外发光效果。“图层”面板如图 2-1-18 所示。

图 2-1-16　添加羽化图像

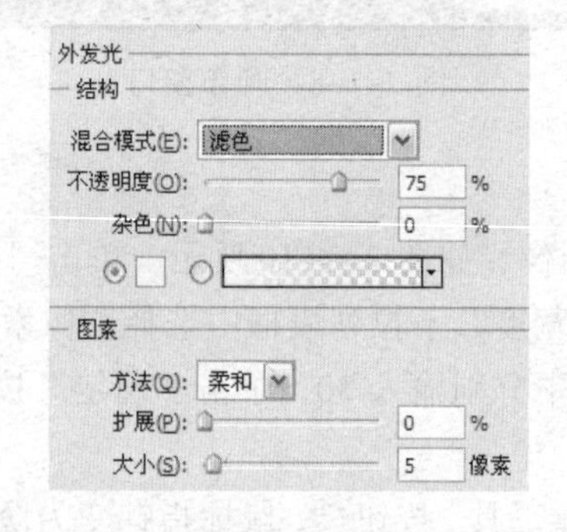

图 2-1-17　“图层样式”对话框设置

图 2-1-18　“图层”面板

4. 贴入羽化选区内图像

（1）打开“动物 4.jpg”“动物 5.jpg”“动物 6.jpg”图像，如图 2-1-19 所示。分别将这三幅图像的宽度调整为 300 像素，高度等比例自动变化。

图 2-1-19　3 幅图像

（2）单击“动物 4.jpg”图像，单击“选择”→“全部”命令，创建选中全部图像的选区。单击“编辑”→“拷贝”命令，将选区内的图像复制到剪贴板内。

注意：在将选区内的图像复制到剪贴板时，如果单击“编辑”→“合并拷贝”命令，则可以将选区内所有图层的图像复制到剪贴板中。

（3）单击“【案例 1】动物摄影.psd”图像画布窗口，单击工具箱中的“椭圆选框工具”按钮，在其选项栏中的“羽化”文本框中输入 25。在画布窗口左上角拖动创建一个羽化 25 像素的椭圆形选区。

（4）单击“图层”面板中的“相机”图层。单击“编辑”→“选择性粘贴”→“贴入”命令，将剪贴板内的图像粘贴到羽化 25 像素的椭圆形选区内。同时，在“图层”面板最上边增加一个“图层 1”图层。将该图层名称改为“图像 4”。

（5）按照上述方法，再在“【案例 1】动物摄影.psd”图像画布窗口内添加 2 幅羽化的“动物 5.jpg”和“动物 6.jpg”图像。同时，在“图层”面板最上边增加“图层 2”和“图层 3”图层。将这两个图层的名称分别改为“图像 5”和“图像 6”。

（6）单击工具箱中的“移动工具”按钮，选中其选项栏中的“自动选择”复选框，保证可以直接拖动调整图像的位置，同时可以自动选中“图层”面板内该图像所在的图层。否则需要先选中“图层”面板内图像所在图层，才可以调整该图层内的图像。

（7）调整三幅刚刚贴入羽化选区内的图像的位置，还可以在选中图像所在的图层后，单击“编辑”→“自由变换”命令，调整贴入选区中的图像的大小和位置。此时画布窗口如图 2-1-20 所示，“图层”面板如图 2-1-21 所示。

图 2-1-20　在羽化的椭圆形选区内贴入 3 幅图像

图 2-1-21　“图层”面板

5. 制作立体文字

（1）单击工具箱中的“横排文字工具”按钮，单击画布窗口右上角。在其选项栏内设置字体为华文楷体，字号为 36 点，在“设置消除锯齿方法”下拉列表框中选择“浑厚”选项。单击“设置文本颜色”图标，调出“拾色器”对话框，设置文字颜色为橙色。此时的“横排文字工具”选项栏如图 2-1-22 所示。

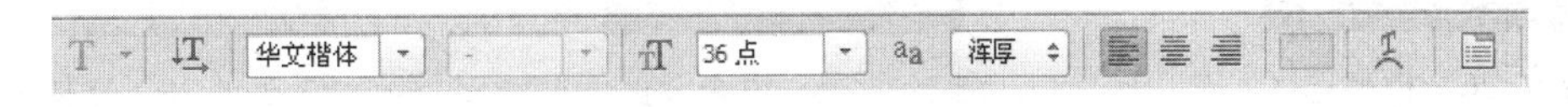

图 2-1-22　“横排文字工具”选项栏

（2）输入文字“动物摄影”。“图层”面板内会自动增加“动物摄影”文本图层。

（3）单击“样式”面板右上角的“菜单按钮”按钮，调出“样式”面板的菜单，单击该菜单中的“文字效果”命令，调出一个提示框，单击“追加”按钮，将外部的“文字效果”样式文件内的样式追加到“样式”面板内原样式的后边。

（4）单击“样式”面板中的“清晰浮雕-外斜面”图标，将该样式应用于选中的文字图层。单击“动物摄影”文本图层右边的，将文字的效果说明收缩。橙色“动物摄影”文字变为黑色立体文字。

（5）拖动“图层”面板中的“动物摄影”文本图层到“创建新图层”按钮上，复制一个图层，名称为“动物摄影副本”。单击选中该图层，单击“样式”面板内的“喷溅蜡纸”图标，使该图层内的“动物摄影”文字四周出现白色光芒（见图 2-1-1）。

6. 给图像添加框架

（1）选中“图像 1”图层，同时也选中了该图层内的图像。按住【Ctrl】键，单击“图层 2”图层的缩略图，创建一个选中该图层内图像的矩形选区，如图 2-1-23 所示。

（2）单击“选择”→“修改”→“扩展”命令，调出“扩展选区”对话框，在“扩展量”文本框中输入 6，如图 2-1-24 所示，单击“确定”按钮，将选区扩展 6 像素，如图 2-1-25 所示。

图 2-1-23　创建选区

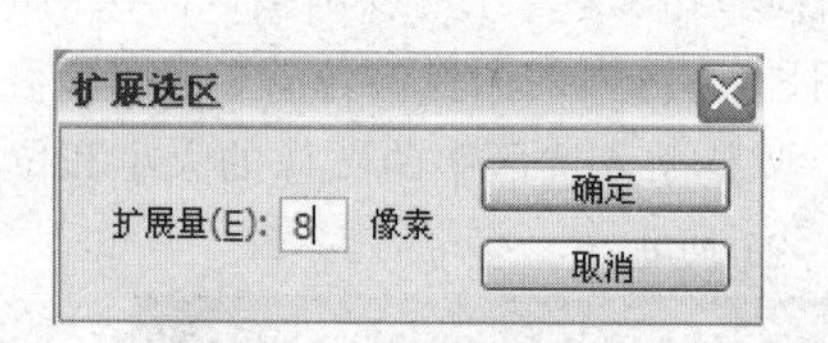

图 2-1-24　“扩展选区”对话框

图 2-1-25　扩展选区

（3）单击“选择”→“修改”→“平滑”命令，调出“平滑选区”对话框，在“取样半径”文本框中输入 2，单击“确定”按钮，将选区进行平滑处理。

（4）按住【Ctrl+Alt】组合键，同时单击“图像 1”图层的缩略图，即可在原来矩形选区内减去选中图像的选区，创建一个框架选区，如图 2-1-26 所示。

（5）设置前景色为金黄色，按【Alt+Delete】组合键，给选区填充金黄色，如图 2-1-27 所示。单击“图层”面板中的“添加图层样式”按钮，在弹出的菜单中单击“斜面和浮雕”命令，调出“图层样式”对话框，采用默认值，单击“确定”按钮，制作出一个金黄色的立体框架。按【Ctrl+D】组合键，取消选区，立体框架图像如图 2-1-28 所示。

图 2-1-26　框架选区

图 2-1-27　填充金黄色

图 2-1-28　立体框架

（6）按照上述方法，给“图像 3”图层中的另一幅图像添加金黄色立体框架。然后，按住【Shift】键，单击选中“图层”面板中的“图像 1”和“图像 3”图层，将这两个图层移动到“图像 6”图层的上边，效果见图 2-1-1。

相关知识

1. 选框工具组工具

在工具箱中创建选区的工具分别在选框工具组、套索工具组和魔棒工具组中，如图 2-1-29 所示。选框工具组中有矩形、椭圆、单行和单列选框工具，如图 2-1-30 所示。选框工具组中的工具用来创建规则选区。单击选框工具后，鼠标指针变为十字形状，在画布窗口内拖动，即可创建相应选区。

“矩形选框工具” 用来创建一个矩形选区，“椭圆选框工具” 用来创建椭圆形选区。按住【Shift】键的同时拖动，可以创建一个正方形或圆形选区。按住【Alt】键的同时拖动，可以创建一个以单击点为中心的矩形或椭圆形选区。按住【Shift+Alt】组合键的同时拖动，可以创建一个以单击点为中心的正方形或圆形选区。

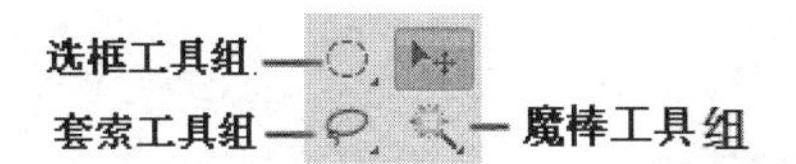

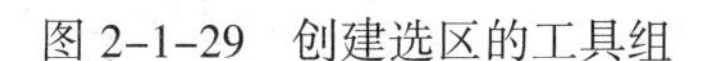

图 2-1-29 创建选区的工具组

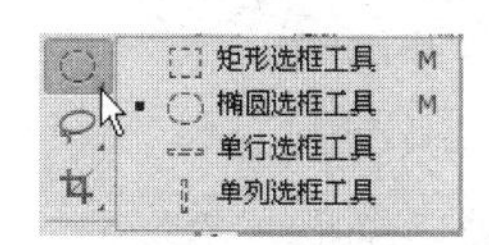

图 2-1-30 选框工具组

单击“单行选框工具”按钮 后，单击画布窗口，即可创建一行单像素的选区；单击“单列选框工具”按钮 后，单击画布窗口，即可创建一列单像素的选区。

各选框工具的选项栏基本相同，如图 2-1-31 所示。

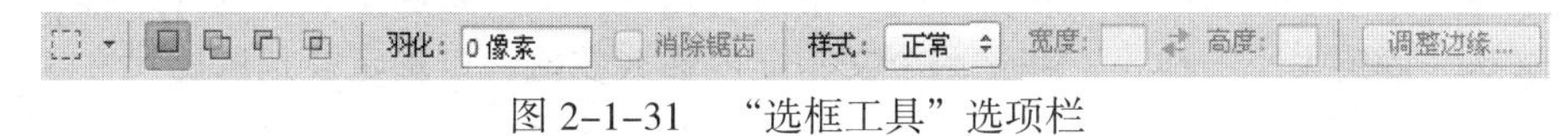

图 2-1-31 “选框工具”选项栏

各选项的作用如下。

（1）“设置选区形式”按钮 ：4 个按钮的作用如下。

◎“新选区”按钮 ：单击该按钮，如果已经有了一个选区，再创建一个选区，则原来的选区将消失，新创建的选区替代原选区，成为目标选区。

◎“添加到选区”按钮 ：单击该按钮，如果已经有了一个选区，再创建一个选区，则新选区与原来的选区连成一个目标选区，例如，一个矩形选区和另一个与之相互重叠一部分的椭圆形选区连成的目标选区如图 2-1-32 所示。

按住【Shift】的同时拖动出一个选区，也可以添加到选区，构成目标选区。

◎“从选区减去”按钮 ：单击该按钮，如果已经有一个选区，再创建一个选区，可在原选区上减去与新选区重合的部分，得到一个目标选区。例如，一个矩形选区和另一个与之相互重叠一部分的椭圆形选区连成的目标选区如图 2-1-33 所示。

按住【Alt】键的同时拖动出一个新选区，也可以完成相同的功能。

◎“与选区交叉”按钮 ：单击该按钮，可只保留新选区与原选区重合部分，得到目标选区。例如，一个椭圆形选区与一个矩形选区重合部分的新选区如图 2-1-34 所示。

按住【Shift+Alt】组合键的同时拖动出一个新选区，也可以保留新选区与原选区重合部分。

（2）“羽化”文本框 ：在该文本框内可以设置选区边界线的羽化程度，数字为 0 时，表示不羽化，单位是像素。图 2-1-35 所示为在没有羽化的椭圆形选区内贴入一幅图像的效果，图 2-1-36 是在羽化 20 像素的椭圆选区内贴入一幅图像的效果。

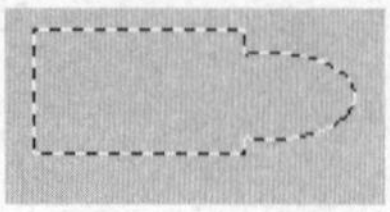

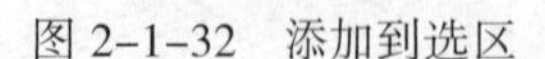

图 2-1-32　添加到选区

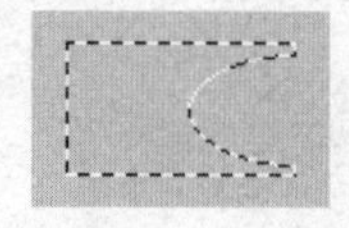

图 2-1-33　从选区减去

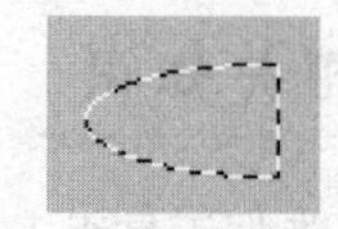

图 2-1-34　与选区交叉

（3）“消除锯齿”复选框：使用“椭圆选框工具”后，该复选框变为有效。选中该复选框，可以使选区边界平滑。

（4）“样式”下拉列表框：使用“椭圆选框工具”或“矩形选框工具”后，该下拉列表框变为有效，它有三个样式，如图 2-1-37 所示。选中后两个选项后，其右边的两个文本框会变为有效，用来确定选区大小或宽高比。

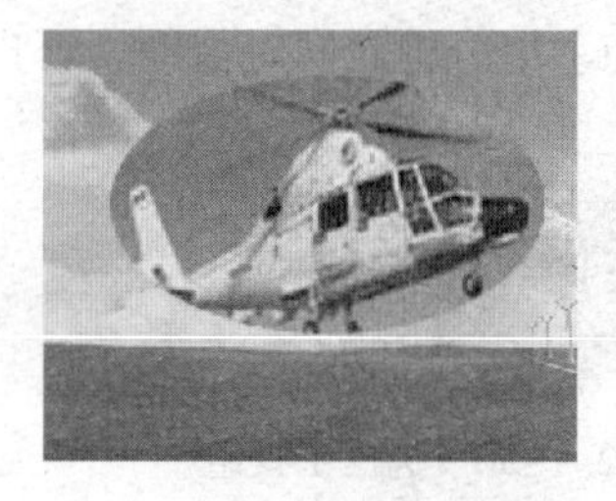

图 2-1-35　没羽化填充

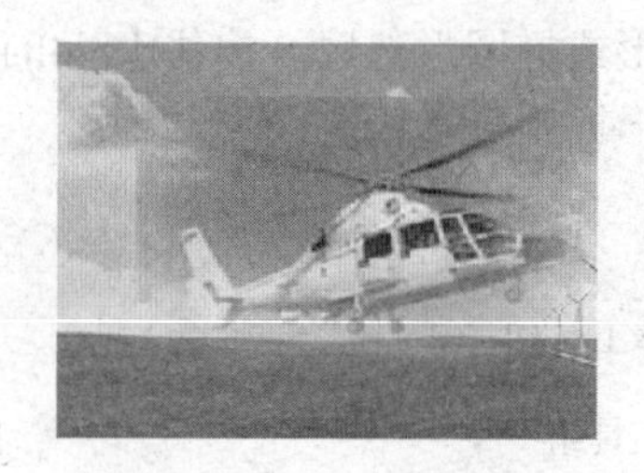

图 2-1-36　羽化填充

样式：
正常
正常
固定比例
固定大小

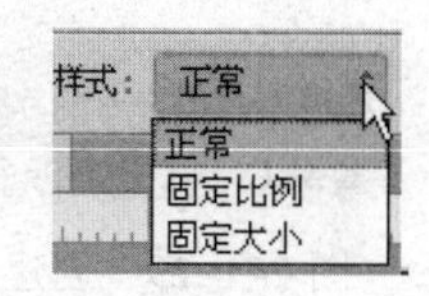

图 2-1-37　“样式”下拉列表框

◎ 选择“正常”样式：可以创建任意大小的选区。其右边的两个文本框会变为效。

◎ 选择“固定比例”样式：在这两个文本框内输入数值，以确定新选区长宽比。

◎ 选择“固定大小”样式：在这两个文本框内输入数值，以确定新选区的尺寸。

2．快速选择工具和魔棒工具

（1）快速选择工具：单击“快速选择工具”按钮，鼠标指针变为形状，在要选取的图像处单击或拖动，会自动根据鼠标指针处颜色相同或相近的图像像素包围起来，创建一个选区，而且随着鼠标指针的移动，选区不断扩大。按左、右方括号键或调整半径值，可以调整笔触大小。按住【Alt】键的同时在选区内拖动，可以减小选区。“快速选择工具”选项栏如图 2-1-38 所示，部分选项的作用简介如下。

30
对所有图层取样
自动增强
调整边缘...

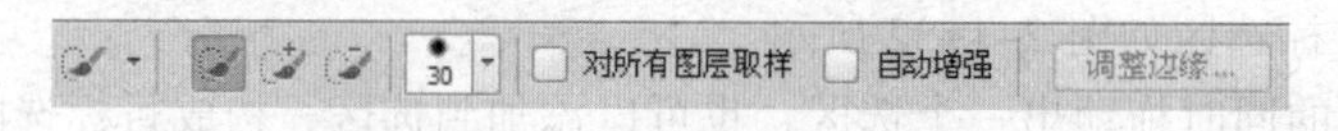

图 2-1-38　“快速选择工具”选项栏

◎ 按钮组：从左到右三个按钮的作用依次是“重新创建选区”“新选区与原选区相加”“原选区减去新选区”功能。

◎ 按钮：单击该按钮可调出面板，利用该面板可以调整笔触大小、间距等属性。

（2）魔棒工具：单击“魔棒工具”按钮，鼠标指针变为形状，在要选取的图像处单击，会自动根据单击处像素的颜色创建一个选区，它把与单击点相连处（或所有）颜色相同或相近的像素包含。其选项栏如图 2-1-39 所示。没介绍过的选项的作用如下。

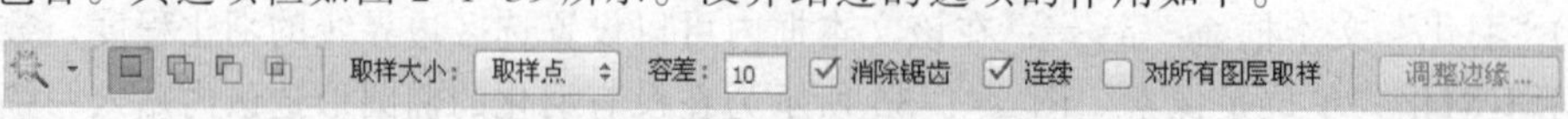

取样大小：
取样点
容差：
10
消除锯齿
连续
对所有图层取样
调整边缘...

图 2-1-39　“魔棒工具”选项栏

◎“取样大小”下拉列表框：用来选择取样点大小。

◎“容差”文本框：用来设置系统选择颜色的范围，即选区允许的颜色容差值。该数值的范围是 0～255。容差值越大，选区越大；容差值越小，选区也越小。例如，单击荷花图像右下角创建的选区如图 2-1-40 所示（给出三种容差下创建的选区）。

◎“消除锯齿”复选框：当选中该复选框时，系统会将创建的选区的锯齿消除。

◎“连续”复选框：当选中该复选框时，系统将创建一个选区，把与鼠标单击点相连的颜色相同或相近的像素包含。当不选中该复选框时，系统将创建多个选区，把画布窗口内所有与单击点颜色相同或相近的图像像素分别包含。

◎“对所有图层取样”复选框：当选中该复选框时，在创建选区时，会将所有可见图层考虑在内；当不选中该复选框时，系统在创建选区时，只将当前图层考虑在内。

3. 套索工具组工具

套索工具组有套索工具、多边形套索工具和磁性套索工具，如图 2-1-41 所示。

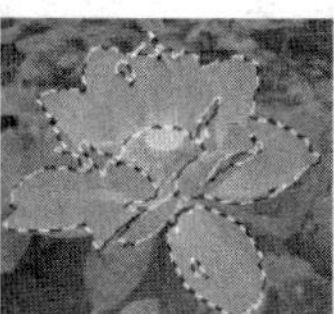

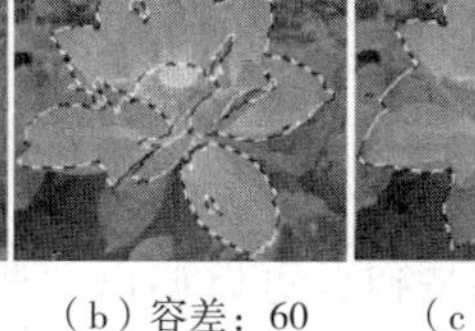

（a）容差：30　（b）容差：60　（c）容差：90

图 2-1-40 单击荷花右下角创建的选区

套索工具 L
多边形套索工具 L
磁性套索工具 L

图 2-1-41 套索工具组

（1）“套索工具”：单击该按钮，鼠标指针变为黑色三角箭头和套索工具形状，沿着要选中对象的轮廓拖动，如图 2-1-42 所示，当释放鼠标左键时，系统会将起点与终点连接成一个不规则闭合选区。

（2）“多边形套索工具”：单击该按钮，鼠标指针变为黑色三角箭头和多边形套索形状，单击多边形选区的起点，再依次单击选区各个顶点，最后单击起点，即可形成一个闭合的多边形选区，如图 2-1-43 所示。

（3）“磁性套索工具”：单击该按钮，鼠标指针变为形状，拖动创建选区，最后回到起点，如图 2-1-44 所示。当鼠标指针有小圆圈时，单击即可形成一个闭合的选区。

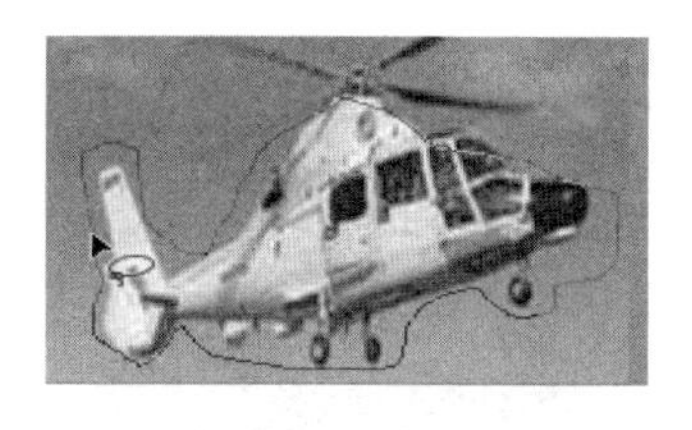

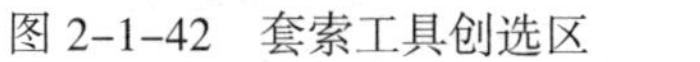

图 2-1-42 套索工具创选区

图 2-1-43 多边形套索创选区

图 2-1-44 磁性套索创选区

“磁性套索工具”与“套索工具”的不同之处是，系统会自动根据鼠标拖动出的选区边缘的色彩对比度来调整选区的形状。因此，对于选取区域外形比较复杂的图像，同时又与周围图像的彩色对比度反差比较大的情况，采用该工具创建选区较方便。

4. 套索工具组工具的选项栏

“套索工具”与“多边形套索工具”的选项栏基本一样，如图 2-1-45 所示。“磁性套索工具”选项栏如图 2-1-46 所示。其中几个前面没有介绍过的选项简介如下。

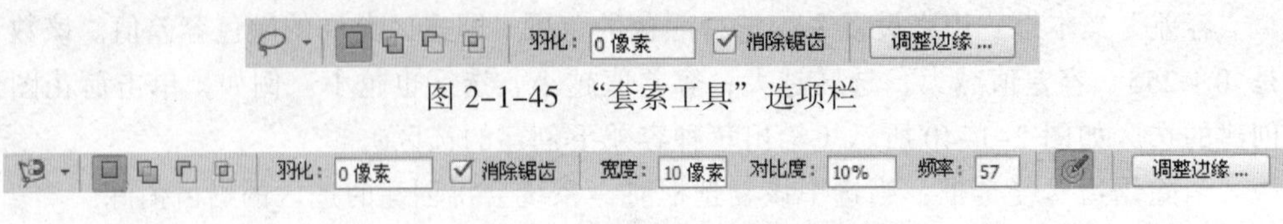

图 2-1-45 “套索工具”选项栏

图 2-1-46 “磁性套索工具”选项栏

（1）“宽度”文本框：用来设置系统检测的范围，取值范围是 1 ~ 40，单位为 px（像素）。当创建选区时，系统将在鼠标指针周围指定的宽度范围内选定反差最大的边缘作为选区的边界。通常，当选取具有明显边界的图像时，可将“宽度”数值调大一些。

（2）“对比度”文本框：用来设置系统检测选区边缘的精度，该数值的取值范围是 1% ~ 100%。当创建选区时，系统将认为在设定的对比度百分数范围内的对比度是一样的。该数值越大，系统能识别的选区边缘的对比度也越高。

（3）“频率”文本框：用来设置选区边缘关键点出现的频率，此数值越大，系统创建关键点的速度越快，关键点出现的也越多。频率的取值范围是 0 ~ 100。

（4）按钮：单击该按钮，可以使用绘图板压力来更改钢笔笔触的宽度，只有使用绘图板绘图时才有效。再单击该按钮，可以使该按钮抬起。

（5）“调整边缘”按钮：在创建完选区后，单击该按钮，可以调出“调整边缘”对话框，如图 2-1-47 所示。利用该对话框可以像绘图和擦图一样从不同方面来修改选区边缘，可同步看到效果。将鼠标指针移动到按钮或滑块之上时，会在其下边显示相应的提示信息。“调整边缘”对话框内一些选项涉及蒙版内容，可参看第 6 章相关内容。

单击按钮，调出其菜单，如图 2-1-48（a）所示，包括“调整半径工具”和“抹除调整工具”2 个选项，此时选项栏如图 2-1-48（b）所示，可以切换这 2 个工具和调整笔触大小。选择“调整半径工具”后，在没有完全去除背景的地方涂抹，可擦除选区边缘背景色（可选中“智能半径”）；选择“抹除调整工具”后，在有背景的边缘地方涂抹，可以恢复原始边缘。按左、右方括号键或调整半径值，可以调整笔触大小。

“视图”下拉列表框用来选择视图类型，如图 2-1-49 所示。

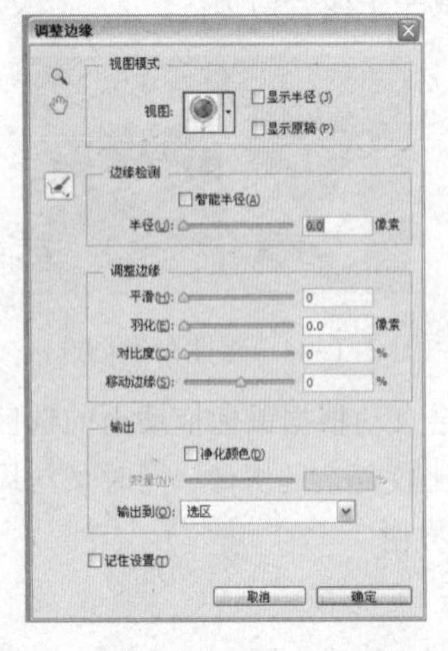

图 2-1-47 “调整边缘”对话框

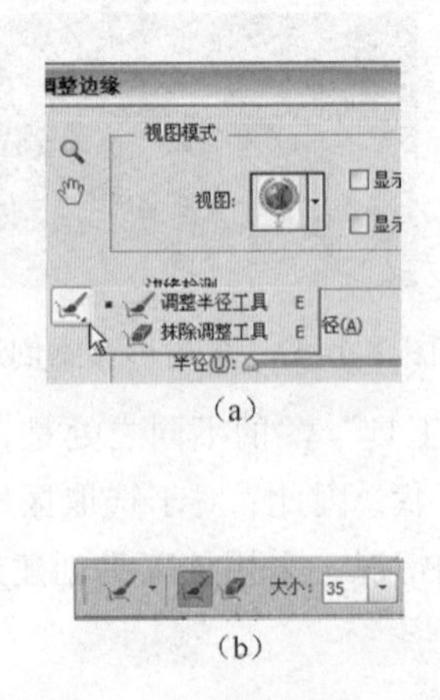

图 2-1-48 菜单和选项栏

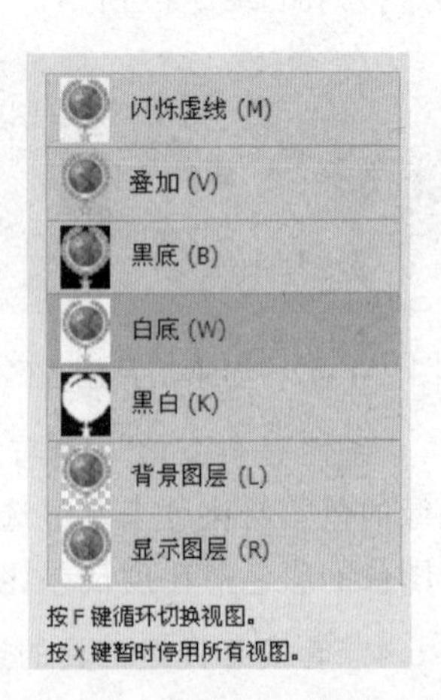

图 2-1-49 “视图”下拉列表框

5. 利用命令创建选区

（1）选取整个画布为一个选区：单击“选择”→“全选”命令或按【Ctrl+A】组合键。

（2）反选选区：单击“选择”→“反向”命令，创建选中选区外的选区。

（3）扩大选区：在已经有了一个或多个选区后，要扩大与选区内颜色和对比度相同或相近的区域为选区，可单击“选择”→“扩大选取”命令。例如，图 2-1-50 左图是有 3 个选区的图像，三次单击“选择”→“扩大选取”命令后，选区如图 2-1-50（b）所示。

（a）

（b）

图 2-1-50　3 个选区和扩大选区

（4）选取相似：如果已经有了一个或多个选区，要创建选中与选区内颜色和对比度相同或相近的像素的选区，可单击“选择”→“选取相似”命令。

扩大选区是在原选区基础之上扩大选区，选取相似是在图像内创建多个选区。

6. 编辑选区

（1）移动选区：在选择选框工具组工具的情况下，将鼠标指针移动到选区内部（此时鼠标指针变为三角箭头形状，而且箭头右下角有一个虚线小矩形），再拖动选区。如果按住【Shift】键的同时拖动，可以使选区在水平、垂直或 45° 角整数倍斜线方向移动。

（2）取消选区：按【Ctrl+D】组合键可以取消选区。在“与选区交叉”或“新选区”状态下，单击选区外任意处，以及单击“选择”→“取消选择”命令，都可以取消选区。

（3）隐藏选区：单击“视图”→“显示”→“选区边缘”命令，使它左边的对勾取消，可隐藏了选区。虽然选区隐藏了，但对选区的操作仍可进行。如果要使隐藏的选区再显示出来，可重复刚才的操作。

（4）修改选区：是指将选区扩边（使选区边界线外增加一条扩展的边界线，两条边界线所围的区域为新选区）、平滑（使选区边界线平滑）、扩展（使选区边界线向外扩展）和收缩（使选区边界线向内缩小）。这只要在创建选区后，单击“选择”→“修改”→“××”命令（如图 2-1-51 所示）即可。其中，“××”是“修改”菜单下的子命令。

◎ 羽化选区：创建羽化的选区可以在创建选区时利用选项栏进行。如果已经创建了选区，再想将它羽化，可单击“选择”→“修改”→“羽化”命令，调出“羽化选区”对话框，如图 2-1-52 所示。输入羽化半径值，单击“确定”按钮，即可进行选区的羽化。

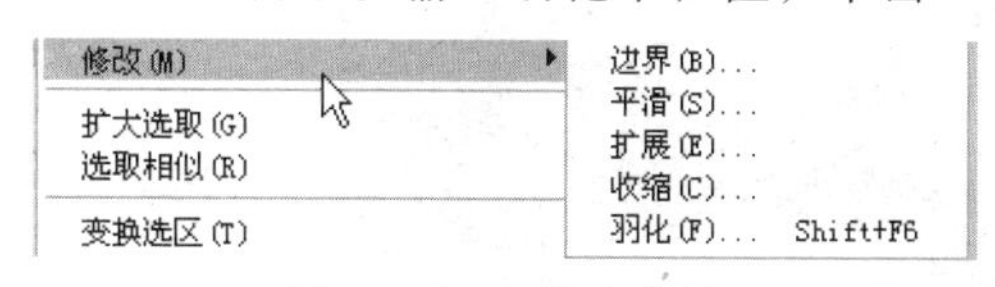

图 2-1-51　修改菜单

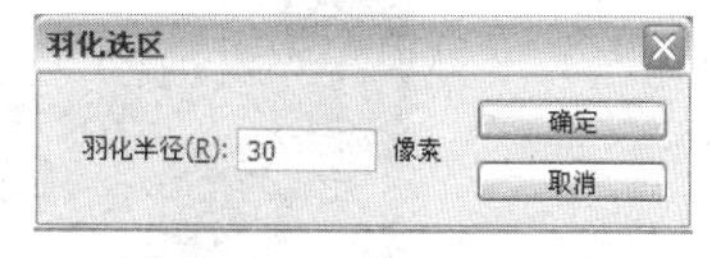

图 2-1-52　“羽化选区”对话框

◎ 其他修改：单击“选择”→“修改”→“边界”命令，调出图 2-1-53 所示的对话框。单击“选择”→“修改”→“平滑”命令，调出图 2-1-54 所示的对话框。单击“选择”→“修改”→“扩展”命令，调出图 2-1-55 所示的“扩展选区”对话框，其中“扩展量”文本框用来确定向外扩展量；单击“选择”→“修改”→“收缩”命令，调出“收缩选区”对话框，其中“收缩量”文本框用来确定向内收缩量。

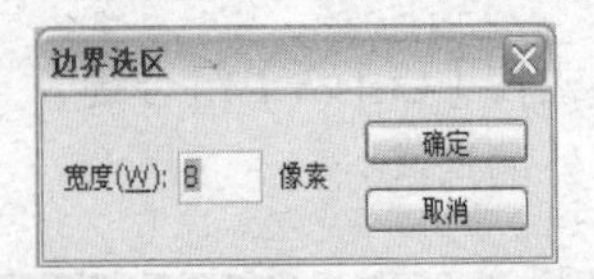

图 2-1-53 “边界选区”对话框

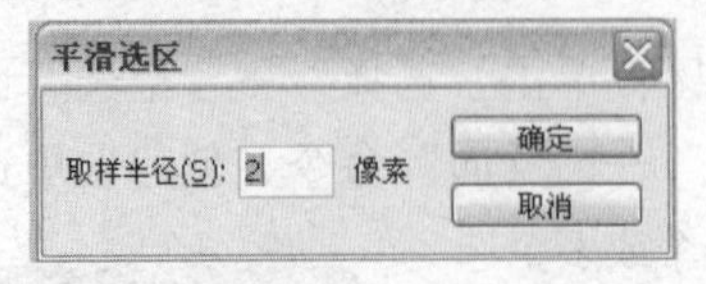

图 2-1-54 “平滑选区”对话框

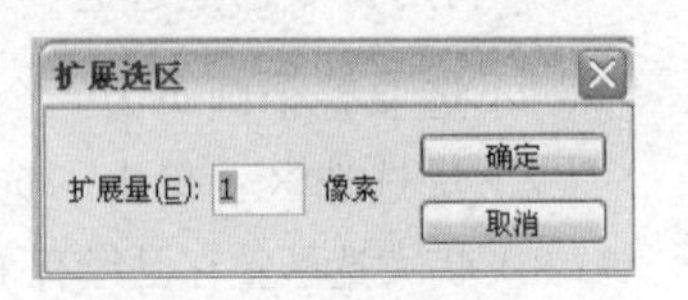

图 2-1-55 “扩展选区”对话框

（5）变换选区：创建选区后，可以调整选区的大小、位置和旋转选区。单击“选择”→“变换选区”命令，此时的选区如图 2-1-56 所示。再按照下述方法可以变换选区。

◎ 调整选区大小：将鼠标指针移动到选区四周的控制柄处，鼠标指针会变为直线的双箭头形状，用鼠标拖动即可调整选区的大小。

◎ 调整选区的位置：在使用选框工具或其他选取工具的情况下，将鼠标指针移动到选区内，鼠标指针会变为白色箭头形状，再拖动选区。

◎ 旋转选区：将鼠标指针移动到选区四周的控制柄外，鼠标指针会变为弧线的双箭头形状，再拖动旋转选区，如图 2-1-57 所示。可以拖动调整中心点标记 ⌖ 的位置。

◎ 其他方式变换选区：单击“编辑”→“变换”→“××”命令，可以进行选区缩放、旋转、斜切、扭曲或透视等操作。其中，“××”是“变换”菜单的子命令。

选区变换完后，单击工具箱中的其他工具，可弹出一个提示框。单击“应用”按钮，可完成选区的变换。单击“不应用”按钮，可取消选区变换。另外，选区变换完后，按【Enter】键，可以直接应用选区的变换。

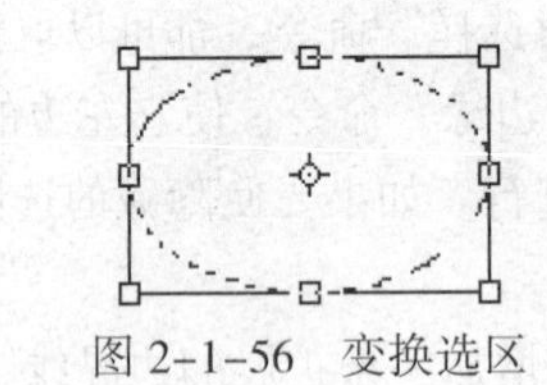

图 2-1-56 变换选区

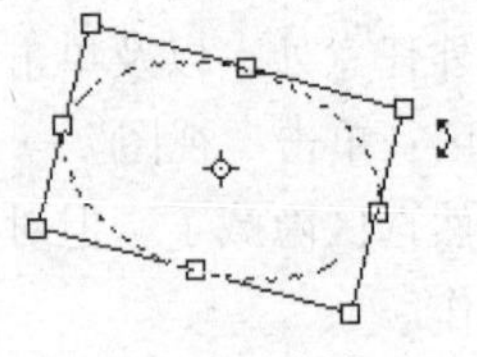

图 2-1-57 旋转选区

思考与练习 2-1

1. 制作一幅“海底摄影”图像，如图 2-1-58 所示。

图 2-1-58 “海底摄影”图像

2. 制作一幅“补色混合”图像，如图 2-1-59 所示。在立体彩色框架内有一幅反映黄色、品红色和青色三补色混合效果的图像，右边是带阴影的立体彩色文字。

3. 制作一幅“来到比萨塔”图像如图 2-1-60 所示。它是利用图 2-1-61 所示图像加工而成的。

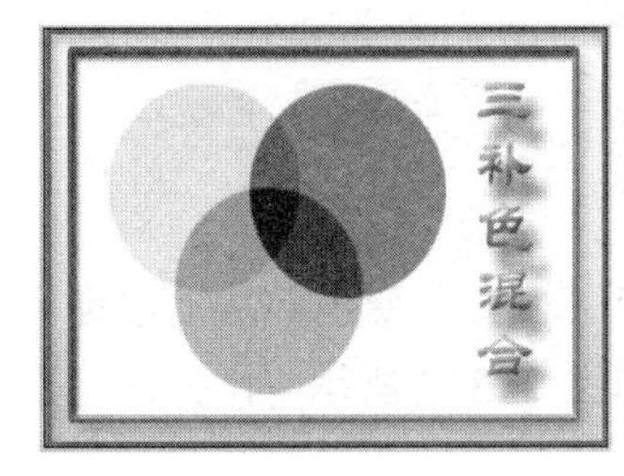

图 2-1-59 “补色混合”图像

图 2-1-60 “来到比萨塔”图像

（a）

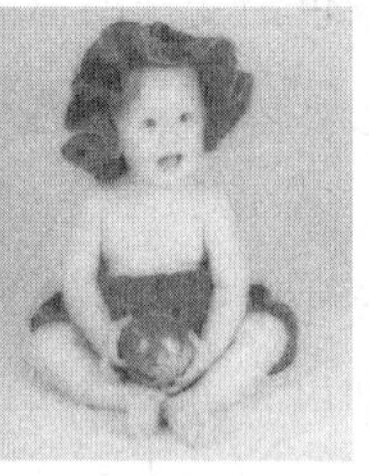

（b）

（c）

图 2-1-61 “比萨塔”“宝宝”“苹果”图像

4. 制作一幅“太极”图像如图 2-1-62 所示。画面以浅蓝色为底色，有太极圣地图像和练习太极武术的男女老少、中外人士图像，还有一幅太极图，以及一段介绍太极博大精深的文字。图像之上添加了白色网格，使整个画面显得简单、明净。

图 2-1-62 “太极”图像

2.2 【案例 2】立体几何图形

案例效果

“立体几何图形”图像如图 2-2-1 所示。该图像由一个球体、一个正方体和一个圆柱体，以及它们的倒影组成。

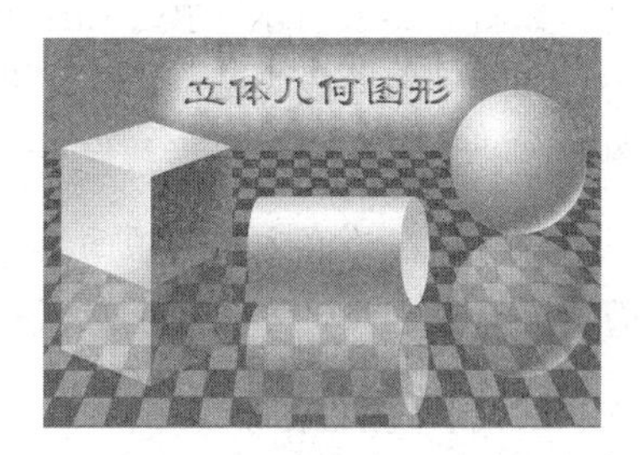

图 2-2-1 “立体几何图形”图像

操作步骤

1. 制作立方体图形

（1）新建宽度为 600 像素、高度为 400 像素，模式为 RGB 颜色，背景为浅绿色的画布。以名称“【案例 2】几何体.psd”保存。然后，设置前景色为蓝绿色（R = 2，G = 200，B = 200），背景色为青绿色（R = 50，G = 125，B = 100）。单击“视图”→“标尺”命令，显示标尺。

（2）单击工具箱中的“渐变工具”按钮，在选项栏内，单击“线性渐变”按钮，单击“渐变样式”下拉列表框，调出“渐变编辑器”对话框，单击“预设”栏中的“前景色到背景色渐变”图标，单击“确定”按钮。选项栏其他设置如图 2-2-2 所示。

图 2-2-2 “渐变工具（线性渐变）”选项栏

（3）按住【Shift】键，在画布内从上到下拖动，给“背景”图层填充渐变色。从上边标尺处向下拖动出 4 条参考线；从左侧标尺处向右拖出 3 条参考线，如图 2-2-3 所示。作为创建立方体的定位线。

（4）在“图层”面板中创建一个“图层 1”图层，双击“图层 1”图层的名称，进入图层名称的编辑状态，将该图层名称改为“立方体”。

（5）单击工具箱中的“多边形套索工具”按钮，以参考线为基准，依次单击平行四边形的各顶点，创建立方体左侧面的平行四边形选区，如图 2-2-4 所示。

（6）设置前景色为浅灰色（R、G、B 均为 240），背景色为中灰色（R、G、B 均为 188）。单击“渐变工具”按钮，单击选项栏内的“径向渐变”按钮。再单击“渐变样式”下拉列表框，调出“渐变编辑器”对话框，单击“预设”栏中的“前景色到背景色渐变”按钮，编辑渐变色为灰色（位置 22%）到白色（R、G、B 均为 255，位置 70%）再到浅灰色（位置 100%），如图 2-2-5 所示。在“名称”文本框中输入“1”，单击“新建”按钮，将刚设置好的渐变色以名称“1”保存在“预设”栏中。单击“确定”按钮。

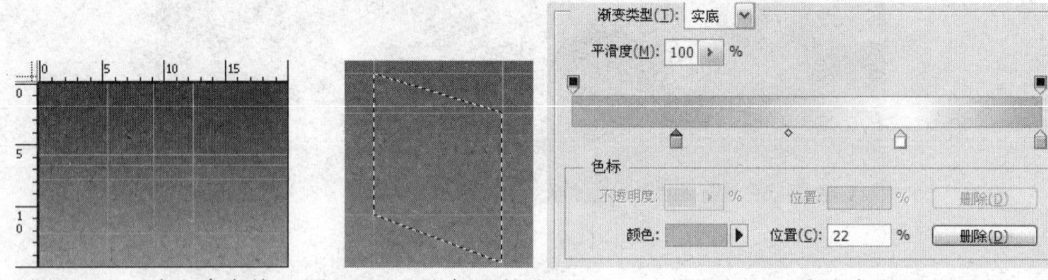

图 2-2-3 定义参考线 图 2-2-4 左侧面的选区 图 2-2-5 渐变色设置

（7）按住【Shift】键，在画布中从选区的左上角向右下角拖动鼠标，给选区填充径向渐变色，如图 2-2-6 所示。按【Ctrl+D】组合键，取消选区。

（8）以参考线为基准，使用步骤（5）～（7）的方法，制作出立方体的其他面。单击“视图”→“显示”→“参考线”命令，清除参考线，立方体图形如图 2-2-7 所示。

注意： *在为立方体的顶面填充渐变色时，由于光是从左上角照射来的，所以为左侧和右侧面填充渐变色时，左边颜色应浅一些；右边颜色应深一些。*

2. 制作圆柱图形

（1）在“背景”之上创建“图层 2”图层，将其命名为“圆柱体”，选中该图层。再创建两条参考线，作为绘制圆柱体的定位线，如图 2-2-8 所示。

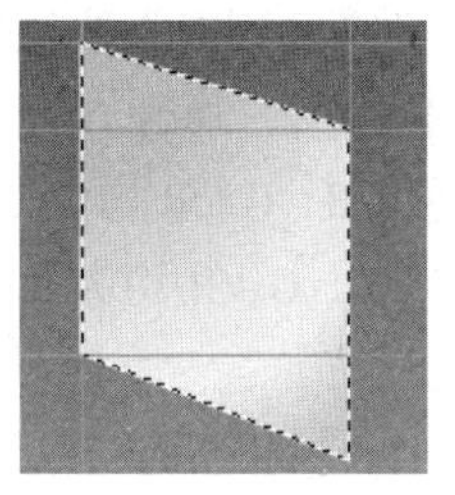

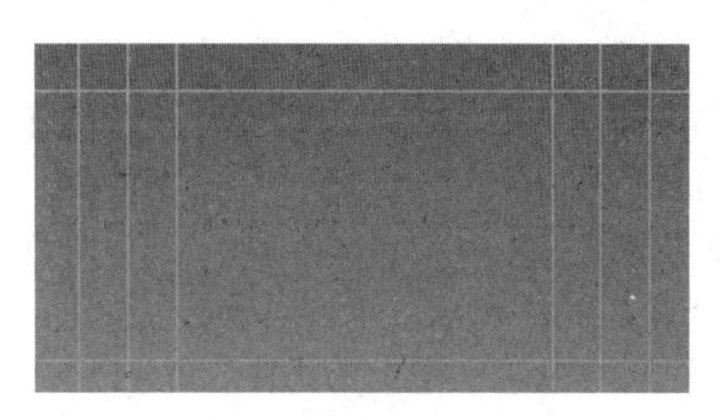
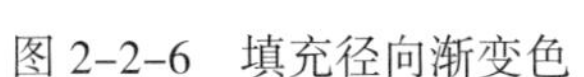

图 2-2-6　填充径向渐变色　　图 2-2-7　立方体图形　　图 2-2-8　定位参考线

（2）单击“椭圆选框工具”按钮创建一个椭圆形选区，作为圆柱体底面，如图 2-2-9 所示。再使用“矩形选框工具”按钮，按住【Shift】键，拖动创建一个矩形选区，与原来的椭圆选区相加，如图 2-2-10 所示。

（3）设置前景色为浅灰色（R、G、B 均为 200），背景色为中灰色（R、G、B 均为 200）。使用“渐变工具”，在其选项栏内单击“线性渐变”按钮，单击“渐变样式”下拉列表框，调出“渐变编辑器”对话框，编辑渐变色为浅灰色（R、G、B 均为 200）到白色（R、G、B 均为 255）到深灰色（R、G、B 均为 100）到浅灰色（R、G、B 均为 140），如图 2-2-11 所示。在“名称”文本框中输入“2”，单击“新建”按钮，将刚设置好的渐变色以名称“2”保存在“预设”栏中，单击“确定”按钮。

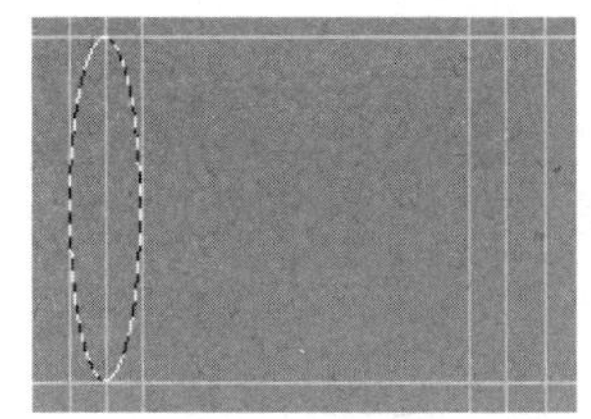
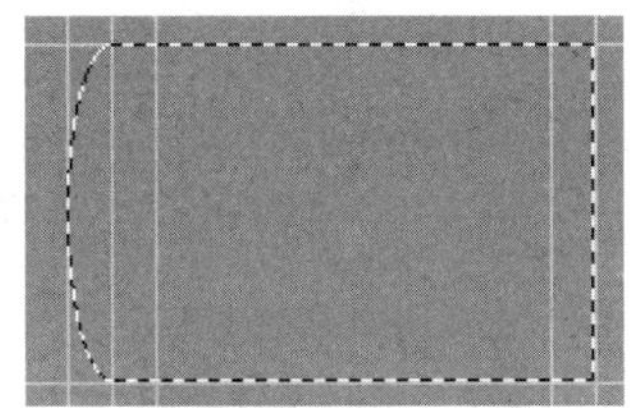
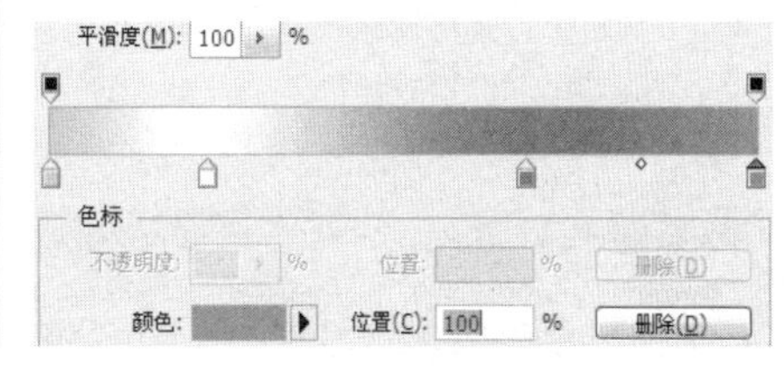

图 2-2-9　椭圆选区　　图 2-2-10　选区相加　　图 2-2-11　渐变色设置

（4）按住【Shift】键，在画布中从选区内上边向下拖动，给选区填充线性渐变色，如图 2-2-12（a）所示。然后，按【Ctrl+D】组合键，取消选区。

（5）单击“椭圆选框工具”按钮在渐变图形的右侧创建一个椭圆形选区，作为圆柱体的顶面，如图 2-2-12（b）所示（还没有填充颜色）。

（6）设置前景色为中灰色（R、G、B 均为 178），背景色为淡灰色（R、G、B 均为 235）。使用“渐变工具”其，在其选项栏内，单击“线性渐变”按钮，再单击“渐变样式”下拉列表框，调出“渐变编辑器”对话框，单击“预设”栏中的“前景色到背景色渐变”图标，单击“确定”按钮。

（7）从选区的左上角向右下角拖动鼠标，给选区填充线性渐变色，如图 2-2-12（b）所示。按【Ctrl+D】组合键，取消选区。

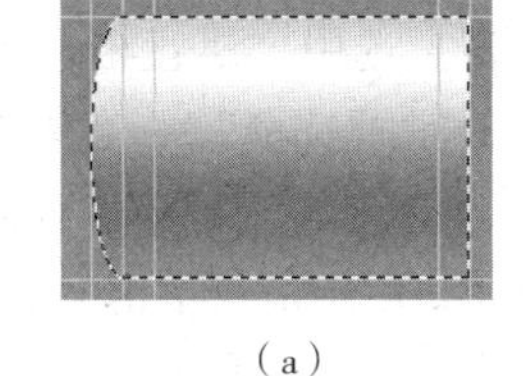
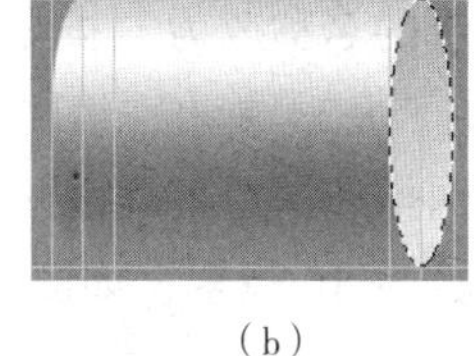

（a）　　（b）

图 2-2-12　填充线性渐变色

3．制作圆球和阴影

（1）在“圆柱体”之上创建一个图层，将该图层命名为“球体”，选中该图层。使用“椭圆选框工具”按钮在画布右边创建一个圆形选区。

（2）设置前景色为白色，背景色为深灰色（R、G、B 均为 72）。使用“渐变工具”按钮，单击其选项栏内的“径向渐变”按钮，单击“渐变样式”下拉列表框，调出“渐变编辑器”对话框，单击“预设”栏中的“2”图标，在其内编辑渐变色为白色（R、G、B 均为 255）到浅灰色（R、G、B 均为 210）到深灰色（R、G、B 均为 100）到浅灰色（R、G、B 均为 230），如图 2-2-13 所示。单击“确定”按钮。

（3）从选区左上角向右下角拖动，给选区填充径向渐变色，按【Ctrl+D】组合键，取消选区，完成球体图像制作，如图 2-2-14 所示。

（4）使用“移动工具”按钮，将“图层”面板中的“圆柱体”图层拖动到“创建新图层”按钮上，复制一个名称为“圆柱体 副本”的图层。将该图层拖到“圆柱体”图层的下边。使用“移动工具”按钮，在画布窗口中将“圆柱体 副本”图层内的圆柱体垂直移到“圆柱体”图层内的圆柱体的下边。

（5）选中“圆柱体 副本”图层，在“图层”面板中将该图层的“不透明度”设置为 60%，完成圆柱体投影的制作。

（6）使用上述方法，复制一个名称为“立方体 副本”的图层，为立方体创建投影。将“立方体 副本”图层拖动到“立方体”图层的下边，设置“不透明度”为 60%。复制一个名称为“球体 副本”的图层，为球体创建投影。将“球体 副本”图层设置“不透明度”为 50%，此时的“图层”面板如图 2-2-15 所示。

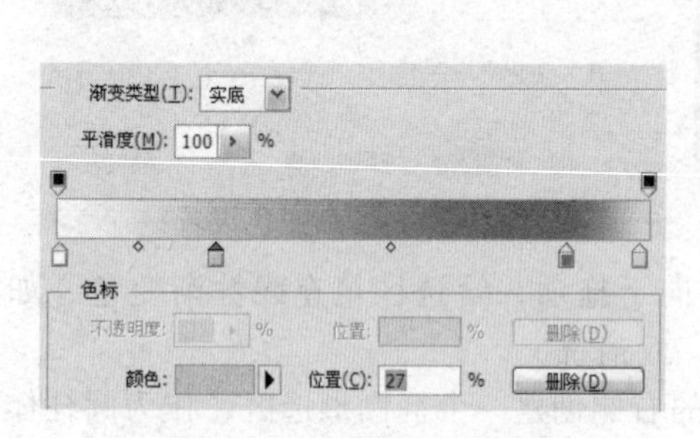

图 2-2-13 渐变色设置

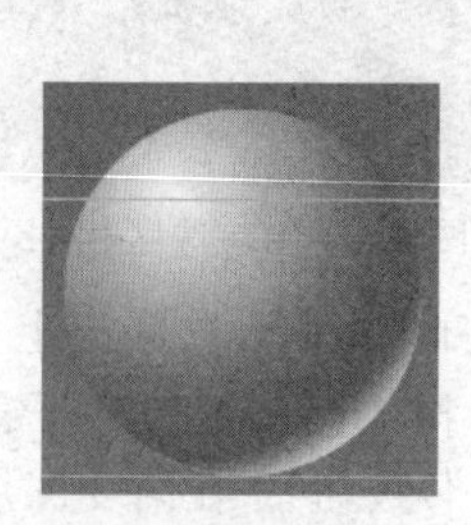

图 2-2-14 球体

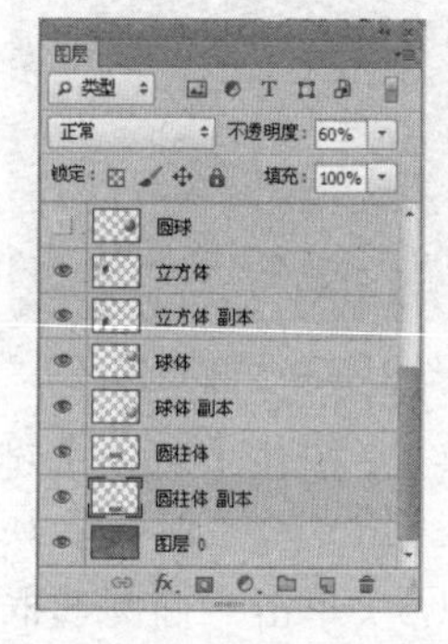

图 2-2-15 “图层”面板

4. 制作棋盘格地面

（1）将除了“背景”图层以外的所有图层隐藏。在“背景”图层上创建一个图层，将该图层的名称改为“棋盘格”。选中“棋盘格”图层。

（2）单击“编辑”→“首选项”→“参考线、网格和切片”命令，调出“首选项”（参考线、网格和切片）对话框。在“网格”栏中设置网格线颜色为橙色、网格线间隔 20 像素，子网格个数为 10 像素，如图 2-2-16 所示。单击“确定”按钮，完成设置。单击“视图”→“显示”→“网格”命令，在文档窗口内显示网格。

（3）单击工具箱中的“单行选框工具”按钮，按住【Shift】键，单击所有水平网格线，即可创建多行单像素的选区。再创建 11 列单像素选区。效果如图 2-2-17 所示。

（4）单击工具箱中的“矩形选框工具”按钮，按住【Alt】键，在第 11 列单像素选区右边拖动，创建一个矩形选区，将右边的单行选区去除，如图 2-2-18 所示。

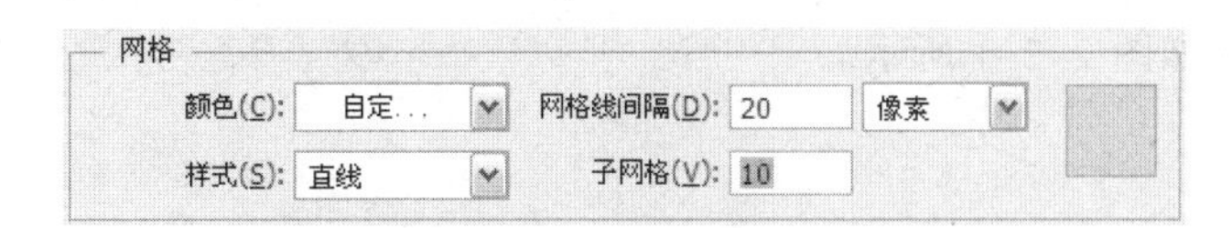

图 2-2-16　“首选项”对话框网格设置

（5）单击“编辑”→“描边”命令，调出“描边”对话框，设置描边 1 像素、黑色、居中，再单击“确定”按钮，完成描边任务。按【Ctrl+D】组合键，取消选区。单击“视图”→“显示”→“网格”命令，不显示网格，如图 2-2-19 所示。

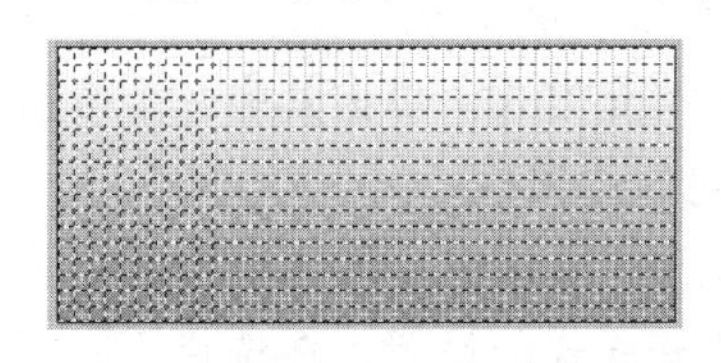

图 2-2-17　多行和 11 列单像素选区

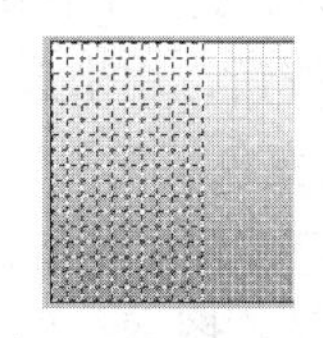

图 2-2-18　取消右边选区

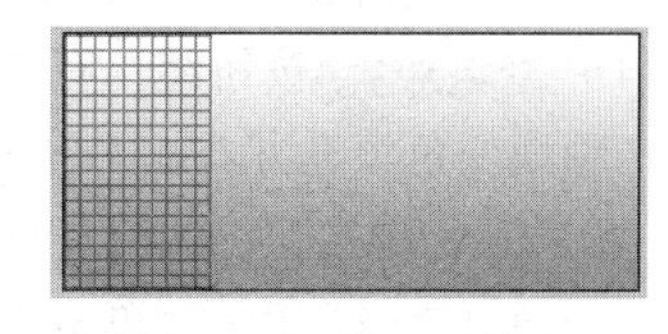

图 2-2-19　选区描边

（6）单击工具箱中的“魔棒工具”按钮，按住【Shift】键，单击奇数行奇数列小方格，和偶数行偶数列小方格，创建相间的小方格选区。设置前景色为黑色，按【Alt+Delete】组合键，给选区填充黑色。按【Ctrl+D】组合键，取消选区，如图 2-2-20 所示。

（7）使用“移动工具”按钮，选中“棋盘格”图层，按住【Ctrl】键，水平拖动“棋盘格”图形，复制 3 幅“棋盘格”图形，将它们水平排列，如图 2-2-21 所示。

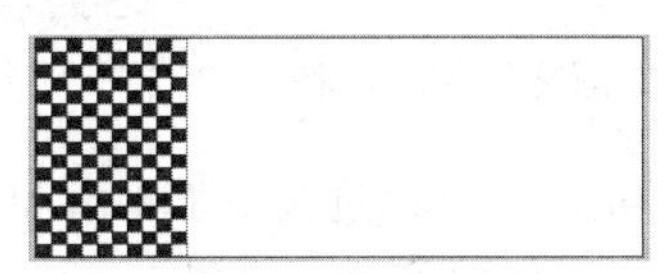

图 2-2-20　“棋盘格”图形

图 2-2-21　复制“棋盘格”图形

（8）按住【Ctrl】键，选中“棋盘格”图层和其他 3 个复制图形后产生的图层并右击，调出其快捷菜单，选择“合并图层”命令，将选中的图层合并到一个图层中，将该图层的名称改为“棋盘格”。

（9）显示“背景图”图层。选中“棋盘格”图层，单击“编辑”→“变换”→“透视”命令，进入“透视”变换调整状态，水平向右拖动右下角的控制柄，使“棋盘格”图形呈透视状，如图 2-2-22 所示。按【Enter】键确定，完成“棋盘格”图形的透视调整。

图 2-2-22　透视调整“棋盘格”图形

（10）选中“棋盘格”图层，在“图层”面板中的“不透明”数字框中输入 50，使该图层图形半透明。再显示所有图层。然后，参考【案例 2】中介绍的方法，制作发光立体文字“立体几何图形”，效果如图 2-2-1 所示。

相关知识

1. 渐变工具的选项栏

使用“渐变工具”，在画布内拖动，可以给选区内填充渐变色，当没有选区时，可以给整个画布填充渐变色。单击工具箱中的“渐变工具”按钮，此时的选项栏（见图 2-2-2）。该选项栏中一些前面没有介绍过的选项的作用介绍如下。

（1）按钮组：有 5 个按钮，用来选择渐变色填充方式。单击其中一个按钮，可进入一种渐变色填充方式。不同的渐变色填充方式具有相同的选项栏。

（2）“渐变样式”下拉列表框：单击该列表框的下拉按钮，可弹出“渐变样式”面板，如图 2-2-23 所示。单击一种样式图案，即可完成填充样式的设置。在选择不同的前景色和背景色后，“渐变样式”面板中的渐变颜色的种类会稍不一样。

（3）“反向”复选框：选中该复选框后，可以产生反向渐变的效果。图 2-2-24 所示为没有选中该复选框时填充的效果图，图 2-2-25 所示为选中该复选框时填充的效果图。

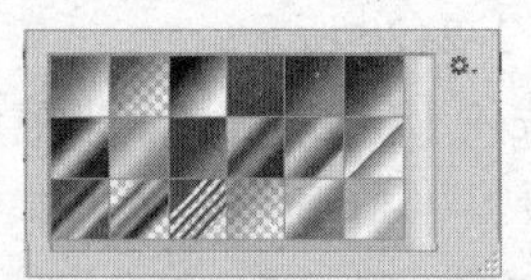

图 2-2-23 “渐变样式”面板

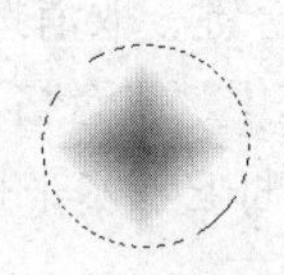

图 2-2-24 非反向渐变效果

图 2-2-25 反向渐变的效果

（4）“仿色”复选框：选中该复选框后，可使填充的渐变色过渡更加平滑和柔和。

（5）“透明区域”复选框：选中该复选框后，允许渐变层的透明设置，否则禁止透明设置。

2. 渐变色填充方式的特点

（1）“线性渐变”填充方式：形成起点到终点的线性渐变效果，如图 2-2-26 所示。起点即鼠标拖动时单击的点，终点即鼠标拖动时释放鼠标左键的点。

（2）“径向渐变”填充方式：形成由起点到选区四周的辐射渐变，如图 2-2-27 所示。

（3）“角度渐变”填充方式：形成围绕起点旋转的螺旋渐变，如图 2-2-28 所示。

（4）“对称渐变”填充方式：可以产生两边对称的渐变效果，如图 2-2-29 所示。

（5）“菱形渐变”填充方式：可以产生菱形渐变的效果，如图 2-2-30 所示。

图 2-2-26 线性渐变填充

图 2-2-27 径向渐变填充

图 2-2-28 角度渐变填充

图 2-2-29 对称渐变填充

图 2-2-30 菱形渐变填充

3. 创建新渐变样式

单击“渐变样式”下拉列表框，调出“渐变编辑器”对话框，如图 2-2-31 所示。

利用该对话框，可以设计新渐变样式。设计方法及对话框中主要选项的作用如下。

（1）在渐变设计条下边两个色标之间单击，会增加一个颜色图标（简称色标），色标上面有一个黑色箭头，指示了该颜色的中心点，其两边各有一个菱形滑块。单击“色板”或“颜色”面板内的一种颜色，即可确定该色标的颜色。也可以双击该色标，调出“拾色器”对话框，利用该对话框来确定色标的颜色。拖动菱形滑块，可以调整颜色的渐变范围。

（2）选中色标后，“色标”栏中的“颜色”下拉列表框、“位置”文本框变为有效，选中添加的色标后，“删除”按钮也会变为有效。利用“颜色”下拉列表框可以选择颜色的来源（背景色、前景色或用户颜色）；改变“位置”文本框中的数据可改变色标的位置，与拖动色标的作用一样；单击“删除”按钮，可删除选中的色标。

（3）在渐变设计条上边两个色标之间单击，会增加一个不透明度色标和两个菱形滑块，同时“不透明度”带滑块的文本框、“位置”文本框和“删除”按钮变为有效。利用“不透明度”文本框可以改变色标处的不透明度。

（4）在“名称”文本框中输入新填充样式的名称，再单击“新建”按钮，可在“预设”栏中创建一个图标。单击“确定”按钮，可退出该对话框，完成渐变色设置。

（5）单击“存储”按钮，可以将当前“预置”栏中的渐变样式保存到磁盘中。单击“载入”按钮，可以将磁盘中的渐变样式追加到当前“预置”栏内图标的后面。

（6）在“渐变类型”下拉列表框中有“实底”和“杂色”两个选项。选择这两个选项后的“渐变编辑器”对话框分别如图2-2-31和图2-2-32所示。

图2-2-31 “渐变编辑器”（实底）对话框

图2-2-32 “渐变编辑器”（杂色）对话框

利用杂色“渐变编辑器”对话框可以设置杂色的粗糙程度、杂色颜色模式、杂色的颜色和透明度等。单击“随机化”按钮，可以产生不同的杂色渐变样式。

注意：使用“渐变工具”在选区内或选区外拖动，可以给选区内填充已选择的渐变色，拖动时的起点和终点不同，会产生不同的效果。

4. 变换选区内的图像

（1）移动选区内图像：将要移动的图像用选区围住，再使用工具箱中的“移动工具”按钮，拖动选区内的图像，可移动选区内当前图层内的图像，如图2-2-33所示。还可以将选区内当前图层内的图像移动到其他文档窗口内。如果选中了“移动工具”选项栏中的“自动选择图层”复选框，则拖动图像时，可以自动选择被拖动图像所在的图层。

（2）复制选区内图像：按下【Alt】键的同时拖动选区内图像，此时鼠标指针会变为重叠的黑白双箭头形状。复制后的图像如图 2-2-34 所示。

图 2-2-33 移动图像　　图 2-2-34 复制选区内图像

（3）删除选区内图像：将要删除的图像用选区围住，单击“编辑”→“清除”命令或按【Delete】键，均可将选区围住的图像删除。

使用剪贴板也可以移动图像和复制图像。

（4）变换选区内图像：单击“编辑”→“变换”→“× ×”命令，即可按选定的方式变换选区内的图像，可参见 1.4 节有关内容，所不同的是变换的是选区内的图像。

思考与练习 2-2

1. 绘制一幅“彩球和彩环”图像，如图 2-2-35 所示。
2. 绘制一幅“6 个台球”图像，如图 2-2-36 所示。
3. 绘制一幅“卷页”图像，如图 2-2-37 所示。

图 2-2-35 “彩球和彩环”图像

图 2-2-35 “6 个台球”图像

图 2-2-37 “卷页”图像

4. 绘制一幅“立体几何图形”图像，如图 2-2-38 所示。
5. 绘制一幅“几何体倒影”图像，如图 2-2-39 所示。该图像由一个石膏球体、一个石膏正方体和一个石膏圆柱体组成，3 个几何立体堆叠在一起，映照出它们的投影。

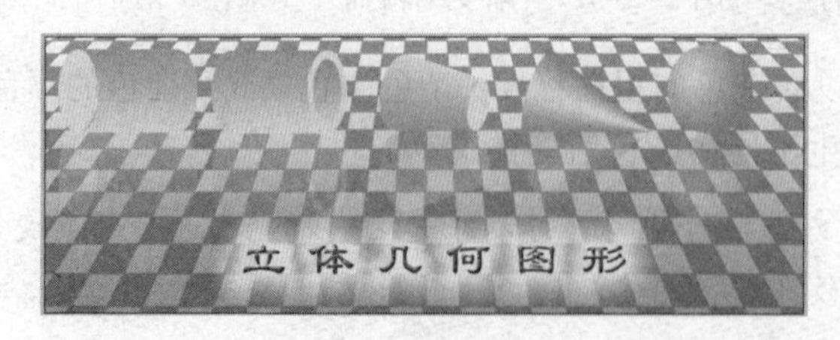

图 2-2-38 “立体几何图形”图像

图 2-2-39 “几何体倒影”图像

2.3　【案例 3】金色别墅

案例效果

“金色别墅”图像如图 2-3-1 所示。可以看到，背景是一幅半透明、偏蓝色的家居图像（原图如图 2-3-2 所示），图中有一幅发金色光芒的立体框架，框架内是四周羽化的别墅图像，框架上面是金色立体文字“金色别墅”，左下角是发出金色光芒的荷花图像。

图 2-3-1　“金色别墅”图像

图 2-3-2　“家居”图像

操作步骤

1. 制作背景和文字

（1）新建一个宽度为 400 像素、高度为 300 像素，颜色模式为 RGB 颜色，背景内容为白色的画布。再以名称“【案例 3】金色别墅.psd”保存。

（2）设置前景色为浅蓝色，背景色为深蓝色。按照【案例 2】中介绍的方法，给“背景”图层填充从上到下由前景色到背景色垂直线性渐变颜色。

（3）打开“家居”图像，单击工具箱中的“裁剪工具”按钮，对其进行适当的裁剪，再将该图像宽度和高度分别调整为 400 像素和 300 像素，如图 2-3-2 所示。

（4）单击工具箱中的“移动工具”，将其拖动到“【案例 3】金色别墅.psd”画布窗口，复制一份“家居”图像，这时在“图层”面板的“背景”图层上添加一个新图层。然后，将该图层的名称改为“家居”。

（5）选中该图层。单击“编辑”→“自由变换”命令，进入“自由变换”状态，调整“家居”图层中“家居”图像的位置，调整完后按【Ctrl+D】组合键取消选区，使该图像刚好将整个画布窗口完全覆盖。

（6）在“图层”面板的“设置图层的混合模式”下拉列表框中选择“滤色”选项，使“家居”图层和“背景”图层按照“滤色”混合模式混合。然后，隐藏“家居”图层。

（7）单击工具箱中的“横排文字工具”按钮 T，在其选项栏中，设置字体为“隶书”、字号为 48 点、颜色为黄色，输入“金色别墅”文字，同时在“图层”面板中生成“金色别墅”文字图层。

（8）单击“样式”面板中的“糖果”图标，将该样式应用于选中图层。制作金色边缘的立体文字“金色别墅”（见图 2-3-1）。

2. 制作羽化图像

（1）打开“别墅 0”图像文件，创建选中整幅图像的选区。单击“编辑”→“拷贝”命令，将选区中的图像拷贝到剪贴板。

（2）单击“【案例 3】金色别墅.psd”文档窗口，在画布中间创建一个椭圆形选区。单击“选择”→“修改”→“羽化”命令，调出“羽化选区”对话框，在“羽化半径”文本框中输入20，如图 2-3-3 所示，单击“确定”按钮，将选区羽化。

（3）选中“金色别墅”文字图层，单击“编辑”→“选择性粘贴”→“贴入”命令，将剪贴板中的图像粘贴入羽化的选区中，同时“图层”面板中自动生成“图层 1”图层，将图层名称改为“别墅”。

（4）单击“编辑”→“自由变换”命令，进入“自由变换”状态，调整贴入图像的大小和位置。调整完后，按【Ctrl+D】组合键取消选区，效果如图 2-3-4 所示。

图 2-3-3 “羽化选区”对话框

图 2-3-4 贴入图像

3. 制作金色框架

（1）在“别墅”图层上创建一个新图层，将该图层的名称改为“框架”。然后，在贴入图像上创建一个圆形选区，如图 2-3-5 所示。

（2）单击“选择”→“存储选区”命令，调出“存储选区”对话框，在“名称”文本框中输入“椭圆 1”，如图 2-3-6 所示。单击“确定”按钮，将创建的圆形选区以名称“椭圆 1”保存。

（3）垂直向下移动选区，如图 2-3-7 所示。再将该选区以名称“椭圆 2”保存。

图 2-3-5 圆形选区

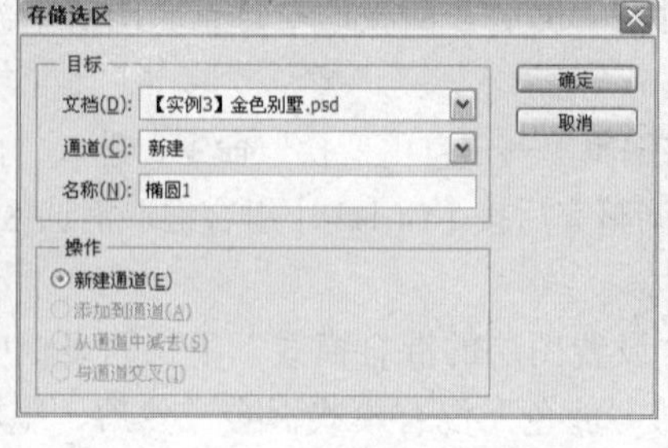

图 2-3-6 “存储选区”对话框

图 2-3-7 移动选区

（4）创建一个椭圆形选区，如图 2-3-8 所示。单击“选择”→“载入选区”命令，调出“载入选区”对话框，在“通道”下拉列表框中选择“椭圆 1”选项，选中“添加到选区”单选按钮，如图 2-3-9 所示。

（5）单击“载入选区”对话框中的“确定”按钮，载入“椭圆 1”选区，如图 2-3-10 所示。再单击“选择”→“载入选区”命令，调出“载入选区”对话框，设置如图 2-3-9 所示，在“通道”下拉列表框中选择“椭圆 2”选项，选中“添加到选区”单选按钮。单击“确定”按钮，再载入“椭圆 2”选区，如图 2-3-11 所示。

图 2-3-8　椭圆选区

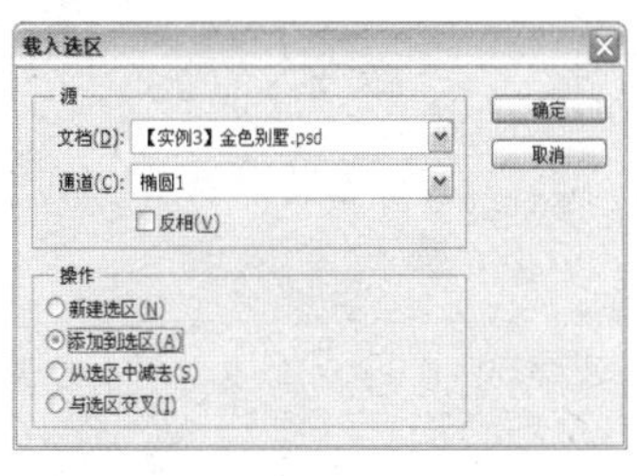

图 2-3-9　“载入选区”对话框

图 2-3-10　载入“椭圆 1”选区

（6）选中“框架”图层。单击“编辑”→“描边”命令，调出“描边”对话框，设置描边宽度为 5 像素，描边位置为“居中”，描边颜色为金黄色，如图 2-3-12 所示。单击“确定”按钮，给选区金黄色的描边，如图 2-3-13 所示。按【Ctrl+D】组合键取消选区。

图 2-3-11　载入“椭圆 2”选区

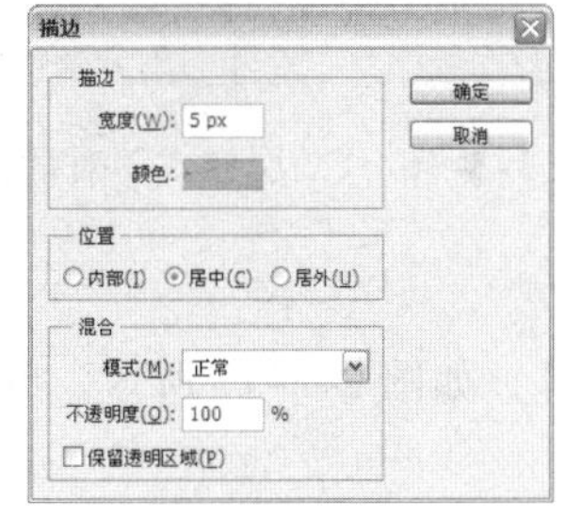

图 2-3-12　“描边”对话框

图 2-3-13　选区描边

（7）选中“框架”图层。单击“样式”面板的“清晰浮雕-外斜面”样式图标，给“框架”图层添加样式，如图 2-3-14 所示。然后，恢复显示“家居”图层，此时的“图层”面板如图 2-3-15 所示。

图 2-3-14　添加样式效果

图 2-3-15　显示“家居”图层

（8）双击“框架”图层，调出“图层样式”对话框，单击“外发光”复选框，在“混合模式”下拉列表框中选择“滤色”选项，调整不透明度为 60%，单击 单选按钮，单击黑色箭头，调出其列表框，单击选中其中的“橙色、黄色、橙色”渐变色，调整大小为 36 像素，如图 2-3-16 所示。单击“确定”按钮，关闭该对话框，使“框架”图层中图像发金光。

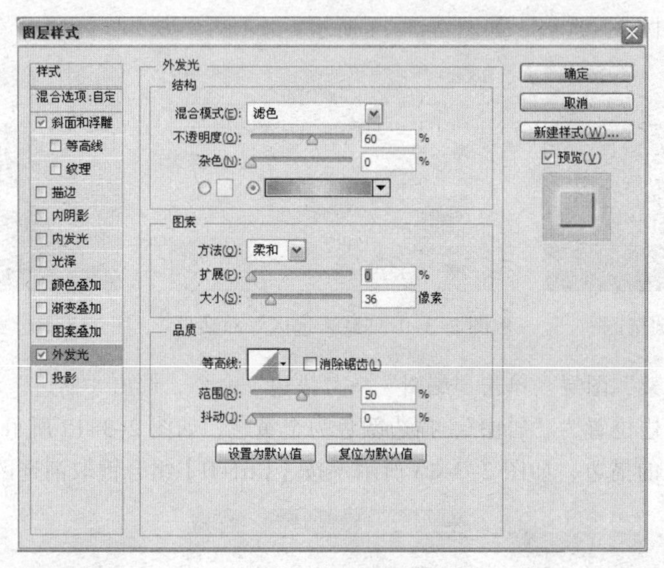

图 2-3-16 “图层样式”对话框

4．添加发光荷花图像

（1）打开一幅“荷花.jpg”图像，如图 2-3-17 所示。单击“选择”→“色彩范围”命令，调出“色彩范围”对话框。

（2）单击“吸管工具”按钮 ，再单击画布中或该对话框的预览框中粉色荷花瓣图像，对要包含的颜色进行取样。

（3）拖动“颜色容差”滑块或在其文本框中输入数字，调整选取颜色的容差值为 91。通过调整颜色容差，可以控制相关颜色包含在选区中的程度，其值越大，选取的相似颜色的范围也越大。

（4）单击“添加到取样”按钮 ，或按住【Shift】键，再单击画布中或预览框中要添加颜色的图像。如果要减去颜色，可单击“从取样中减去”按钮 ，或按住【Alt】键，再单击画布中或预览框中要减去颜色的图像。最后“色彩范围”对话框如图 2-3-18 所示。

（5）单击“色彩范围”对话框中的“确定”按钮，在“荷花.jpg”图像中创建的选区如图 2-3-19 所示。

（6）将图像的显示比例调整为 200%。单击工具箱中的“椭圆选框工具”按钮 ，按住【Shift】键，鼠标指针右下方会出现一个加号，在没选中的荷花瓣图像处拖动一个圆形选区，使该选区与原选区相加。也可以使用“矩形选框工具” 。

（7）按住【Alt】键，鼠标指针右下方会出现一个减号，在选中多余图像处拖动一个圆形选区，使该选区与原选区相减。最后创建选中荷花瓣的选区。

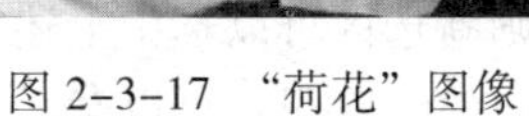

图 2-3-17 “荷花”图像

图 2-3-18 “色彩范围”对话框

图 2-3-19 创建选区

（8）单击“移动工具”按钮，将选区中的荷花瓣图像拖动到“【案例 3】金色别墅.psd”图像的画布左下角，在该画布内复制一份该图像。此时，“图层”面板中自动增加一个图层。将该图层的名称改为“荷花”，移到“框架”图层上面。

（9）选中“图层”面板中的“荷花”图层，单击该面板的“添加图层样式”按钮，调出其菜单，单击“外发光”命令，调出“图层样式”对话框，在“混合模式”下拉列表框中选择“正常”选项，调整不透明度为 60%，单击单选按钮色块，调出“拾色器”对话框，设置外发光色为金黄色，调整大小为 16 像素。单击“确定”按钮，关闭“图层样式”对话框，使“荷花”图层中图像发金色光（见图 2-3-1）。

相关知识

1. “色彩范围”对话框补充

在图 2-3-18 所示的“色彩范围”对话框中，各选项的补充说明如下。

（1）默认选中“选择范围”单选按钮，则在预览框中显示选区的状态（使用白色表示选区）；如果选中“图像”单选按钮，则在预览框中显示画布中的图像。按【Ctrl】键，可以在预览框中进行“选区”和“图像”预览之间的切换。

（2）如果在“选择”下拉列表框中选择“取样颜色”选项，则各选项均有效，如图 2-3-18 所示。如果在“选择”下拉列表框中选择一种颜色或色调范围选项，其中的“溢色”选项仅适用于 RGB 和 Lab 图像。溢出颜色不能使用印刷色打印。

（3）选中“本地化颜色簇”复选框，可以使用“范围”滑块来调整要包含在蒙版中的颜色与取样点的最大和最小距离。例如，图像在前景和背景中都包含一束黄色的花，但只想选择前景中的花，可以选中“本地化颜色簇”复选框，只对前景中的花进行颜色取样，这样缩小了范围，避免选中背景中有相似颜色的花。

（4）单击“色彩范围”对话框中的“存储”按钮，调出“存储”对话框，用来保存当前设置。单击“载入”按钮，可调出“载入”对话框，用来重新使用保存的设置。

（5）“选区预览”下拉列表框用来确定图像预览选区的方式。其中各选项的含义如下。

◎ “无”选项：在画布中不显示选区情况，只是在预览框中显示选区。

◎ “灰度”选项：在画布中按照图像灰度通道显示，在预览框中显示选区。

◎ “黑色杂边”选项：在画布中黑色背景上用彩色显示选区。

◎“白色杂边”选项：在画布中白色背景上用彩色显示选区。

◎“快速蒙版”选项：在画布中使用当前的快速蒙版设置显示选区。

（6）单击该对话框中的“确定”按钮，即可创建选中指定颜色的选区。

2．存储和载入选区

（1）存储选区：单击“选择”→“存储选区”命令，调出“存储选区”对话框（见图 2-3-6）。利用该对话框可以保存创建的选区，以备以后使用。

（2）载入选区：单击“选择”→“载入选区”命令，调出“载入选区”对话框（见图 2-3-9）。利用该对话框可以载入以前保存的选区。如果选中“反相”复选框，则新选区可以选中上述计算产生的选区之外的区域。按住【Ctrl】键，单击“图层”面板中图层的缩览图，可以载入选中该图层的所有图像的选区。

在该对话框的“操作”栏内选择不同的单选按钮，可以设置载入的选区与已有的选区之间的关系，这与本章第 1 节所述的内容基本一样。

◎ 选中“新建选区”单选按钮：则载入选区后，载入的选区替代原来的选区。

◎ 选中“添加到选区”单选按钮：则载入选区后，载入的选区与原来的选区相加。

◎ 选中“从选区中减去”单选按钮：则载入选区后，在原选区中减去载入选区。

◎ 选中“与选区交叉”单选按钮：则载入选区后，产生载入选区与原来选区相交部分。

3．选区描边

创建选区，单击“编辑”→“描边”命令，调出“描边”对话框（见图 2-3-12）。设置后单击“确定”按钮，即可完成描边任务。对话框中各选项的作用如下。

（1）“宽度”文本框：用来输入描边的宽度，单位是像素（px）。

（2）“颜色”按钮：单击该按钮，可调出“拾色器”对话框，用来设置描边的颜色。

（3）“位置”栏：选择描边相对于选区边缘线的位置，分别为居内、居中或居外。

（4）“混合”栏：其中“不透明度”文本框用来调整填充色的不透明度。如果当前图层图像透明，则“保留透明区域”复选框为有效，选中其后，则不能给透明选区描边。

4．选择性粘贴图像

（1）“贴入”命令：打开一幅图像，将该图像复制到剪贴板中。打开另一幅图像，在该幅图像中创建一个羽化 20 像素的圆形选区，如图 2-3-20 所示，单击“编辑”→“选择性贴入”→“贴入”命令，将剪贴板中的图像贴入该选区内，如图 2-3-21 所示。

（2）“外部贴入”命令：按照上述操作步骤，最后单击“编辑”→“选择性贴入”→“外部贴入”命令，可将剪贴板中的图像粘贴到该选区外，如图 2-3-22 所示。

图 2-3-20　圆形选区

图 2-3-20　粘贴入选区内

图 2-3-22　粘贴到选区外

（3）“原位贴入”命令：打开另一幅图像，单击“编辑”→“选择性贴入”→“原位贴入”命令，可将剪贴板中的图像粘贴到原来该图像所在位置。

思考与练习 2-3

1. 制作一幅“唯美欧洲建筑”图像如图 2-3-23 所示。它的背景是一幅半透明、偏蓝色的欧洲风景图像，图中间有一幅发金色光芒的立体花瓣形框架，框架内是四周羽化的欧洲建筑图像，框架右面是金色立体文字“唯美欧洲建筑”，左下角是发出金色光芒的埃菲尔铁塔。
2. 制作一幅“池塘荷花”图像，如图 2-3-24 所示。它是将“水波”“荷叶”“荷花”图像（见图 2-3-25 和图 2-3-26）加工合并制作而成的。

图 2-3-23 “唯美欧洲建筑”图像

图 2-3-24 “池塘荷花”图像

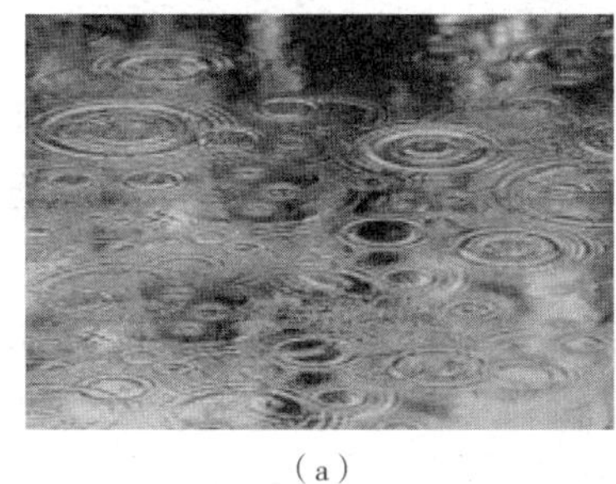

（a）

（b）

图 2-3-25 “水波”和“荷叶”图像

图 2-3-26 “荷花”图像

3. 制作一幅“美化照片”图像，如图 2-3-27 所示。该图像是利用图 2-2-28 所示“丽人”和“向日葵”，以及图 2-2-29 所示“鲜花”图像加工而成的。

图 2-3-27 “美化照片”图像

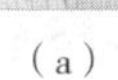

（a）

（b）

图 2-3-28 “丽人”和“向日葵”

4. 制作一幅“金色环”图形，如图 2-3-30 所示。制作该图形的提示如下。

（1）创建一个椭圆形选区，将其以名称“椭圆 1”保存。调出“边界选区”对话框，将选区转换为 5 像素宽的环状选区。使用“渐变工具”按钮，填充“橙色，黄色，橙色”水平线性渐变颜色，如图 2-3-31 所示。

图 2-3-29 “鲜花”图像

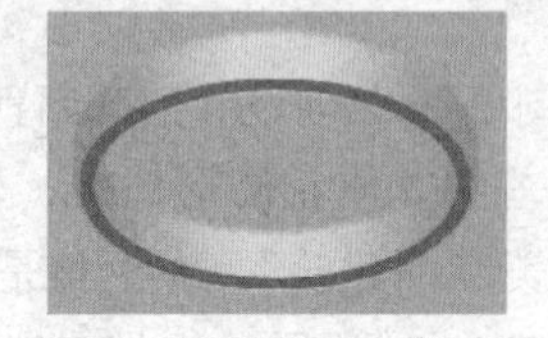
图 2-3-30 “金色环”图像

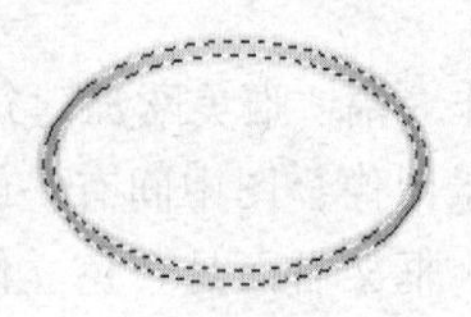
图 2-3-31 选区填充线性渐变色

（2）使用“移动工具”，按住【Alt】键，同时多次按光标下移键，连续移动复制图形。取消选区，如图 2-3-32 所示。调出“载入选区”对话框，在“通道”下拉列表框中选择“椭圆 1”选项，载入“椭圆 1”选区。

（3）将选区移动到图 2-3-33 所示位置。调出“描边”对话框，给选区描 5 像素、红色的边。按【Ctrl+D】组合键取消选区，如图 2-3-30 所示。

图 2-3-32 复制图形

图 2-3-33 移动选区

5. 制作一幅“云中飞机”图像，如图 2-3-34 所示。它是将图 2-3-35 所示两幅图像加工合并而成的。制作该图像使用了“色彩范围”对话框创建选区、载入选区、选区调整、新建通过剪切的图层和图层位置调整等操作。图像的制作方法提示如下。

（1）将“飞机”图像中飞机部分复制到“云图”图像中，调整它们的位置、大小和旋转角度。按住【Ctrl】键，单击“图层”面板底部的新图层按钮，创建选中飞机的选区。

（2）利用“色彩范围”对话框，创建飞机选区范围内选中白云的选区。选中“背景”图层，单击“图层”→“新建”→“通过剪切的图层”命令，“图层”面板中会生成“图层 2”图层，其内是选区中的云图图像。在“图层”面板中，拖动“图层 2”图层移动到“图层 1”图层的上面。

图 2-3-34 “云中飞机”图像

（a）

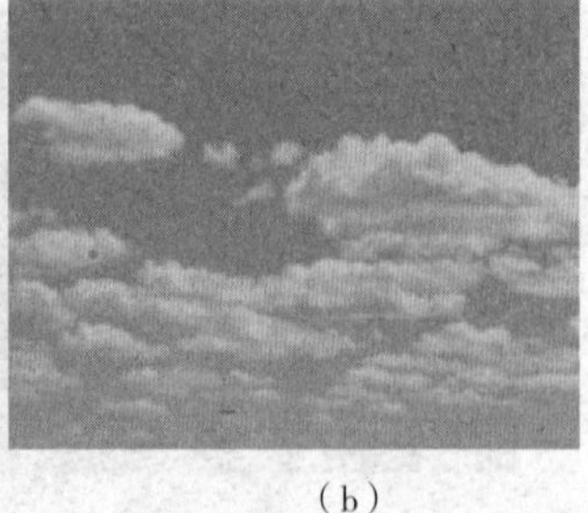
（b）

图 2-2-35 “飞机”和“云图”图像

6. 制作一幅“美化环境 1”图像，如图 2-3-36 所示。它是由 3 幅图像加工合并而成的图像。3 幅图像如图 2-3-37 所示。

图 2-3-36　“美化环境 1”图像

（a）

（b）

（c）

图 2-3-37　“建筑”“大树”“云图”图像

7. 制作一幅“美化环境 2”图像，如图 2-3-38 所示。它是由图 2-3-39 所示的“建筑”图像和“小树”图像以及图 2-3-37（c）图所示的云图图像加工合并而成的。

图 2-3-38　“美化环境 2”图像

（a）

（b）

图 2-3-39　“建筑”和“小树”图像

第 3 章 文字和图层

本章通过 6 个案例的学习，可以掌握“图层”面板的使用方法，应用图层组和图层剪贴组，使用图层的链接、样式和复合，掌握输入和编辑文字、制作环绕文字的方法等。

图层可用来存放图像，各图层相互独立，又相互联系，可以分别对各图层图像进行加工，而不会影响其他图层的图像，有利于图像的分层管理和处理。可以将各图层进行随意的合并操作。图层可以看成一张张透明胶片，当多个有图像的图层叠加在一起时，可以看到各图层图像叠加的效果，通过上面图层内图像透明处可以看到下面图层中的图像。在同一个图像文件中，所有图层具有相同的画布属性。各图层可以合并后输出，也可以分别输出。

3.1 【案例 4】桂林花展海报

案例效果

“桂林花展海报”图像如图 3-1-1 所示。它是一幅宣传世界名花的海报，其中颗粒状蓝色背景之上有带金色阴影的弯曲红色立体文字“桂林花展海报”，介绍荷花与菊花的段落文字和几种名花的羽化图像，另外在段落文字外有红色圆形图形，沿着圆形图形外有环绕文字，这种文字可以使画面更美观，更具有可视性。

图 3-1-1 “桂林花展海报”图像

制作该图像使用了文字沿路径环绕，路径可以由选区来转换。如果在路径上输入横排文字，可以使文字与路径的切线（即基线）垂直；如果在路径上输入直排文字，可以使文字方向与路径的切线平行。如果移动路径或更改路径的形状，文字将会随着路径位置和形状的改变而自动发生相应的变化。

操作步骤

1. 制作背景图像

（1）设置背景色均为浅绿色，新建宽度为 900 像素、高度为 400 像素、背景为浅绿色的文档。按【Ctrl+Delete】组合键，给“背景”图层填充浅绿色。再以名称“【案例 4】桂林花展海报.psd”保存。打开 4 幅世界名花图像，如图 3-1-2 所示。

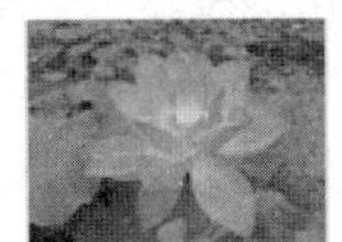

荷花.jpg

菊花.jpg

兰花.jpg

牡丹.jpg

图 3-1-2　4 幅世界名花图像

（2）分别将 4 幅图像的高度调整为 300 像素，宽度等比例改变。选中“荷花”图像，按【Ctrl+A】组合键，创建选中该图像的选区，按【Ctrl+C】组合键，将选区内的图像复制到剪贴板中。

（3）选中“【案例 4】桂林花展海报.psd”图像，在“图层”面板中选中“背景”图层。单击工具箱中的“椭圆工具”按钮◯，在其选项栏中设置羽化半径为 30 像素，在画布左上角创建一个椭圆选区。

（4）单击“编辑”→“选择性粘贴”→“贴入”命令，将剪贴板中的荷花图像粘贴到该选区内。此时，“图层”面板中会自动增加一个“图层 1”图层，其内保存粘贴入的“荷花”图像。

（5）单击“编辑”→“自由变换”命令，进入自由变换调整状态，调整粘贴入选区内的图像位置和大小，效果如图 3-1-3 所示。按【Ctrl+D】组合键取消选区。

（6）按照上述方法，再在“【案例 4】桂林花展海报.psd”图像内添加羽化的 3 幅其他鲜花图像，如图 3-1-4 所示。此时，“图层”面板中会自动增加“图层 2”~“图层 4”图层，其内保存粘贴入的“菊花”“兰花”“牡丹”图像。

图 3-1-3　粘贴入“荷花”图像

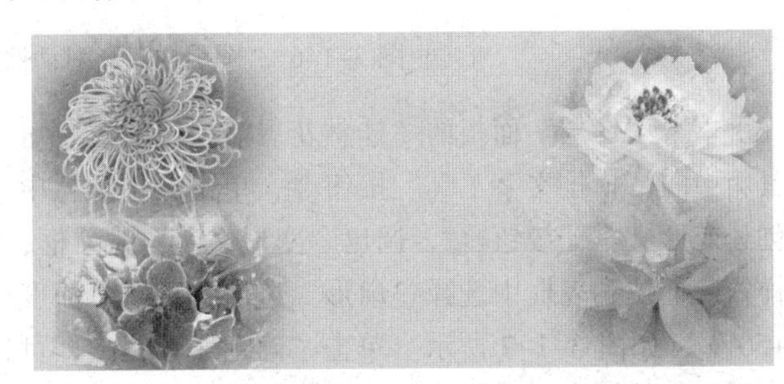
图 3-1-4　粘贴入的“荷花”“菊花”“兰花”“牡丹”图像

2. 制作立体图像文字

（1）隐藏“背景”图层外的其他图层。单击工具箱中的“横排文字工具”按钮 T，在其选项栏的“设置字体系列”下拉列表框中选择“华文楷体”选项，在“设置字体大小”下拉列表框中选择“48 点”选项，单击“设置文字颜色”按钮，调出“拾色器（文本颜色）”对话框，设置文字颜色为红色，单击“确定”按钮，关闭该对话框。

（2）在画布内输入文字“桂林花展海报”。此时，自动为文字创建一个“桂林花展海报”文本图层。拖动选中文字，单击“窗口”→“字符”命令，调出“字符”面板，在下拉列表框中选择“200”选项，将文字间距调大，效果如图 3-1-5 所示。

桂林花展海报

图 3-1-5 文字“桂林花展海报”

（3）单击工具箱中的“移动工具”按钮，拖动文字到画布内顶部的中间处。

（4）单击“图层”面板的“添加图层样式”按钮 fx，调出其快捷菜单，单击“斜面和浮雕”命令，调出“图层样式”对话框。

（5）选中“样式”栏中的“斜面和浮雕”复选框，设置样式为浮雕效果，深度 160，大小 8 像素，软化 3 像素，角度 120 度，高度 30 度，如图 3-1-6（a）所示。选中“样式”栏中的“投影”复选框，设置距离为 17 像素，扩展为 5%，大小为 9 像素，不透明度为 90%，角度为 120 度，投影色为黄色，混合模式为“强光”，如图 3-1-6（b）所示。

单击“确定”按钮，即可完成有黄色阴影的立体文字的制作（见图 3-1-1）。

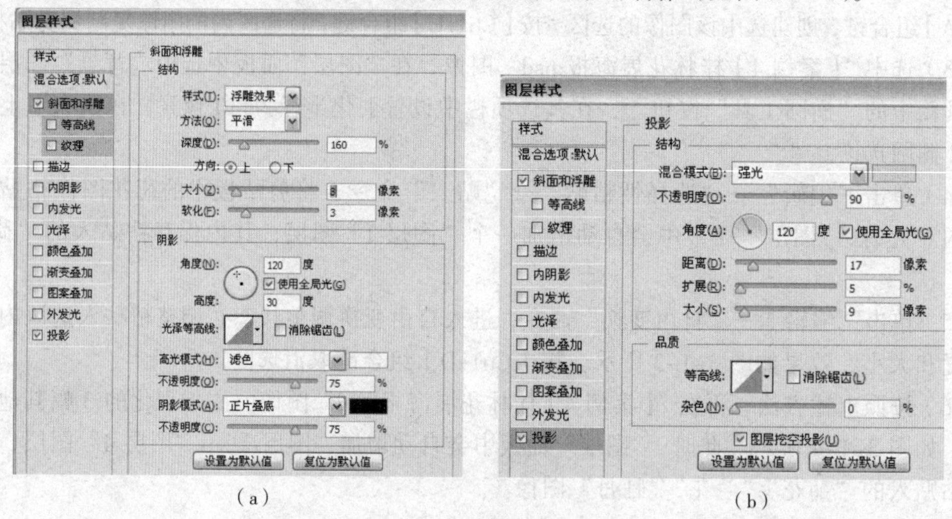

图 3-1-6 “图层样式”对话框设置

（6）单击“图层”面板的“桂林花展海报”图层，单击工具箱中的“横排文字工具”按钮 T，单击其选项栏中的“创建变形文本”按钮，调出“变形文字”对话框，在“样式”下拉列表框中选择“扇形”选项，调整弯曲度为“+50%”，如图 3-1-7 所示。单击“确定”按钮，即可使选中图层内的文字呈扇形弯曲（图 3-1-1）。

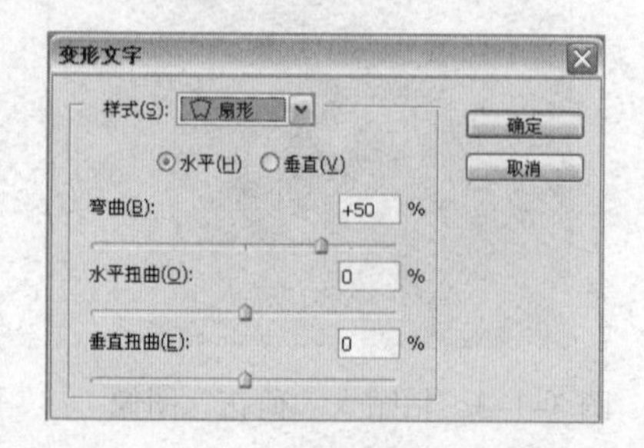

图 3-1-7 “变形文字”对话框

3. 制作段落文字和环绕文字

（1）在“图层”面板上新增一个图层，将它的名称改为“圆框”，选中该图层。单击“椭圆工具”按钮，在画布中间创建一个没有羽化的圆形选区。单击“编辑”→“描边”命令，调出“描边”对话框，给选区描 2 像素、红色的边。

（2）单击“横排文字工具”按钮 T，在画布内中间处拖动一个矩形段落框。单击“窗口”→“字符”命令，调出“字符”面板，设置字体为黑体，大小为 16 点，文字样式为加粗，颜色为红色，消除文字锯齿方式为平滑，如图 3-1-8 所示。

（3）单击该段落框，输入文字，用空格调整每行文字的起始位置，按【Enter】键换行，如图 3-1-9 所示。为了看清楚文字。拖动段落框四周的控制柄可以调整段落框的宽度和高度。

（4）单击“窗口”→“段落”命令，调出“段落”面板，对段落进行设置。

（5）单击“窗口”→“路径”命令，调出“路径”面板，单击“从选区生成工作路径”按钮，将圆形选区转换为圆形路径。

（6）单击工具箱中的“横排文字工具” T，在“字符”面板内设置字体为隶书，大小为 40 点，文字样式为加粗，颜色为红色，消除文字锯齿方式为平滑。

（7）移动鼠标指针到圆形路径上，当鼠标指针变为文字工具的基线指示符时单击，路径上会出现一个插入点。然后，输入“中国桂林 2018 年世界名花展”文字。此时，“图层”面板中会增加相应的文字图层。“路径”面板中增加一个“中国桂林 2018 年世界名花展　文字路径”层。

（8）单击工具箱中的“路径选择工具”按钮或“直接选择工具”按钮，将鼠标指针移到环绕文字之上，鼠标指针会变为或形状。

此时沿着路径逆时针（或顺时针）拖动圆形路径上的标记（环绕文字的起始标记），同时会沿着路径逆时针（或顺时针）拖动圆形路径上的环绕文字，改变文字的起始位置。如果拖动环绕文字的终止标记，可以调整环绕文字的终止位置，如图 3-1-10 所示。

注意：调整环绕文字的最终效果如图 3-1-10 所示。拖动移动环绕文字时避免跨越到路径的另一侧，否则会将文字翻转到路径的另一边。

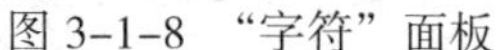
图 3-1-8　“字符”面板

图 3-1-9　段落文字

图 3-1-10　调整环绕文字

（9）单击选中“图层”面板中的“中国桂林 2018 年世界名花展”文字图层，在“字符”面板的“设置基线偏移”文本框中输入 8，按【Enter】键确定后，环绕文字会朝远离圆形方向移 8 个点。

相关知识

1. 文字工具

（1）横排文字工具：单击工具箱中的“横排文字工具”按钮 T，此时的选项栏如图 3-1-11 所示。再单击画布，即可在当前图层的上面创建一个新的文字图层。同时，画布内鼠标单击处会出现一个竖线光标，表示可以输入文字（这时输入的文字称点文字）。输入文字中，按【Ctrl】键可以切换到移动状态。另外，也可以使用剪贴板粘贴文字。

图 3-1-11 横排文字工具的选项栏

单击画布窗口后，“横排文字工具” T 的选项栏增加了 ✓（提交所有当前编辑）和 ⊘（取消所有当前编辑）两个按钮。单击 ✓ 按钮，可完成文字的输入。单击 ⊘ 按钮，可取消输入的文字。然后选项栏都回到图 3-1-11 所示状态。

（2）直排文字工具：“直排文字工具” IT 的选项栏与图 3-1-11 所示基本一样。其使用方法与文字工具的使用方法也基本一样，只是输入的文字是竖直排列的。

（3）文字蒙版工具：单击工具箱中的“横向文字蒙版工具”按钮或“直排文字蒙版工具”按钮，此时的选项栏与图 3-1-11 所示基本一样。单击画布，会加入一个红色的蒙版，输入文字（例如，“水仙”，如图 3-1-12 所示）。输入文字后单击其他工具，画布内即可创建相应的文字选区，如图 3-1-13 所示。

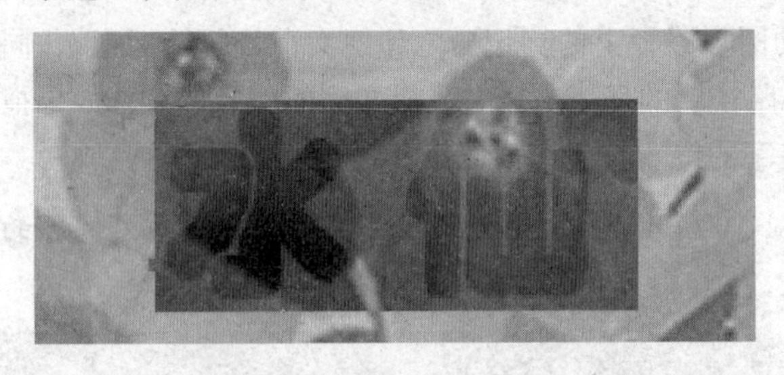

图 3-1-12 使用文字蒙版工具输入文字

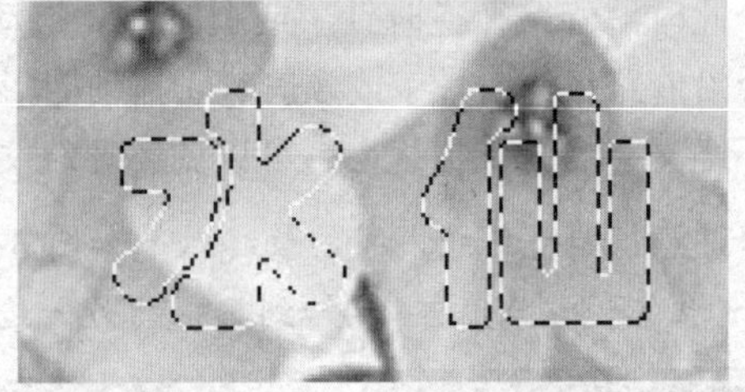

图 3-1-13 文字选区

（4）改变文字的方向：单击“文字”→“取向”→“水平”命令，或单击选项栏中的切换文本取向按钮，可将垂直文字改为水平文字；单击“文字”→“取向”→“垂直”命令，或单击选项栏中的切换文本取向按钮，可将水平文字改为垂直文字。

2. 文字工具的选项栏

（1）“设置字体系列”下拉列表框 Arial：用来设置字体。

（2）“设置字体样式”下拉列表框 Regular：用来设置字形。字形有：常规（Regular）和加粗（Bold）等。要注意，不是所有字体都具有这些字体样式。

（3）“设置字体大小”下拉列表框 48点：用来设置字体大小。可以选择下拉列表框中的选项，也可以直接输入数据。单位有毫米（mm）、像素（px）和点（pt）。

（4）“设置消除锯齿的方法”下拉列表框 aa 平滑：用来设置是否消除文字的边缘锯齿，

以及采用什么方法消除文字的边缘锯齿。其有五个选项：“无”（不消除锯齿，对于小文字，会使文字模糊）、“锐利”（文字边缘锐化）、“犀利”（消除锯齿，使文字边缘清晰）、“浑厚”（稍过渡的消除锯齿）和“平滑”（产生平滑效果）。

（5）设置文字水平排列按钮：文字在水平排列时，设置文字的对齐方式。

（6）设置文字垂直排列按钮：文字在垂直排列时，设置文字的对齐方式。

（7）“设置文本颜色”按钮：单击该按钮可调出“拾色器（文本颜色）”对话框，用来设置文字的颜色。

（8）“创建文字变形”按钮：单击该按钮，调出“变形文字”对话框。

（9）“切换字符和段落面板”按钮，单击该按钮，可以调出或隐藏“字符”和“段落”面板。这两个面板分别用来设置文字的字符和段落属性。

3．“字符”面板

单击“字符”面板（见图3-1-8）右上角的面板菜单按钮，调出“字符”面板菜单，如图3-1-14所示。利用该面板菜单可设置文字字形（因为许多字体没有粗体和斜体字形），给文字加下画线和删除线，设置上标或下标、改变文字方向等。该面板中没有介绍过的选项简介如下。

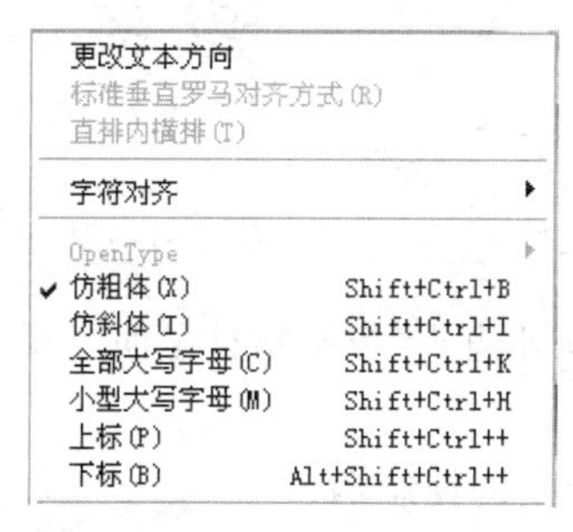

（a）

下划线(U)　Shift+Ctrl+U
删除线(S)　Shift+Ctrl+/
分数宽度(F)
系统版面
无间断(N)
复位字符(E)
关闭
关闭选项卡组

（b）

图3-1-14　“字符”面板菜单

（1）“设置行距”下拉列表框：用来设置行间距，即两行文字间的距离。

（2）“垂直缩放”文本框：用来设置文字垂直方向的缩放比例。

（3）“水平缩放”文本框：用来设置文字水平方向的缩放比例。

（4）“设置所选字符的比例间距”下拉列表框：用来设置所选字符的比例间距。百分数越大，选中字符的字间距越小。拖动，可以改变数值。

（5）“设置所选字符的字距调整”下拉列表框：用来设置所选字符的字间距。正值是使选中字符的字间距加大，负值是使选中字符的字间距减小。

（6）“设置两个字符间的字距微调”文本框：单击两个文字之间，然后修改该下拉列表框中的数值，即可改变两个字的间距。正值是加大，负值是减小。

（7）“设置基线偏移”文本框：用来设置基线的偏移量。正值是使选中的字符上移，形成上标；负值是使选中的字符下移，形成下标。

（8）按钮组：从左到右分别为：粗体、斜体、全部大写、小写、上标、下标、下画线、删除线按钮。

（9）fi ℴ st 𝒜 aa T 1st ½：对所选字符进行标准连字等选择设置。

（10）英语(美国) 下拉列表框：用来选择不同的语言。

4．段落文字和“段落”面板

段落文字除了具有文字格式外，还有段落格式。段落格式可用“段落”面板进行设置。

（1）输入和调整段落文字的方法如下。

◎ 单击工具箱中的“横排文字工具”按钮 T，在其选项栏中进行设置。

◎ 在画布窗口内拖拉出一个虚线的矩形，称为文字输入框，其四边上有 8 个控制柄 ◻，其内有一个中心标记 ⌖，如图 3-1-15 所示。在矩形框内输入文字或粘贴文字（这时输入的文字称为段落文字），如图 3-1-16 所示。按住【Ctrl】键的同时拖动，可以移动文字输入框和其内的文字。拖动中心标记 ⌖，可以改变中心标记 ⌖ 的位置。

◎ 将鼠标指针移到文字输入框边上的控制柄 ◻ 处，当鼠标指针呈直线双箭头状时，拖动可以改变文字输入框的大小，同时也调整了文字输入框内行文字量和行数。如果文字输入框右下角有 ⊞ 控制柄，则表示除了文字输入框内还有其他文字，如图 3-1-17 所示。

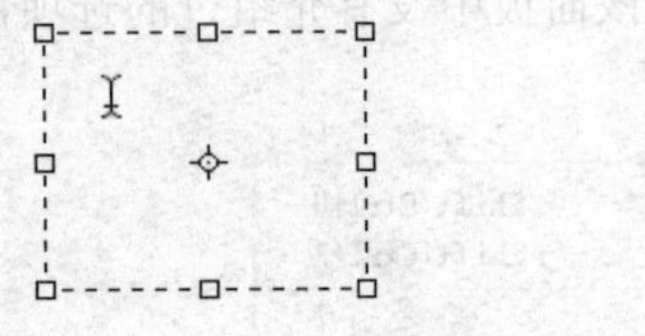
图 3-1-15 文字输入框

图 3-1-16 段落文字

图 3-1-17 还有其他文字

◎ 将鼠标指针移到文字输入框边上的控制柄 ◻ 外边，当鼠标指针呈曲线双箭头状时拖动，可以以中心标记 ⌖ 为中心旋转文字输入框。

◎ 按住【Shift+Ctrl】键，拖动虚线矩形框四边上的控制柄，可使文字倾斜。

◎ 单击工具箱内其他工具，可完成段落文字输入。按【Esc】键可以取消文字的输入。

（2）“段落”面板：“段落”面板（见图 3-1-18），用来定义文字的段落属性。单击“段落”面板右上角的面板菜单按钮，可以调出面板菜单，设置顶到顶行距、顶到底行距、对齐等。“段落”面板中一些选项的作用如下。

图 3-1-18 “段落”面板

◎ 0点 文本框：设置段落文字左缩进量，以点为单位。

◎ 0点 文本框：设置段落文字右缩进量，以点为单位。

◎ 0点 文本框：设置段落文字首行缩进量，以点为单位。

◎ 0点 文本框：设置段落文字段前间距量，以点为单位。

◎ 0点 文本框：设置段落文字段后间距量，以点为单位。

◎“避头尾法则设置”下拉列表框：用来选取换行集。

◎“间距组合设置”下拉列表框：用来选择内部字符集。

◎ “连字” ☑连字 复选框：选中它后，可以在英文单词换行时自动在行尾加连字符“-”。

5．文字转换

（1）段落文字转换为点文字：单击“图层”面板中的段落文字图层，再单击“图层”→“文字”→“转换为点文本”命令，即可将段落文字转换为点文字。

（2）点文字转换为段落文字：单击“图层”面板中的该文字图层，单击“图层”→“文字”→“转换为段落文本”命令，即可将点文字转换为段落文字。

（3）文字转换为形状：单击“图层”→“文字”→“转换为形状”命令，即可将选中的文字的轮廓线转换为形状。

6．文字变形

单击工具箱中的“横排文字工具”按钮 T，再单击画布或者单击“图层”面板中的文字图层。单击选项栏中的“创建变形文本”按钮，或单击“图层”→“文字”→“文字变形”命令，都可以调出“变形文字”对话框。

在“变形文字”对话框内的“样式”下拉列表框中选择不同的样式选项，对话框中的内容会稍不一样。例如：选择“鱼眼”样式选项后，“变形文字”对话框如图 3-1-19 所示。图 3-1-20 给出了几种变形的文字。

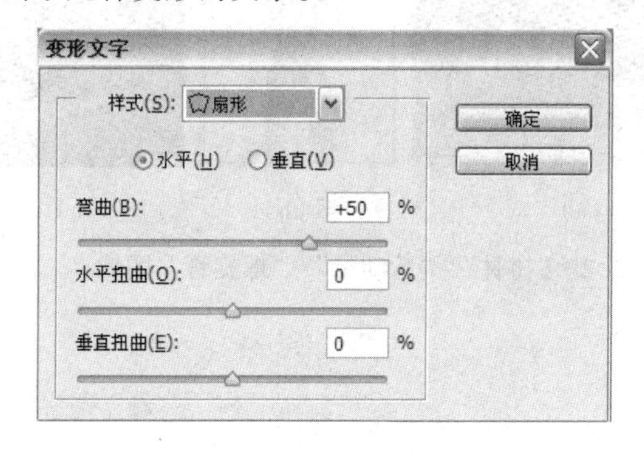

图 3-1-19　“变形文字”对话框

图 3-1-20　变形的文字

“变形文字”对话框内各选项的作用如下。

（1）“样式”下拉列表框：用来选择文字弯曲变形的样式。

（2）“水平”和“垂直”单选按钮：用来确定文字弯曲变形的方向。

（3）“弯曲”文本框：调整文字弯曲变形的程度，可以用鼠标拖动滑块来调整。

（4）“水平扭曲”文本框：调整文字水平方向的扭曲程度，可以拖动滑块来调整。

（5）“垂直扭曲”文本框：调整文字垂直方向的扭曲程度，可以拖动滑块来调整。

思考与练习 3-1

1. 参考本案例，制作一幅“世界著名油画展览海报”图像。
2. 制作如图 3-1-20 所示的各种变形文字。
3. 制作一幅“立体文字”图像，如图 3-1-21 所示。
4. 制作一幅“立竿见影”投影文字图像，如图 3-1-22 所示。
5. 制作一幅“图像文字”图像，如图 3-1-23 所示。

图 3-1-21 “立体文字”图像　　图 3-1-22 “投影文字”图像　　图 3-1-23 “图像文字”图像

3.2 【案例 5】林中健美

案例 5 视频

案例效果

“林中健美”图像如图 3-2-1 所示。它是由图 3-2-2 所示的“树林”“运动员”“螺旋管”图像及图 3-2-3 所示“汽车”图像合成的。可以看到，林中的汽车在一棵大树的后边，螺旋管环绕在运动员的身体之上。

图 3-2-1 “林中健美”图像

（a）

（b）

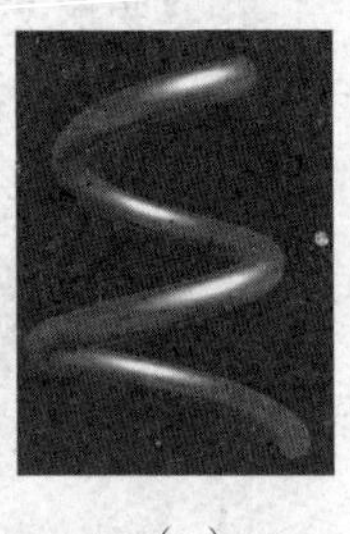
（c）

图 3-2-2 “树林”“运动员”“螺旋管”图像

操作步骤

1. 制作螺旋管环绕人体

（1）打开图 3-2-2 所示的“树林”“运动员”“螺旋管”图像，将“树林”图像进行裁切和大小调整，令其宽度为 400 像素、高度为 270 像素。

（2）选中“运动员”图像。单击“选择”→“色彩范围”命令，调出“色彩范围”对话框，单击“运动员”图像背景白色，调整颜色容差为 36，如图 3-2-4 所示。单击“确定”按钮，创建选中所有白色背景的选区。然后，进行选区的加减调整，最后效果如图 3-2-5 所示。

（3）单击“选择”→“反向”命令，创建包围人体的选区。单击“移动工具”按钮，拖动选区内健美人物图像到“树林”图像中。此时，“图层”面板中新增“图层 1”图层，将该图层的名称改为“运动员”。

（4）单击“编辑”→“自由变换”命令，调整运动员图像的大小和位置，按【Enter】键确定，效果如图 3-2-6 所示。然后，将“树林”图像以名称“【案例 5】林中健美.psd”保存。

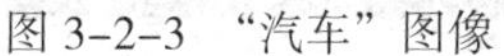

图 3-2-3　“汽车”图像

图 3-2-4　“色彩范围”对话框

图 3-2-5　选中白色背景

（5）选中“螺旋管”图像。单击“魔棒工具”按钮，在其选项栏内设置容差为 20。单击“螺旋管”图像的背景图像，创建选中蓝色背景的选区。单击“选择”→“反向”命令，创建包围螺旋管图像的选区，如图 3-2-7 所示。

（6）单击“选择”→“修改”→“平滑”命令，调出“平滑选区”对话框，在其“取样半径”文本框内输入 5。单击“确定”按钮，使选区更平滑。

（7）单击工具箱中的“移动工具”按钮，拖动选区内图像到“【案例 5】林中健美.psd”图像中，将新图层的名称改为“螺旋管”，并移动到“运动员”图层之上。单击“编辑”→“自由变换”命令，调整螺旋管图像的大小和位置，如图 3-2-8 所示。按【Enter】键确定。

图 3-2-6　运动员移到“树林”图像中

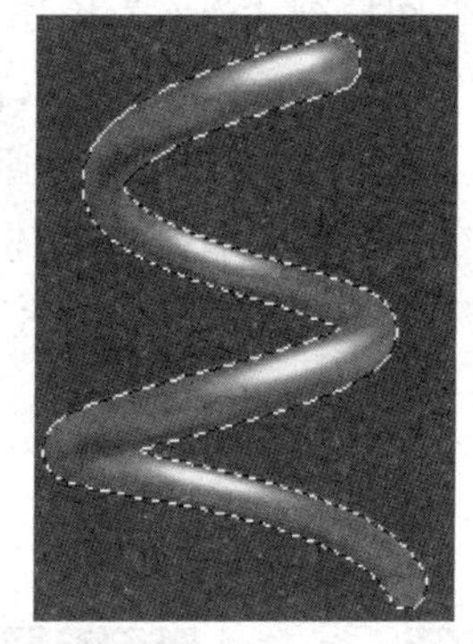

图 3-2-7　包围螺旋管图像的选区

图 3-2-8　调整螺旋管

（8）单击“图层”面板中的“螺旋管”图层。单击工具箱中的“套索工具”按钮，在图 3-2-8 所示的图像中创建两个选区，如图 3-2-9 所示。

（9）单击“图层”→“新建”→“通过剪切的图层”命令，将选区内的部分螺旋管图像剪贴到“图层”面板中的新图层中。将该图层的名称改为“部分螺旋管”，将“图层”面板内的“部分螺旋管”图层拖动到“运动员”图层的下边，如图 3-2-10 所示。

2. 制作林中汽车

（1）单击工具箱中的“套索工具”按钮，创建选中汽车的选区。使用选区加减的方法，修改选区。隐藏“图层”面板中除“背景”图层外的所有图层。

（2）单击“移动工具”按钮，将选区内的汽车图像拖动到“【案例 5】林中健美.psd”图像的画布窗口内。单击“编辑”→“自由变换”命令，调整汽车图像的大小和位置。按【Enter】键确定，如图 3-2-11 所示。“图层”面板内新增一个图层，将该图层的名称改为“汽车”。

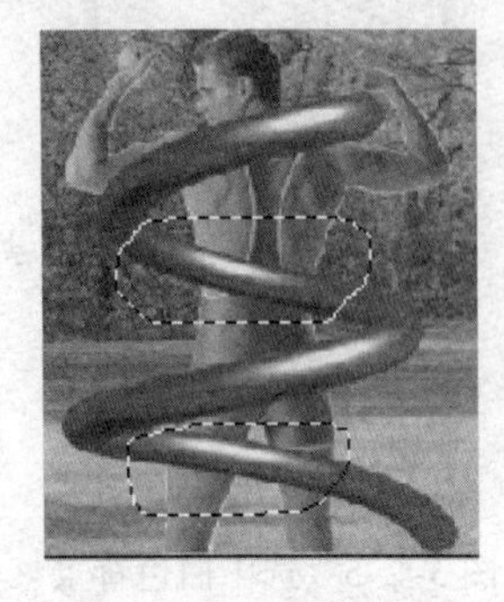
图 3-2-9　创建选区

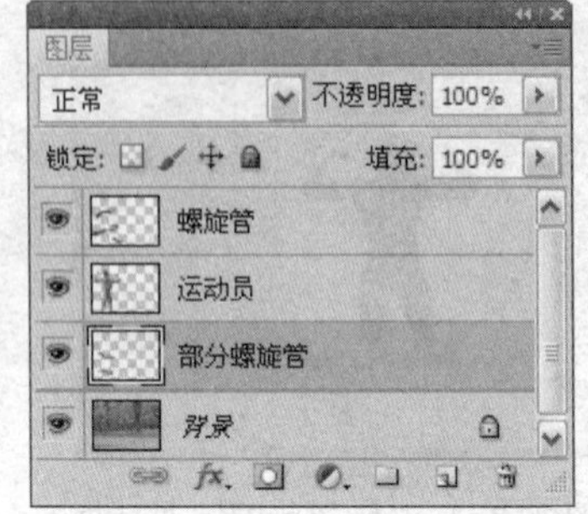

图 3-2-10　“图层”面板

图 3-2-11　汽车移到画布窗口内

（3）单击“图层”面板内“汽车”图层的图标，使图标消失，同时汽车图像也消失。单击“套索工具”按钮，创建一个选中部分树干和树枝的选区，再单击“图层”面板中“汽车”图层的图标处，使其变为图标，同时汽车图像出现，如图 3-2-12 所示。如果创建的选区不合适，可以重复上述过程，重新创建选区。

（4）单击“移动工具”按钮，单击“图层”面板中“背景”图层（为了可以将选区内的背景图像复制到新图层）。单击“图层”→“新建”→“通过拷贝的图层”命令，“图层”面板中会生成一个新图层，用来放置选区内的图像。将该图层的名称改为“树干和树枝”。

（5）拖动“树干和树枝”图层到“汽车”图层的上边，此时的图像变为汽车在树后边，如图 3-2-13 所示。将“图层”面板内所有图层显示，“图层”面板如图 3-2-14 所示。

（6）选中上边三个图层，调整运动员和螺旋管的位置与大小（见图 3-2-1）。

（7）在“图层”面板中创建“螺旋管环绕人体”图层组，按住【Ctrl】键将“螺旋管”“远动员”“部分螺旋管”三个图层选中，单击“图层”→“图层链接”命令，将三个图层链接，拖动该图层组内，如图 3-2-14 所示。

图 3-2-12　创建选区

图 3-2-13　汽车在树后边

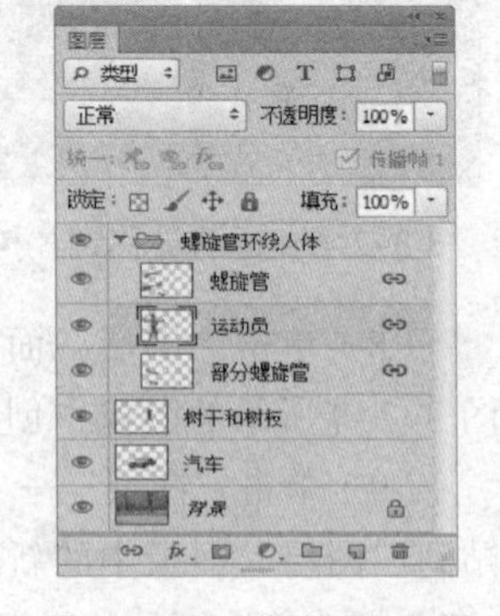

图 3-2-14　“图层”面板

相关知识

1. 应用“图层”面板

Photoshop 中有常规、背景、文字、形状、填充和调整 5 种类型的图层。常规图层（又称普通图层）和背景图层中只可以存放图像和绘制的图形，背景图层是最下面的图层，它不透明，一个图像文件只有一个背景图层；文字图层内只可以输入文字，图层的名称与输入的文字内容相同；形状图层用来绘制形状图形，填充和调整图层内主要用来存放图像的色彩等信息。“图层”面板如图 3-2-15 所示，一些选项的作用简介如下。

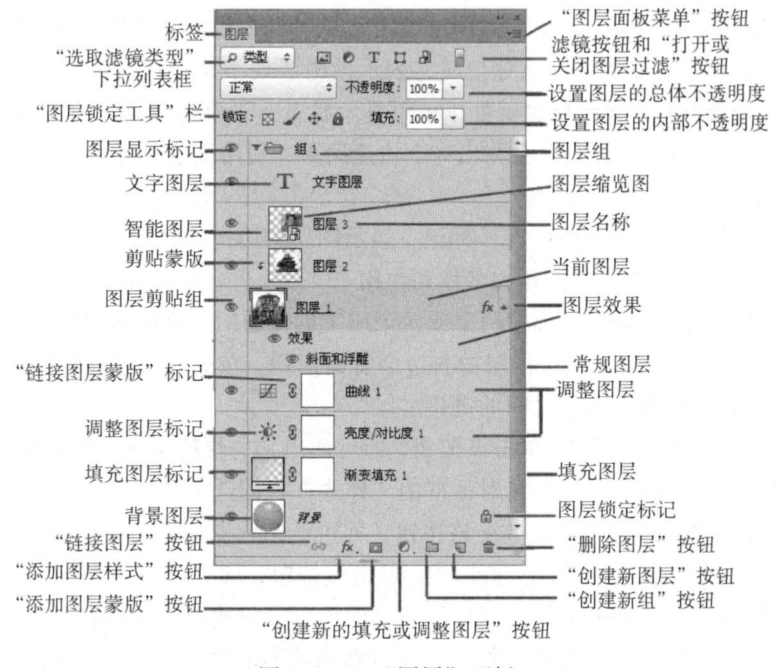

图 3-2-15　“图层”面板

（1）“不透明度”下拉列表框 不透明度：100%：用来调整图层的总体不透明度。它不但影响图层中绘制的像素或图层上绘制的形状，还影响应用于图层的任何图层样式和混合模式。

（2）“填充”下拉列表框 填充：40%：用来调整当前图层的不透明度。它只影响图层中绘制的像素或图层上绘制的形状，不影响已应用于图层的任何图层效果的不透明度。

（3）“选取滤镜类型”下拉列表框：用来选择滤镜类型，选中不同类型后，其右边的选项会随之改变。当选择“类型”选项后，其右边显示 5 个不同滤镜按钮和一个“打开或关闭图层过滤”按钮，如图 3-2-15 所示。将鼠标指针移动到按钮之上，会显示该按钮的名称。单击按下某个滤镜按钮，即可在“图层”面板内只显示某种类型的图层。例如，单击“文字图层滤镜”按钮 T，则在“图层”面板内只显示文字图层。

当选择“模式”选项后，其右边显示一个“图层模式”下拉列表框，用来选择当前选中图层的模式。关于图层模式可参看 1.5 节内容。

在“选取滤镜类型”下拉列表框中选择不同选项时，“打开或关闭图层过滤”按钮都存在，单击该按钮可以在打开和关闭图层过滤之间切换。

（4）“图层锁定工具”栏：有 4 个按钮，用来设置锁定图层的锁定内容，一旦锁定后，就不可以再进行编辑和加工。单击“图层”面板中某一图层，再单击这一栏的按钮，即可锁定该图层的部分内容或全部内容。锁定的图层会显示出一个“图层全部锁定标记”图标或“图层部分锁定标记”图标。四个按钮的作用如下。

◎“锁定透明像素”按钮：禁止对该图层的透明区域进行编辑。

◎“锁定图像像素”按钮：禁止对该图层（包括透明区域）进行编辑。

◎“锁定位置”按钮：锁定图层中的图像位置，禁止移动该图层。

◎“锁定全部”按钮：锁定图层中的全部内容，禁止对该图层进行编辑和移动。

单击选中要解锁的图层，再单击“图层锁定工具”栏中相应的按钮，使它们呈抬起状。

（5）“图层显示”标记：有该标记时，表示该图层处于显示状态。单击该标记，即可使“图层显示”标记消失，该图层也就处于了不显示状态；再单击该处，“图层显示”标记恢复显示，图层显示。右击该标记，会调出一个快捷菜单，利用该菜单可以选择隐藏本图层还是隐藏其他图层而只显示本图层。

（6）“链接图层蒙版”标记：有该标记，表示图层蒙版链接到图层。

（7）“图层”面板下边一行按钮的名称和作用。

◎“链接图层”按钮：在选中两个或两个以上的图层后，该按钮有效，单击该按钮，可以建立选中图层之间的链接，链接图层的右边会有图标。在选中一个或两个以上的链接图层后，单击该按钮，可以取消图层之间的链接。

◎“添加图层样式”按钮：单击该按钮，即可调出它的快捷菜单，单击该菜单中的命令，可调出“图层样式”对话框，并在该对话框的“样式”栏内选中相应的选项。

◎“添加矢量蒙版”按钮：单击该按钮，即可给当前图层添加一个图层蒙版。

◎“创建新的填充或调整图层”按钮：单击该按钮，即可调出其快捷菜单，单击该菜单中的命令，可以调出相应的对话框，利用这些对话框可以创建填充或调整图层。

◎“创建新组”按钮：单击该按钮，即可在当前图层之上创建一个新的图层组。

◎“创建新图层”按钮：单击该按钮，即可在当前图层之上创建一个常规图层。

◎“删除图层”按钮：单击该按钮，可将选中的图层删除。将要删除的图层拖动到该按钮上，再释放鼠标左键，也可以删除相应图层。

2. 新建背景图层和常规图层

（1）新建背景图层：在画布窗口内没有背景图层时，单击选中一个图层，再单击“图层”→“新建”→“图层背景”命令，即可将当前图层转换为背景图层。

（2）新建常规图层：创建常规图层的方法很多，简介如下。

◎ 单击“图层”面板中的“创建新图层”按钮。

◎ 将剪贴板中的图像粘贴到当前画布窗口中时，会自动在当前图层之上创建一个新的常规图层。按住【Ctrl】键，同时将一个画布窗口内选区中的图像拖动到另一个画布窗口内时，会自动在目标画布窗口内当前图层之上创建一个新常规图层，同时复制选中的图像。

◎ 单击“图层”→“新建”→“图层”命令，调出“新建图层”对话框，如图 3-2-16 所示，可在其中设置图层名称、图层颜色、模式和不透明度等，完成后单击“确定”按钮。

◎ 单击“图层”面板中的背景图层，再单击“图层”→“新建”→“背景图层”命令，或双击背景图层，都可以调出“新建图层”对话框（与图 3-2-16 类似）。单击“确定”按钮，可以将背景图层转换为常规图层。

◎ 单击“图层”→“新建”→“通过拷贝的图层”命令，即可创建一个新图层，将当前图层选区中的图像（如果没有选区则是全部图像）复制到新创建的图层中。

◎ 单击“图层”→“新建”→“通过剪切的图层”命令，可以创建一个新图层，将当前图层选区中的图像（如果没有选区则是全部图像）移动到新创建的图层中。

◎ 单击“图层”→“复制图层”命令，调出“复制图层”对话框，如图 3-2-17 所示。在“为”文本框中输入图层的新名称，在“文档”下拉列表框中选择目标图像文档或其他选项。再单击“确定”按钮，即可将当前图层复制到目标图像中。如果在“文档”下拉列表框中选择的是当前图像文档，则在当前图层之上复制一个图层。

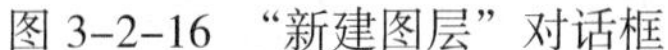
图 3-2-16 “新建图层”对话框

图 3-2-17 “复制图层”对话框

如果当前图层是常规图层，则上述的后三种方法所创建的就是常规图层。如果当前图层是文字图层，则上述创建常规图层中的后三种方法所创建的就是文字图层。

3．编辑图层和图层栅格化

（1）改变图层颜色：右击图层，调出其快捷菜单，单击该菜单中最下边一栏内的颜色名称命令，即可更改图层颜色。

（2）改变图层名称：单击“图层”→“重命名图层”命令，或者双击图层名称，进入图层名称编辑状态，即可修改图层名称。

（3）改变图层预览图大小：单击“图层”→“面板选项”命令，调出“图层面板选项”对话框。选中其内的单选按钮，单击“确定”按钮，即可改变图层预览图大小。

（4）改变图层不透明度：选中“图层”面板中要改变不透明度的图层，单击“图层”面板中“不透明度”带滑块的文本框内部，再输入不透明度数值。也可以单击其黑色箭头按钮，再拖动滑块，调整不透明度数值。改变“图层”面板“填充”文本框中的数值，也可以调整选中图层的不透明度，但不影响已应用于图层的任何图层效果的不透明度。

（5）图层栅格化：将图层内矢量图形、文字等内容转换成位图内容。方法是：选中图层，单击“图层”→“栅格化”命令，调出其子菜单命令，这些命令的作用如下。

◎“图层”命令：将选中图层内的所有矢量图形转换为位图。

◎“所有图层”命令：将所有图层内的内容转换为位图。

◎“文字”命令：将选中图层内的文字转换为图形，图层变为常规图层。

◎ 第 1 栏内的其他命令：可以将选中图层内相应内容转换为常规图层内容。

4．智能对象

选中图层，单击“图层”→“智能对象”→“转换为智能对象”命令，或者单击“图层”面板菜单中的“转换为智能对象”命令，均可将选中图层转换为智能对象。选中智能对象所在图层后，智能对象可以方便地单独存储、替换和加工处理，简介如下。

（1）单独存储：单击“图层”→“智能对象”→“导出内容”命令，调出“存储”对话框，利用该对话框可将选中图层内的智能对象以扩展名“.jpg”保存。

（2）替换：单击“图层”→“替换内容”→“存储内容”命令，调出“置入”对话框，利用该对话框可将外部图像替换选中图层的智能对象。

（3）单独加工处理：单击“图层”→“智能对象”→“编辑内容”命令，可以打开一个新画布窗口，其内是选中图层的智能对象图像。对该图像进行加工处理后保存关闭窗口，则原图层内的智能对象被加工处理后的图像替代。

（4）复制新建：单击“图层”→“智能对象”→“通过拷贝新建智能对象”命令，可以在选中图层之上新建一个复制的有相同智能对象的图层。

5. 选择、移动、排列和合并图层

（1）选择图层：选中图层的方法如下。

◎ 选中一个图层：单击“图层”面板中要选择的图层，即可选中该图层。

◎ 选中多个图层：按住【Ctrl】键，单击各图层，即可选中这些图层。

◎ 选中多个连续的图层：按住【Shift】键，单击连续图层的第一个和最后一个图层。

如果选中“移动工具”选项栏中的“自动选择图层”复选框，则单击非透明区内的图像时，可以选中相应图层。

（2）移动图层：单击“图层”面板中要移动的图层，使用“移动工具”或在使用其他工具时按住【Ctrl】键，然后拖动画布中的图像，可以移动该图层中的整幅图像或选区内的图像。

（3）图层的排列：上下拖动图层，可调整图层的相对位置。单击“图层”→“排列”命令，调出其子菜单，如图 3-2-18 所示，单击该菜单中的命令，可以移动当前图层。

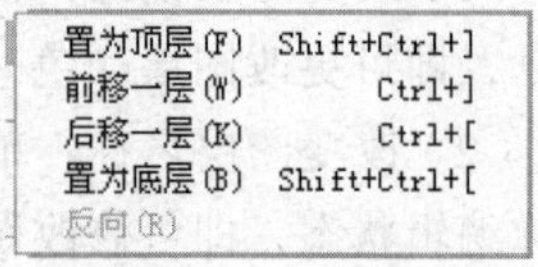

置为顶层(F)	Shift+Ctrl+]
前移一层(W)	Ctrl+]
后移一层(K)	Ctrl+[
置为底层(B)	Shift+Ctrl+[
反向(R)	

图 3-2-18　排列菜单的子菜单

（4）图层的合并：图层合并后，会使图像文件变小。图层的合并有如下几种情况。

◎ 合并可见图层：单击“图层”→“合并可见图层”命令，可以将所有可见图层合并为一个图层。如果有可见的背景图层，则将所有可见图层合并到背景图层中。如果没有可见的背景图层，则将所有可见图层合并到当前可见图层中。

◎ 合并所有图层：单击“图层”→“合并图层”命令，可以将所有图层合并到“背景”图层中。

◎ 拼合图像：单击“图层”→“拼合图像”命令，可以将所有图层中的图像合并到“背景”图层中。

调出“图层”面板的快捷菜单，利用该菜单中的一些命令也可以合并图层。

思考与练习 3-2

1. 制作一幅“林中汽车”图像，如图 3-2-19 所示。制作该图像需要使用图 3-2-20 所示的“林子”和“云图”图像，以及图 3-2-21 所示的“汽车”图像。

图 3-2-19　“林中汽车”图像

（a）

（b）

图 3-2-20　“林子”和“云图”图像

图 3-2-21　“汽车”图像

2. 制作一幅“女士休闲车”图像，如图 3-2-22 所示。制作该图像使用了图 3-2-23 所示的“树林”和“女士”图像，以及图 3-2-21 所示的“汽车”图像。

图 3-2-22　“女士休闲车”图像

（a）

（b）

图 3-2-23　“树林”和“女士”图像

3.3 【案例 6】叶中观月

案例 6 视频

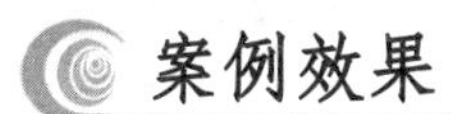

案例效果

“叶中观月”图像如图 3-3-1 所示。它是利用图 3-3-2 所示的“月景”和“观月”图像及图 3-3-3 所示的“叶子”图像（还没创建选区）制作而成的。制作该图像的关键是在“图层”面板中，“月景”图像所在图层在最下面，将“观月”图像所在图层放置在“叶子”图像所在图层上，再单击“图层”→“创建剪贴蒙版”命令，将两个图层组成剪贴组。

图 3-3-1　“叶中观月”图像

（a）

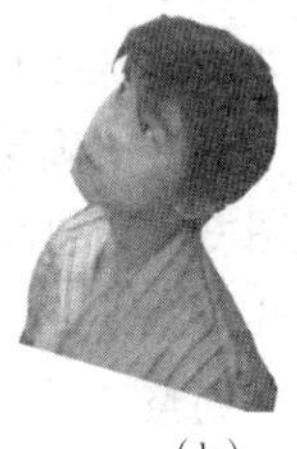

（b）

图 3-3-2　“月景”和“观月”图像

操作步骤

1．合并图像

（1）打开图 3-3-2 和图 3-3-3 所示的“月景”“观月”“叶子”图像。

（2）单击工具箱中的“魔棒工具”按钮，设置容差为 30。按住【Shift】键，单击“叶子”图像中的背景图像，创建选中叶子部分背景的选区。

（3）单击“选择”→“选取相似”命令，使选区扩大。再进行选区相减和相加的操作，修改选区，使选区只选中绿色叶子所有背景。

（4）单击“选择”→“反向”命令，创建选中叶子的选区，如图 3-3-3 所示。

（5）单击工具箱中的“移动工具”按钮，将选中的绿色叶子图像拖动到“月景”图像中。然后，调整绿色叶子的大小与位置，图像效果如图 3-3-4 所示。

（6）单击选中“观月”图像，创建将人物头像选中的选区，单击“编辑”→“拷贝”命令，将选区内图像复制到剪贴板中。选中“月景”图像，按【Ctrl+V】组合键，将剪贴板中的人物图像粘贴到“月景”图像中，在“月景”图像的“图层”面板内会增加“图层 2”图层。

（7）选中“图层 2”图层，单击“编辑”→“变换”→“水平翻转”命令，将该图层内人物图像水平翻转。单击“编辑”→“自由变换”命令或按【Ctrl+T】组合键，进入自由变换状态，调整人物图像的大小、位置和旋转角度，最后效果如图 3-3-5 所示。

图 3-3-3 “叶子”图像的选区

图 3-3-4 添加叶子图像

图 3-3-5 调整人物图像

2．创建剪贴蒙版和调整背景画面

（1）选中“图层 2”图层。单击“图层”→“创建剪贴蒙版”命令，将两个图层组成剪贴组（见图 3-3-1）。

（2）选中“背景”图层，单击“图层”→“新建调整图层”→“曲线”命令，调出“新建图层”对话框，在“名称”文本框中输入“曲线 1”，在“颜色”下拉列表框中选择橙色。其他设置如图 3-3-6 所示。

（3）单击“确定”按钮，关闭该对话框，调出“调整”面板的“曲线”面板，拖动调整曲线，如图 3-3-7 所示，使背景图像变亮一些（见图 3-3-1）。此时“月景”图像的“图层”面板如图 3-3-8 所示。

（4）调整“月景”图像宽度为 600 像素、高度为 400 像素，再以名称“【案例 6】叶中观月.psd”保存该图像。

图 3-3-6　“新建图层”对话框

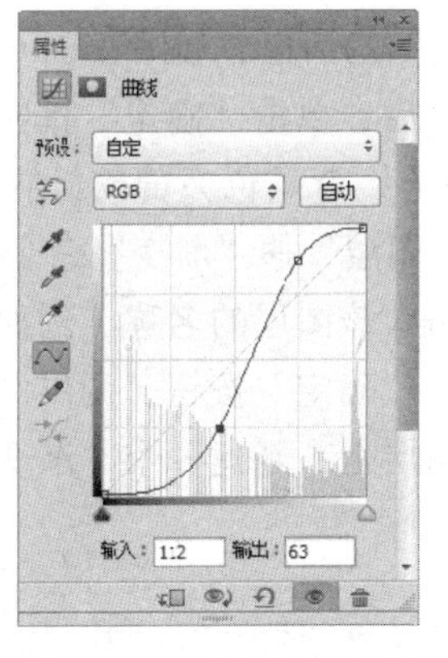

图 3-3-7　“曲线”面板

图 3-3-8　“图层”面板

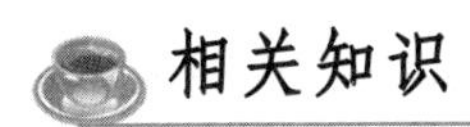

相关知识

1. 图层剪贴组

图层剪贴蒙版是使一个图层成为蒙版，使多个图层共用这个蒙版（关于蒙版将在第 6 章介绍），它们组成图层剪贴组。只有上下相邻的图层才可以组成图层剪贴组。在剪贴组中，最下边的图层叫“基底图层”，其名字下边有一条下画线，其他图层的缩览图是缩进的，而且缩览图左边有一个↲标记。基底图层是整个图层剪贴组中其他图层的蒙版。创建和删除剪贴组的操作方法如下。

（1）创建剪贴蒙版：就是将当前图层与其下面的图层建立剪贴组，下面的图层成为基底图层，成为其上图层的剪贴蒙版。例如：选中“图层 1”图层上面的“图层 2”图层，单击“图层”→“创建剪贴蒙版”命令，即可完成任务。“图层 2”和“图层 1”图层组成了剪贴组，“图层 1”图层是基底图层，是“图层 2”图层的蒙版。另外，还可以采用同样方法将剪贴组上面的图层也组合到该剪贴组中。

（2）释放剪贴蒙版：选中剪贴组中的蒙版图层，再单击“图层”→“释放剪贴蒙版”命令，即可从剪贴组中释放选中的图层，但不会删除剪贴组中的其他图层。

2. 用选区选中图层中的图像

如果要对某个图层的所有图像进行操作，往往需要先用选区选中该图层的所有图像。用选区选取某个图层的所有图像可采用如下两种操作方法。

（1）按住【Ctrl】键的同时单击“图层”面板中要选取的图层（不包括背景图层）。

（2）单击选中“图层”面板中要选取的图层（不包括背景图层），再单击“选择”→“载入选区”命令，调出“载入选区”对话框，采用选项的默认值，再单击“确定”按钮即可。如果选中了“载入选区”对话框中的“反相”复选框，则单击“确定”按钮后选择的是该图层内透明的区域。

3. 新建填充图层和调整图层

（1）新建填充图层：单击“图层”→“新建填充图层”命令，调出其子菜单。单击其中的一个命令，调出“新建图层”对话框，如图 3-3-9 所示。单击“确定”按钮，调出相应的对话框，进行颜色、渐变色调整后，单击“确定”按钮，可创建一个填充图层。

例如，设置前景色为红色，背景色为黄色。在“图层”面板内单击选中保存有图像的图层，单击“图层”→“新建填充图层”→“渐变”命令，调出“新建图层”对话框，如图 3-3-9 所示。在“名称”文本框中输入该图层的名称（例如“渐变填充 1”），选择一种颜色，选择一种模式以及不透明度，再单击“确定”按钮，调出“渐变填充”对话框，如图 3-3-10 所示。同时在“图层”面板内的该图层上，新建一个“渐变填充 1”填充图层。

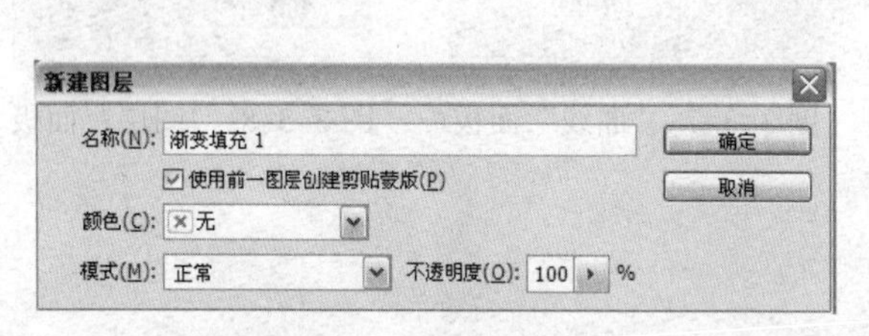

图 3-3-9 “新建图层”对话框

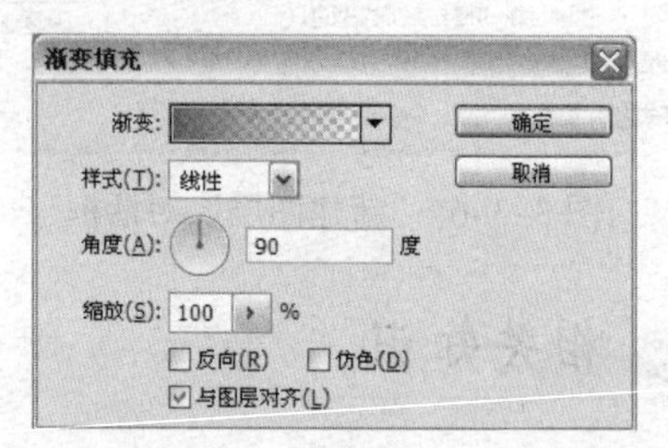

图 3-3-10 “渐变填充”对话框

然后，单击“渐变”按钮，调出“渐变编辑器”对话框，在该对话框中设置渐变色为红色（不透明度为 80%）到黄色（不透明度为 80%）。“渐变填充”对话框内其他设置不变。单击“确定”按钮，即可设置好填充图层。该图层内的图像变为添加不同透明度的红色到黄色线性渐变色。

（2）新建调整图层：单击“图层”→“新建调整图层”命令，调出其子菜单，单击菜单中的命令，可调出“新建图层”对话框。单击“确定”按钮，调出相应的“调整”面板，再进一步进行调整后，单击“确定”按钮，即可创建一个调整图层。

（3）新建填充图层和调整图层的另一种方法：单击“图层”面板中的“创建新的填充或调整图层”按钮，调出一个菜单，单击菜单中的一个命令，即可调出相应的面板。利用该面板进行设置，再单击“确定”按钮，即可完成创建填充图层或调整图层的任务。

（4）调整填充图层和调整图层：双击填充图层和调整图层内的缩览图，或者单击“图层”→“图层内容选项”命令，可以根据当前图层的类型，调出相应的面板或对话框。如果当前图层是“亮度/对比度”调整图层，则调出“调整”面板。

填充图层和调整图层实际是同一类图层，表示形式基本一样。填充图层和调整图层存放可以对其下面图层的选区或整个图层（没有选区时）进行色彩等调整的信息，用户可以对其进行编辑调整，不会对其下面图层图像造成永久性改变。一旦隐藏或删除填充图层和调整图层后，其下面图层的图像会恢复原状。

思考与练习 3-3

1. “花中佳人”图像如图 3-3-11 所示。它是利用图 3-3-12 所示的“双向日葵”和图 3-3-13 所示的“佳人”图像加工制作成的。制作该图像的关键是在“图层”面板中，“佳人”图像所在图层在“向日葵花朵”图层（从“双向日葵”图像内选出一个向日葵图像复制到该图层）上面，然后，单击“图层”→“创建剪贴蒙版”命令，将两个图层组成剪贴组。

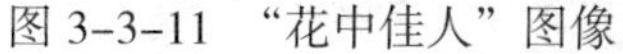

图 3-3-11　“花中佳人”图像

图 3-3-12　“双向日葵”图像

图 3-3-13　“佳人”图像

2. 制作一幅“节水海报”图像，如图 3-3-14 所示。它是一幅保护大自然的公益宣传海报。制作该图像利用了图 3-3-15 所示的两幅图像，使用了图层剪贴组等技术。

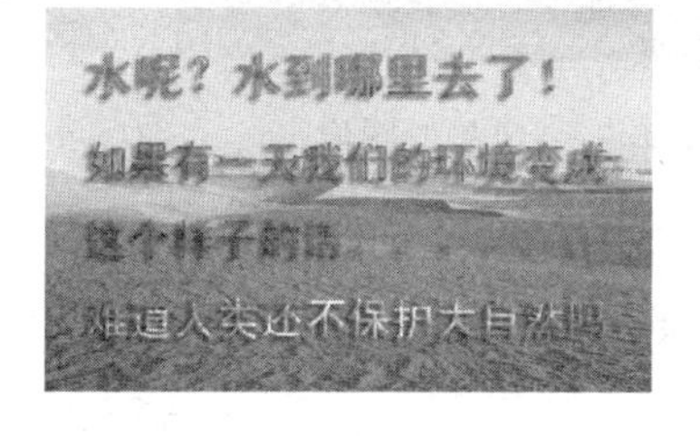

图 3-3-14　“节水海报”图像

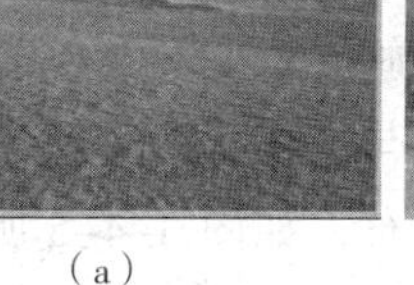

（a）

（b）

图 3-3-15　“沙漠”和“海洋”图像

3.4 【案例 7】天鹅湖晨练

案例效果

“天鹅湖晨练”图像如图 3-4-1 所示，可以看到静静的湖中几只白天鹅在歇息，湖水中映出它们的倒影，天中两只白天鹅在飞翔；一个人在湖边玩呼拉圈，两个人在跑步；上面是“天鹅湖晨练”立体文字，文字表面是花纹图案，其他部分是红色、黄色和绿色条纹。

图 3-4-1　“天鹅湖晨练”图像

操作步骤

1．制作背景图像

（1）打开图 3-4-2 所示的“天鹅湖 1”图像和图 3-4-3 所示的“风景”图像，将“天鹅湖”图像以名称“【案例 7】天鹅湖晨练.psd”保存。

图 3-4-2 “天鹅湖 1”图像

图 3-4-3 “风景”图像

（2）单击“图像”→“画布大小”命令，调出“画布大小”对话框，单击“定位”栏中右上角方块，确定画布扩展起点，再设置宽度为 1000 像素、高度为 640 像素，如图 3-4-4 所示。单击“确定”按钮，扩展画布，如图 3-4-5 所示。

图 3-4-4 “画布大小”对话框

图 3-4-5 画布扩展

（3）双击“图层”面板中的“背景”图层，调出“新建图层”对话框，单击“确定”按钮，将“背景”图层转换为普通图层“图层 0”。然后，将白色部分删除。

（4）创建选区选中图像部分，按住【Alt】键，水平向左拖动复制一份图像，同时在“图层”面板中自动产生“图层 0 副本”图层，其内是复制的图像。

（5）选中“图层 0 副本”图层，单击“编辑”→“变换”→“水平翻转”命令，将复制的图像水平翻转。单击“移动工具”按钮，按住【Shift】键的同时水平拖动，将复制的图像移动到原图像的左边，如图 3-4-6 所示。

（6）按住【Ctrl】键，选中“图层”面板中的“图层 0”和“图层 0 副本”图层，单击“图层”→“合并图层”命令，将选中的图层合并为一个图层，名称为“图层 0 副本”。

（7）在“图层”面板中将“图层 0 副本”图层拖动到“创建新图层”按钮上，复制一个图层，名称为“图层 0 副本 2”。选中“图层 0 副本 2”图层，单击“编辑”→“变换”→“垂直翻转”命令，将复制的图像垂直翻转。单击工具箱中的“移动工具”按钮，按住【Shift】键同时垂直拖动，将复制的图像移动到原图像的下面的适当位置。

（8）将“图层 0 副本”和“图层 0 副本 2”图层合并，合并后的图层名称改为“湖”。单击工具箱中的“裁剪工具”按钮，沿着图像边缘拖动出一个矩形框，选中整个加工后的图像，按【Enter】键确定，完成裁切图像任务，制作出背景图像，效果如图 3-4-7 所示。

（9）切换到图 3-4-3 所示的“风景”图像，在绿色草地和绿树之上创建三个矩形选区，再单击“选择”→“选取相似”命令，创建选中草地和绿树图像的选区。还可以采用选区相加和相减的方法修改选区。然后，单击工具箱中的“移动工具”按钮，将选中的草地和绿树图像拖动复制到“【案例 7】天鹅湖晨练.psd”图像中。

（10）在“【案例 7】天鹅湖晨练.psd”图像中，将复制的图层名称改为“树草”。选中该图层，单击“编辑”→“自由变换”命令，调整复制图像的大小和位置，按【Enter】键确定，形成整个天鹅湖图像，如图 3-4-8 所示。

图 3-4-6 图像复制和变换后画面

图 3-4-7 合并后的湖图像

图 3-4-8 天鹅湖图像

2. 制作天鹅图像

（1）打开图 3-4-9 所示的“天鹅 2”“天鹅 3”“天鹅 4”“天鹅 5”以及图 3-4-10 所示的“天鹅 1”图像。选中图 3-4-10 所示的“天鹅 1”图像。

（a）

（b）

（c）

（d）

图 3-4-9 “天鹅 2”“天鹅 3”“天鹅 4”“天鹅 5”图像

（2）单击工具箱中的“魔棒工具”按钮，设置容差为 20。按住【Shift】键的同时，多次单击“天鹅 1”图像中右边白天鹅以外没有选中的图像。单击“矩形选框工具”按钮，按住【Shift】键的同时，同时多次拖动鼠标，选中的右边白天鹅以外的图像；按住【Alt】键的同时，同时拖动鼠标，清除选中的多余图像。最后效果是创建右边白天鹅以外的所有图像，如图 3-4-11（a）所示。

（3）单击“选择”→“反选”命令，选区选中右边白天鹅，如图 3-4-11（b）所示。然后单击“移动工具”按钮，将选区中的图像拖动到“【案例 7】天鹅湖晨练.psd”图像中。

（4）选中“图层 1”图层（其内是复制后的白天鹅图像），单击“编辑”→“自由变换”

命令，进入“自由变换”状态，调整白天鹅图像的大小和位置。按【Enter】键确定。

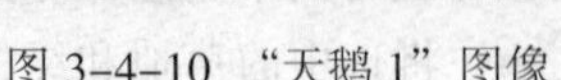

图 3-4-10 “天鹅 1”图像

（a） （b）

图 3-4-11 创建选中“天鹅 1”图像中右边白天鹅的选区

（5）按照上述方法，将“天鹅 2”和“天鹅 3”图像中的白天鹅选区图像两次复制到“【案例 7】天鹅湖晨练.psd”图像中。将一幅“天鹅 2”图像水平翻转，调整这些复制的白天鹅图像的大小和位置，最后效果如图 3-4-12 所示。

图 3-4-12 多只白天鹅

（6）将“图层”面板中的“图层 1”……“图层 5”、“图层 1 副本”和“图层 2 副本”图层的名称分别改为“天鹅 1”……“天鹅 7”。这些图层内分别是复制的天鹅图像。

3. 制作倒影

（1）拖动“图层”面板中的“天鹅 1”图层到“图层”面板中的“创建新图层”按钮上，复制“天鹅 1”图层，得到“天鹅 1 副本”图层。选中该图层，单击工具箱中的“移动工具”按钮，将复制的天鹅 1 图像垂直向下移动一段距离，如图 3-4-13 所示。

（2）在“图层”面板中将“天鹅 1 副本”图层移动到“天鹅 1”图层的下面，选中“天鹅 1 副本”图层，单击“编辑”→“变换”→“垂直翻转”命令，使天鹅 1 图像垂直翻转。

（3）单击工具箱中的“移动工具”按钮，调整两只天鹅的位置，如图 3-4-14 所示。

（4）选中“天鹅 1 副本”图层，在“图层”面板中“设置图层的混合模式”列表框中选择“柔光”选项，使该图层内的图像柔光，产生倒影的效果，如图 3-4-15 所示。

图 3-4-13 天鹅下移

图 3-4-14 天鹅位置

图 3-4-15 天鹅倒影

（5）按照上述方法，制作其他湖面上天鹅图像的倒影图像，最后效果见图 3-4-1。

（6）将“天鹅图层 1”和“天鹅 1 副本”图层内图像的相对位置调整好，按住【Ctrl】键的同时，单击“天鹅 1”和“天鹅 1 副本”图层，同时选中这两个图层。

（7）单击“图层”面板中的“链接图层”按钮，或者单击“图层”→“链接图层”命令，将选中的“天鹅 1”和“天鹅 1 副本”图层建立链接，这两个图层右边会添加一个图标。以后移动“天鹅 1”图层或“天鹅 1 副本”图层内的图像时，“天鹅 1 副本”和“天鹅 1 副本”图层内的图像会一起移动。

（8）采用相同方法，将“天鹅3”和“天鹅图层3副本”图层建立链接，将“天鹅4”和“天鹅4副本”图层建立链接，将“天鹅5”和“天鹅5副本”图层建立链接，将“天鹅6”和“天鹅6副本”图层建立链接，将“天鹅7”和“天鹅7副本”图层建立链接。

4．制作运动图像

（1）打开一幅“呼拉圈”图像，创建选中其内呼拉圈的图像，单击工具箱中的“移动工具”按钮，将选区内的图像拖动到“【案例 7】天鹅湖晨练.psd”图像内左下角。在“图层”面板中新增一个图层，将该图层的名称改为“呼啦圈1”。

（2）打开一幅“佳人1”图像，如图3-4-16所示，创建一个选中人体的选区，修改选区，使选区只选中人体。单击工具箱中的“移动工具”按钮，将选区内的人体图像拖动到“【案例 7】天鹅湖晨练.psd”图像内左下角。适当调整人物图像的大小和位置。同时，在“图层”面板中增加一个“图层1”图层，其内是复制的人物图像。将该图层名称改为“佳人”。

（3）拖动“图层”面板中的“佳人”图层，移动到“呼啦圈1”图层的下面。选中“呼啦圈1”图层，单击“编辑”→“自由变换”命令，调整呼拉圈图像的大小和位置，按【Enter】键完成呼拉圈图像大小和位置的调整，效果如图3-4-17所示。

（4）选中“呼啦圈1”图层。单击工具箱中的“套索工具”按钮，在图3-4-17所示的图像中创建一个选区，如图3-4-18所示。单击“图层”→“新建”→“通过剪切的图层”命令，将呼拉圈图像中选区内的部分呼拉圈图像剪贴到一个名称为“图层1”的新图层中。将该图层的名称改为“呼啦圈2”。

图3-4-16　人物图像

图3-4-17　呼拉圈图像

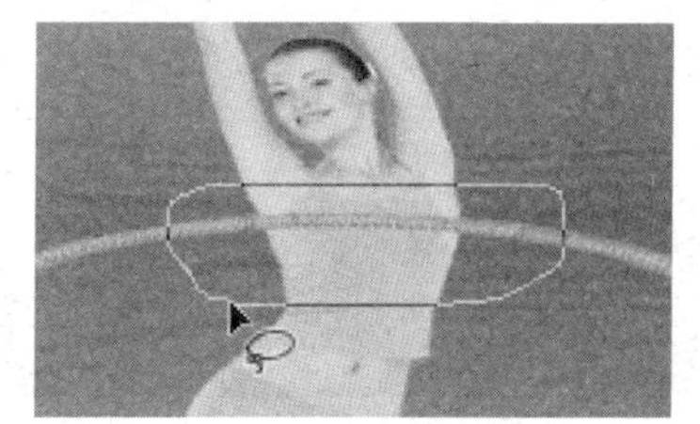

图3-4-18　创建一个选区

（5）拖动“图层”面板中的“呼啦圈2”图层到“佳人”图层下面，如图3-4-19所示。按【Ctrl+D】组合键，取消选区。此时画布窗口内的人物和呼啦圈图像如图3-4-1所示。

（6）打开“跑步1.jpg”和“跑步2.jpg”图像，分别创建选区将图像内的人物选中。单击“移动工具”按钮，将选区内的人物拖动到“【案例 7】天鹅湖晨练.psd”图像内右下角，调整它们的位置和大小（见图3-4-1）。在“图层”面板中，将自动生成的2个图层分别改名为“跑步1”和“跑步2”，再将它们移动到“呼啦圈2”图层的上面。

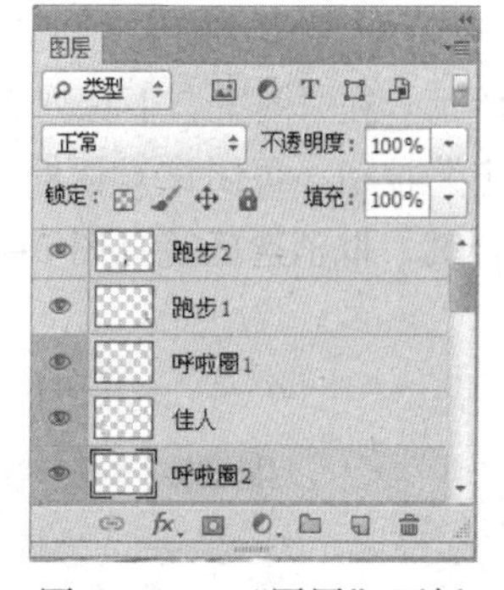

图3-4-19　“图层”面板

5．制作立体文字

（1）单击“横排文字工具”按钮T，利用其选项栏，设置字体为华文行楷，字号为86点，颜色为红色。在画布内输入文字“天鹅湖晨练”。

（2）单击“移动工具”按钮，将文字移到画布内左上角，如图 3-4-20 所示。单击“图层”→“栅格化”→“文字”命令，将“天鹅湖晨练”文字图层转换为常规图层。

（3）选中“图层”面板中的“背景”图层，单击“图层”面板中的“创建新图层”按钮，在“天鹅湖晨练”图层的下面创建“图层 1”常规图层。设置前景色为绿色，选中“图层 1”图层，按【Alt+Delete】组合键，给“图层 1”图层画布填充绿色。

（4）按住【Ctrl】键的同时，选中“天鹅湖晨练”和“图层 1”图层。单击“图层”→“合并图层”命令，将“天鹅湖晨练”和“图层 1”图层合并到“天鹅湖晨练”图层。

（5）单击“魔棒工具”按钮，单击绿色背景，再单击“选择”→“选取相似”命令，创建选中绿色背景的选区，按【Delete】键，删除选区内的绿色。

（6）单击“选择”→“反向”命令，使选区选中文字。设置前景色为黄色，即描边颜色为黄色。单击“编辑”→“描边”命令，调出“描边”对话框。新建宽度为 1 像素，位置为“居外”。然后，单击“确定”按钮，给选区描边，如图 3-4-21 所示。

图 3-4-20 “天鹅湖晨练”文字

图 3-4-21 文字选区描边

（7）单击“移动工具”按钮，按住【Alt】键的同时，多次交替按光标下移键和光标右移键。可以看到立体文字已出现，如图 3-4-22 所示。

（8）单击“图层”→“新建填充图层”→“图案”命令，调出“新建图层”对话框，如图 3-4-23 所示。

图 3-4-22 “春风杨柳”立体文字

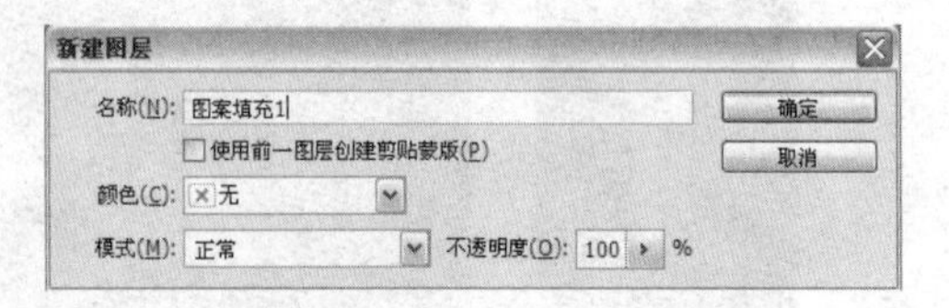

图 3-4-23 “新建图层”对话框

（9）单击“确定”按钮，关闭“新建图层”对话框，调出“图案填充”对话框，如图 3-4-24 所示。在“图案”下拉列表中选择前面制作的“图案 1”图案（需要读者自己制作），单击“确定”按钮，关闭该对话框，给选区内填充一种图案，使文字表面为花纹图案。按【Ctrl+D】组合键，取消选区（见图 3-4-1）。此时的“图层”面板如图 3-4-25 所示。

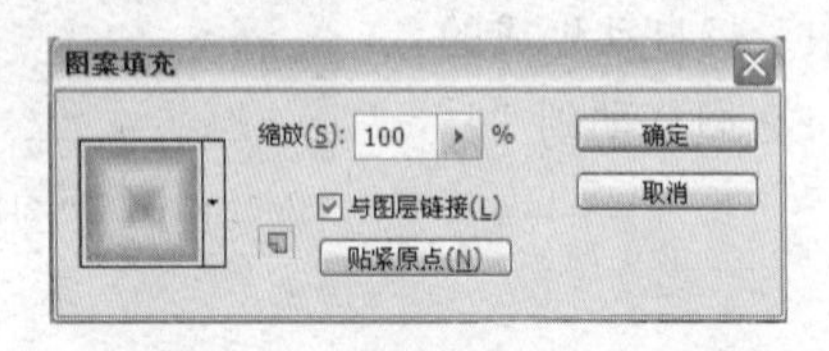

图 3-4-24 “图案填充”对话框

图 3-4-25 “图层”面板

6. 对象的对齐

（1）按住【Ctrl】键，单击选中“图层”面板内的“天鹅 3”和“天鹅 3 副本”图层，这两个图层内分别保存“天鹅 3.jpg”图像和它的倒影图像。

（2）单击“图层”→“对齐”命令，调出“对齐”菜单，选择“左边”命令，将选中图层中的“天鹅 3.jpg”图像和它的倒影图像左对齐。

（3）按住【Ctrl】键，单击选中“图层”面板中的“天鹅 4”和“天鹅 4 副本”图层。

（4）单击“图层”→“对齐”命令，调出“对齐”菜单，选择“右边”命令，将选中图层中的“天鹅 3.jpg”图像和它的倒影图像右对齐。

（5）采用上述方法，将“天鹅 1”和“天鹅 1 副本”图层、“天鹅 2”和“天鹅 2 副本”图层、“天鹅 5”和“天鹅 5 副本”图层内的天鹅图像和它的倒影图像左对齐。

7. 创建图层链接和图层组

（1）按住【Ctrl】键的同时，选中“图层”面板中的“天鹅 3”和“天鹅 3 副本”图层。

（2）单击“图层”→“图层链接”命令，将“天鹅 3”和“天鹅 3 副本”图层链接，这两个图层的右边会显示链接标记，单击“移动工具”按钮，移动这两个图层中的任意一幅图像时，另一个图层内的图像也会随之移动。

（3）按照上述方法，将“天鹅 1”和“天鹅 1 副本”图层、“天鹅 2”和“天鹅 2 副本”图层、“天鹅 4”和“天鹅 4 副本”图层、“天鹅 5”和“天鹅 5 副本”图层分别建立两个图层的链接。将“呼啦圈 1”和“呼啦圈 2”图层建立链接。

（4）按住【Shift】键的同时，单击“图层”面板中“天鹅 7”图层和“天鹅 1 副本”图层，选中所有与天鹅图像有关的图层。单击“图层”→“图层编组”命令，将选中图层编入新建的图层组“组 1”内。双击“组 1”图层组名称，进入图层组名称的编辑状态，输入“天鹅”，将该图层组名称改为“天鹅”。

（5）按住【Shift】键的同时，单击“图层”面板中“跑步 2”图层和“呼啦圈 1”图层，选中所有与运动图像有关的图层。单击“图层”→“图层编组”命令，将选中图层编入新建的图层组“组 1”中。双击“组 1”图层组名称，进入图层组名称的编辑状态，输入“运动”，将该图层组名称改为“运动”。

相关知识

1. 链接图层

图层建立链接后，可以对所有建立链接的图层一起进行操作。例如，使用“移动工具”移动图像，可以将链接图层内的所有图像同时移动，这与移动选中的多个图层内的图像效果一样。

（1）链接图层：选中要建立链接的多个图层，单击“图层”→“链接图层”命令，即可将选中的图层建立链接。此时，这些图层的右边会显示链接标记，该标记只有在选中该图层或选中与它链接的图层时，才会显示出来。

（2）选择链接图层：选中链接图层中的一个或多个图层，再单击“图层”→“选择链接图层”命令，即可将所有与选中图层相链接的图层的链接标记显示出来。

（3）取消图层链接：选中要取消链接的两个或多个图层，再单击“图层”→“取消图层链接”命令，即可取消链接标记，也就取消了图层的链接。

2. 对齐、分布和锁定图层

（1）对齐图层：单击“图层”→“对齐”命令，调出其子菜单。再选择子菜单中的命令，可以将选中的所有图层中的对象按要求对齐。

（2）分布图层：单击“图层”→“分布”命令，调出其子菜单，再选择子菜单中的命令，可以将选中的两个或两个以上的图层中的对象按要求分布。

使用“移动工具”选项栏中按钮组内的一个按钮，也可以将选中图层中的所有对象按要求对齐或分布。

选中多个图层，单击“自动对齐图层”按钮，会调出“自动对齐图层”对话框，利用该对话框可以选择投影方式，单击“确定”按钮，完成自动对齐图层。

（3）锁定所有链接图层：选中两个或多个图层，再单击“图层”→“锁定图层”命令，调出“锁定图层”对话框，如图 3-4-26 所示。选中一个或多个复选框，设置锁定的内容，再单击“确定”按钮，即可按照设置锁定选中的图层。

（4）锁定或解锁一个图层：单击“图层”面板内图标锁定工具栏内的 4 个按钮中的一个（不同按钮）的锁定内容不一样，即可锁定或解锁选中的图层。

（5）锁定组内的所有图层：单击“图层”→“锁定组内的所有图层”命令，调出“锁定组内的所有图层”对话框，与图 3-4-26 所示基本一样。利用其可以选择锁定方式，再单击“确定”按钮，即可将所有链接的图层按要求锁定。

3. 图层组

图层组也称图层集，它是若干图层的集合，就像文件夹一样。当图层较多时，可以将一些图层放置在图层组中，这样便于观察和管理。可以移动图层组与其他图层的相对位置，可以改变图层组的颜色。同时，其内的所有图层的颜色也会随之改变。

（1）从图层建立图层组：按住【Ctrl】键的同时，单击选中“图层”面板内的多个图层，单击“图层”→“新建”→“从图层建立组”命令，调出“从图层新建组”对话框，如图 3-4-27 所示，给图层组命名、设定颜色、不透明度和模式，再单击“确定”按钮，即可创建一个新的图层组，将选中的图层置于该图层组中。

图 3-4-26 “锁定图层”对话框

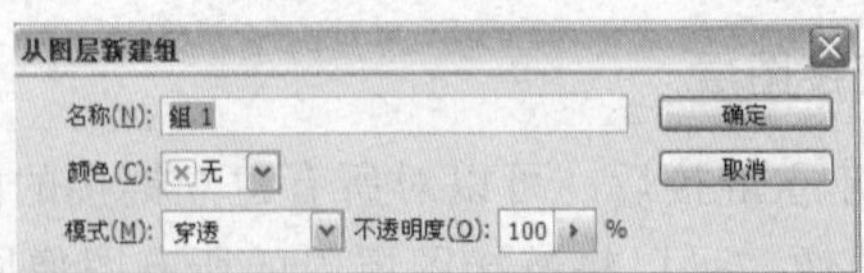

图 3-4-27 “从图层新建组”对话框

单击“图层”面板中图层组左边的箭头，可以展开图层组内的图层，箭头变为；单击图层组左边的箭头，可以收缩图层组，箭头变为。

（2）创建一个新的空图层组：单击“图层”→“新建”→“组”命令，即可调出“新建组”对话框，与图 3-4-27 所示基本相同。进行设置后单击“确定”按钮，即可在当前图层或图层组之上新建一个空图层组。新空图层组内没有图层。单击“图层”面板中的“创建新组”按钮，也可以创建一个新的空图层组。在图层组中还可以创建新的图层组。

（3）将图层移入和移出图层组：拖动“图层”面板中的图层，移到图层组图标上，释放鼠标左键，即可将拖动的图层移到图层组中。向左拖动图层组中的图层，即可将图层组中的图层移动出图层组。

（4）图层组的删除：选中“图层”面板内的图层组，单击“图层”→“删除”→“组”命令，会调出一个提示对话框，如图 3-4-28 所示。单击“组和内容”按钮，可将图层组和图层组内的所有图层一起删除。单击“仅组”按钮，可以只将图层组删除。

（5）图层组的复制：选中“图层”面板内的图层组，单击“图层”→“复制组”命令，调出一个“复制组”对话框，如图 3-4-29 所示。进行设置后单击“确定”按钮，即可复制选中的图层组（包括其中的图层）。

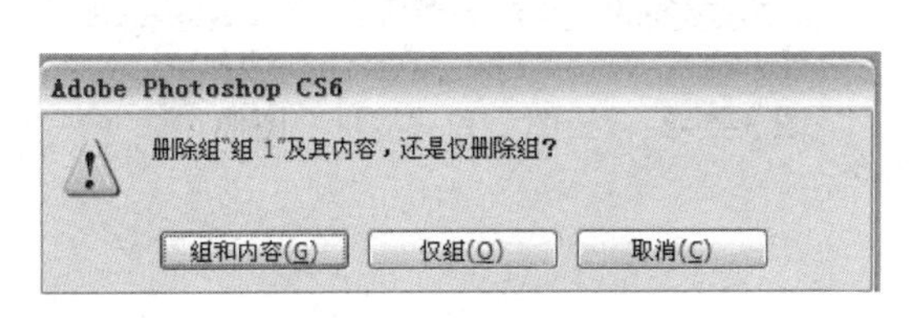

图 3-4-28　提示对话框

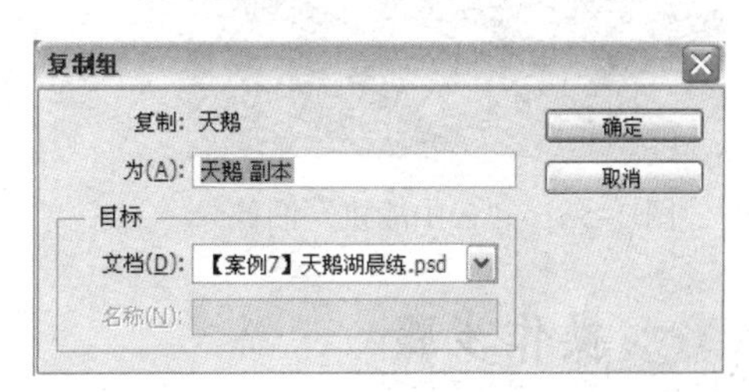

图 3-4-29　“复制组”对话框

思考与练习 3-4

1. 将“【案例 7】天鹅湖晨练.psd”图像的“图层”面板中有关文字的图层置于“立体文字”图层组内。
2. 制作一幅“街头艺术”图像，如图 3-4-30 所示。它是利用图 3-4-31 所示的“街头”和“球”图像加工而成的。

图 3-4-30　“街头艺术”图像

（a）

（b）

图 3-4-31　“街头”和“球”图像

3.5 【案例 8】云中战机

案例 8 视频

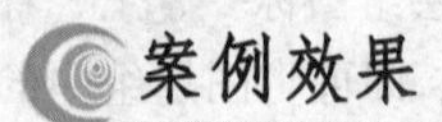

“云中战机”图像如图 3-5-1 所示。可以看到，图像中有两架战机在云中飞翔，它是针对图 3-5-2 所示“云图”和“战机”图像进行图层样式调整后制作的；还有“云中战机”透视凸起文字，这种图像文字好像是从图像中凸起来一样，文字内外的图像是连续的。

图 3-5-1 “云中战机”图像

（a）

（b）

图 3-5-2 “云图”和“战机”图像

操作步骤

1. 制作云中战机

（1）打开图 3-5-2 所示的“云图.jpg”和“战机.jpg”图像。选中“战机.jpg”图像，单击“魔棒工具”按钮，在其选项栏中设置容差为 10，按住【Shift】键的同时单击图像的背景不同处，将整个背景选中，再单击“选择”→“反向”命令，选中战机，如图 3-5-3 所示。

（2）单击“移动工具”按钮，将选区内的战机图像拖动到“云图”图像中，将“云图”图像的“图层”面板中新增图层的名称改为“战机 1”。单击“选择”→“自由变换”命令，调整战机图像的大小、位置和旋转角度，按【Enter】键确定。

（3）单击“移动工具”按钮，按住【Alt】键的同时，拖动战机图像，复制一幅战机图像，如图 3-5-4 所示。将放置复制战机图像所在图层的名称改为“战机 2”。

（4）单击选中“图层”面板中的“战机 1”图层（下面战机图像所在图层），单击“图层”面板中的“添加图层样式”按钮，调出快捷菜单，选择“斜面和浮雕”命令，调出“图层样式”对话框，按照图 3-5-5 所示进行设置。

图 3-5-3 选中战机的选区

图 3-5-4 战机图像

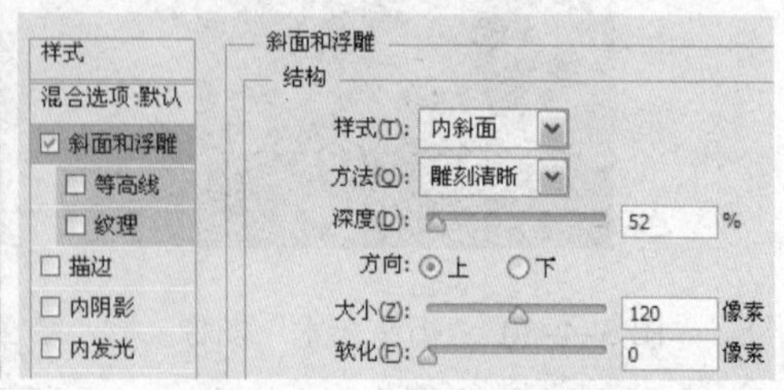

图 3-5-5 “图层样式”对话框设置

（5）单击选中“图层样式”对话框中左边“样式”栏中的“混合选项：默认”选项，利用

“混合颜色带”栏调整“云图”图像的“背景”图层和“战机 1”图像所在的“战机 1”图层的混合效果。在“混合颜色带”下拉列表框中选择“灰色”选项(其内还有其他选项)，如图 3-5-6 所示，表示对这两个图层中的灰度进行混合效果调整。

(6)按住【Alt】键的同时，拖动“下一图层”的白色三角滑块，调整下一图层内云图图像。单击“确定”按钮，画布中下边战机图像如图 3-5-7 所示。

(7)双击“图层”面板中的“战机 2”图层(上面战机图像所在图层)，调出“图层样式”对话框，单击“样式”栏中的“斜面和浮雕”选项，按照图 3-5-5 所示进行设置。

(8)单击选中“图层样式”对话框中左边“样式”栏中的“混合选项：默认”选项，利用“混合颜色带”栏调整“云图”图像的“背景”图层和“战机 2”图像所在的“战机 2”图层的混合效果。“混合颜色带”栏调整如图 3-5-8 所示。最后效果如图 3-5-9 所示。

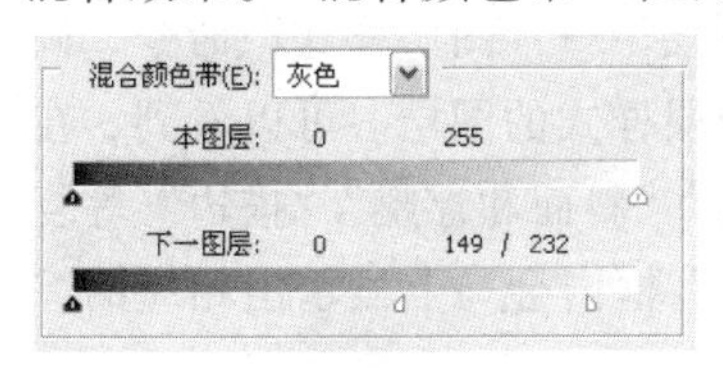

图 3-5-6 “混合颜色带”调整 1

图 3-5-7 图像调整效果

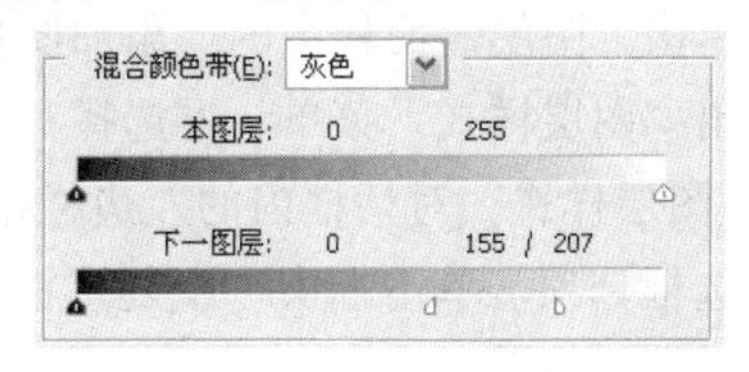

图 3-5-8 “混合颜色带”调整

2. 透视凸起文字

(1)将“图层”面板中的“背景”图层拖动到“创建新图层”按钮上，复制一个新的“背景副本”，将图层名称改为“文字”，再将该图层拖动到“战机 2”图层的上面。

(2)单击“战机 2”图层，单击工具箱中的“横排文字工具”按钮 T，在其选项栏中设置字体为“华文行楷”，字号为 80 点、颜色为红色。然后，在画布窗口内的右下角输入“云中战机”文字，如图 3-5-10 所示。

(3)单击选中“图层”面板中的“云中战机”文字图层。单击“图层”→“栅格化”→“文字”命令，将文字图层转换为常规图层，为了以后可以对文字进行透视操作。

(4)单击“编辑”→“变换”→“透视”命令。向上拖动“云中战机”文字左上角的控制柄，效果如图 3-5-11 所示。然后，按【Enter】键，完成透视操作。

(5)按住【Ctrl】键的同时，单击“图层”面板中的“云中战机”图层的缩览图，创建选中文字的选区。单击选中“图层”面板中的“文字”图层。单击“选择”→“反向”命令，选中文字之外的区域。再按【Delete】键，删除“文字”图层内文字之外的云图图像。

图 3-5-9 图像调整效果

图 3-5-10 “云中战机”文字

图 3-5-11 透视文字

(6)将“云中战机”图层拖动到“删除图层”按钮上，删除该图层。单击“选择”→“反向”命令，使选区选中文字。

(7)单击“图层”面板中的“添加图层样式”按钮 fx，调出快捷菜单，选择“斜面和浮雕”

命令，调出“图层样式”对话框，按照图 3-5-12 所示进行设置。

（8）按【Ctrl+D】组合键，取消选区，最终效果见图 3-5-1。将图像以名称“【案例 8】云中战机.psd”保存。“图层”面板如图 3-5-12 所示。

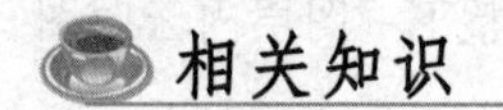

相关知识

1. 添加图层样式

“图层样式”对话框如图 3-5-13 所示，利用该对话框可以给图层（不包括“背景”图层）添加图层样式，可以方便地创建整个图层画面的阴影、发光、斜面、浮雕和描边等效果，集合成图层样式。添加图层样式需要首先选中要添加图层样式的图层，再调出“图层样式”对话框。单击“图层”面板中的“添加图层样式”按钮 fx，或者单击“图层”→“图层样式”命令，调出“图层样式”菜单，再选择其中的命令；或者是双击要添加图层样式的图层。可以看到，在“图层样式”对话框内的左边栏中，有“样式”“混合选项：默认”“斜面和浮雕”“描边”等复选框选项。单击选中一个复选框，即可增加一种效果，在“预览”框内会马上显示出相应的综合效果视图。

单击“图层样式”对话框内左边栏中的选项名称，“图层样式”对话框中间栏会发生相应的变化。中间栏中的各个选项是用来供用户对图层样式进行调整的。例如，单击左边栏中的“斜面和浮雕”选项名称后，该对话框变为如图 3-5-13 所示，利用其可以调整斜面和浮雕的结构与阴影效果，再设置外发光效果。单击“确定”按钮，即可给“图层 1”图层中的图像添加设置好的图层样式。

图 3-5-12 “图层”面板

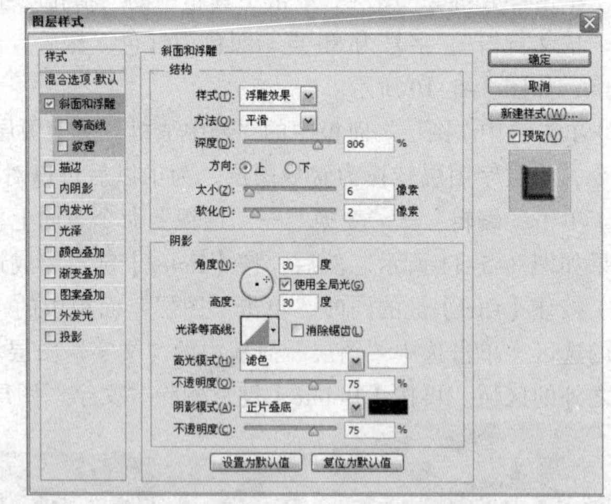

图 3-5-13 “图层样式”对话框

在“图层”面板中，该图层名称的右面会显示 fx ▲，其下面会显示效果名称。单击 fx ▾ 按钮，可将图层下面显示的效果名称收缩，fx ▲ 按钮变为 fx ▾ 按钮。单击 fx ▾ 按钮，可展开图层下面的效果名称。

2. 隐藏和显示图层效果

（1）隐藏图层效果：在“图层”面板中，单击效果名称左面的 👁 图标，使它消失，可隐藏该图层效果；单击“效果”层左面的👁图标，使它消失，可隐藏所有图层效果。

（2）隐藏图层的全部效果：单击“图层”→“图层样式”→“隐藏所有效果”命令，可以将选中的图层的全部效果隐藏，即隐藏图层样式。

（3）单击“图层”面板中“效果”层左面的图标，会使👁图标显示，同时使隐藏的图层效果显示。

3．删除图层效果和清除图层样式

（1）删除一个图层效果：用鼠标将“图层”面板中的效果名称层👁效果拖动到“图层”面板中的“删除图层”按钮上，再释放开鼠标左键，即可将该效果删除。

（2）删除一个或多个图层效果：选中要删除图层效果的图层，调出“图层样式”对话框，再取消该对话框“样式”栏中复选框的选取。

（3）清除图层样式：右击添加图层样式的图层，调出其快捷菜单，选择“删除图层样式”命令，可删除全部图层效果，即图层样式。

还可以单击“图层”→“图层样式”→“清除图层样式”命令，清除图层样式。

4．复制、粘贴和存储图层样式

复制和粘贴图层样式的操作可以将一个图层的样式复制添加到其他图层中。

（1）复制图层样式：右击图层样式的图层或其样式层，调出其快捷菜单，再选择“拷贝图层样式”命令，即可复制图层样式。另外，选中添加了图层样式的图层，再单击“图层”→“图层样式”→“拷贝图层样式”命令，也可以复制图层样式。

（2）粘贴图层效果：右击要添加图层样式的图层，调出其快捷菜单，再选择“粘贴图层样式”命令，即可在单击的图层添加图层样式。

另外，选中要添加图层样式的图层，再单击“图层”→“图层样式”→“粘贴图层样式”命令，也可给选中的图层粘贴图层样式。

（3）存储图层样式：按照上述方法复制图层样式，右击“样式”面板中的样式图案，调出一个菜单，如图3-5-14所示。选择该菜单中的“新建样式”命令，调出“新建样式”对话框，如图3-5-15所示。给样式命名和进行设置后，单击“确定”按钮，即可在“样式”面板内最后边增加一种新的样式图案。

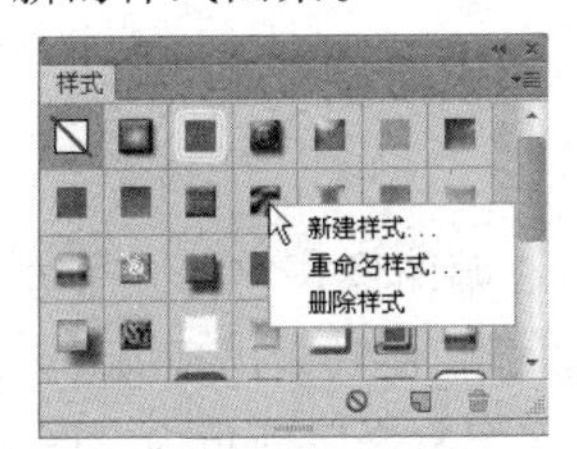

图3-5-14 “样式”面板

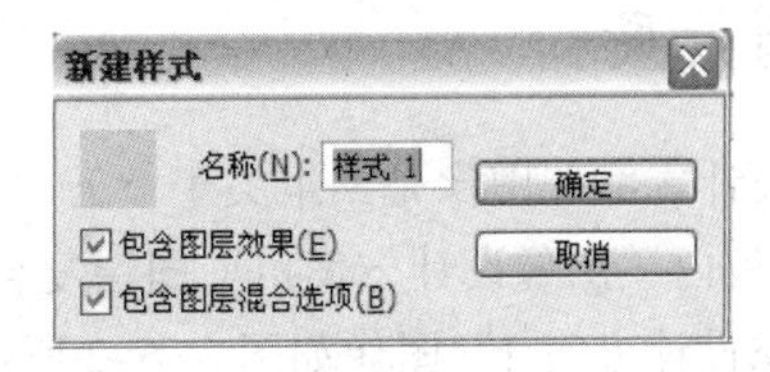

图3-5-15 “新建样式”对话框

单击“样式”面板菜单中的“新建样式”命令，或单击“图层样式”对话框内的“新建样式”按钮，都可以调出“新建样式”对话框。

思考与练习 3-5

1. 制作一幅“套环”图像，如图 3-5-16 所示。
2. 制作如图 3-5-17 所示的“湖中小船”图像。制作该图像应用了图 3-5-18 所示的“小船”图像和“湖”图像。

图 3-5-16 套环

图 3-5-17 “湖中小船”图像

（a）

（b）

图 3-5-18 “小船”和“湖”图像

3.6 【案例 9】图像设计方案

案例效果

“图像设计方案”图像是一组关于“云中热气球”的 3 幅图像。它有 3 个方案，单击“图层复合”面板内“图像设计方案 1”图层复合左边的▢图标，使其内出现▣图标，如图 3-6-1 所示，“图像设计方案 1”图像如图 3-6-2 所示。单击“图层复合”面板内“图像设计方案 2”图层复合左边的▢，使其内出现▣图标，图像会自动切换到“图像设计方案 2”图像。按照上述方法，还可以看到“图像设计方案 3”图像。

在“【案例 9】图像设计方案”文件夹中不但有“【案例 9】图像设计方案.psd”文件，还有 3 个方案的图像。这些图像文件的名称分别是“【案例 9】图像设计方案_0000_方案 1_云中热气球 1.psd”……“【案例 9】图像设计方案_0000_方案 3_云中热气球 3.psd”。

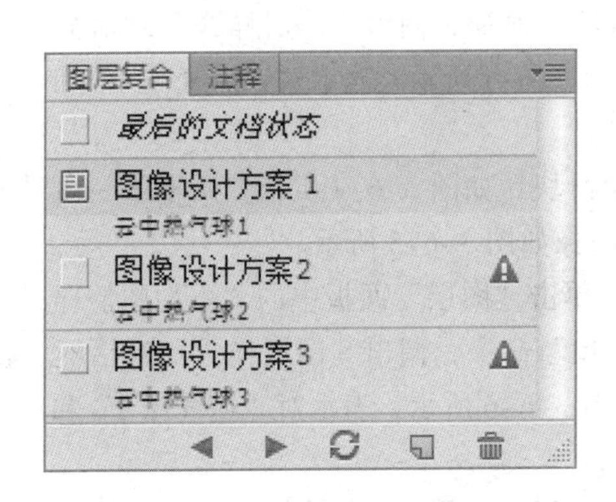

图 3-6-1　“图层复合”面板

图 3-6-2　“图像设计方案 1”图像

操作步骤

1. 制作“云中热气球”图像

（1）“云中热气球”图像基本如图 3-6-2 所示，只是没有其中的立体文字。它是利用图 3-4-3 所示“风景.jpg”图像和图 3-6-3 所示的 4 幅热气球图像进行图层样式调整后制作的。打开“风景.jpg”图像，如图 3-6-2 所示，调整该图像宽度为 1000 像素、高度为 800 像素。再打开“热气球 1.jpg”……“热气球 4.jpg”图像，如图 3-6-3 所示。

图 3-6-3　“热气球 1”“热气球 2”“热气球 3”“热气球 4”图像

（2）选中“热气球 1. jpg”图像，单击工具箱中的“魔棒工具”按钮，在其选项栏中设置容差为 10，按住 Shift 键的同时单击图像的不同背景，将整个背景选中，再单击“选择”→“反向”命令，选中热气球。

（3）单击工具箱中的“移动工具”按钮，将选区内的热气球图像拖动到“风景.jpg”图像中，将“图层”面板中新增图层的名称改为“热气球 1”。选中“热气球 1”图层，单击“选择”→“自由变换”命令，调整热气球 1 图像的大小和位置，按 Enter 键确定。

（4）按照上述方法，依次在“热气球 2.jpg”“热气球 3.jpg”“热气球 4.jpg”图像中创建选中热气球的选区，单击工具箱中的“移动工具”按钮，依次将选区内的热气球图像拖动到“风景.jpg”图像中，依次调整各热气球图像的大小和位置。将“图层”面板中新增图层的名称依次改为“热气球 2”“热气球 3”“热气球 4”。

（5）单击“图层”面板中的“热气球 1”图层，单击“图层”面板中的“添加图层样式”按钮 fx，调出快捷菜单，单击该菜单中的“混合选项”命令，调出“图层样式”对话框。在“混合颜色带”下拉列表框中选择“灰色”选项，如图 3-6-4 所示，表示对“热气球 1”和“背景”两个图层中的灰度进行混合效果调整。

（6）按住 Alt 键，拖动“下一图层”的白色三角滑块，如图 3-6-4 所示，调整下一图层内云图图像。单击“确定”按钮，画布左边的热气球图像如图 3-6-5 所示。

（7）单击“图层”面板中的“热气球 2”图层，单击“图层”面板中的“添加图层样式”按钮 fx，调出快捷菜单，单击该菜单中的“混合选项”命令，调出“图层样式”对话框。在“混合颜色带”下拉列表框中选择“灰色”选项，如图 3-6-6 所示，表示对“热气球 2”和“背景”两个图层中的灰度进行混合效果调整。

（8）按住 Alt 键，拖动“下一图层”的白色三角滑块，如图 3-6-6 所示，调整下一图层内云图图像。单击“确定”按钮，画布中间的热气球图像如图 3-6-2 所示。

（9）按照上述方法，调整“图层”面板中“热气球 3”和“背景”两个图层中的灰度混合效果，调整画布右上角的热气球图像如图 3-6-2 所示。

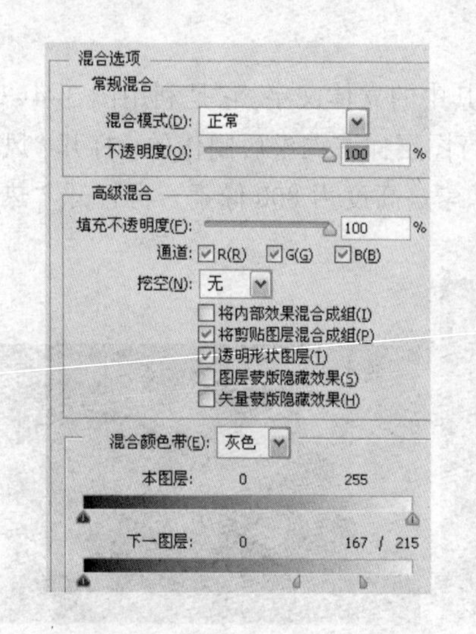

图 3-6-4 “混合颜色带”调整

图 3-6-5 图像调整效果

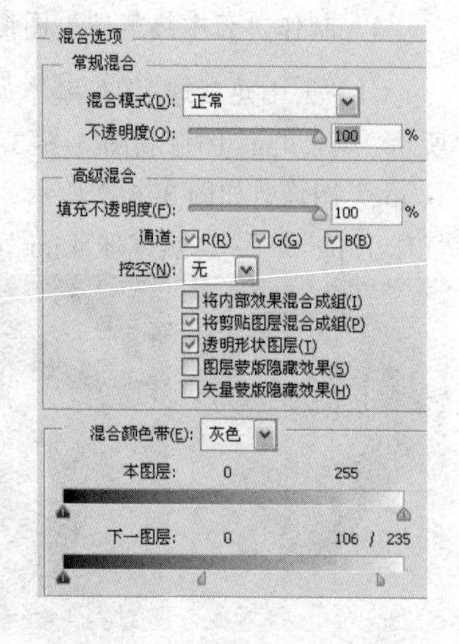

图 3-6-6 “混合颜色带”调整

2. 制作透视凸起文字

（1）将“图层”面板中的“背景”图层拖动到“创建新图层”按钮上，复制一个新的“背景副本”，将图层名称改为“文字”，再将该图层拖动到“热气球 4”图层的上边。

（2）单击“热气球 4”图层，单击工具箱中的“横排文字工具”按钮 T，在其选项栏中设置字体为“华文行楷”，字号为 90 点、颜色为红色。然后，在画布窗口的右下角输入“云中热气球”文字，如图 3-6-7 所示。

（3）单击“图层”面板中的“云中热气球”文字图层。单击“图层”→“栅格化”→“文字”命令，将文字图层转换为常规图层，为了以后可以对文字进行透视操作。

（4）单击“编辑”→“变换”→“透视”命令。向上拖动“云中热气球”文字左上角的控制柄，效果如图 3-6-8 所示。然后，按【Enter】键确定，完成透视操作。

（5）按住【Ctrl】键，单击“图层”面板中的“云中热气球”图层的缩览图，创建选中文字的选区。单击“图层”面板中的“文字”图层。单击“选择”→“反向”命令，选中文字之外的区域。再按【Delete】键，删除“文字”图层内文字之外的云图图像。

图 3-6-7　“云中热气球”文字

图 3-6-8　透视文字

（6）将“云中热气球”图层拖动到“删除图层”按钮上，删除该图层。单击“选择”→“反向”命令，使选区选中文字。

（7）单击“图层”面板中的按钮 fx，调出快捷菜单，单击该菜单中的“斜面和浮雕”命令，调出“图层样式”对话框，按照图 3-6-9 所示进行设置。单击“确定”按钮。

（8）按【Ctrl+D】组合键取消选区，最终效果见图 3-6-1。“图层”面板如图 3-6-10 所示。再将图像以名称“云中热气球.psd”保存在“【案例 9】图像设计方案”文件夹中。

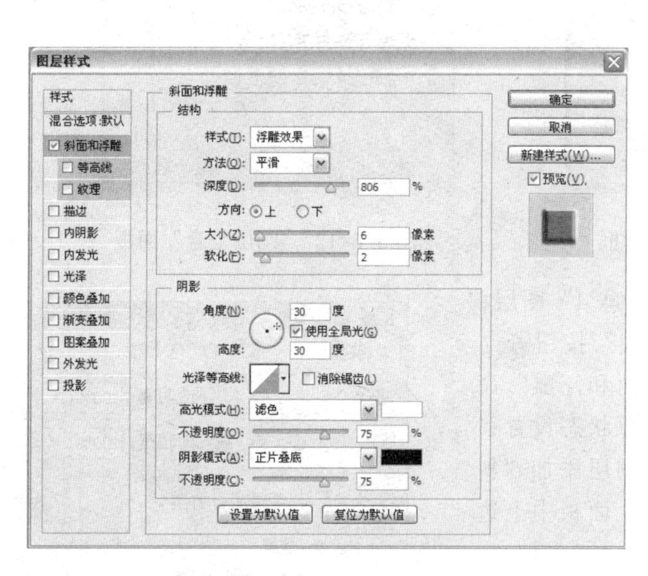

图 3-6-9　“图层样式”对话框

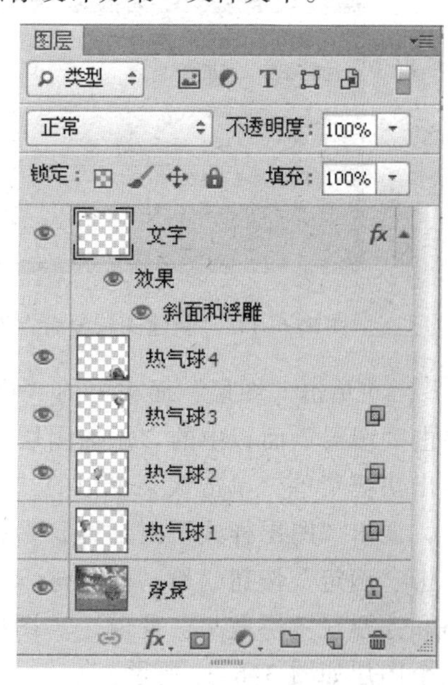

图 3-6-10　“图层”面板

3．制作图像设计方案图像 1

（1）单击“编辑”→“图像大小”命令，调出“图像大小”对话框，利用该对话框将图像宽度调整为 500 像素，高度调整为 400 像素。单击“确定”按钮，完成“云中热气球.psd”图像大小的调整。再以名称“【案例 9】图像设计方案.psd”将“云中热气球.psd”保存在“【案例 9】图像设计方案”文件夹中。

（2）单击“图层”面板中最上边的“文本”图层，单击工具箱中的“横排文字工具” T，在其选项栏中设置字体为“华文行楷”，字号为 90 点、颜色为红色。然后，在画布窗口内的右下角输入“图像设计方案 1”文字。同时在“文本”图层之上创建新的“图像设计方案 1”文本图层。

（3）单击“图层”面板中的“添加图层样式”按钮 fx，调出快捷菜单，单击该菜单中的“斜面和浮雕”命令，调出“图层样式”对话框，按照图 3-6-9 所示进行设置，只是在“样式”下拉列表框中选择“浮雕效果”选项。单击“确定”按钮，在图像的左下角创建“图像设计方案 1”立体文字。最后制作好的“图像设计方案 1”图像见图 3-6-2。

4．制作其他设计方案图像

（1）单击“窗口”→“图层复合”命令，调出“图层复合”面板，如图 3-6-1 所示（还没有设置）。单击该面板中的“创建新图层复合”按钮，调出“新建图层复合”对话框，选中 3 个复选框，如图 3-6-11 所示（还没有设置）。

（2）在“新建图层复合”对话框内的“名称”文本框中输入“图像设计方案 1”，在“注释”文本框中输入“云中热气球 1”，单击“确定”按钮，创建“图像设计方案 1”图层复合，如图 3-6-12 所示。

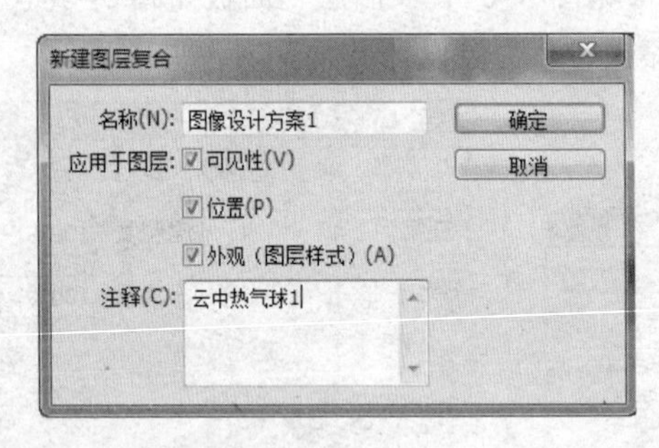

图 3-6-11 “新建图层复合”对话框

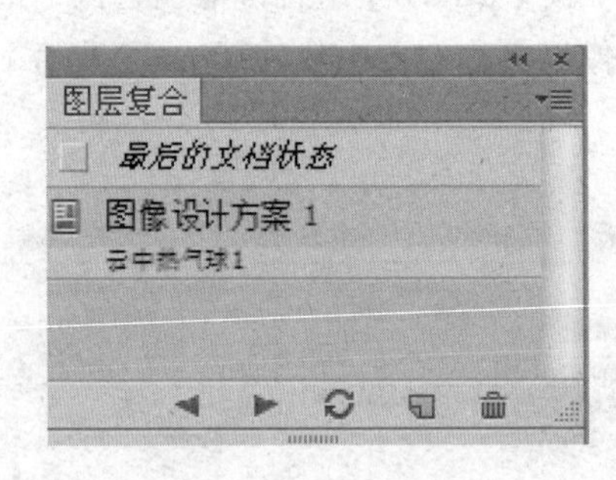

图 3-6-12 “图层复合”面板

（3）单击“图层”面板中的“热气球 4”图层，单击“图层”面板中的“添加图层样式”按钮 fx，调出快捷菜单，单击该菜单中的“斜面和浮雕”命令，调出“图层样式”对话框，保持原状态设置，单击“确定”按钮，给“热气球 4”图层添加“斜面和浮雕”图层效果。此时，“图层”面板中上边三个图层如图 3-6-13 所示。

（4）单击“移动工具”按钮，拖动调整 4 个热气球和“图像设计方案”立体文字的位置，如图 3-6-14 所示。

（5）单击“图层复合”面板内的“创建新图层复合”按钮，调出“新建图层复合”对话框，选中 3 个复选框，在“名称”文本框中输入“图像设计方案 2”，在“注释”文本框中输入“云中热气球 2”，如

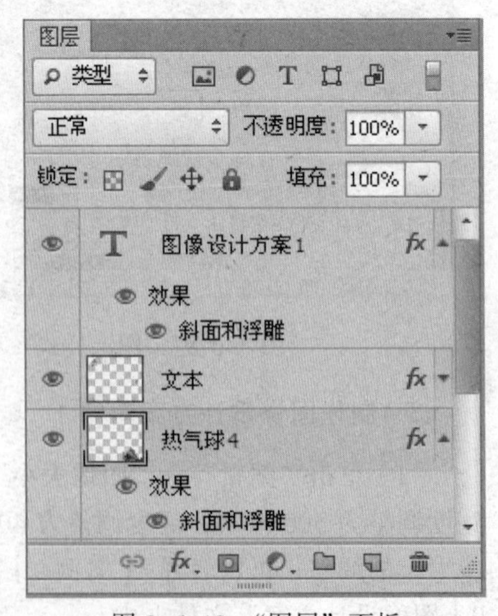

图 3-6-13 “图层”面板

图 3-6-15 所示。单击“确定”按钮，创建“图像设计方案 2”图层复合。

图 3-6-14 “图像设计方案 2”图像

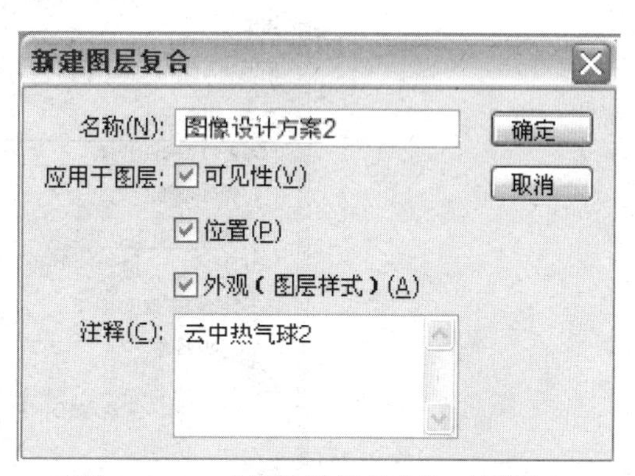

图 3-6-15 “新建图层复合”对话框

（6）单击“移动工具”按钮，拖动调整 4 个热气球和“图像设计方案”立体文字的位置，效果如图 3-6-16 所示。

（7）单击“图层复合”面板中的“创建新图层复合”按钮，调出“新建图层复合”对话框，选中 3 个复选框，在“名称”文本框中输入“图像设计方案 3”，在“注释”文本框中输入“云中热气球 3”，单击“确定”按钮，创建“图像设计方案 3”图层复合，如图 3-6-17 所示。

图 3-6-16 “图像设计方案 3”图像

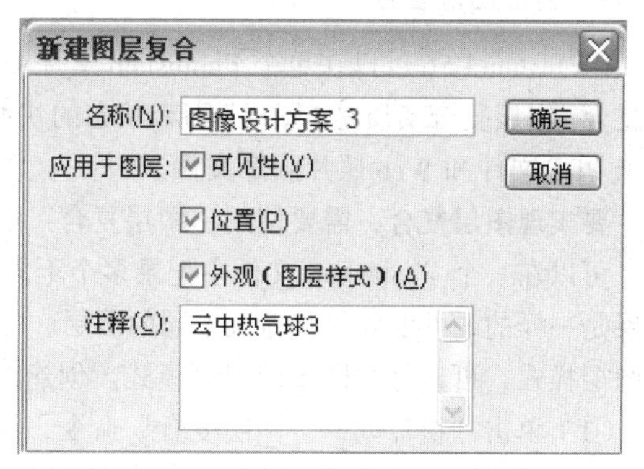

图 3-6-17 “新建图层复合”对话框

5. 导出图层复合

可以将图层复合导出到单独的文件。单击“文件”→“脚本”→“将图层复合导出到文件”命令，调出“将图层导出到文件”对话框，如图 3-6-18 所示。单击“浏览”按钮，调出“浏览文件夹”对话框，选择“【案例 9】图像设计方案”文件夹。单击“确定”按钮，关闭“浏览文件夹”对话框，“将图层导出到文件”对话框设置如图 3-6-18 所示。单击“确定”按钮，在选中文件夹内导出 3 个方案图像，第 1 幅图像的名称为“【案例 9】图像设计方案_0000_方案 1_云中热气球 1.psd”，第 2 幅图像的名称为“【案例 9】图像设计方案_0000_方案 2_云中热气球 2.psd”，第 3 幅图像的名称为“【案例 9】图像设计方案_0000_方案 3_云中热气球 3.psd”。

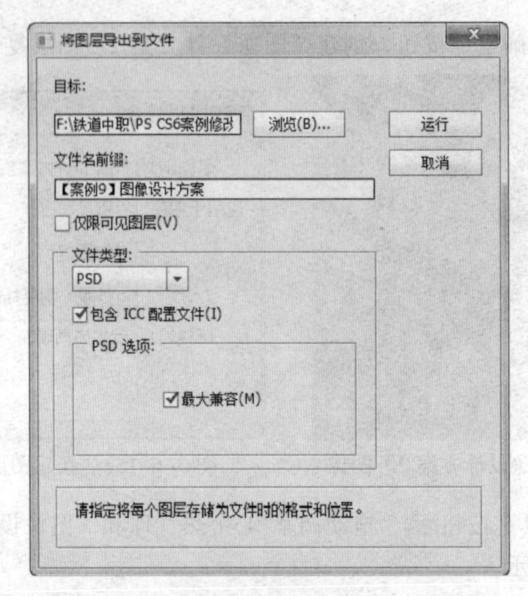

图 3-6-18 “将图层导出到文件”对话框

相关知识

1. 创建图层复合

Photoshop CS6 可以在单个 Photoshop 文件中创建、管理和查看版面的多个版本，也就是图层复合。图层复合实质是“图层”面板状态的快照。可以将图层复合导出到一个 PSD 格式文件、一个 PDF 文件和 Web 照片画廊文件。

要实现图层复合，需要使用“图层复合”面板，如图 3-6-19 所示。使用“图层复合”面板，可以在一个 Photoshop 文件中记录多个不同的版面。不同的版面要求其“图层”面板中的图层是一样的，可以显示和隐藏不同的图层，可以调整图层图像的大小和位置，可以停用或启用图层样式，可以修改图层的混合模式。创建图层复合的方法如下。

（1）单击“窗口”→“图层复合”命令，调出“图层复合”面板，如图 3-6-19 所示（还没有方案）。此时，该面板只有“最后的文档状态”图层复合。如果“图层”面板内有两个或两个以上图层，则“创建新图层复合”按钮 才会有效。当“图层复合”面板内有新增的图层复合时，“图层复合”面板内其他 4 个按钮才会有效。

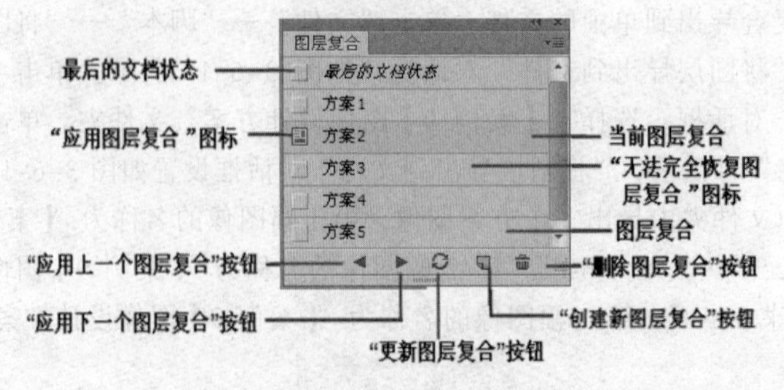

图 3-6-19 “图层复合”面板

（2）单击“创建新图层复合”按钮，调出“新建图层复合”对话框（见图3-6-17）。需要进行以下设置。

◎“名称”文本框：输入新建图层复合的名称。

◎“应用于图层”栏：选取要应用于“图层”面板内图层的选项，选中“可见性”复选框，表示图层是显示还是隐藏；选中“位置”复选框，表示在图层的位置；选中“外观（图层样式）”复选框，表示是否将图层样式应用于图层，以及图层的混合模式。

◎“注释”列表框：输入该图层复合的说明文字。

（3）单击“新建图层复合”对话框中的“确定”按钮，关闭该对话框，即可在“图层复合”面板中创建一个新图层复合。

2. 应用并查看图层复合

（1）在“图层复合”面板中，单击选定图层复合左边的“应用图层复合”图标。

（2）在“图层复合”面板内，单击“应用上一个图层复合”按钮◀，可看上一个图层复合；单击“应用下一个图层复合”按钮▶，可看下一个图层复合。可以循环查看。

（3）单击“图层复合”面板顶部的“最后的文档状态”左边的“应用图层复合”图标，可以显示最后的文档状态。

3. 编辑图层复合

（1）复制图层复合：在“图层复合”面板中，将要复制的图层复合拖动到“创建新图层复合”按钮上。

（2）删除图层复合：在“图层复合”面板中选择图层复合，然后单击面板中的“删除”按钮，或者单击“图层复合”面板菜单中的“删除图层复合”命令。

（3）更新图层复合：操作方法如下。

◎ 单击“图层复合”面板中要更新的图层复合。

◎ 在画布内进行位置、大小等修改，在“图层”面板中进行图层的隐藏和显示的修改，以及图层样式的停用和启用的修改。

◎ 在“图层复合”面板内，右击要更新的图层复合，调出其快捷菜单，如图3-6-20所示。单击该菜单中的“图层复合选项”命令，调出“图层复合选项”对话框（见图 3-6-17），与“新建图层复合”对话框基本一样。在该对话框内可以更改“应用于图层”栏内复选框的选择，记录前面图层位置和图层样式等更改。

◎ 单击“图层复合”面板内底部的“更新图层复合”按钮，或单击图3-6-20所示菜单中的“更新图层复合”命令,可以更新当前的图层复合。

（4）清除图层复合警告：当改变“图层”面板中的内容（删除图层、合并图层或将常规图层转换为背景图层等），会引发不再能够完全恢复图层复合的情况。在这种情况下，图层复合名称旁边会显示一个警告图标。忽略警告，会导致丢失多个图层。其他已存储的参数可能会保留下来。更新复合，会导致以前捕捉的参数丢失，但可以使图层复合保持最新。

应用图层复合
图层复合选项...
复制图层复合
删除图层复合
恢复最后的文档状态
更新图层复合

图3-6-20 快捷菜单

单击警告图标，可能会弹出一个提示框，该提示框内的文字说明图层复合无法正常恢复。单击该对话框中的“清除”按钮，可以清除警告图标，但其余的图层保持不变。

右击警告图标，调出其快捷菜单，单击“清除图层复合警告”命令，可以清除选中图层复合的警告；单击“清除所有图层复合警告”命令，可以清除所有图层复合的警告。

（5）导出图层复合：可以将图层复合导出到单独的文件。单击“文件”→“脚本”→“将图层复合导出到文件”命令，调出“将图层复合导出到文件”对话框，可设置文件类型，设置文件保存的目标文件夹和文件名称等，再单击“确定”按钮。

思考与练习 3-6

1. 按照【案例 9】所述方法，制作一个“宝宝相册”图像，有 5 个方案。
2. 按照【案例 9】所述方法，利用【案例 8】图像设计 2 个方案。
3. 按照【案例 9】所述方法，制作一个“梅花相册”图像，它是一个梅花摄影相册的封面，有 5 个方案，如图 3-6-21 所示。方案 1 图像如图 3-6-22 所示，方案 5 图像如图 3-6-23 所示。

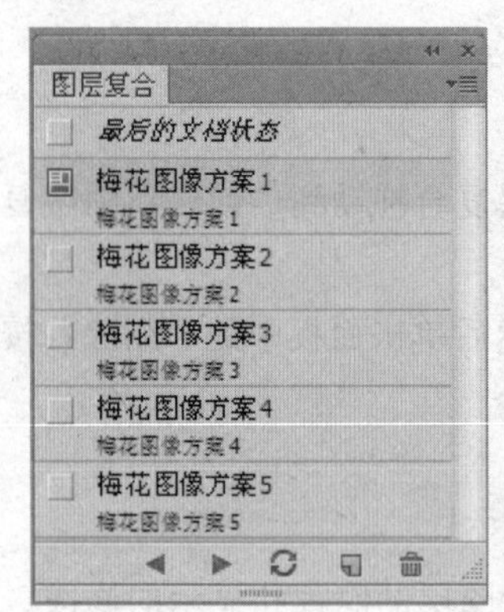

图 3-6-21 “图层复合”面板

图 3-6-22 方案 1 图像

图 3-6-23 方案 5 图像

第4章　应用滤镜

本章通过6个案例制作的学习，可以掌握Photoshop CS6提供的部分滤镜的使用方法和使用技巧，初步掌握外部滤镜的使用方法，以及“液化”和“消失点”命令的使用方法。

4.1 【案例10】超音战机

案例10视频

案例效果

“超音战机”图像如图4-1-1所示，它展现了一架高速飞行的战斗机在蓝天白云中飞翔的情景。该图像是利用图4-1-2所示的“云图风景”图像和图4-1-3所示的“飞机”图像加工制作而成的。

图4-1-1　“超音战机”图像

图4-1-2　“云图风景”图像

操作步骤

（1）打开图4-1-2所示的“云图风景”图像和图4-1-3所示的“飞机”图像。将“云图风景”图像以名称“【案例10】超音战机.psd”保存。

图4-1-3　“飞机”图像

（2）在“飞机”图像中创建图4-1-4所示的选中整个飞机的选区。单击工具箱中的“移动工具”按钮，拖动选区内的图像到“【案例10】超音战机.psd”图像中。同时，在“图层”面板中会自动生成一个名称为“图层 1”的图层。将该图层的名称改为“飞机”。

（3）单击“编辑”→“自由变换”命令，调整复制的战斗机图像的大小、位置和旋转角度。调整好后，按【Enter】键，完成图像的调整，效果如图 4-1-5 所示。

图 4-1-4 创建选区

图 4-1-5 调整飞机图像

（4）在“图层”面板中，拖动“飞机”图层到“创建新图层”按钮上，在“飞机”图层下面创建“飞机 副本”图层。

（5）选中“飞机 副本”图层，再单击“滤镜”→“模糊”→“动感模糊”命令，调出“动感模糊”对话框，设置角度为 30 度，距离为 180 像素，如图 4-1-6 所示。然后，单击“确定”按钮，完成战斗机动感模糊处理。

（6）单击工具箱中的“移动工具”按钮，沿 30° 角向右上方拖动“飞机”图层中经过动感模糊处理后的战斗机图像，效果如图 4-1-7 所示。

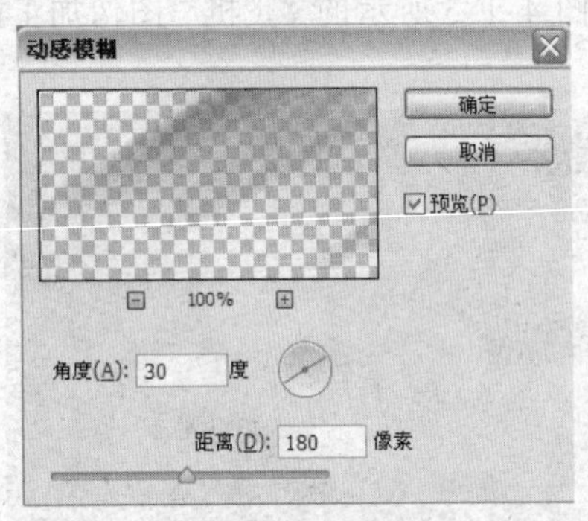

图 4-1-6 “动感模糊”对话框

图 4-1-7 动感模糊处理后的飞机图像

（7）单击“飞机”图层，单击“滤镜”→“模糊”→“动感模糊”命令，调出“动感模糊”对话框，设置角度为 30 度，距离为 10 像素。然后，单击“确定”按钮。此时，画布中的飞机图像见图 4-1-1。

相关知识

1. 滤镜库和滤镜特点

（1）滤镜库：单击“滤镜”→“滤镜库”命令，调出滤镜库，如图 4-1-8 所示。对于风格化、画笔描边、素描、纹理、艺术效果和扭曲（部分）几个滤镜的对话框进行了合成，构成滤镜库，在滤镜库中，可以非常方便地在各滤镜之间进行切换。

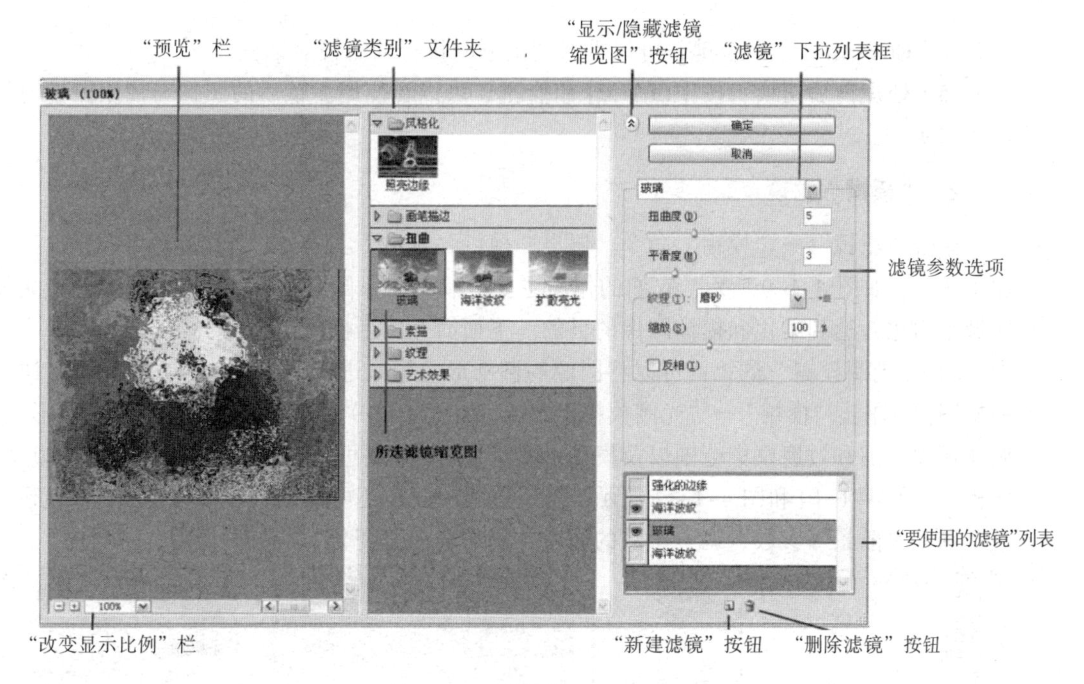

图 4-1-8　滤镜库

滤镜库提供了许多滤镜，可以应用"滤镜"菜单中的部分滤镜，打开或关闭滤镜的效果、复位滤镜的选项以及更改应用滤镜的顺序。如果对预览效果感到满意，则可以将基应用于图像。滤镜库中一些选项的作用如下。

◎ 查看预览：拖动滑块，可以浏览缩览图中其他部分的内容；将鼠标指针移动到缩览图上，当鼠标指针变为形状时，在预览区域中拖动，可以移动观察的部位。

◎ 单击"滤镜类别"文件夹左边的按钮，可以展开文件夹，显示该文件夹内的滤镜；单击"滤镜类别"文件夹左边的按钮，可以收缩文件夹。在"要使用的滤镜"列表中选中一个滤镜后，单击"滤镜类别"文件夹内的滤镜缩览图，可以更换滤镜。

◎"要使用的滤镜"列表：单击"新建滤镜"按钮，可以在该列表中添加滤镜。滤镜旁边的眼睛图标，单击可以隐藏滤镜效果，再单击又可以显示滤镜效果。选择滤镜后单击"删除图层"按钮，可删除"要使用的滤镜"列表中选中的滤镜。滤镜效果是按照它们在"要使用的滤镜"列表的排列顺序应用的，可以移动滤镜的前后次序。

（2）滤镜的作用范围：如果有选区，则滤镜的作用范围是当前可见图层选区中的图像，否则是当前可见图层的整个图像。可将所有滤镜应用于 8 位图像，对于 16 位和 32 位图像只可以使用部分滤镜，有些滤镜只用于 RGB 图像。位图模式和索引颜色的图像不能用滤镜。

（3）滤镜对话框中的预览：选择滤镜的命令后，会调出一个相应的对话框。例如，图 4-1-6 所示为"动感模糊"对话框。对话框中均有预览框，可以直接看到图像经滤镜处理后的效果。一些对话框中有"预览"复选框，选中后才可以预览。单击按钮，可以使预览框中的图像变小；单击按钮，可以使预览框中的图像增大。在预览区域中拖动，可以移动图像。

（4）重复使用滤镜：在"滤镜"菜单中的第一个命令是刚刚使用过的滤镜名称，其快捷键是【Ctrl+F】。单击该命令或按【Ctrl+F】组合键，可以再次执行刚使用过的滤镜。

按【Ctrl+Alt+F】组合键，可以重新调出刚刚执行的滤镜对话框。

（5）处理前后切换：按【Ctrl+Z】组合键，可以在使用滤镜后的图像与使用滤镜前的图像之间切换。

2．“模糊”滤镜

单击“滤镜”→“模糊”命令，调出“模糊”菜单，其有 14 个滤镜命令，比以前版本增加了 3 个，如图 4-1-9 所示。它们的作用主要是减小相邻像素间的对比度，将颜色变化较大的区域平均化，达到柔化和模糊图像的目的。下面简介两个模糊滤镜的特点。

（1）“光圈模糊”滤镜：可以将图像的椭圆形模糊区进行调整，就像调整光圈一样。打开一幅图像，单击“模糊”→“光圈模糊”命令，如图 4-1-9 所示。可以拖动其中的圆形控制柄，调整模糊范围和过度模糊范围以及模糊形状等。同时，还可以调出“模糊工具”和“模糊效果”面板，如图 4-1-10 和图 4-1-11 所示。利用这两个面板还可以调整模糊程度、光照范围、散景颜色和光源散景等参数，调整参数的同时，图像会随之变化，所见即所得。

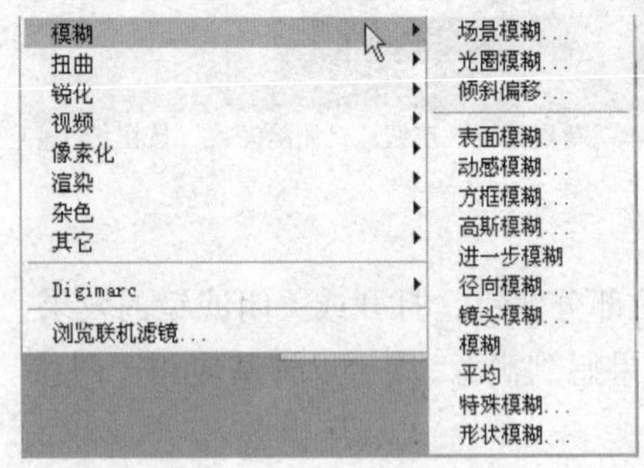

图 4-1-9 “模糊”菜单

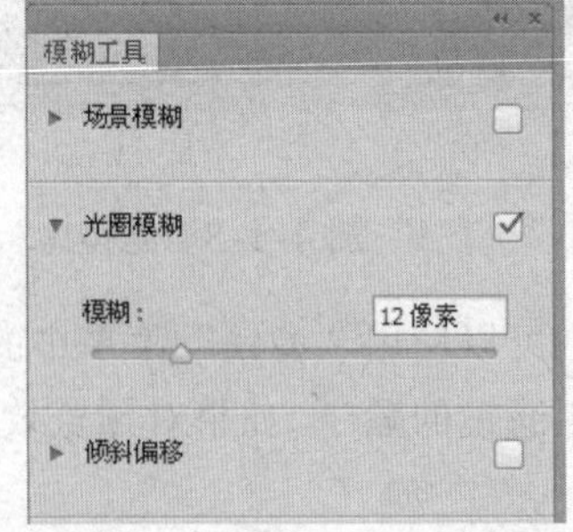

图 4-1-10 “模糊工具”面板

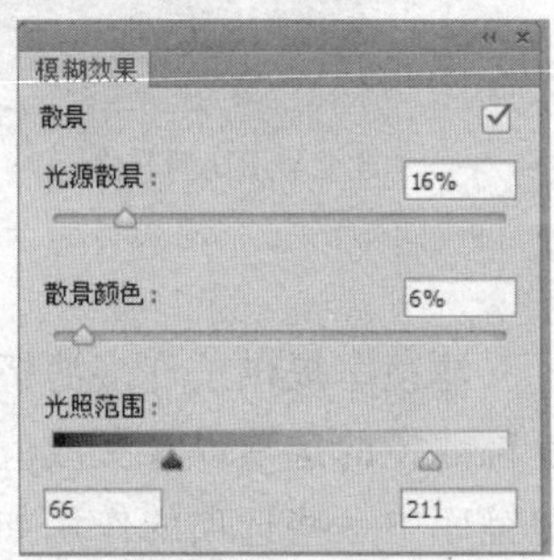

图 4-1-11 “模糊效果”面板

按【Enter】键，可以退出调整，获得“光圈模糊”滤镜处理效果，如图 4-1-12 所示。

（2）“径向模糊”滤镜：可以产生旋转或缩放模糊效果。单击“滤镜”→“模糊”→“径向模糊”命令，调出“径向模糊”对话框。按照图 4-1-13 所示进行设置，再单击“确定”按钮，即可将图像径向模糊，如图 4-1-14 所示。可以用鼠标在该对话框中的“中心模糊”显示框内拖动调整模糊的中心点。

图 4-1-12 “光圈模糊”滤镜效果

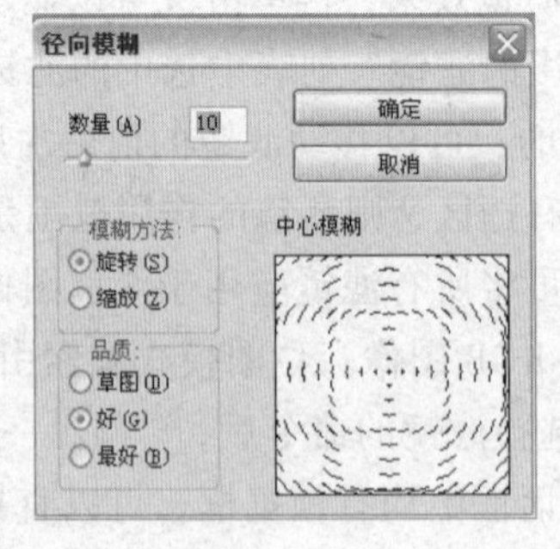

图 4-1-13 “径向模糊”对话框

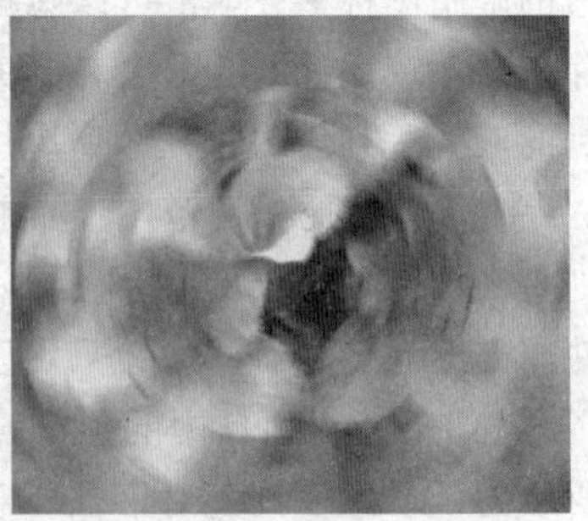

图 4-1-14 径向模糊后的图像

3．智能滤镜

要在应用滤镜时不造成破坏图像，以便以后能够更改滤镜设置，可以应用智能滤镜。这些滤镜是非破坏性的，可以调整、移去或隐藏智能滤镜。应用于智能对象的任何滤镜都是智能滤镜。除了“液化”和“消失点”之外，智能对象可以应用任意的 Photoshop 滤镜。此外，可以将“阴影 / 高光”和“变化”调整作为智能滤镜应用。

选中一个图层（例如，“背景”图层），单击“滤镜”→“转换为智能滤镜”命令或单击“图层”→“智能对象”→“转换为智能对象”命令，可将选中的图层转换为保存智能对象的图层，如图 4-1-15 所示。再添加滤镜（例如，添加“高斯模糊”滤镜）时，可以给智能对象添加滤镜，但是没有破坏该图层内的图像，“图层”面板如图 4-1-16 所示。单击图标，可以重新设置滤镜参数。

图 4-1-15　图层 0 转换为智能对象的“图层”面板

图 4-1-16　给智能对象添加滤镜后的“图层”面板

在“图层”面板中，智能滤镜将出现在应用这些智能滤镜的智能对象图层的下面。要展开或折叠智能滤镜，可以单击智能对象图层内右对面的和。

思考与练习 4-1

1. 制作一幅“鹰击长空”图像，如图 4-1-17 所示，它是一幅高速飞行的鹰图像。该图像是在图 4-1-18 所示的图像基础之上加工制作而成的。
2. 制作一幅“狂奔老虎”图像，如图 4-1-19 所示。可以看到一只奔跑的老虎，背景是模糊的。制作该图像使用了“城堡“图像和“老虎”图像，如图 4-1-20 所示。制作该图像使用了“高斯模糊”和“径向模糊”滤镜。

图 4-1-17　“鹰击长空”图像

图 4-1-18　“鹰”图像

图 4-1-19　“狂奔老虎”图像

（a）

（b）

图 4-1-20　“城堡”和“老虎”图像

3. 使用智能滤镜和“模糊”滤镜组中的滤镜，制作一幅图像。

4.2 【案例 11】天鹅湾别墅广告

案例效果

“天鹅湾别墅广告”图像有两幅，分别如图 4-2-1 和图 4-2-2 所示，由图可以看出别墅在水中形成倒影。制作“天鹅湾别墅广告 1”图像使用了“波纹”“水波”“动感模糊”滤镜，制作“天鹅湾别墅 2”图像使用了“flood”外挂滤镜。

图 4-2-1 “天鹅湾别墅广告 1”图像

图 4-2-2 “天鹅湾别墅广告 2”图像

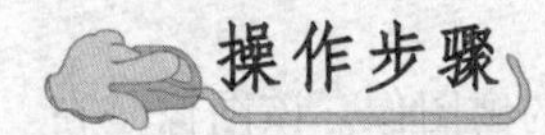

1．制作背景图像

（1）新建一个文件名为“天鹅湾别墅”、宽度为 1000 像素、高度为 580 像素，模式为 RGB 颜色，背景为浅蓝色的文档。再以名称“【案例 11】天鹅湾别墅广告 1.psd”保存。

（2）打开“别墅 1.jpg”图像，如图 4-2-3 所示。调整图像大小：宽度为 500 像素、高度为 360 像素，单击“移动工具”按钮将该图像拖动到“天鹅湾别墅”文档画布窗口内左上角，如图 4-2-4 所示。同时在“图层”面板中自动生成“图层 1”图层。

图 4-2-3 “别墅 1.jpg”图像

图 4-2-4 画布窗口和复制的图像

（3）拖动“图层 1”图层到“图层”面板底部的“创建新图层”按钮上，复制一个“图层 1 副本”图层。选中该图层，将其内的图像水平移到画布窗口内的右上角。单击“编辑”→“变换”→“水平翻转”命令，将该图层中的图像水平翻转，如图 4-2-5 所示。

（4）按住【Ctrl】键，单击“图层 1”和“图层 1 副本”图层，右击调出其快捷菜单，单击其中的“合并图层”命令，将选中的图层合并到“图层 1 副本”图层内。

（5）拖动“图层 1 副本”图层到“图层”面板底部的“创建新图层”按钮上，复制一个“图层 1 副本 2”图层。将该图层拖动到“图层 1 副本”图层的下边。

（6）单击“编辑”→“自由变换”命令，进入“图层 1 副本 2”图层内图像的自由变换状态，在垂直方向将图像调小，再垂直向下移动图像，使该图像与“图层 1 副本”图层上下衔接，同时在垂直方向又不超出画布窗口范围。

（7）单击“编辑”→“变换”→“垂直翻转”命令，将“图层 1 副本 2”图层内图像垂直翻转，形成别墅图像的倒影，如图 4-2-6 所示。将“图层 1 副本”图层名称改为“别墅”，将“图层 1 副本 2”图层名称改为“倒影”。

图 4-2-5　复制水平翻转图像

图 4-2-6　别墅和它的倒影图像

2. 制作“天鹅湾别墅 1”图像

（1）单击选中“图层”面板中的“倒影”图层，单击“选择”→“全部”命令，创建选中倒影图像的选区。单击“滤镜”→“模糊”→“动感模糊”命令，调出“动感模糊”对话框，设置模糊距离为 16 像素，角度 90 度，如图 4-2-7 所示。单击“确定”按钮，将倒影图像模糊，如图 4-2-8 所示。

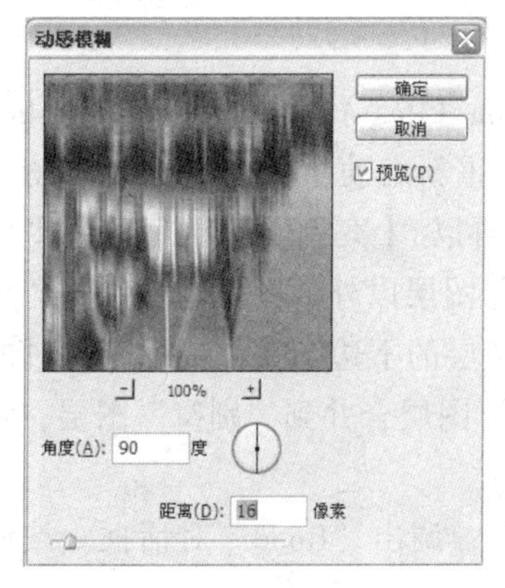

图 4-2-7　“动感模糊”对话框

图 4-2-8　将倒影图像模糊

（2）单击“滤镜”→“扭曲”→“波纹”命令，调出“波纹”对话框。在“大小”下拉列表框中选择“中”选项，在“数量”文本框中输入 100，如图 4-2-9 所示。再单击“确定”按钮，完成倒影的波纹处理。

（3）在倒影图像内左边创建一个羽化 50 像素的矩形选区。单击“滤镜”→“扭曲”→“水波”命令，调出“水波”对话框。在“样式”下拉列表框中选择“水池波纹”选项，在“数量”文本框中输入 25，在“起伏”文本框中输入 12，如图 4-2-10 所示。再单击“确定”按钮，完成倒影图像的水池波纹处理。然后，按【Ctrl+D】组合键取消选区。

（4）打开一幅“图标”图像，创建选区选中其内的图标图像，如图 4-2-11 所示。把该图像拖动到“天鹅湾别墅”文档的画布窗口中，调整其大小和位置（见图 4-2-1）。

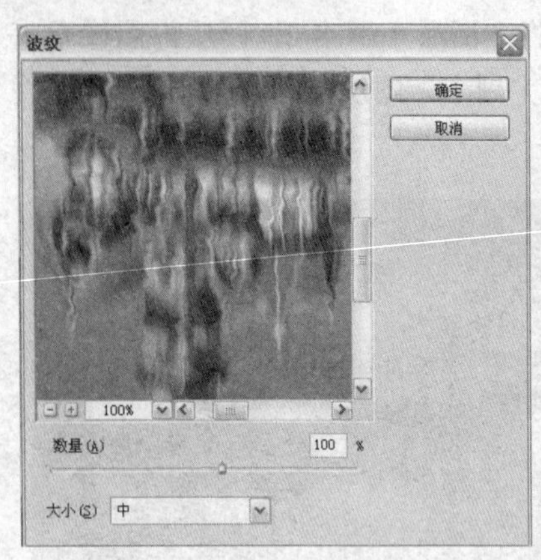

图 4-2-9 “波纹”对话框

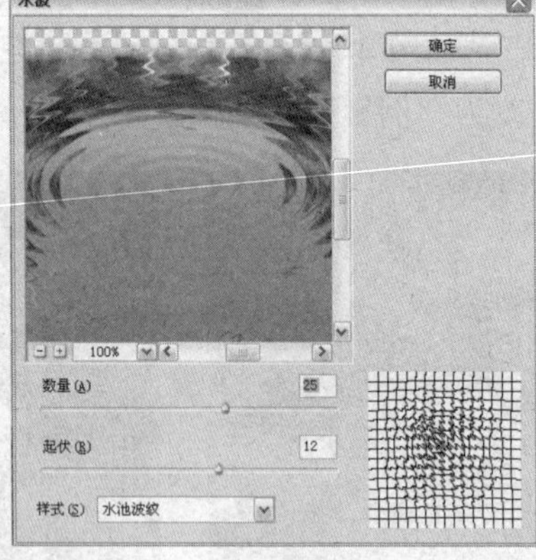

图 4-2-10 “水波”对话框

图 4-2-11 “图标”图像

（5）打开“天鹅”图像，如图 4-2-12 所示。创建选中其内的天鹅选区，单击“移动工具”按钮，把选区内的图像拖动到“天鹅湾别墅”文档的画布窗口中，再复制两份，调整其大小和位置（见图 4-2-1）。

（6）制作各种文字，给这些文字分别添加不同的图层样式（见图 4-2-1）。

图 4-2-12 “天鹅”图像

3. 制作“天鹅湾别墅 2”图像

（1）将“flood 1.14”汉化滤镜压缩文件解压到“C:\Program Files\Adobe\Adobe Photoshop CS6\Plug-ins”文件夹内，安装“flood 1.14”汉化滤镜。然后，重新启动中文 Photoshop CS6。

（2）打开“【案例 11】天鹅湾别墅广告 1.psd”图像文件，再以“【案例 11】天鹅湾别墅广告 2.psd”保存。将“倒影”图层删除，将“别墅”和“背景”图层以外的图层隐藏。将“别墅”图层复制一份，将其重命名为“倒影”，移动到“别墅”图层的下边。按照前面介绍过的方法，制作出图 4-2-6 所示的倒影图像。将“别墅”和“倒影”图层合并到“别墅”图层，将该图层重命名为“别墅和倒影”。

（3）单击“滤镜”→“flaming pear”→“flood 1.14”命令，调出“flood”对话框。按照图 4-2-13 所示进行设置，单击“确定”按钮，完成倒影的波纹处理。

（4）将所有图层显示，图像效果见图 4-2-2，“图层”面板如图 4-2-14 所示。

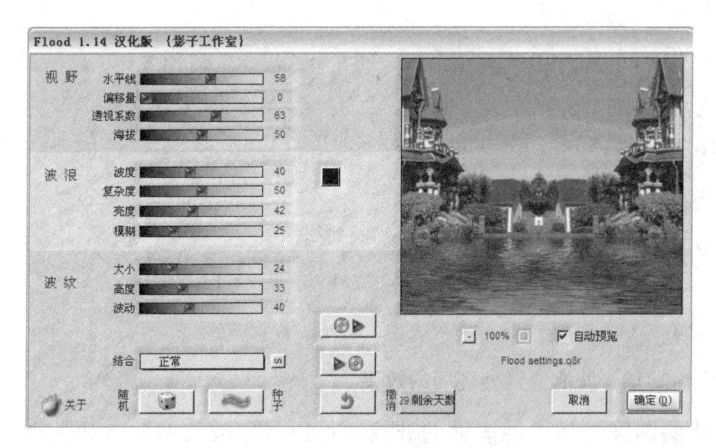

图 4-2-13　“flood 1.14”对话框

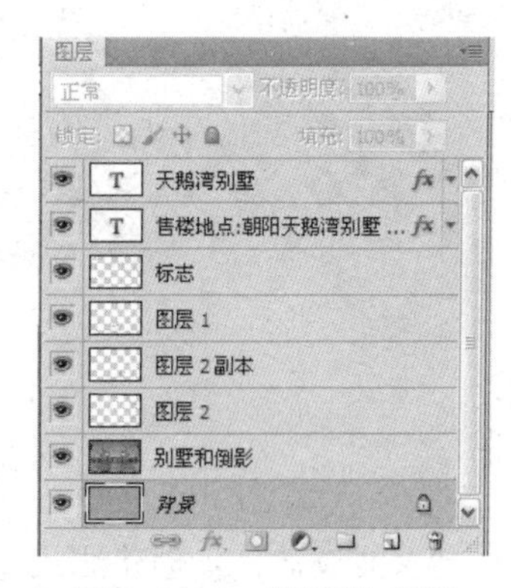

图 4-2-14　“图层”面板

相关知识

1. “扭曲”滤镜

单击“滤镜”→“扭曲”命令，调出“扭曲”菜单。其内有 9 个滤镜命令，如图 4-2-15 所示。另外“扭曲”滤镜还有 “扩散亮光”、“玻璃”和“海洋波纹”滤镜 3 个，可以通过“滤镜库”来应用。它们的作用主要是按照某种几何方式将图像扭曲，产生三维或变形效果。

（1）波浪滤镜：在图像上创建波状起伏的图案，使图像呈波浪式效果。“波浪”对话框如图 4-2-16 所示。其中的选项包括波浪生成器的数目、波长（从一个波峰到下一个波峰的距离）、波浪高度和波浪类型：正弦（滚动）、三角形或方形。单击“随机化”按钮可应用随机值。按照图 4-2-16 所示进行设置，再单击“确定”按钮，即可将图 4-2-17 所示的图像加工成图 4-2-18（a）所示的图像。如果选择了“三角形”单选按钮，则滤镜处理后的效果如图 4-2-18（b）所示。要创建波浪效果，可将“生成器数”设置为 1，将“最小波长”“最大波长”“波幅”参数设置为相同的值，再单击“随机化”按钮。

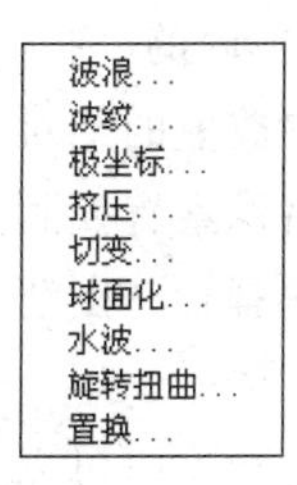

图 4-2-15　菜单

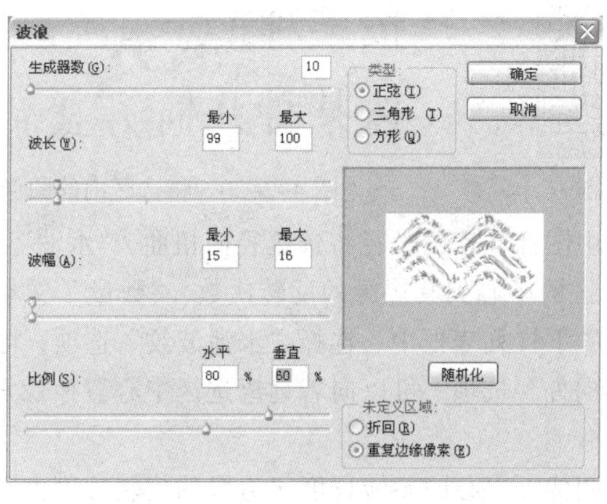

图 4-2-16　“波浪”对话框

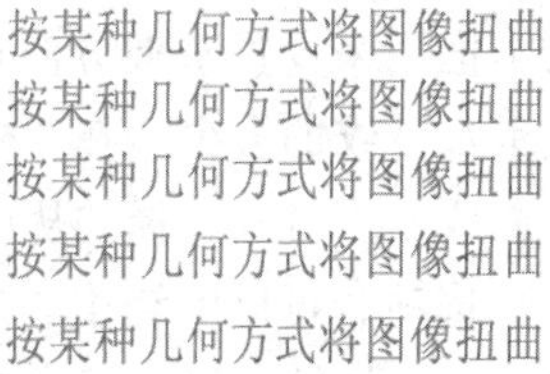

按某种几何方式将图像扭曲
按某种几何方式将图像扭曲
按某种几何方式将图像扭曲
按某种几何方式将图像扭曲
按某种几何方式将图像扭曲

图 4-2-17　输入 5 行文字

（a）　　　　（b）

图 4-2-18　波浪滤镜处理后的效果

（2）波纹滤镜：创建波状起伏的图案，像水池表面的波纹。可以调整波纹的数量和大小。

（3）极坐标滤镜：根据选中的选项，将选区从平面坐标转换到极坐标，或将选区从极坐标转换到平面坐标。

（4）挤压滤镜：可以挤压图像。正值（最大值是 100%）将选区向中心移动；负值（最小值是-100%）将选区向外移动。

（5）切变滤镜：沿一条曲线扭曲图像。通过拖动框中的线条来设定曲线。可以调整曲线上的任何一点。单击“默认”按钮，可以将曲线恢复为直线。

（6）球面化滤镜：将选区内的图像产生向外凸起的 3D 效果。在图 4-2-17 所示图像的中间处创建一个圆形区域，选中文字所在的图层，单击“滤镜”→“扭曲”→“球面化”菜单命令，调出“球面化”对话框。按照图 4-2-19 所示设置“球面化”对话框，再单击“确定”按钮，即可将图像加工成如图 4-2-20 所示的图像。

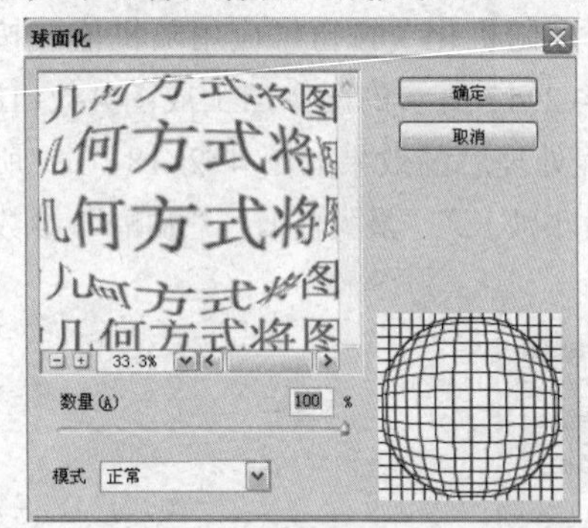

图 4-2-19 “球面化”对话框

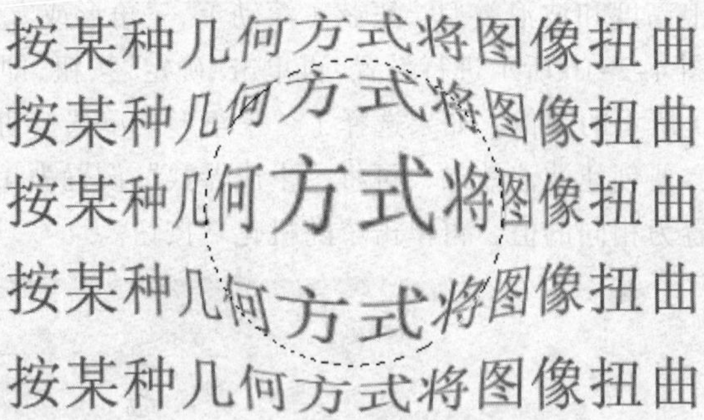

图 4-2-20　将选区内的图像球面化处理

（7）水波滤镜：根据选区中图像像素的半径将选区径向扭曲。“水波”对话框内的“起伏”文本框用来设置水波方向从选区的中心到其边缘的反转次数，“数量”文本框中数值的绝对值表示水波纹的多少。在“样式”下拉列表框中，选择“水池波纹”选项，可以将像素置换到左上方或右下方；选择“从中心向外”选项，可以向着远离选区中心置换像素；选择而“围绕中心”选项，可以围绕中心旋转像素。

（8）旋转扭曲滤镜：旋转图像，中心的旋转程度比边缘的旋转程度大。指定角度时可以生成旋转扭曲图案。

（9）置换滤镜：使用另一幅图像（置换图）的亮度值来确定如何扭曲图像。例如，使用抛物线形的置换图创建的图像看上去像是印在一块两角固定悬垂的布上。

（10）玻璃滤镜：使图像看起来像是透过不同类型的玻璃所观看到的效果。可以选择一种玻璃纹理，可以调整缩放、扭曲和平滑度。

（11）海洋波纹滤镜：将随机分隔的波纹添加到图像表面，使图像看上去像是在水中。

（12）扩散亮度滤镜：将图像渲染成像是透过一个柔和的扩散滤镜来观看的效果。此滤镜添加透明的白杂色，并从选区的中心向外渐隐亮光。

2. 外部滤镜的安装和使用技巧

许多外部滤镜都可以在网上下载。其中一类滤镜有它的安装程序，运行安装程序后按照要求操作即可安装好滤镜。另一类滤镜由扩展名为“.8BF”等的文件组成。通常只要将这些文件复制到 PhotoShop 插件目录文件夹内即可。例如，将“Flood”文件夹复制到“C:\Program Files\Adobe\Adobe Photoshop CS5\Plug-ins”文件夹内。安装滤镜后，需重新启动 PhotoShop，再在“滤镜”菜单中找到新安装的外部滤镜。滤镜使用技巧简介如下。

（1）对于较大的或分辨度较高的图像，在进行滤镜处理时会占用较大的内存，速度会较慢。为了减小内存的使用量，加快处理速度，可以分别对单个通道进行滤镜处理，然后再合并图像。也可以在低分辨率情况下进行滤镜处理，记下滤镜对话框的处理数据，再对高分辨率图像进行一次性滤镜处理。

（2）为了在试用滤镜时节省时间，可以先在图像中选择有代表性的一小部分进行试验。

（3）可以对图像进行不同滤镜的叠加多重处理。还可以将多个使用滤镜的过程录制成动作（Action），然后可以一次使用多个滤镜对图像进行加工处理。

（4）图像经过滤镜处理后，会在图像边缘有一些毛边，需对图像边缘进行平滑处理。

思考与练习 4-2

1. 利用图 4-2-21 所示“风景”图像的基础之上加工制作一幅“别墅水中倒影 1”图像和一幅“别墅水中倒影 2”图像，“别墅水中倒影 1”图像如图 4-2-22 所示，“别墅水中倒影 2”图像如图 4-2-23 所示。制作“别墅水中倒影 1”图像使用了“波纹”“水波”“动感模糊”滤镜，制作“别墅水中倒影 2”图像使用了“flood”外挂滤镜。

图 4-2-21　“风景”图像

图 4-2-22　“别墅水中倒影 1”图像

图 4-2-23 “别墅水中倒影 2”图像

2. 制作一幅“别墅倒影”图像，如图 4-2-24 所示，可以看到，别墅在有水波纹的水中形成倒影。它是在图 4-2-25 所示的“别墅”图像（还没有创建选区）的基础之上加工而成的。
3. 制作一幅“声音的传播”图像，如图 4-2-26 所示。可以看到，在一幅半透明的风景图像之上，一个由白色到浅蓝色之间变化的圆形波纹。在背景图像之上，是由内向外逐渐旋转变大的文字“全世界人民行动起来，为绿化地球，保护生态环境而努力!”。制作该图像方法提示如下。

图 4-2-24 “别墅倒影”图像

图 4-2-25 “别墅”图像

图 4-2-26 “声音的传播”图像

首先制作一个由白色到浅蓝色径向渐变的图像，再使用“水波”滤镜将图像旋转，产生水波效果。输入 10 排文字，使每行文字两边与画布两边对齐。如果没有对齐，可适当调整文字大小或画布窗口宽度。然后，使用极坐标滤镜，将文字进行直角坐标系转换为极坐标系的变换，使 10 行文字分别变成大小不同的 10 个圆圈文字。接着使用旋转扭曲滤镜，使圆圈文字稍稍旋转一点。最后使用挤压滤镜，使文字向内挤压一点。

4.3 【案例 12】梅花映雪

案例 12 视频

案例效果

“梅花映雪”图像如图 4-3-1 和图 4-3-2 所示，这两幅“梅花映雪”图像都是在图 4-3-3 所示的“梅花”图像基础上通过滤镜处理制作成的。

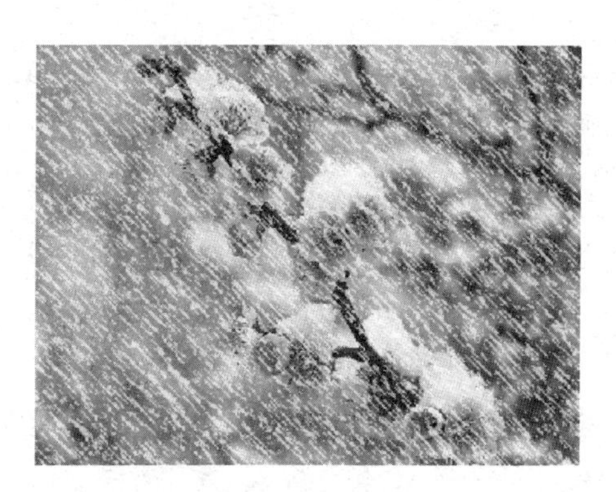

图 4-3-1　“梅花映雪”图像 1

图 4-3-2　“梅花映雪”图像 2

操作步骤

1. 制作背景图像

（1）打开图 4-3-3 所示的“梅花.jpg”图像，双击“图层”面板中的“背景”图层，调出“新建图层”对话框，单击“确定”按钮，将“背景”图层改为“图层 0”普通图层。然后，以名称“梅花.psd”保存。

（2）设置前景色为蓝色，在“图层 0”图层下面新建“图层 1”图层，选中“图层 1”图层，按【Alt+Delete】组合键，给该图层填充蓝色。

（3）选中“图层 0”图层，单击“魔棒工具”按钮，在其选项栏中设置容差为 20，按住【Shift】键，同时单击图像各处的白色背景，创建选中所有白色背景的选区。

（4）按【Delete】键，删除选区内的白色背景图像。按【Ctrl+D】组合键，取消选区。

（5）在“图层”面板中，选中“图层 0”图层，在“设置图层的混合模式”下拉列表框中选择“变暗”选项，将“图层 0”图层的混合模式改为“变暗”。效果如图 4-3-4 所示。

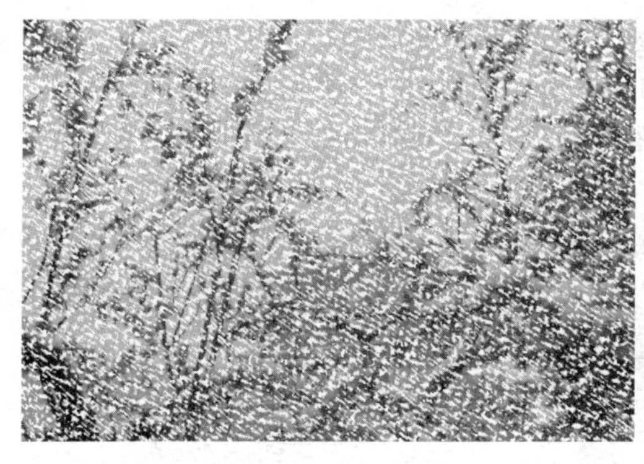

图 4-3-3　“梅花”图像

图 4-3-4　加工处理后的画布图像

2. 制作下雪方法 1

（1）在“图层 0”图层上创建一个名称为“图层 2”的新图层，将该图层名称改为“飞雪”。设置前景色为灰色，按【Alt+Delete】组合键，给“图层 2”图层的画布填充灰色。

（2）单击“滤镜”→“滤镜库”命令，调出滤镜库，选中“素描”文件夹内的“绘图笔”

图案，使滤镜库切换到“绘图笔”对话框，在其右侧设置描边长度为 4，明/暗平衡为 26，描边方向为“左对角线”，如图 4-3-5 所示。单击“确定”按钮，关闭该对话框。可以看到灰色画布图像之上出现一些倾斜的白条，如图 4-3-6 所示。

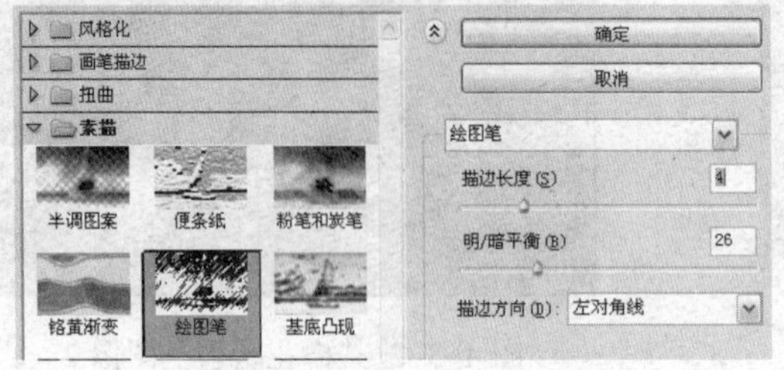

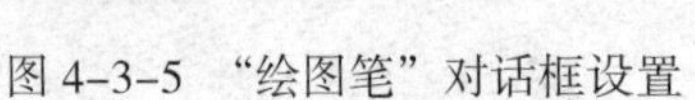

图 4-3-5 “绘图笔”对话框设置

图 4-3-6 倾斜的白色

（3）单击“选择”→“色彩范围”菜单命令，调出“色彩范围”对话框。在下拉列表中选择“高光”选项，如图 4-3-7 所示。再单击“确定”按钮，创建选中图像中白色区域的选区。按【Delere】键，删除选区中的白色，效果如图 4-3-8 所示。

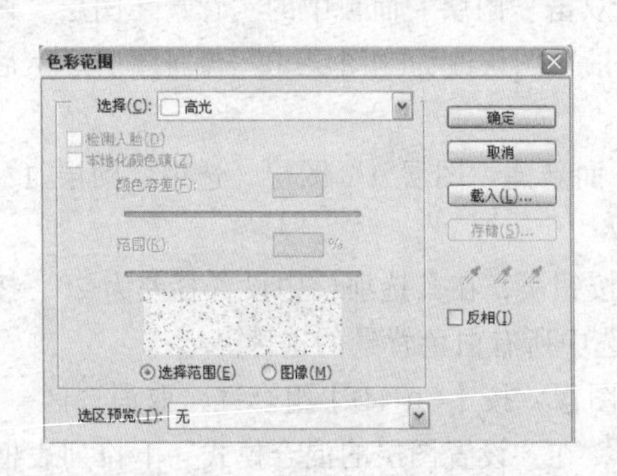

图 4-3-7 “色彩范围”对话框

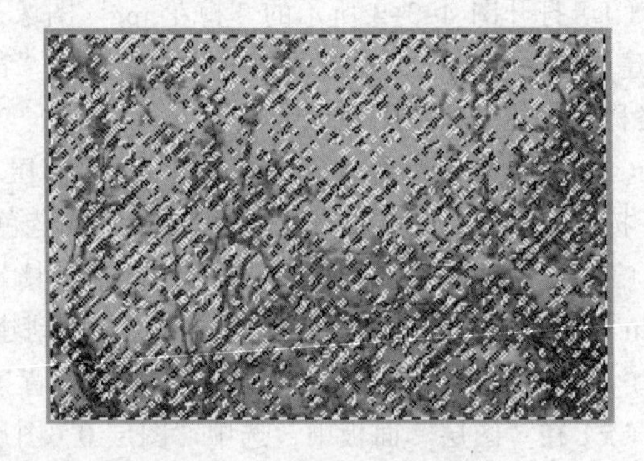

图 4-3-8 删除选区中的白色

（4）单击“选择”→“反选”菜单命令。设置前景色为白色，按【Alt+Delete】组合健，将选区内填充白色。按【Ctrl+D】组合键，取消选区。

（5）单击“滤镜”→“模糊”→“高斯模糊”菜单命令，在弹出的对话框中设置模糊半径为 0.5。单击“确定”按钮。

（6）单击“滤镜”→“锐化”→“智能锐化”菜单命令，调出“智能锐化”对话框，设置数量为 300，半径为 12，单击“确定”按钮，效果见图 4-3-1。也可以使用“USM 锐化”滤镜，然后以名称“【案例 12】梅花映雪 1.psd”保存。

3. 制作下雪方法 2

（1）打开“梅花.psd”图像（见图 4-3-4），在“图层 0”图层上添加一个“图层 2”图层。将该图层的名称改为“飞雪”。设置前景色为黑色，按【Alt+Delete】组合键，将“飞雪”图层画布填充为黑色。

（2）选中“飞雪”图层。单击“滤镜”→“杂色”→“添加杂色”菜单命令，调出“添加杂色”对话框。按照图 4-3-9 所示进行设置，单击“确定”按钮。

（3）单击“滤镜”→“其他”→“自定”菜单命令，调出“自定”对话框。按照图 4-3-10

所示进行设置，单击“确定”按钮。通过“自定”滤镜菜单命令可以控制杂色的多少。

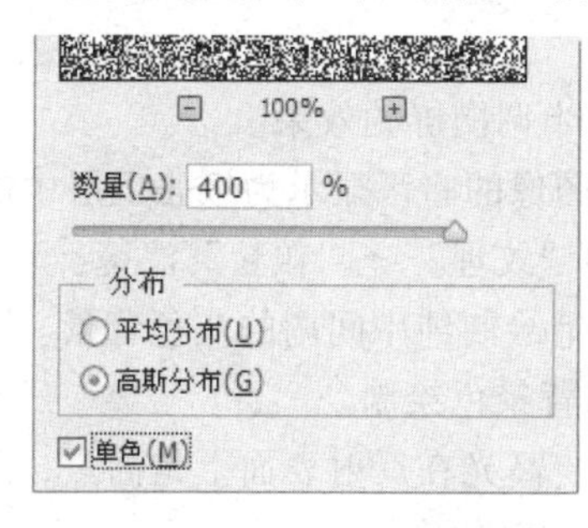

图 4-3-9　“添加杂色”对话框

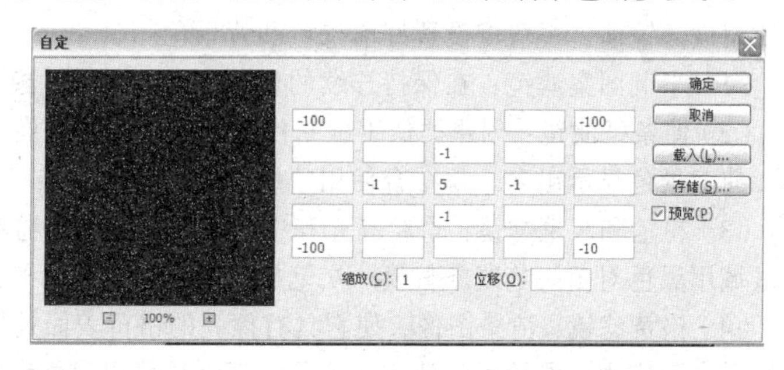

图 4-3-10　“自定”对话框

（4）单击工具箱中的“矩形工具”按钮，在“飞雪”图层中创建一个矩形选区，如图 4-3-11 所示。按【Ctrl+C】组合键，将选区中的图像复制到剪贴板中，再按【Ctrl+V】组合键，将剪贴板中的图像粘贴到画面中，同时在“图层”面板中自动生成一个名称为“图层 2”的图层。

（5）单击“编辑”→“自由变换”菜单命令，将选区内的图像拖动到和该画布一样大，按【Enter】键确定，将“图层 2”图层的混合模式改为“滤色”，效果如图 4-3-12 所示。

（6）在“图层”面板中拖动“图层 2”图层到“图层”面板底部的“创建新图层”按钮上，复制一个相同的图层，该图层的名称为“图层 2 副本”。效果如图 4-3-13 所示。

注意：再复制一个图层是为了加强雪的感觉。

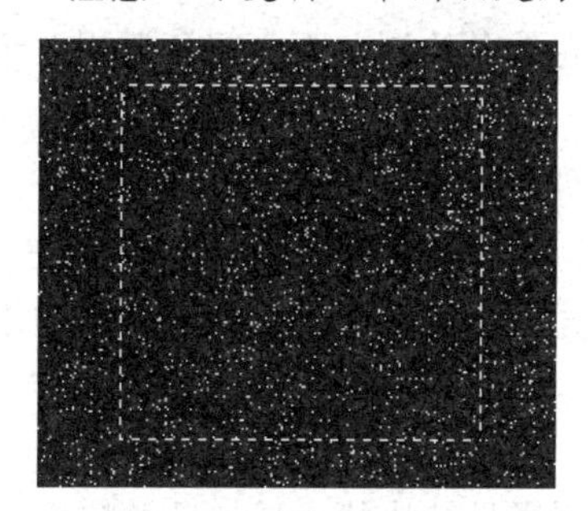

图 4-3-11　创建矩形选区

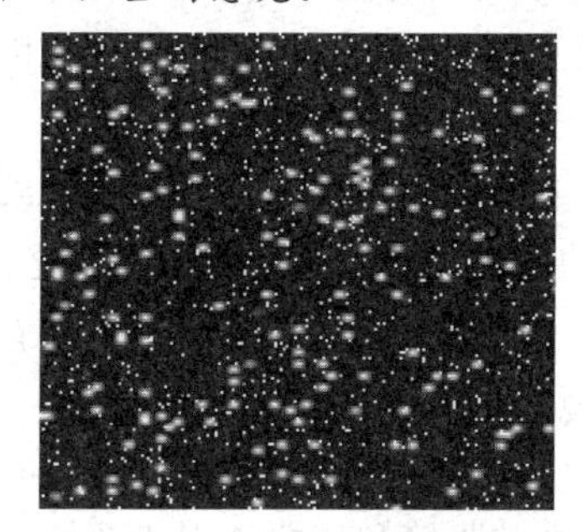

图 4-3-12　更改混合模式

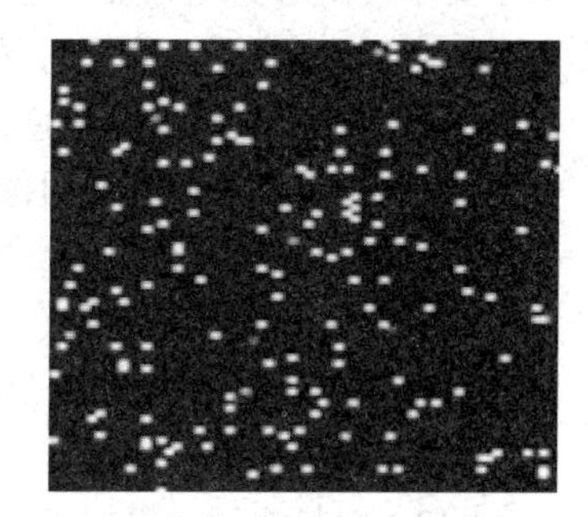

图 4-3-13　复制图层

（7）单击“图层”面板中的“图层 2 副本”图层，单击“图层”→“向下合并”菜单命令，将“图层 2 副本”图层和“图层 2”图层合并，组成新的“图层 2”图层。

（8）单击“飞雪”图层，单击“滤镜”→“模糊”→“动感模糊”菜单命令，调出“动感模糊”对话框。在对话框内，设置角度为 65，距离为 35，单击“确定”按钮。

（9）将“飞雪”和“图层 1”图层的混合模式设置为“滤色”，最终图像见图 4-3-2。然后，以名称“【案例 12】梅花映雪 2.psd”保存。

相关知识

1．素描滤镜组

单击“滤镜”→“滤镜库”命令，调出滤镜库，单击选中“素描”文件夹内的“素描”图案，使滤镜库切换到“素描”对话框，可以看到素描滤镜组有 14 个滤镜。它们的作用是使用前景色和背景色替代图像并添加纹理，模拟素描和速写等艺术效果，通常用于获得 3D 效果。在使用该滤镜前，一般应设置好前景色和背景色。

（1）半调图案滤镜：在保持连续的色调范围的同时，模拟半调网屏的效果。

（2）便条纸滤镜：创建类似手工制作的纸张构建的图像。图像的暗区显示为纸张上层中的洞，使背景色显示出来。常结合使用“风格化”→“浮雕”和“纹理”→“颗粒”滤镜。

（3）粉笔和炭笔滤镜：重绘高光和中间调，并使用粗糙粉笔绘制纯中间调的灰色背景。阴影区域用黑色对角炭笔线条替换。炭笔用前景色绘制，粉笔用背景色绘制。

（4）铬黄滤镜：渲染图像，使它具有擦亮的铬黄表面效果。高光在反射表面上是高点，阴影是低点。应用此滤镜后，使用“色阶”对话框可以增加图像的对比度。

（5）绘图笔滤镜：使用细的、线状的油墨描边以捕捉原图像中的细节。此滤镜使用前景色作为油墨，并使用背景色作为纸张，以替换原图像中的颜色。

（6）基底凸现滤镜：变换图像，使之呈现浮雕的雕刻状和突出光照下变化各异的表面。图像的暗区呈现前景色，而浅色使用背景色。

（7）石膏效果滤镜：按石膏 3D 效果塑造图像，然后使用前景色与背景色为结果图像着色。暗区凸起，亮区凹陷。

（8）水彩画纸滤镜：利用有污点的、像画在潮湿的纤维纸上的涂抹，使颜色流动并混合。

（9）撕边滤镜：使图像由粗糙、撕破的纸片状组成，然后使用前景色与背景色为图像着色。对于文本或高对比度对象，此滤镜尤其有用。

（10）炭笔滤镜：产生色调分离的涂抹效果。主要边缘以粗线条绘制，而中间色调用对角描边进行素描。炭笔是前景色，背景是纸张颜色。

（11）炭精笔滤镜：在图像上模拟浓黑和纯白的炭精笔纹理。在暗区使用前景色，在亮区使用背景色。为了获得更逼真的效果，可以在应用该滤镜之前将前景色改为常用的“炭精笔”颜色（黑色、深褐色和血红色）。要获得减弱的效果，可将背景色改为白色，在白色背景中添加一些前景色，然后再应用滤镜。

（12）图章滤镜：使图像好像是用橡皮或木制图章创建的。用于黑白图像时效果最佳。

（13）网状滤镜：模拟胶片乳胶收缩和扭曲来创建图像，阴影呈结块状，高光呈微粒状。

（14）影印滤镜：产生模拟影印的效果。前景色填充高亮度区，背景色填充低亮度区。

2．杂色滤镜组

杂色滤镜组有 5 个滤镜。它们的作用是添加或去除杂色。这有助于将选区混合到周围的像素中。可创建与众不同的纹理或移去有问题的区域，如灰尘和划痕。

（1）减少杂色滤镜：减少图像中因拍照光线等原因造成的杂色。

（2）蒙尘与划痕滤镜：用于修复照片中的污点和划迹。

（3）去斑滤镜：检测图像的边缘（发生显著颜色变化的区域）并模糊除那些边缘外的所有选区。该模糊操作会移去杂色，同时保留细节。

（4）添加杂色滤镜：给图像随机地添加一些细小的混合色杂点。

（5）中间值滤镜：通过像素的亮度来减少图像杂色，消除或减少图像的动感效果。

3．其他滤镜组

“其他”滤镜组有 5 个滤镜。它们主要用来修饰图像的一些细节部分，使用滤镜修改蒙版、在图像中使选区发生位移和快速调整颜色。用户也可以创建自己的滤镜。

（1）高反差保留滤镜：在有强烈颜色转变处按指定的半径保留边缘细节，并且不显示图像的其余部分，移去图像中的低频细节。效果与“高斯模糊”滤镜相反。

（2）位移滤镜：将选区内的图像移动指定的水平量或垂直量，而选区的原位置变成空白区域。可以用当前背景色、图像的另一部分填充这块区域。它可以删除图像中色调变化平缓的部分，保留色调高反差部分，使图像的阴影消失，使亮点突出。

（3）自定滤镜：用它创建锐化、模糊或浮雕等效果的滤镜。根据周围的像素值为每个像素重新指定一个值。可以存储自定滤镜，并用于其他图像。

◎ 5×5 的文本框：中间的文本框代表目标像素，四周的文本框代表目标像素周围对应位置的像素。通过改变文本框中的数值（－999～+999），来改变图像的整体色调。文本框中的数值表示了该位置像素亮度增加的倍数。

◎“缩放”文本框：用来输入缩放量，其取值范围是 1～9999。

◎“位移”文本框：用来输入位移量，其取值范围是－9999～+9999。

◎“载入”按钮：可以载入外部用户自定义的滤镜。

◎“存储”按钮：可以将设置好的自定义滤镜存储。

（4）最小值和最大值滤镜：“最大值”滤镜可以展开白色区域和阻塞黑色区域。“最小值”滤镜可以展开黑色和收缩白色区域并应用伸展的效果。与“中间值”滤镜一样，“最大值”和“最小值”滤镜针对选区中的单个像素。在指定半径内，“最大值”和“最小值”滤镜用周围像素的最高或最低亮度值替换当前像素的亮度值。对于修改蒙版非常有用。

思考与练习 4-3

1. 参考【案例 12】“梅花映雪”图像的制作方法，制作“杨柳戏雨”图像。
2. 重新制作“【案例 12】梅花映雪 1.psd”图像，使雪小一些。重新制作“【案例 12】梅花映雪 2.psd”图像，使雪大一些。
3. 制作一幅“木纹”图像，如图 4-3-14 所示。制作该图像需要使用“添加杂色”“动感模糊”“旋转扭曲”滤镜等。
4. 应用图 4-3-15 所示图像制作一幅“圣诞贺卡”图像，如图 4-3-16 所示。

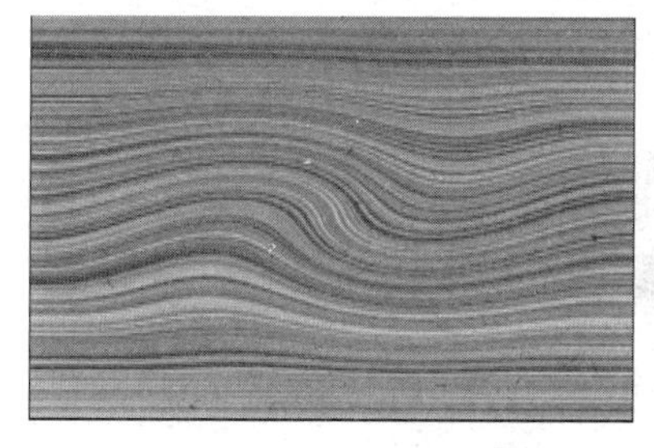

图 4-3-14　“木纹”图像

图 4-3-15　图像

图 4-3-16　“圣诞贺卡”图像

4.4 【案例 13】火烧摩天楼

案例 13 视频

案例效果

“火烧摩天楼”图像是一幅《火烧摩天楼》电影的宣传广告，如图 4-4-1 所示。可以看出，在图 4-4-2 所示“《火烧摩天楼》电影”图像之上添加了“火烧摩天楼”火焰文字，文字的烈焰好像在图像上飞腾而起。

图 4-4-1 “火烧摩天楼”图像

图 4-4-2 “《火烧摩天楼》电影”图像

操作步骤

1. 制作刮风文字

（1）打开图 4-4-2 所示的“《火烧摩天楼》电影”图像，调整该图像宽度为 400 像素，高度为 570 像素。再以名称“【案例 13】火烧摩天楼.psd”保存。在“背景”图层之上增加“图层 1”图层。设置前景色为黑色，按【Alt+Delete】组合键，给该图层填充黑色。

（2）单击工具箱中的“横排文字工具”按钮 T，在其选项栏中设置字体为隶书，字号为 60 点，颜色为白色。输入“火烧摩天楼”文字。单击“编辑”→“自由变换”命令，调整文字的大小，移动文字到画布内下方，按【Enter】键确定，如图 4-4-3 所示。

图 4-4-3 调整后的“火烧摩天楼”文字

（3）在“图层”面板中复制一份文字图层，该图层的名称为“火烧摩天楼副本”，为将来填充文字颜色时使用。单击“火烧摩天楼”文字图层，单击“图层”→“栅格化”→“图层”命令，使该文字图层改为常规图层，此时的“图层”面板如图 4-4-4 所示。

注意：若要对文字图层进行“滤镜”操作，必须将文字图层栅格化。

（4）单击“编辑”→“变换”→“旋转 90 度（逆时针）”命令，将文字逆时针旋转 90 度。然后，调整文字的位置后将“火烧摩天楼副本”图层隐藏。

（5）单击“滤镜”→“风格化”→“风”命令，采用默认值设置（方法为“风”，方向为“从右”），单击“确定”按钮，获得吹风效果。

（6）再两次单击“滤镜”→“风”命令，效果如图 4-4-5 所示。

2. 制作火焰文字

（1）单击“编辑”→“变换”→“旋转 90 度（顺时针）”命令，将“火烧摩天楼”图层中的图像顺时针旋转 90 度。然后，调整文字的位置。

（2）单击“滤镜”→“模糊”→“高斯模糊”命令，调出“高斯模糊”对话框，设置模糊半径为 3 像素，单击“确定”按钮，将文字进行高斯模糊处理。

（3）单击“图层”面板中的“火烧摩天楼”图层，单击“图层”→“向下合并”命令，将“火烧摩天楼”图层和“图层 1”图层合并，组成新的“图层 1”图层，“图层”面板如图 4-4-6 所示，效果如图 4-4-7 所示。

图 4-4-4　“图层”面板

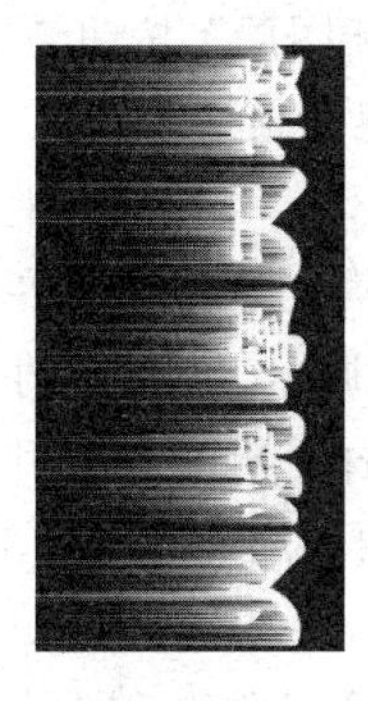

图 4-4-5　吹风的效果

图 4-4-6　合并图层

（4）单击“图像”→“调整”→“色相／饱和度”命令，调出“色相／饱和度”对话框。选中“着色”复选框，设置色相为 40，饱和度为 100，如图 4-4-8 所示。

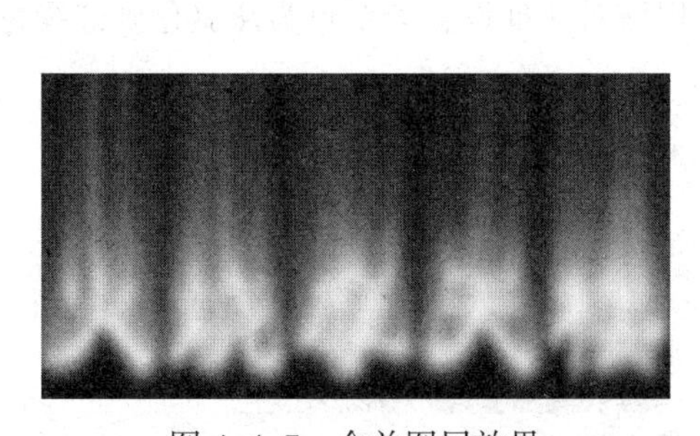

图 4-4-7　合并图层效果

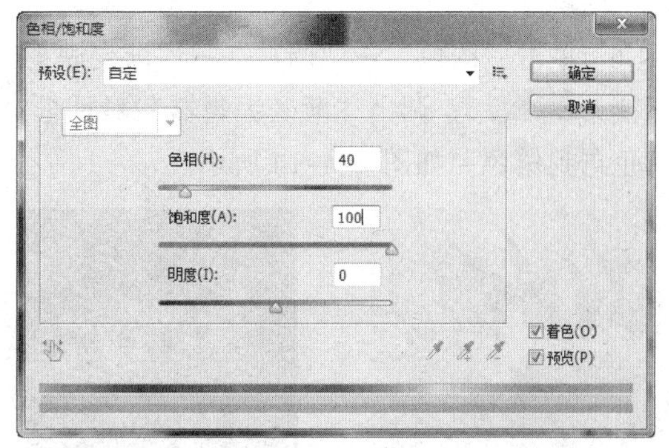

图 4-4-8　“色相/饱和度”对话框

注意：使白色文字的背景为黑色，才能使用“色相/饱和度”命令为该图层上色。

（5）单击“色相／饱和度”对话框的“确定”按钮，关闭该对话框，为“图层 1”图层的文字设置一种明亮的橘黄色，如图 4-4-9 所示。

（6）将“图层 1”图层复制，将复制图层名称改为“图层 2”。再利用“色相 / 饱和度”对话框（色相为 0，饱和度为 80）将“图层 2”图层文字改为红色，效果如图 4-4-10 所示。

（7）在“图层”面板的“设置图层的混合模式”下拉列表框中选择“叠加”选项，将“图层 2”图层的图层混合模式改为“叠加”。这样，红色和橘黄色就得到了很好的混合，火焰的颜色就出来了，如图 4-4-11 所示。

（8）单击“图层”面板中的“图层 2”图层，单击“图层”→“向下合并”命令，将“图层 2”图层和“图层 1”图层合并，组成新的“图层 1”图层。

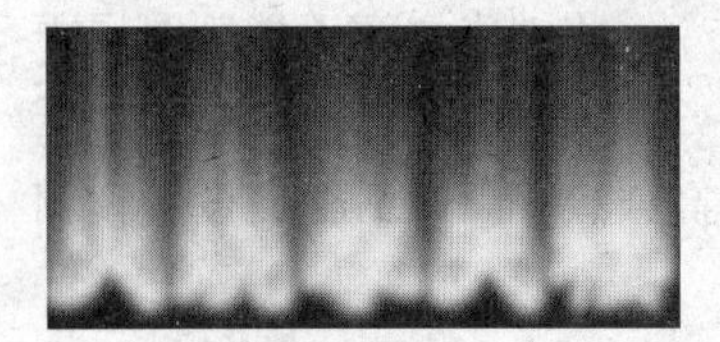
图 4-4-9　橘黄色效果

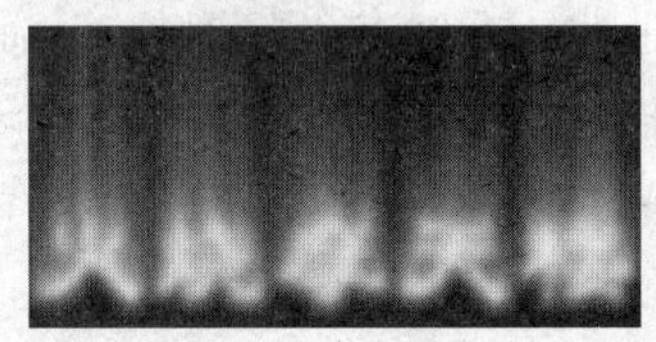
图 4-4-10　红色效果

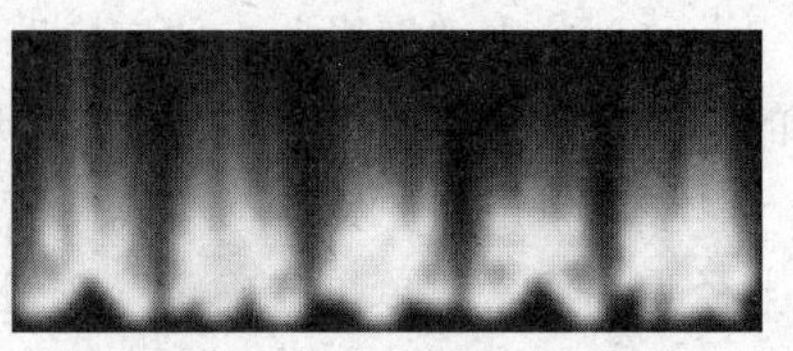
图 4-4-11　“叠加”混合效果

3．制作火焰效果

（1）单击“图层”面板中的“创建新图层”按钮，创建“图层 2”图层。在“图层”面板中，把“图层 2”图层拖动到所有图层的顶端。

（2）单击工具箱中的“画笔”按钮，单击选项栏中的“喷枪”按钮，设置喷枪流量为 30%，画笔为 30 px，硬度为 0%，前景色为黑色。在文字的周围拖动。

（3）单击“滤镜”→“液化”命令，调出“液化”对话框，在“液化”对话框中，单击“向前变形工具”，给所画的图像进行涂抹，再配合使用“膨胀工具”、“顺时针旋转扭曲工具”、“褶皱”工具等，画出逼真的火焰外观，单击“确定”按钮，关闭该“液化”对话框，效果如图 4-4-12 所示。

（4）在“图层 2”图层的下面创建一个名称为“图层 3”的新图层，为该图层画布填充黑色。再选中“图层 2”图层，按【Ctrl+I】组合键，将图像的颜色反相，此时的图像如图 4-4-13 所示。

（5）单击“图层”→“向下合并”命令，将“图层 2”图层和“图层 3”图层合并，组成新的“图层 2”图层。

（6）单击“图像”→“调整”→“渐变映射”命令，调出“渐变映射”对话框。单击可编辑渐变条，调出“渐变编辑器”对话框。利用该对话框设置渐变色为从黑色到红绿色到黄色再到白色，如图 4-4-14 所示。

图 4-4-12　涂抹的火焰

图 4-4-13　火焰图像

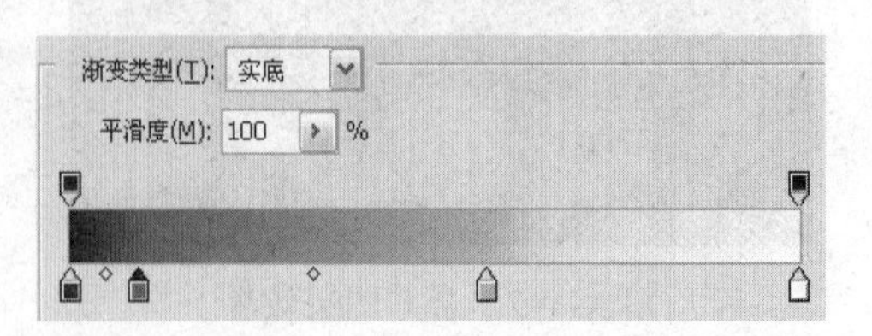

图 4-4-14　设置渐变色

（7）单击“渐变编辑器”对话框的“确定”按钮，完成渐变色的设置，返回到“渐变映射”

对话框。再单击对话框中的“确定”按钮，给火焰填充颜色，效果如图 4-4-15 所示。

（8）在“图层”面板的“设置图层的混合模式”下拉列表框中选择“滤色”选项，将“图层 2”的图层混合模式改为“滤色”。

4. 添加红色文字

（1）显示“图层”面板中的“火烧摩天楼 副本”文字图层，将其内的白色文字和火焰字对齐。按住【Ctrl】键的同时单击该图层，在画布窗口内创建一个“火烧摩天楼”文字选区。

图 4-4-15　着色火焰

（2）单击“图层 1”图层。设置前景色为红色，按【Alt+Delete】组合键，给文字选区填充红色，按【Ctrl+D】组合键，取消选区，再隐藏“火烧摩天楼 副本”文字图层。

（3）在“图层”面板的“设置图层的混合模式”下拉列表框中选择“滤色”选项，将“图层 1”的图层混合模式改为“滤色”，显示出背景图像。最后效果见图 4-4-1。

相关知识

1. 风格化滤镜组

单击“滤镜”→“风格化”命令，调出“风格化”菜单，其内有 8 个滤镜命令。另外，“风格化”滤镜还有“照亮边缘”滤镜，可通过“滤镜库”来应用。它们的作用主要是通过移动和置换图像的像素，来提高图像像素的对比度，使图像产生刮风、绘画或印象派等效果。

（1）查找边缘滤镜：在图像的边缘描绘彩色线条，勾勒图像边缘。

（2）等高线滤镜：产生等高线效果，非边缘处填充白色。阈值用来确定边缘范围。

（3）风滤镜：在图像中生成细小的水平线条来获得风吹的效果。

（4）浮雕效果滤镜：可以勾画各区域的边界，降低边界周围的颜色值，产生浮雕效果。角度用来设置表面凹凸程度（负数使表面下凹，正数使表面凸起），高度用来设置浮雕起伏度，数量用来设置颜色量。要在浮雕处理时保留颜色和细节，可再应用“渐隐”命令。

（5）扩散滤镜：扩散图像边缘。选中“正常”单选按钮，则使像素随机移动（忽略颜色值）；选中“变暗优先”单选按钮，则用较暗的像素替换亮的像素；选中“变亮优先”单选按钮，则用较亮的像素替换暗的像素；选中“各向异性”单选按钮，则在颜色变化最小的方向上搅乱像素。

（6）拼贴滤镜：将图像分解为一系列拼贴，使选区偏离其原来的位置。可以选取下列对象之一填充拼贴之间的区域：背景色、前景色、图像的反转版本或图像的未改变版本，它们使拼贴的版本位于原版本之上并露出原图像中位于拼贴边缘下面的部分。

（7）曝光过度滤镜：混合负片和正片图像，类似于显影过程中将摄影照片短暂曝光。

（8）凸出滤镜：可以将图像分为一系列大小相同的三维立体块或立方体，并叠放在一起产生凸出的三维效果。

（9）照亮边缘滤镜：标识颜色的边缘，创作类似霓虹灯的光亮。

2. 图像的液化

液化图像是一种非常直观和方便的图像调整方式。可以将图像或蒙版图像调整为液化状态。单击“滤镜”→“液化”命令，调出“液化”对话框。

“液化”对话框中间显示的是要加工的当前整个图像（图像中没有创建选区）或选区中的图像，左边是加工使用的液化工具，如图 4-4-16 所示。右边是对话框的选项栏如图 4-4-17 所示。将鼠标指针移到中间的画面时，鼠标指针呈圆形形状。在图像上拖动或单击，即可获得液化图像的效果。在图像上拖动鼠标的速度会影响加工的效果。“液化”对话框中各工具和部分选项的作用及操作方法如下。

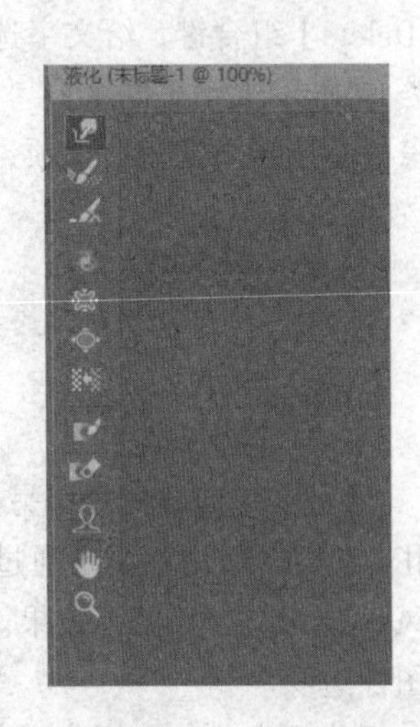

图 4-4-16 “液化”对话框液化工具

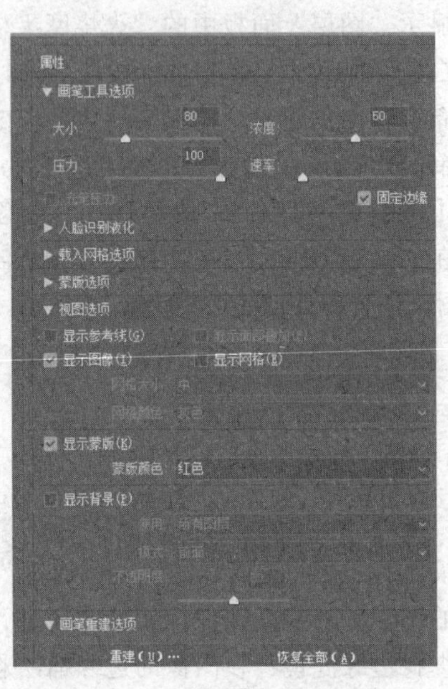

图 4-4-17 “液化”对话框选项栏

将鼠标指针移到液化工具，可显示出它的名称。单击按下液化工具按钮，即可使用相应的液化工具。在使用液化工具前，通常要先在“液化”对话框右边选项栏的“画笔大小”和“画笔压力”文本框中设置画笔大小和压力。“液化”对话框中各工具和选项的作用如下。

（1）向前变形工具：在图像上拖动，可获得涂抹图像的效果，如图 4-4-18 所示。

（2）重建工具：可以将拖动处的图像恢复原状，如图 4-4-19 所示。

（3）褶皱工具：用来设置画笔大小和压力等，在按住鼠标键或拖动时使像素朝着画笔区域的中心移动。当获得满意的效果时，松开鼠标左键即可，效果如图 4-4-20 所示。

（4）膨胀工具：单击按下该按钮，设置画笔大小和压力等，在按住鼠标键或拖动时使像素朝着离开画笔区域中心的方向移动，如图 4-4-21 所示。

图 4-4-18 向前变形

图 4-4-19 重建

图 4-4-20 褶皱

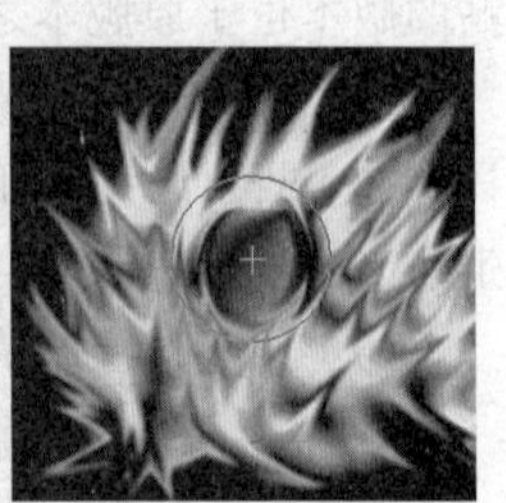

图 4-4-21 膨胀

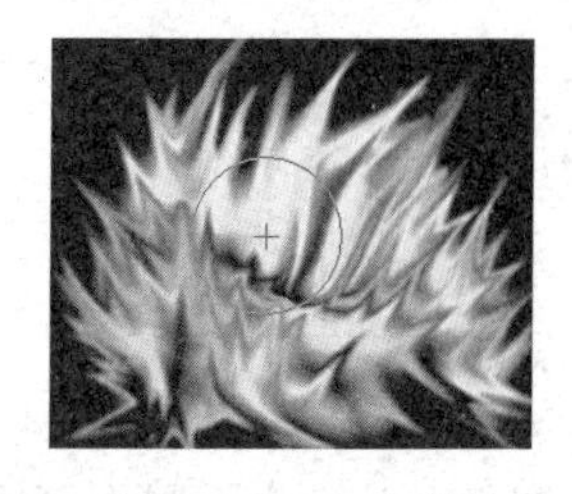

图 4-4-22　左推

（5）左推工具：当垂直向上拖动时，像素向左移动（如果向下拖动，像素会向右移动），如图 4-4-22 所示。也可以围绕对象顺时针拖动增加其大小或逆时针拖动减小其大小。按住【Alt】键，在垂直向上拖动时向右推（或者要在向下拖动时向左移动）。

（6）抓手工具：当图像不能全部显示时，可以移动图像的显示范围。

（7）缩放工具：单击画面可放大图像；按住【Alt】键的同时单击画面可缩小图像。

（8）“画笔大小”文本框：用来设置画笔大小，即画笔圆形的直径大小。它的取值范围是 1～150。画笔越大，操作时作用的范围也越大。

（9）“画笔压力”文本框：设置在预览图像中拖动工具时的扭曲速度。使用低画笔压力可减慢更改速度，因此更易于在恰到好处的时候停止。用来设置画笔压力。画笔压力越大，拖动时图像的变化越大，单击圈住图像时，图像变化的速度也越快。

（10）“高级模式”复选框：选中该复选框，会显示更多选项，其中几个选项的作用简介如下。

◎“画笔密度”文本框：控制画笔在边缘羽化。产生画笔的中心最强，边缘处最轻。

◎“重建模式”下拉列表框：选取的模式确定工具如何重建预览图像的区域。

◎“模式”下拉列表框：用来选择图像重建时的一种模式。

◎“重建”按钮：使图像按照设定的重建模式自动进行变化。

◎“恢复全部”按钮：单击该按钮，可以使加工的图像恢复原状。

◎“全部反相”按钮：单击该按钮，可使冻结区域解冻，没冻结区域变为冻结区域。

◎“全部蒙住”按钮：单击该按钮，可使预览图像全部覆盖一层半透明的颜色。

◎“显示图像”复选框：选中该复选框后，显示图像，否则不显示图像。

◎“显示网格”复选框：选中该复选框后，显示网格。

◎“网格大小”和“网格颜色”下拉列表框：用来选择网格的大小和颜色。

思考练习 4-4

1. 制作一幅“友情”图像，如图 4-4-23 所示。
2. 制作如图 4-4-24 所示的冰雪文字图像。
3. 制作一幅“霓虹灯文字”图像，如图 4-4-25 所示。制作该图像，需在“背景”图层创建黑色文字、使用“动感模糊”和“照亮边缘”滤镜，以及七彩色填充（注意：要在“模式”列表框中选择“颜色”选项）。

图 4-4-23　“友情”图像

图 4-4-24　冰雪文字图像

图 4-4-25　“玻璃文字”图像

4.5 【案例 14】春雨

案例 14 视频

案例效果

“春雨”图像如图 4-5-1 所示，春天河边杨柳迎着细雨。该图像是在图 4-5-2 所示的“春图像”基础之上制作而成的。

注意：制作下雨大都使用添加杂色的方法，本案例采用“点状化”滤镜，因为点状化的大小、多少是可以控制的。

图 4-5-1 “春雨”图像

图 4-5-2 “春”图像

操作步骤

（1）打开“春”图像，如图 4-5-2 所示。以名称“【案例 14】春雨.psd”保存。创建一个名称为“图层 1”的图层。设置前景色为黑色，背景色为白色，按【Alt+Delete】组合键，将“图层 1”图层的画布填充黑色。

（2）单击“滤镜”→“像素化”→“点状化”命令，调出“点状化”对话框，在“单元格大小”文本框中输入 3，如图 4-5-3 所示。单击“确定”按钮，效果如图 4-5-4 所示。

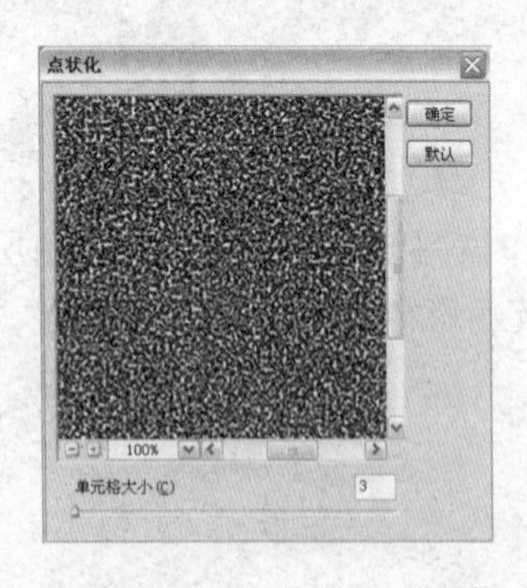

图 4-5-3 “点状化”对话框

图 4-5-4 点状化效果

（3）单击“图像”→“调整”→“阈值”命令，调出“阈值”对话框，在“阈值色阶”文本框中输入 255，如图 4-5-5 所示。单击的“确定”按钮，使画面中的白点减少，效果如图 4-5-6 所示。

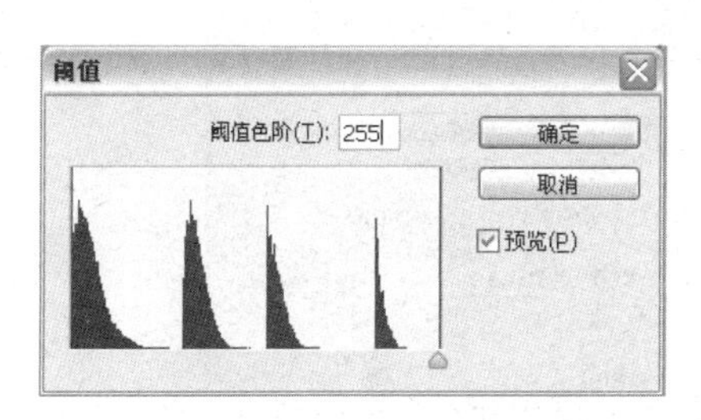

图 4-5-5　“阈值”对话框

图 4-5-6　阈值调整效果

（4）单击“滤镜”→“模糊”→“动感模糊”命令，调出“动感模糊”对话框，按图 4-5-7 所示进行设置。单击“确定”按钮，效果如图 4-5-8 所示。

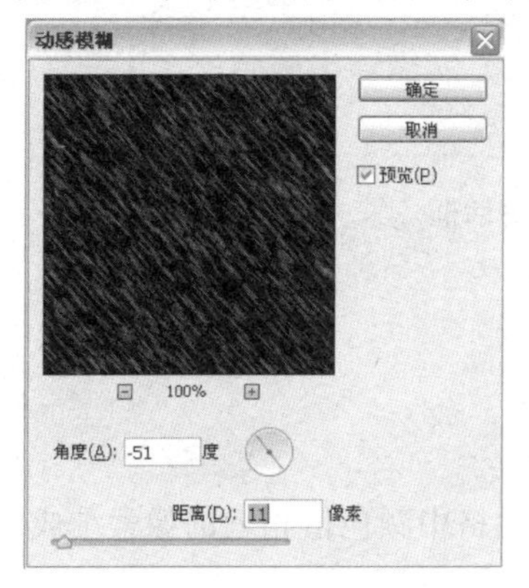

图 4-5-7　“动感模糊”对话框

图 4-5-8　动感模糊后效果

（5）单击“滤镜”→“锐化”→“USM 锐化”命令，调出“USM 锐化”对话框，拖动三个滑块调整“数量”“半径”“阈值”三个参数值的大小，“数量”和“半径”值越大，“阈值”越小，雨线越多，颜色越白。此处为了获得细雨效果，设置“数量”值为 500、“半径”值为 1.2，“阈值”值为 20，如图 4-5-9 所示。单击“确定”按钮，效果如图 4-5-10 所示。

图 4-5-9　“USM 锐化”对话框

图 4-5-10　“USM 锐化后的效果

（6）也可以单击“滤镜”→“锐化”→“智能锐化”命令，调出“智能锐化”对话框，如图 4-5-11 所示，调整雨线数量。

（7）选中“图层 1”图层，在“图层”面板的“设置图层的混合模式”下拉列表框中选择“滤色”选项，将“图层 1”图层的混合模式改为“滤色”，效果见图 4-5-1。

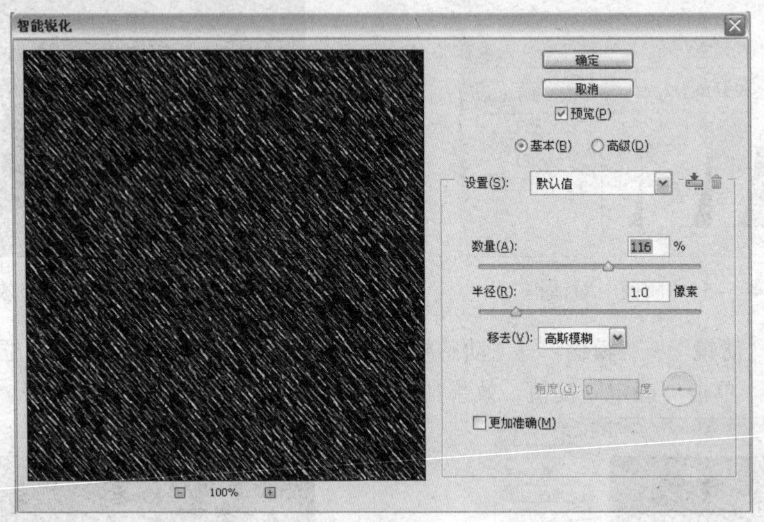

图 4-5-11 “智能锐化”对话框

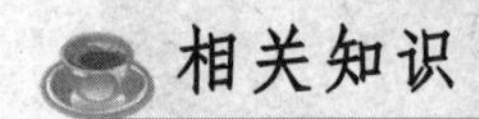

相关知识

1. 像素化滤镜组

像素化滤镜组有 7 个滤镜。它们的作用主要是将单元格中颜色值相近的像素结成块，从而将图像分块或平面化。

（1）彩块化滤镜：使纯色或相近颜色的像素结成相近颜色块，像手绘或类似抽象派绘画。

（2）彩色半调滤镜：模拟在图像的每个通道上使用放大的半调网屏的效果。对于每个通道，将图像划分为矩形，并用圆形替换每个矩形。圆形的大小与矩形的亮度成比例。

（3）点状化滤镜：将图像中的颜色分解为随机分布的网点，如同点状化绘画一样，网点之间使用背景色填充。

（4）晶格化滤镜：可以使像素结块形成多边形纯色。

（5）马赛克滤镜：使图像的像素为方形块。

（6）碎片滤镜：在图像中创建四个副本，将它们平均，并使其相互偏移，像相机没有对准焦距所拍摄出的模糊效果。

（7）铜版雕刻滤镜：它可以在图像上随机分布各种不规则的线条和斑点，产生铜版雕刻的效果。在“铜版雕刻”对话框的“类型”下拉列表框中可以选择一种图案类型。

2. 锐化滤镜组

锐化滤镜组有 5 个滤镜。它们的作用主要是增加图像相邻像素间的对比度，减少甚至消除图像的模糊，以达到使图像轮廓分明和更清晰的目的。

（1）USM 锐化滤镜：查找图像中颜色发生显著变化的区域，在不指定数量的情况下锐化边缘。调整边缘细节的对比度，在边缘的每侧生成一条亮线和一条暗线。使边缘突出。

（2）锐化滤镜：聚焦选区并提高其清晰度。

（3）进一步锐化滤镜：比“锐化”滤镜有更强的锐化效果。

（4）锐化边缘滤镜：只锐化图像的边缘，同时保留总体的平滑度。

（5）智能锐化：具有“USM 锐化”滤镜所没有的锐化调整功能。可以设置锐化算法，或调整阴影和高光区域中的锐化量。“智能锐化”对话框如图 4-5-11 所示，简介如下。

◎“数量”文本框：设置锐化量。数值越大，边缘像素之间的对比度越强。

◎“半径”文本框：决定边缘像素周围受锐化影响的像素数量。半径值越大，受影响的边缘就越宽，锐化的效果也就越明显。

◎“移去”下拉列表框：设置用于对图像进行锐化的算法。“高斯模糊”是“USM 锐化”滤镜使用的方法。“镜头模糊”将检测图像中的边缘和细节，可对细节进行更精细的锐化，并减少了锐化光晕。“动感模糊”将减少由于相机或主体移动而导致的模糊效果。

◎“角度”文本框：当在“移去”下拉列表框选中“动感模糊”选项后设置运动方向。

◎“更加准确”复选框：用更慢的速度处理文件，以便更精确地移去模糊。

如果选中“高级”单选按钮，则会增加“阴影”和“高光”标签。利用它可以调整较暗和较亮区域的锐化。其中，“渐隐量”用来调整阴影或高光中的锐化量；“色调宽度”用来调整阴影或高光中色调的修改范围；“半径”用来调整每个像素周围区域的大小。

思考与练习 4-5

1. 制作一幅“杨柳戏雨”图像，如图 4-5-12 所示，春天河边杨柳迎着细雨。该图像是在图 4-5-13 所示的“杨柳”图像基础之上制作而成的。

图 4-5-12　“杨柳戏雨”图像

图 4-5-13　“杨柳”图像

2. 制作一幅“雨中情”图像，如图 4-5-14 所示。它是在图 4-5-15 所示的“草地”图像中添加老虎图像后制作而成的。
3. 利用图 4-5-16（a）所示图像制作一幅“冰雪”图像，如图 4-5-16（b）所示。

（a）（b）

图 4-5-14 “雨中情”图像　图 4-5-15 “草地”图像　图 4-5-16 原图像和“冰雪”图像

4.6 【案例 15】围棋棋子

案例效果

“围棋棋子”图像如图 4-6-1 所示，它由围棋盘和 16 颗棋子组成。首先利用“纹理”滤镜组内的“颗粒”和“纹理化”滤镜制作“木纹”图像；再应用网格，使用铅笔工具制作“围棋棋盘”图像，如图 4-6-2 所示，最后使用“艺术效果”滤镜组内的“塑料包装”滤镜制作棋子图像。

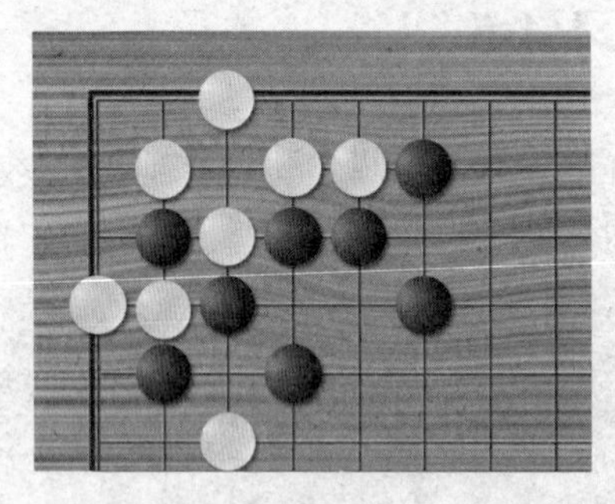

图 4-6-1 “围棋棋子”图像

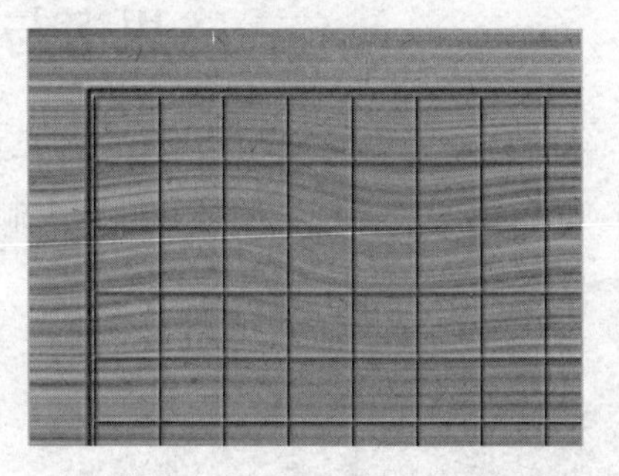

图 4-6-2 “围棋棋盘”图像

操作步骤

1. 制作木纹图像

（1）新建宽度为 600 像素、高度为 450 像素，模式为 RGB 颜色，背景为白色的画布。再以名称“【案例 15】围棋棋子.psd”保存。新建一个“图层 1”图层，给其填充灰色。

（2）单击“滤镜”→“杂色”→“添加杂色”命令，调出“添加杂色”对话框。“数量”为最大值，选中“单色”复选框和“高斯分布”单选按钮，效果如图 4-6-3 所示。

（3）单击“滤镜”→“模糊”→“动感模糊”命令，调出“动感模糊”对话框，设置“角度”为 0，“距离”为 800，单击“确定”按钮，效果如图 4-6-4 所示。

（4）单击“滤镜”→“模糊”→“进一步模糊”命令，使图像更模糊一些。

（5）单击“滤镜”→“扭曲”→“旋转扭曲”命令，调出“旋转扭曲”对话框，设置角度为 36，单击“确定”按钮，旋转扭曲后的图像如图 4-6-5 所示。

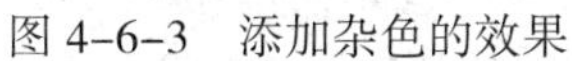

图 4-6-3　添加杂色的效果

图 4-6-4　动感模糊效果

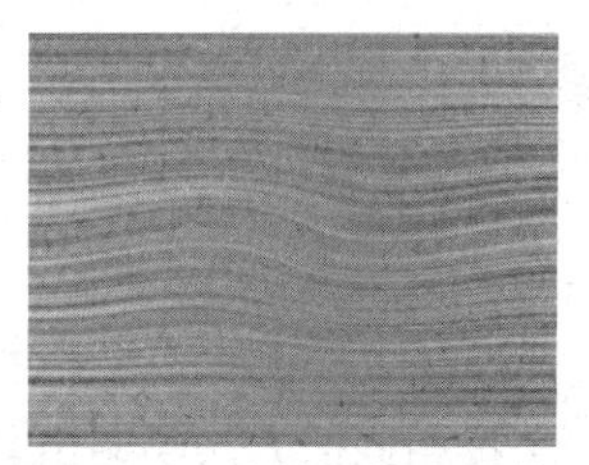

图 4-6-5　旋转扭曲后的效果

（6）单击“图像”→“调整”→“变化”命令，调出“变化”对话框。单击选择一种颜色和亮度，如不满意再单击选择一种颜色和亮度，不断进行，直到获得满意的一种颜色和亮度为止，如图 4-6-6 所示。单击“确定”按钮，画布效果如图 4-6-7 所示。

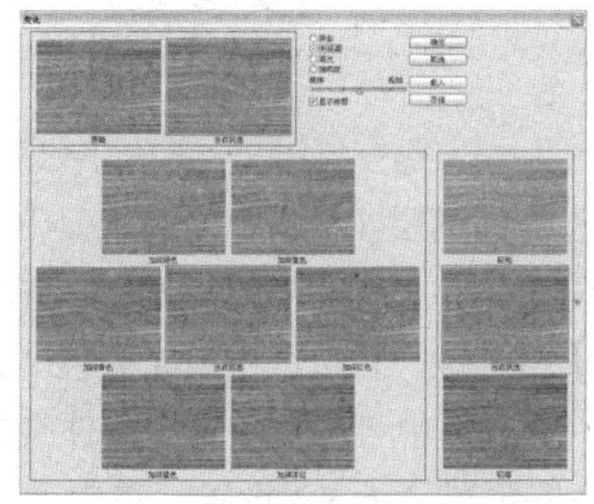

图 4-6-6　“变化”对话框

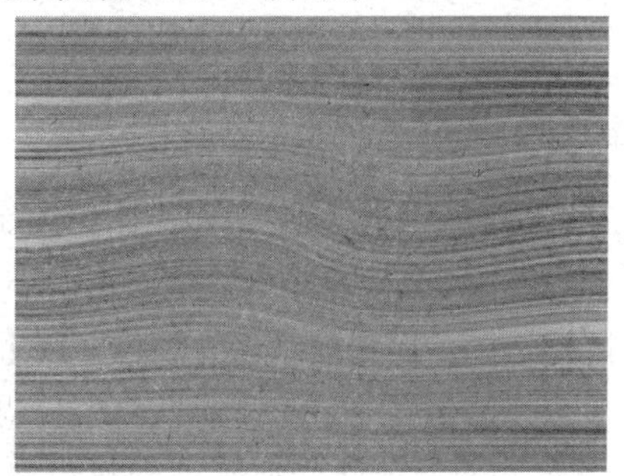

图 4-6-7　调整颜色后的图像

（7）按住【Ctrl】键的同时，单击“图层 1”和“背景”图层，右击选中的图层，调出其快捷菜单，选择“合并图层”命令，将两个图层合并到“背景”图层。

2. 制作围棋盘

注意：有了木纹图像后，接下来的工作就是画棋盘上的格线。如果直接手绘，显然很难保证格线之间的间距均匀，因此需要借助于网格来完成画棋盘上格线的工作。

（1）单击“编辑”→“首选项”→“参考线、网格和切片”命令，调出“首选项”对话框，在“网格线间距”下拉列表框中选择“像素”选项，在“网格线间距”文本框中输入 70，设置参考线为黄色，如图 4-6-8 所示。单击“确定”按钮。然后，单击“视图”→“显示”→“网格”命令，显示网格，图像窗口中出现间距为 70 像素的网格，如图 4-6-9 所示。

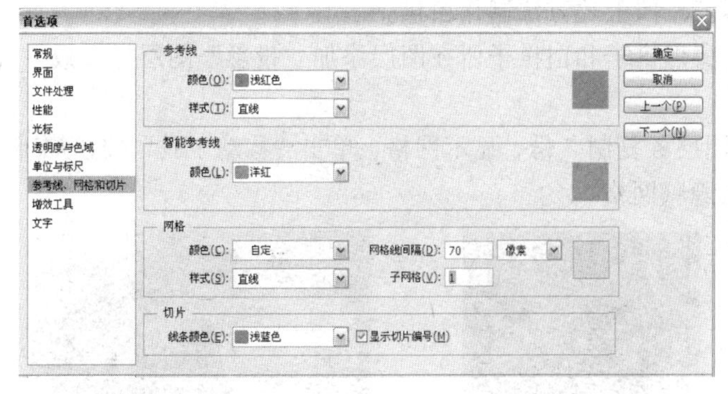

图 4-6-8　“首选项”（参考线、网格和切片）对话框

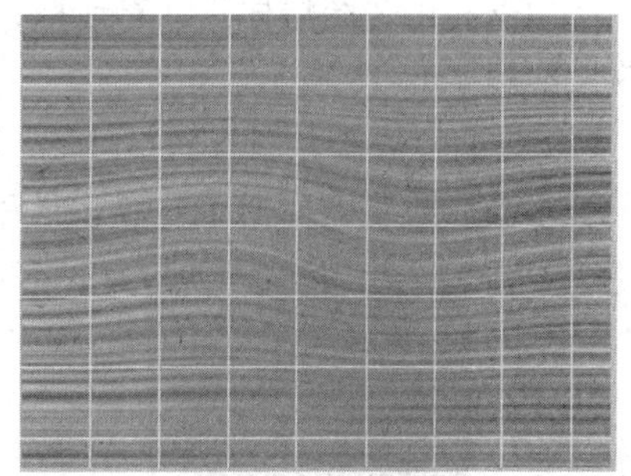

图 4-6-9　网格

（2）设置前景色为黑色。新建“棋盘格”图层，选中该图层。单击工具箱中的“铅笔工具”

按钮，在工具选项栏中设置笔触为 2 像素。在画布左上角的网格点单击，再按住【Shift】键的同时，在该条水平网格线的最右端处单击，可沿该条网格线在起点和终点之间绘制出一条直线。

注意：按住【Shift】键的同时，可以在两次单击点之间绘制一条直线，由于有网格，因此即使单击点稍有偏差，系统也会将直线对齐网格线，保证很容易地绘制出准确的盘格线。

（3）按相同的方法绘制出其余格线，效果如图 4–6–10 所示。

（4）单击“视图”→“显示”→“网格”命令，隐藏网格。将铅笔的笔触直径设置为 6 像素。按住【Shift】键的同时，在格线的左边和上边一点拖动绘制棋盘的外框线，如图 4–6–10 所示。

（5）单击“图层”面板中“添加图层样式”按钮，调出其菜单，选择“斜面和浮雕”命令，调出“图层样式”对话框，同时在“样式”栏中选中“斜面和浮雕”选项，其关键设置如图 4–6–11 所示，单击“确定”按钮，效果见图 4–6–2。

3．制作围棋子

（1）在“棋盘格”图层上创建一个“黑子”图层，选中该图层。单击“椭圆工具”按钮，在其选项栏“样式”列表框中选择“固定大小”项，在“宽度”和“高度”文本框内中均输入 120。创建一个圆形选区。设置前景色为黑色，按【Alt+Delete】组合键，在选区中填充黑色。

（2）单击“滤镜”→“滤镜库”命令，调出滤镜库，单击选中“艺术效果”文件夹内的“塑料包装”图案，使滤镜库切换到“塑料包装”对话框。按照图 4–6–12 设置，单击“确定”按钮后，效果如图 4–6–13 所示。按【Ctrl+D】组合键，取消选区。

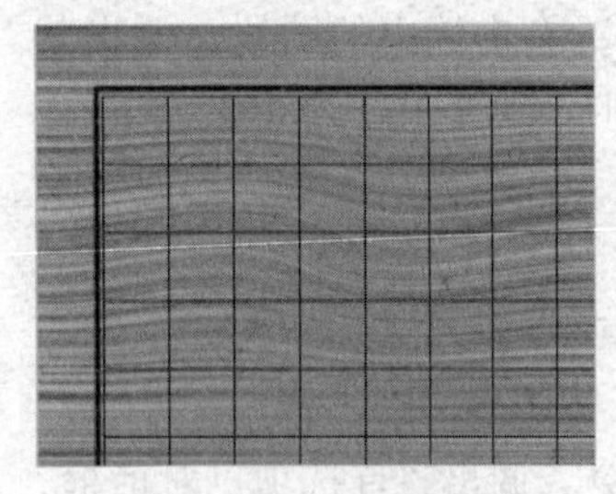

图 4–6–10　网格线

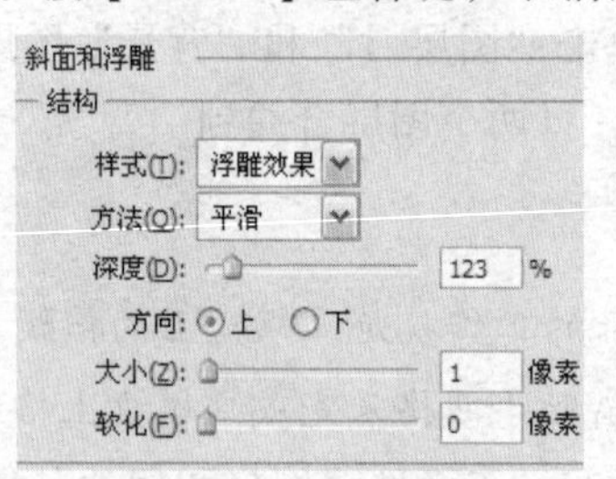

图 4–6–11　设置浮雕

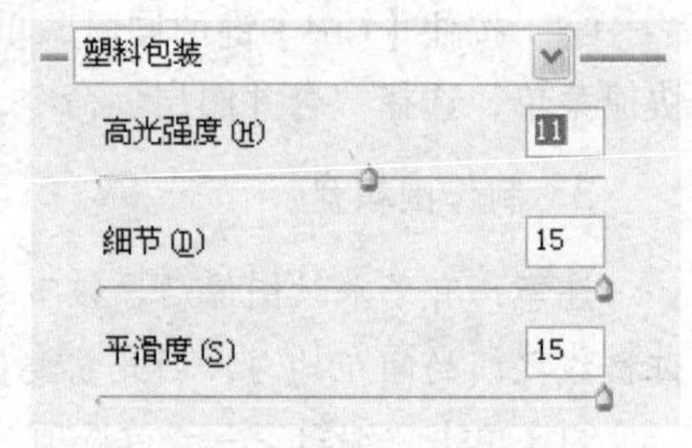

图 4–6–12　“塑料包装”对话框设置

（3）创建一个直径为 60 像素的圆形选区。将选区拖动到图 4–6–14 所示的位置，按【Ctrl+Shift+I】组合键，将选区反向，再按【Delete】键，将不需要的部分删除。在“黑子”图层上创建一个名称为“白子”的图层。按照上述方法制作白棋子。

（4）利用“图层样式”对话框，将黑棋子和白棋子所在图层添加“投影”图层样式效果，效果如图 4–6–15 所示。

（5）将“黑子”图层和“白子”图层各复制 7 份，显示网格，单击“移动工具”按钮将棋子移动成图 4–6–1 所示位置。最后隐藏网格。

图 4–6–13　应用“塑料包装”滤镜

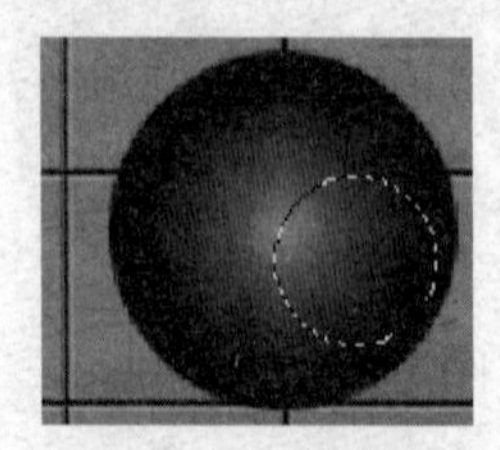

图 4–6–14　创建选区

图 4–6–15　黑白棋子

相关知识

1. 纹理滤镜组

调出滤镜库，单击“纹理”文件夹内的各滤镜，使滤镜库切换到“纹理”对话框，可以看到纹理滤镜组有6个滤镜。它们的作用主要是给图像添加具有深度或物质感的纹理。

（1）龟裂缝滤镜：将图像绘制在一个高凸现的石膏表面上，以循着图像等高线生成精细的网状裂缝。使用此滤镜可以对包含多种颜色值或灰度值的图像创建浮雕效果。

（2）颗粒滤镜：通过模拟以下不同种类的颗粒在图像中添加纹理：常规、软化、喷洒、结块、强反差、扩大、点刻、水平、垂直和斑点（可从“颗粒类型”菜单中进行选择）。

（3）马赛克拼贴滤镜：渲染图像，使其看起来是由小的碎片或拼贴组成，然后在拼贴之间灌浆。相反，“像素化”滤镜组内的“马赛克”滤镜将图像分解成各种颜色的像素块。

（4）拼缀图滤镜：将图像分解为用图像中该区域的主色填充的正方形。此滤镜随机减小或增大拼贴的深度，以模拟高光和阴影。

（5）染色玻璃滤镜：用前景色勾勒相邻单元格，产生不规则分离的彩色玻璃格子的效果。

（6）纹理化滤镜：将选择或创建的纹理应用于图像。

2. 渲染滤镜组

渲染滤镜组有4个滤镜，用来给图像加入不同的光源，模拟不同的光照效果，创建云彩图案、折射图案和光反射。也可以创建3D对象（立方体、球面和圆柱），还可以从灰度文件创建纹理填充，获得类似3D的光照效果。

（1）分层云彩滤镜：可以通过随机地抽取前景色和背景色，替换图像中一些像素的颜色，使图像产生柔和云彩的效果。可以多次应用此滤镜，将云彩数据和现有的像素混合，创建与大理石的纹理相似的图像。

（2）镜头光晕滤镜：模拟亮光照射到照相机镜头所产生的折射。通过单击图像缩览图的任一位置或拖动其十字线，指定光晕中心的位置。

（3）纤维滤镜：使用前景色和背景色创建编织纤维的外观。“差异”用来调整颜色的变化方式，“强度”用来调整每根纤维的外观。单击“随机化”按钮可更改图像外观。

（4）云彩滤镜：使用介于前景色与背景色之间的随机数，生成柔和的云彩图像。要生成色彩较为分明的云彩，可按住【Alt】键，同时单击“滤镜”→“渲染”→“云彩”菜单命令。

3. 艺术效果滤镜组

调出滤镜库，单击“艺术效果”文件夹内的各滤镜，使滤镜库切换到“艺术效果”对话框，可以看到艺术效果滤镜组有15个滤镜。它们的作用主要是用来处理计算机绘制的图像，去除图像的痕迹，使图像看起来更像人工绘制的。为美术或商业项目制作绘画效果或艺术效果。

（1）壁画滤镜：使用短而圆的、粗略涂抹的小块颜料，以一种粗糙的风格绘制图像。

（2）彩色铅笔滤镜：使用彩色铅笔在纯色背景上绘制粗糙阴影线。保留重要边缘，纯色背景色透过比较平滑的区域显示出来。

（3）粗糙蜡笔滤镜：在带纹理的背景上应用粉笔描边。在亮色区域，粉笔看上去很厚，几乎看不见纹理；在深色区域，粉笔似乎被擦去了，使纹理显露出来。

（4）底纹效果滤镜：在带纹理的背景上绘制图像，然后将最终图像绘制在该图像上。

（5）调色刀滤镜：减少图像中的细节以生成描绘得很淡的画布效果，可以显示下面的纹理。

（6）干画笔滤镜：使用干画笔（介于油彩和水彩之间）绘制图像边缘。

（7）海报边缘滤镜：根据设置减少图像中的颜色数量，并查找图像的边缘，在边缘上绘制黑色线条。大而宽的区域有简单的阴影，而细小的深色细节遍布图像。

（8）海绵滤镜：使用颜色对比强烈、纹理较重的区域创建图像，模拟海绵绘画效果。

（9）绘画涂抹滤镜：可以模拟绘画笔，在图像上绘图，产生指定画笔的涂抹效果。

（10）胶片颗粒滤镜：将平滑图案应用于阴影和中间色调。将一种更平滑、饱合度更高的图案添加到亮区。

（11）木刻滤镜：使图像看上去好像是由从彩纸上剪下的边缘粗糙的剪纸片组成的。

（12）霓虹灯光滤镜：根据选择的发光颜色，将各种类型的灯光添加到图像中。

（13）水彩滤镜：使用蘸了水和颜料的中号画笔绘制以简化细节，创建水彩风格图像。

（14）塑料包装滤镜：给图像涂上一层光亮的塑料，以强调表面细节。

（15）涂抹棒滤镜：使用短的对角描边涂抹暗区以柔化图像。亮区变得更亮。

思考与练习 4-6

1. 制作一幅“水中玻璃花”图像，如图 4-6-16 所示，可以看到在水中有一朵玻璃花图像，具有凹凸的立体感。制作该图像需要使用“艺术效果”滤镜内的“塑料包装”滤镜和设置混合模式等技术。制作该图像使用了图 4-6-17 所示的“海洋”图像和“荷花”图像。
2. 制作一幅“中华香烟”图像，如图 4-6-18 所示。制作该图像使用了线性渐变填充，“云彩”滤镜和混合模式的设置等技术。

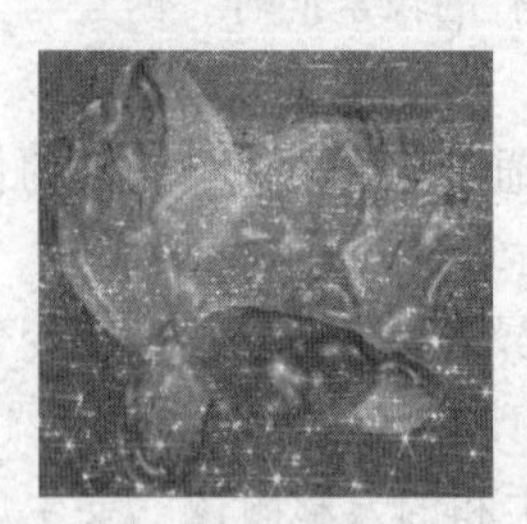

图 4-6-16 “玻璃花”图像

（a）

（b）

图 4-6-17 “海洋”和“荷花”图像

图 4-6-18 “中华香烟”图像

3. 制作一幅“木刻天坛”图像，如图 4-6-19 所示，可以看出它好像是在一个木板上雕刻出的天坛图像，具有凹凸的立体感。制作该图像使用了图 4-6-20 所示图像，还需要使用纹理滤镜中的颗粒滤镜、波浪扭曲和浮雕风格化滤镜，以及图层的混合模式等技术。

图 4-6-19 “木刻天坛”图像

图 4-6-20 “天坛”图像

第 5 章　绘制和调整图像

本章通过 5 个案例制作的学习，可以掌握图章、修复、渲染、橡皮擦、画笔、形状工具组工具的使用方法和使用技巧，可以初步掌握图像的色阶、曲线、色彩平衡、亮度/对比度、色相/饱和度、反相和颜色替换等调整方法，还可以了解“调整”和“属性”面板的使用方法。

5.1　【案例 16】修复照片

案例 16 视频

案例效果

图 5-1-1 是一幅人物照片图像，由于船上人很多，人物两边有一些其他游人的形象，另外天中无云。这些均需要进行加工处理。修复后的照片如图 5-1-2 所示。

图 5-1-1　“人物照片”图像

图 5-1-2　修复后的照片图像

图 5-1-3 是一幅受损的“风景”照片图像，图像中很多地方已经被划伤，修复后的照片如图 5-1-4 所示。

图 5-1-3　“风景照片”图像

图 5-1-4　修复后的照片效果

操作步骤

1. 修复照片 1

（1）打开“人物照片”图像（见图 5-1-1）。再以“【案例 16】修复照片 1.psd”保存。调整图像宽度为 460 像素，高度为 340 像素。

（2）单击工具箱中的“仿制图章工具”按钮，在其选项栏中设置画笔大小为“尖角 50 像素”，不透明度为 100%、流量为 100%、取消选中“对齐”复选框。

（3）按住【Alt】键的同时，单击右边人胳臂左边的水纹处，获取修复图像的样本，拖动要修复的右边人胳臂处，擦除人胳膊。可以多次取样，多次拖动。修复后，可以单击“修复画笔工具”按钮，再次进行修复，使修复的水波纹更自然一些。修复后的图像如图 5-1-5 所示。

（4）单击工具箱中的“修补工具”按钮，在其选项栏中选中“源”单选按钮。再在左边栏杆和人头处拖动，创建一个比要修复图像稍大一点的选区，如图 5-1-6（a）所示。拖动选区内的图像到其右边处，用右边的图像替代选区中的图像，如图 5-1-6（b）所示。释放鼠标左键，按【Ctrl+D】组合键取消选区，如图 5-1-6（c）所示。

（5）按照上述方法，使用工具箱中的“仿制图章工具”，将左边的人头修除，如图 5-1-7 所示。将图像放大，使用“吸管工具”和“画笔工具”修复细节。

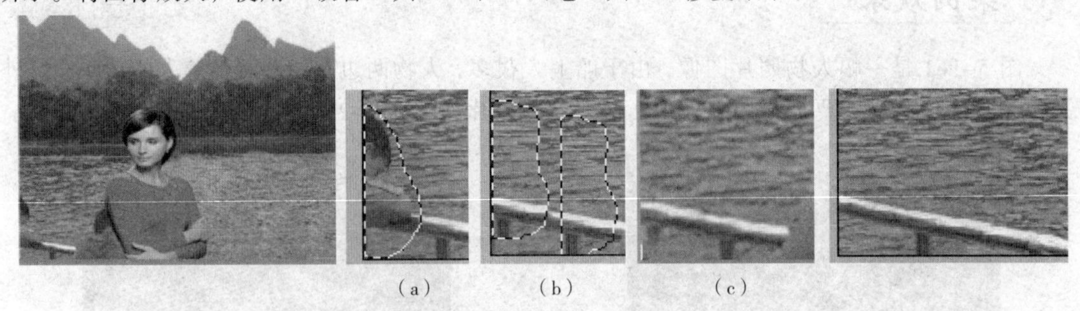

（a）（b）（c）

图 5-1-5　修除右边的胳膊　　图 5-1-6　修理左边船栏杆　　图 5-1-7　修除人头

（6）单击工具箱中的“魔术棒工具”按钮，按住【Shift】键，单击照片背景的白色处，选中所有背景白色。打开“云图”图像，全选图像，将其复制到剪贴板中。选中加工的照片图像，单击“编辑”→“选择性粘贴”→“贴入”命令，将剪贴板中图像粘贴到选区中。

（7）单击“编辑”→“自由变换”命令，调整粘贴的云图图像的大小和位置。

2. 修复照片 2

（1）打开“风景照片”图像（见图 5-1-3）。再以“【案例 16】修复照片 2.psd”保存。调整图像宽度为 600 像素，高度为 450 像素。

（2）单击工具箱中的“修补工具”按钮，选中一块天空中的受损区域，如图 5-1-8 所示。将选区拖动到希望采样的地方。如图 5-1-9 所示。释放鼠标后得到图 5-1-10 所示效果。按【Ctrl+D】组合键取消选区。这一块受损区域修复完毕。

（3）用同样的方法修复天空中的受损区域，效果如图 5-1-11 所示。

（4）因为建筑图像上具有清晰的纹理，并且图像具有连贯性，因此使用仿制图章工具，仿制附近的区域进行修复。

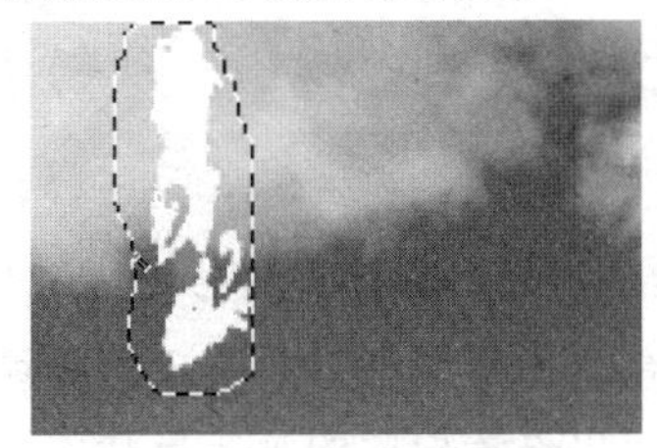

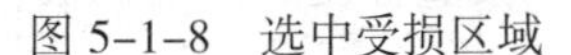

图 5-1-8　选中受损区域

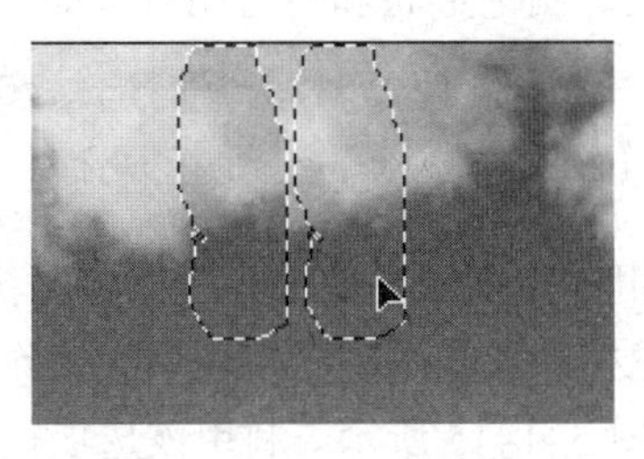

图 5-1-9　拖动鼠标

图 5-1-10　松开鼠标

（5）单击工具箱中的“仿制图章工具”按钮，在其选项栏中设置画笔大小为“尖角 19 像素”，不透明度为 100%、流量为 100%、取消选中“对齐”复选框。在受损区域涂抹，如图 5-1-12 所示。最终效果见图 5-1-4。

图 5-1-11　修复天空中的受损区域

图 5-1-12　使用“仿制图章工具”修复受损区域

相关知识

1. 橡皮擦工具组

（1）橡皮擦工具：使用“橡皮擦工具”擦除图像可以理解为用设置的画笔，使用背景色为绘图色，再重新绘图。所以画笔绘图中采用的一些方法在擦除图像时也可使用。例如：如果按住【Shift】键的同时拖动，可以沿水平或垂直方向擦除图像。

选中其选项栏中的“抹到历史记录”复选框，则擦除图像时，只能够擦除到历史记录处。另外，还可以在此状态下，用鼠标拖动，将前面擦除的图像还原（可以不进行历史记录设置）。单击“历史记录”面板中相应记录左边的方形选框，使方形选框内出现“历史记录标记”，可以设置历史记录。

选中“背景”图层，拖动鼠标，可擦除“背景”图层的图像并用背景色（绿色）填充擦除部分，如图 5-1-13（a）所示。如果擦除的不是“背景”图层图像，则擦除的部分变为透明，如图 5-1-13（b）所示。如果图层中有选区，则只能擦除选区内的图像。

（a）

（b）

图 5-1-13　用橡皮擦工具擦除图像的效果

单击工具箱中的“橡皮擦工具”按钮后，其选项栏如图 5-1-14 所示。利用该选项栏可以设置橡皮的画笔模式、画笔形状和不透明度等。

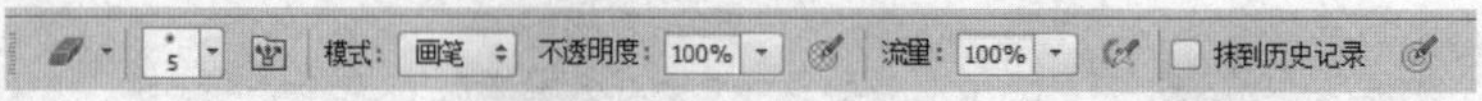

图 5-1-14 “橡皮擦工具”选项栏

（2）背景橡皮擦工具：使用“背景橡皮擦工具”擦除图像的方法与使用“橡皮擦工具”擦除图像的方法基本一样，只是擦除背景图层的图像时，擦除部分呈透明状，不填充任何颜色。“背景橡皮擦工具”选项栏如图 5-1-15 所示。利用该选项栏可以设置橡皮的画笔形状、不透明度和动态画笔等。前面没有介绍过的一些选项的作用如下。

图 5-1-15 “背景橡皮擦工具”选项栏

◎“限制”下拉列表框：用来设定画笔擦除当前图层图像时的方式。其有三个选项，“不连续”（只擦除当前图层中与取样颜色相似的颜色，取样颜色成为当前背景色）、“临近”（擦除当前图层中与取样颜色相邻的颜色）、“查找边缘”（擦除当前图层中包含取样颜色的相邻区域，以显示清晰的擦除区域的边缘）。

◎“容差”文本框：用来设置系统选择颜色的范围，即颜色取样允许的彩色容差值。该数值的范围是 1% ~ 100%。容差值越大，取样和擦除的区域也越大。

◎“保护前景色”复选框：选择该复选框后，将保护与前景色匹配的区域。

◎“取样”栏：用来设置取样模式。三个按钮为“连续”（在拖动时，取样颜色会随之变化，背景色也随之变化）、“一次”（单击时进行颜色取样，以后拖动不再进行颜色取样）、“背景色板”（取样颜色为原背景色，所以只擦除与背景色一样的颜色）。

（3）魔术橡皮擦工具：“魔术橡皮擦工具”可以智能擦除图像。单击“魔术橡皮擦工具”按钮后，只要在要擦除的图像处单击，可擦除单击点和相邻区域内或整个图像中与单击点颜色相近的所有颜色。该工具的选项栏如图 5-1-16 所示。前面没介绍过的选项的作用如下。

◎“容差”文本框：用来设置系统选择颜色的范围，即颜色取样允许的彩色容差值。该数值的范围是 0 ~ 255。容差值越大，取样和擦除的选区也越大。

图 5-1-16 “魔术橡皮擦工具”选项栏

◎“连续”复选框：选中该复选框后，擦除的是整个图像中与鼠标单击点颜色相近的所有颜色，否则擦除的区域是与单击点相邻的区域。

2. 历史记录笔工具组

历史记录笔工具组有历史记录画笔和历史记录艺术画笔两个工具，它们的作用如下。

（1）“历史记录画笔工具”：应与“历史记录”面板配合使用，可以恢复“历史记录”面板中记录的任何一个过去的状态（参看本案例制作）。该工具的选项栏如图 5-1-17 所示。其中各选项均在前面介绍过。“流量”文本框的值越大，拖动仿制效果越明显。

图 5-1-17 “历史记录画笔工具”选项栏

例如，打开图 5-1-18 所示的图像，将其复制到剪贴板内，打开另一幅图像，如图 5-1-19 所示。创建一个羽化 20 像素的椭圆形选区，将剪贴板中的图像粘贴到选区内，如图 5-1-20 所示。

单击“历史记录”面板中“椭圆选框”操作名称左边的方形选框，使其内出现标记，单击“历史记录画笔工具”按钮，在贴入图像上拖动，效果如图 5-1-21 所示。

图 5-1-18　人物图像　图 5-1-19　背景图像　　图 5-1-20　羽化贴入　　图 5-1-21　部分恢复效果

（2）“历史记录艺术画笔工具”：可以与“历史记录”面板配合使用，恢复“历史记录”面板中记录的任何一个过去的状态；也可以附加特殊的艺术处理效果。其选项栏如图 5-1-22 所示。前面没介绍过的选项的作用如下。

图 5-1-22　“历史记录艺术画笔工具”选项栏

◎“样式”下拉列表框：选择不同样式，可获得不同的恢复效果。

◎“区域”文本框：设置操作时鼠标指针作用的范围。

◎“容差”带滑块的文本框：该数值的范围是 0%～100%。设置操作时恢复点间的距离。

如果使用“历史记录艺术画笔工具”，在其选项栏的“样式”下拉列表框中选择“绷紧短”，在图 5-1-20 所示图像上拖动，效果如图 5-1-23 所示。

图 5-1-23　　轻涂效果

3. 图章工具组

工具箱内的图章工具组有仿制图章工具和图案图章工具，它们的作用如下。

（1）“仿制图章工具”：可以将图像的一部分复制到同一幅或其他图像中。其选项栏如图 5-1-24 所示，复制图像的方法及其选项栏内前面没介绍过的选项的作用如下。

图 5-1-24　“仿制图章工具”选项栏

◎ 打开“建筑”和“足球”两幅图像，如图 5-1-25 所示。下面将“足球”图像的一部分或全部复制到“建筑”图像中。注意：打开的两幅图像应具有相同的彩色模式。

◎ 单击工具箱中的“仿制图章工具”按钮，在其选项栏中进行画笔、模式、流量、不透明度等设置。选择“对齐”复选框的作用是复制一幅图像。

◎ 按住【Alt】键的同时，单击“足球”图像的中间部分（此时鼠标指针变为图章形状），则单击的点即为复制图像的基准点（即采样点）。因为选择了“对齐”复选框，所以系统将以基准点对齐，即使是多次复制图像，也是复制一幅图像。

◎ 选中“建筑”图像画布窗口。在“建筑”图像内拖动，即可将“足球”图像以基准点为中心复制到“建筑”图像中，如图 5-1-26 所示。在拖动鼠标时，采样点处（此处是“足球”图像）会有一个十字形状虽只是标的移动而移动，指示出采样点，如图 5-1-25 右图所示。

◎ “对齐”复选框：如果选中该复选框，则在复制中多次重新拖动鼠标，也不会重新复制图像，而是继续前面的复制工作，如图 5-1-26 所示。如果没选中“对齐”复选框，则在重新拖动鼠标时，取样将复位，重新复制图像，而不是继续前面的复制工作。这样复制后的图像如图 5-1-27 所示。

图 5-1-25 “建筑”和“足球”图像

图 5-1-26 复制图像

图 5-1-27 复制多个图像

◎“样本”下拉列表框：选择进行取样的图层。

◎“打开以在仿制时忽略调整图层”按钮：单击该按钮后，不可以对调整图层进行操作。在“样本”下拉列表框中选择“当前图层”选项时，它无效。

（2）“图案图章工具”：与“仿制图章工具”的功能基本一样，只是它复制的是图案。该工具的选项栏如图 5-1-28 所示。使用该工具将“足球”图像的一部分复制到“建筑”图像中的方法如下。

模式：正常 不透明度：100% 流量：100% 对齐 印象派效果

图 5-1-28 “图案图章工具”选项栏

◎ 在“足球”图像中创建一个矩形选区，也可以不创建。单击“编辑”→“定义图案”命令，调出“图案名称”对话框，如图 5-1-29 所示，在“名称”文本框中输入“足球”。单击“确定”按钮，即可定义一个名称为“足球”的图案。

图 5-1-29 “图案名称”对话框

◎ 选中“建筑”图像画布。单击“图案图章工具”按钮，在其选项栏中设置画笔、模式、流量、不透明度（此处选择 100%），选中“对齐”复选框，不选中“印象派效果”复选框。在“图案”列表框中选择“足球”图案。

◎ 在“建筑”图像内拖动可将“足球”图案复制到“建筑”图像中。如果选中“对齐”复选框，则在复制中多次重新拖动时，只是继续刚才的复制工作；如果不选中“对齐”复选框，则重新复制图案，而不是继续前面的复制工作。

4．修复工具组

工具箱中的修复工具组有 4 个工具，它们和“仿制图章工具”都是用来修补图像的。“仿制图章工具”只是将采样点附近的像素直接复制到需要的地方。修复工具可以用其他区域或图案中像素的纹理、光照和阴影来修复选中的区域，使修复后的像素不留痕迹地融入图像。“修复画笔工具”和“污点修复画笔工具”都可以用来修复图像中的污点和划痕等小瑕疵，它们经常配合使用，“污点修复画笔工具”更适用于修复有污点的图像。

使用修复工具是一个不断试验和修正的过程。修复工具组中 4 个工具的作用如下。

（1）“修复画笔工具”：它可以将图像的一部分或一个图案复制到同一幅图像其他位置或其他图像中。而且可以只复制采样区域像素的纹理到涂抹的作用区域，保留工具作用区域的颜色和亮度值不变，并尽量将作用区域的边缘与周围的像素融合。注意：使用修复画笔工具的时候并不是一个实时过程，只有停止拖动时，Photoshop 才处理信息并完成修复。

“修复画笔工具”选项栏如图 5-1-30 所示，其中没有介绍的“源”栏的作用如下。

图 5-1-30　“修复画笔工具”选项栏

“源”栏有两个单选按钮。选择“取样”单选按钮后，需要先取样，再复制；选择“图案”单选按钮后，不需要取样，复制的是选择的图案，其右边的图案选择列表会变为有效，单击其黑色箭头按钮可以调出图案面板，用来选择图案。

在选择了“取样”单选按钮后，使用“修复画笔工具”复制图像的方法和“仿制图章工具”的使用方法基本相同。都是在按住【Alt】键的同时用鼠标选择一个采样点，然后在选项栏中选取一种画笔大小，然后拖动鼠标在要修补的部分涂抹。

（2）“污点修复画笔工具”：使用该工具可以快速移去图像中的污点和不理想的内容。其工作方式与“修复画笔工具”类似，使用图像或图案中的样本像素进行绘画，并将样本像素的纹理、光照、透明度和阴影与所修复的像素相匹配。“污点修复画笔工具”选项栏如图 5-1-31 所示，其中各选项的作用如下。

图 5-1-31　“污点修复画笔工具”选项栏

◎“近似匹配”单选按钮：使用涂抹区域周围的像素来查找要用作修补的图像区域。如果此选项的修复效果不好，可以还原修复，再尝试选择其他两个单选钮。

◎“创建纹理”单选按钮：使用选区中的所有像素创建一个用于修复该区域的纹理。

◎“内容识别”单选按钮：参考涂抹区域周围的像素来修复涂抹区域的图像。

◎“对所有图层取样”复选框：选中该复选框，可从所有可见图层中对数据取样。

与修复画笔不同，污点修复画笔不要求指定样本点，将自动从所修饰区域的周围取样。具体操作方法是，单击“污点修复画笔工具”按钮，在选项栏中选取一种画笔大小（比要修复的区域稍大的画笔，只需单击一次，即可覆盖整个区域），在“模式”下拉列表框中选取混合模式，再在要修复的图像处单击或拖动鼠标。

（3）“修补工具”：可以将图像的一部分复制到同一幅图像的其他位置。而且可以只复制采样区域像素的纹理到鼠标涂抹的作用区域，保留工具作用区域的颜色和亮度值不变，并尽量将作用区域的边缘与周围的像素融合。注意，修补图像时，通常应尽量选择较小区域，以获得最佳效果。其选项栏如图 5-1-32 所示，其中前面没有介绍过的各选项的作用如下。

修补: ⊙源 ○目标 □透明 使用图案

图 5-1-32 “修补工具”选项栏

◎“修补”栏：该栏有两个单选按钮。选中“源”单选按钮后，则选区中的内容为要修改的内容；选中“目标”单选按钮后，则选区移动到的区域中的内容为要修改的内容。

◎“透明”复选框：选中该复选框后，取样修复的内容是透明。

◎“使用图案”按钮：在创建选区后，该按钮和其右边的图案选择列表将变为有效。选择要填充的图案后，单击该按钮，即可将选中的图案填充到选区当中。

“修补工具”的使用方法有些特殊，更像打补丁。首先使用该工具或其他选区工具将需要修补的地方定义出一个选区，然后，使用“修补工具”，选中其选项栏中的“源”单选按钮，再将选区拖动到要采样的地方。图 5-1-33 所示的 3 幅图像从左到右分别是定义选区、用修补工具将选区拖动到采样区域和最后结果的图例。

如果选中修补工具选项栏中的“目标”单选按钮，则选区内的图像作为样本，将选区内的样本图像移动到需要修补的地方，即可进行修复。图 5-1-34 所示的两幅图像从左到右分别是定义选区、用修补工具将选区拖动到需要修补的地方的图例。

（a）（b）（c）（a）（b）

图 5-1-33 修补工具选中“源”单选按钮修复图像的过程

图 5-1-34 修补工具选中“目标”单选按钮修复图像的过程

（4）“内容感知移动工具”：其选项栏如图 5-1-35 所示。可以将选区内图像复制或移动到同一幅图像的其他位置。在移动图像时，可以利用原图像新位置周围的图像来修补图像移走后的空间。在复制图像时，可以尽量将复制图像与周围图像融合。选项栏中各选项的作用简介如下。

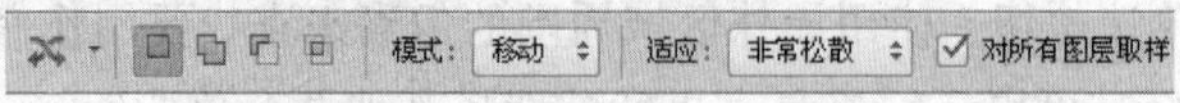

模式: 移动 适应: 非常松散 ☑对所有图层取样

图 5-1-35 “内容感知移动工具”选项栏

◎“模式”下拉列表框：有“移动”和“扩展”两个选项，选中“移动”选项，可以移动选中的图像；选中“扩展”选项，可以复制选中的图像。

◎“适应”下拉列表框：有“非常严格”等 5 个选项，选择不同选项，表示原图像移动或复制到新位置后，该图像与周围图像的融合范围情况。

例如，打开图 5-1-36 所示图像，单击工具箱中的“内容感知移动工具”按钮，在其选项栏中的“模式”下拉列表框中选择“移动”选项，在“适应”下拉列表框中选择“非常严格”选项。在飞机图像周围拖动，创建一个选区，如图 5-1-36 所示。然后，向左下方拖动移动选区内的图像，再按【Ctrl+D】组合键取消选区，效果如图 5-1-37 所示。如果在其选项栏内的

“模式”下拉列表框中选择“扩展”选项，则复制的效果如图 5-1-38 所示。

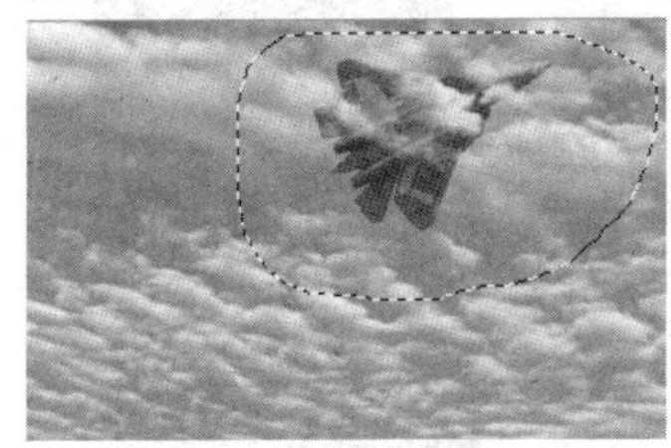

图 5-1-36　原图像　　图 5-1-37　移动后图像　　图 5-1-38　复制后图像

（5）红眼工具：使用该工具可以清除用闪光灯拍摄的人物照片中的红眼，也可以清除用闪光灯拍摄的照片中的白色或绿色反光。具体操作方法是，单击 “红眼工具”按钮，再单击图像中的红眼处。其选项栏如图 5-1-39 所示，其中各选项的作用如下。

图 5-1-39　红眼工具的选项栏

◎“瞳孔大小”文本框：用来设置瞳孔（眼睛暗色的中心）的大小。

◎“变暗量”文本框：用来设置瞳孔暗度。

思考与练习 5-1

1. 图 5-1-40 是一幅照片图像，由于船上人很多，人物两边有一些其他游人的形象，在古建筑两边有一些现代建筑，另外天空无云。这些均需要进行加工处理。修复后的“修复照片”图像如图 5-1-41 所示。

图 5-1-40　“留影”图像

图 5-1-41　修复后的照片图像

2. 使用工具箱中的“红眼工具”将图 5-1-42 所示图像中的红眼修复。

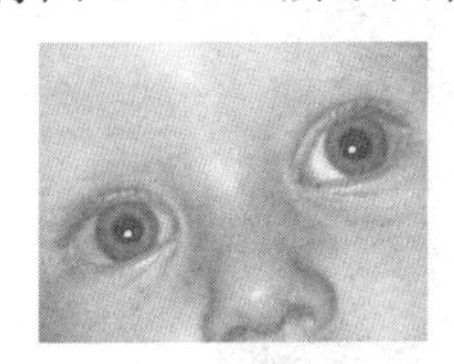

图 5-1-42　有红眼的照片

3. 制作一幅“花园佳人”图像，如图 5-1-43 所示。首先修复“丽人”图像，再将图 5-1-44 所示的“花园”和“丽人”图像放入不同图层中，使用橡皮擦工具擦除人物以外图像。

图 5-1-43 “花园佳人”图像

（a）

（b）

图 5-1-44 “花园”和“丽人”图像

4. 将图 5-1-45 所示 3 幅照片加工修复再合并成一幅全景照片，如图 5-1-46 所示。可以看到，3 幅照片都有一些多余的不协调的内容，需要进行加工处理，再合并成一幅图像。

（a）

（b）

（c）

图 5-1-45 三幅照片图像

图 5-1-46 修复与合成的全景照片

5. 制作一幅“鱼鹰和鱼”图像，如图 5-1-47 所示。制作该图像使用了图 5-1-48 所示的“鱼和渔港”图像和“鱼鹰”图像。该图像制作的操作提示如下。

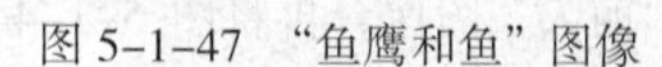

图 5-1-47 “鱼鹰和鱼”图像

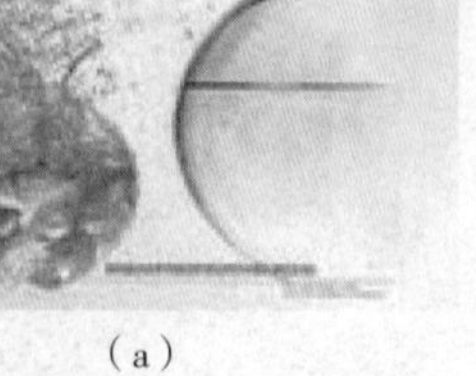

（a）

（b）

图 5-1-48 “鱼和渔港”和“鱼鹰”图像

（1）使用工具箱中的“魔术橡皮擦工具”，设置容差为 50，擦除图 5-1-48（b）中的蓝色背景。使用“橡皮擦工具”将没擦除的图像擦除，如图 5-1-49 所示。

（2）将该图像复制粘贴到图 5-1-48（a）中。调整鱼鹰图像如图 5-1-50 所示。

（3）将背景图层转换成名称为“图层 0”的常规图层。新建“图层 1”图层，填充为白色。然后将“图层 1”图层拖动到“图层 0”图层的下边。

（4）将“图层 1”图层隐藏。选中“图层 0”图层，使用“背景橡皮擦工具”将该图层内右边的鱼缸擦除，如图 5-1-51 所示。

（5）单击“历史记录”面板最下方“背景色橡皮擦”名称左边的，使其内出现标记，图 5-1-52 所示。添加“径向模糊”（数量为 10，选中“旋转”和“好”单选按钮）滤镜效果。

（6）显示“图层 1”图层。使用“历史记录画笔”，多次单击“图层 0”图层上的鱼，最后效果如图 5-1-47 所示。

图 5-1-49　鱼鹰图像

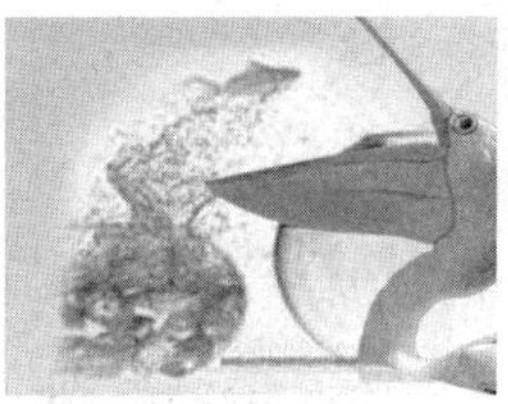

图 5-1-50　调整鱼鹰

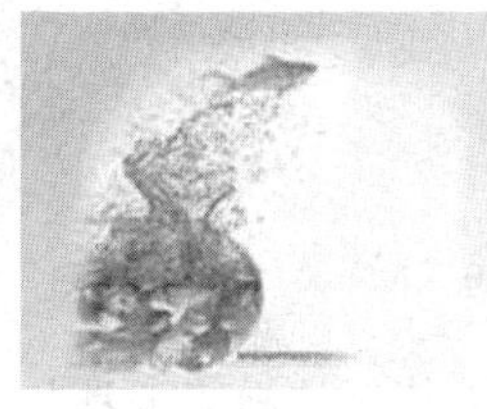

图 5-1-51　擦除鱼缸

图 5-1-52　“历史记录”调板

5.2　【案例 17】可爱的小狗

案例效果

“可爱的小狗”图像如图 5-2-1 所示。该图像中的小狗是手绘的，可以看出它非常活泼可爱，栩栩如生。本案例不要求学生绘制得多么逼真，只是要求学生反复练习设置画笔，提高使用“画笔”和“渲染”工具组中工具的熟练程度。

操作步骤

1. 绘制小狗身体

（1）新建宽度为 800 像素、高度为 600 像素、模式为 RGB 颜色、背景为透明的画布。

图 5-2-1　“可爱的小狗”图像

（2）设置前景色为黑色，即设置绘图颜色为黑色。单击工具箱中的“铅笔工具”按钮，右击画布窗口内部或单击选项栏中的“画笔”下拉按钮，调出“画笔样式”面板。选中大小为 1 px 的笔触，如图 5-2-2 所示。在画布内绘制一幅小狗的大致轮廓图形，如图 5-2-3 所示。

（3）单击“画笔工具”按钮，单击选项栏中的“画笔”按钮下拉，调出“画笔样式”面板（见图 5-2-2），在其内选择适当大小的笔触。在选项栏中适当调整画笔的不透明度和流量，再在画布内绘制小狗黑色斑点，如图 5-2-4 所示。

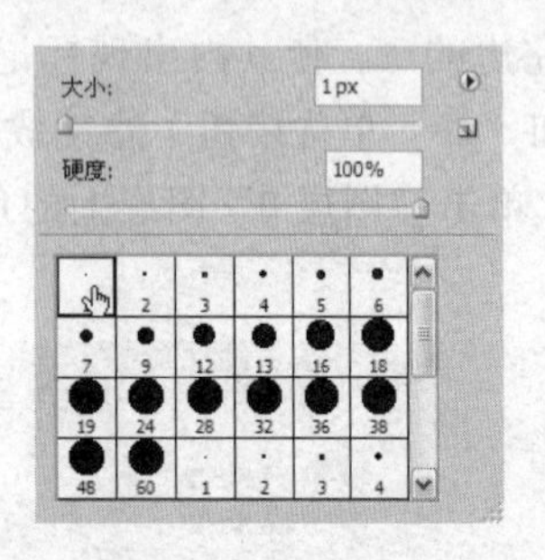

图 5-2-2 “画笔样式”面板

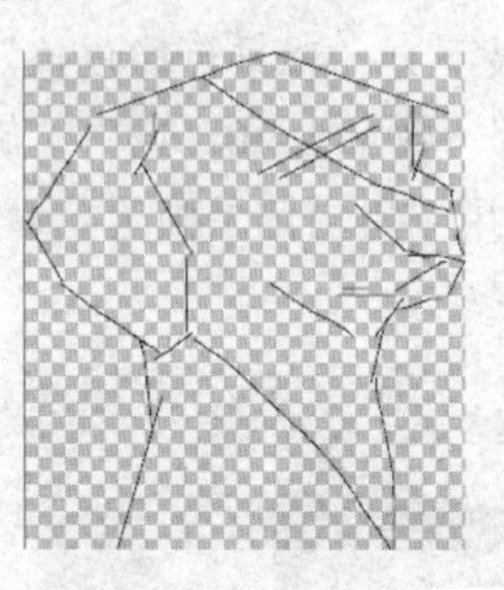
图 5-2-3 小狗轮廓

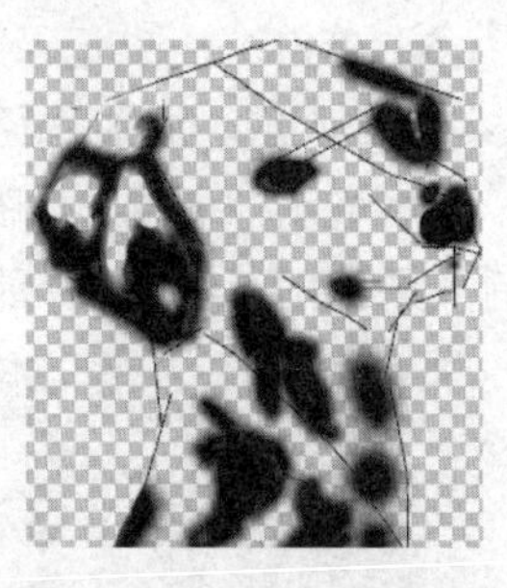
图 5-2-4 绘制斑点

（4）设置前景色为白色，使用“画笔工具”，给小狗绘制一些白色，作为小狗的身躯，如图 5-2-5 所示。

（5）右击画布，调出“画笔样式”面板，单击该面板右上角的按钮，调出“画笔样式”面板，选择“描边缩览图”命令；再选择“自然画笔”命令，调出一个提示框，单击“追加”按钮，将外部的“自然画笔”笔触追加到当前笔触之后。选中“喷色 26 像素”笔触，大小设置为 30 px，如图 5-2-6 所示。

（6）在其选项栏中适当调整画笔的不透明度和流量，在小狗的斑点上多次单击，产生毛茸茸的效果，如图 5-2-7 所示。至此，小狗的身躯基本绘制完毕。

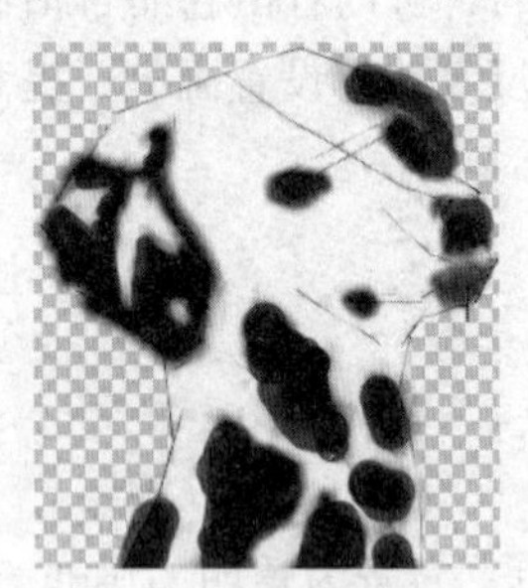
图 5-2-5 补白色

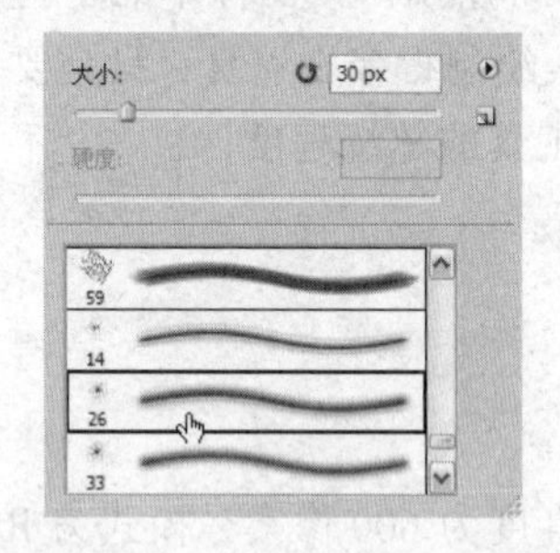

图 5-2-6 “画笔样式”面板

图 5-2-7 绘制绒毛

2．绘制小狗眼睛

（1）新建“图层 2”图层。单击“椭圆选框工具”按钮，创建一个椭圆形选区，填充黑色。按【Ctrl+D】组合键，取消选区。设置前景色为橘黄色，在黑色椭圆图形内的下方绘制。然后，依次使用“减淡工具”和“加深工具”，涂抹黑色椭圆内图形，效果如图 5-2-8 所示。

（2）使用“铅笔工具”和“画笔工具”绘制眼眶。使用“模糊工具”多次单击眼眶边缘，增加真实效果，如图 5-2-9 所示。调整眼睛的位置和大小。再将“图层 2”和“图层 1”图层合并到“图层 1”图层。然后，继续绘制另一只眼睛，如图 5-2-10 所示。

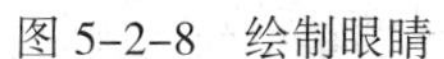

图 5-2-8　绘制眼睛　　图 5-2-9　绘制眼眶　　图 5-2-10　绘制另一只眼

（3）使用“铅笔工具”将小狗的睫毛绘制出来，再用“模糊工具”涂抹，效果如图 5-2-11 所示。使用“画笔工具”“模糊工具”“减淡工具”“加深工具”，绘制出小狗的鼻子，如图 5-2-12 所示。

（4）使用“画笔工具”和“模糊工具”对小狗的细节部分进行加工，尤其是毛的效果，多次使用“模糊工具”，单击图像需要模糊处，产生更加逼真的效果。再使用“橡皮擦工具”，将小狗图像的边缘擦除掉，效果如图 5-2-13 所示。

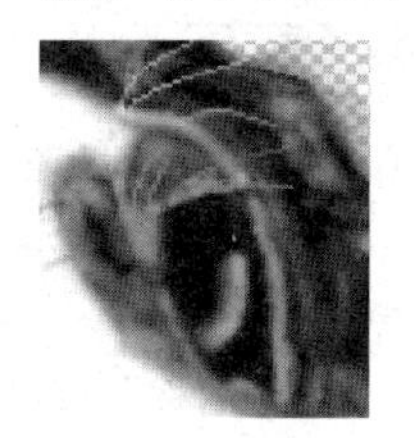

图 5-2-11　绘制睫毛

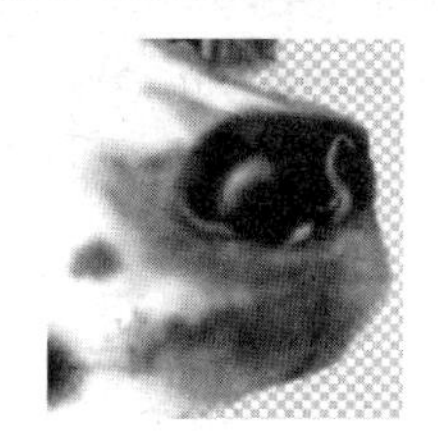

图 5-2-12　绘制鼻子

图 5-2-13　用画笔和模糊工具涂抹

（5）按住【Ctrl】键，使用“移动工具”，单击“图层”面板中“图层 1”图层的缩略图，载入选区，再新建“图层 2”图层，填充为白色，将“图层 2”图层移动到“图层 1”图层下面，然后将两个图层合并。

（6）拖动选区内的小狗图像到“草地 5.jpg”图像中。此时，“图层”面板中会增加一个名称为“图层 1”的图层，将该图层的名称改为“小狗”。单击“编辑”→“自由变换”命令，调整图像的大小和位置，按【Enter】键确定。

（7）输入“可爱的小狗”文字，添加图层样式，最终效果见图 5-2-1。

相关知识

1. “画笔样式”面板的使用

在选中画笔等工具后，单击其选项栏中的“画笔”按钮按钮或右击画布窗口内部，调出“画笔样式”面板，（见图 5-2-2）。单击“画笔样式”面板中的一种画笔样式图案，再按【Enter】键，或双击“画笔样式”面板中的一种画笔样式图案，即可设置画笔样式。单击“画笔样式”面板右上角的按钮，调出“画笔样式”面板的菜单。其中部分命令简介如下。

（1）载入画笔：选择菜单中最下面一栏的命令，会调出一个提示对话框，如图 5-2-14（a）所示；单击“追加”按钮，可以将新调入的画笔追加到当前画笔的后面；单击“确定”按钮后，可以用新调入的画笔替代当前的画笔。在“画笔样式”菜单中单击“载入画笔”命令，可以调出“载入”对话框，利用该对话框可以导入扩展名为“.abr”的画笔文件，追加到原画笔的后面。

（2）替换画笔：选择“替换画笔”命令，也可以调出“载入”对话框。利用该对话框可以导入扩展名为“.abr”的画笔文件，替换原画笔。

（3）存储画笔：选择“存储画笔”命令，可以调出“存储”对话框。利用该对话框可以将当前“画笔样式”面板中的画笔保存到磁盘中。

（4）删除画笔：选中“画笔样式”面板中的一个画笔图案，再单击菜单中的“删除画笔”命令，即可将选中的画笔从“画笔样式”面板中删除。

（5）复位画笔：可以使“画笔样式”面板内的画笔复位成系统默认的画笔，也可以将系统默认的画笔追加到“画笔样式”面板内当前画笔的后面。

（6）重命名画笔：选中“画笔样式”面板中的一个画笔图案，再单击菜单中的“重命名画笔”命令，调出“画笔名称”对话框，如图 5-2-15 所示。可给选定的画笔重命名。

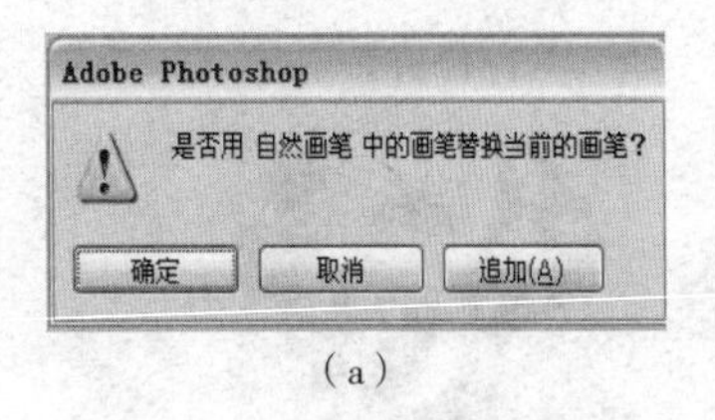

（a）

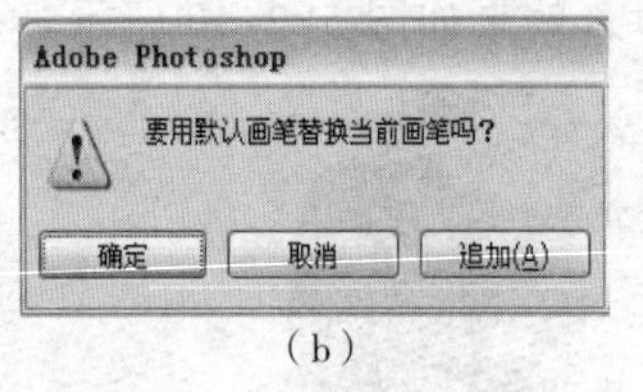

（b）

图 5-2-14 Photoshop 提示对话框

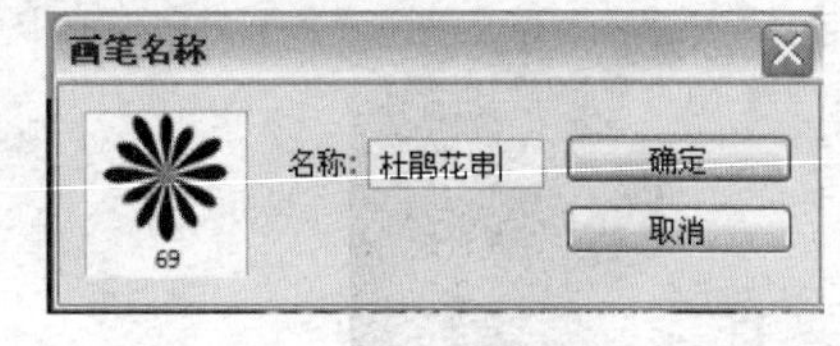

图 5-2-15 “画笔名称”对话框

（7）改变“画笔样式”面板的显示方式：“画笔样式”面板的显示方式有 6 种，选择菜单中的“纯文本”“小缩览图”“描边缩览图”等命令，可以在各种显示方式之间切换。

2. 创建新画笔

（1）使用“画笔”面板创建新画笔：单击“切换画笔面板”按钮或者单击“窗口”→“画笔”命令，调出“画笔”面板，如图 5-2-16 所示。利用该面板可以设计各种各样的画笔。单击面板下方的“创建新画笔”按钮，可调出“画笔名称”对话框，在“名称”文本框中输入画笔名称，单击“确定”按钮，可以将刚设计的画笔加载到“画笔样式”面板中。

（2）利用图像创建新画笔：创建一个选区，用选区选中要作为画笔的图像。然后，单击“编辑”→“定义画笔预设”命令，调出“画笔名称”对话框，在文本框中输入画笔名称。再单击“确定”按钮，即可完成创建图像新画笔的工作。在“画笔样式”面板中的最后会增加新的画笔图案。定义画笔的选区可以是任何形状的，甚至没有选区。

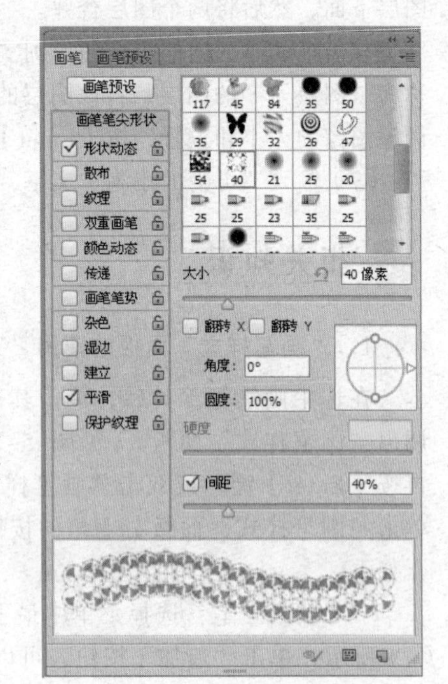

图 5-2-16 “画笔”面板

3. 画笔工具组工具的选项栏

画笔工具组内的“画笔工具”“铅笔工具”“颜色替换工具”“混合器画笔工具”的选项栏分别如图 5-2-17～图 5-2-20 所示。

图 5-2-17　“画笔工具”选项栏

图 5-2-18　“铅笔工具”选项栏

图 5-2-19　“颜色替换工具”选项栏

图 5-2-20　“混合器画笔工具”选项栏

文本框数值的调整方法（例如“不透明度”文本框）可以直接在文本框中输入数，拖动“不透明度”文字，单击文本框右边的下拉按钮，调出一个滑块，拖动滑块来改变数值，如图 5-2-21 所示。4 个选项栏中部分选项的作用如表 5-2-1 所示。

图 5-2-21　“不透明度”文本框

使用画笔和铅笔工具绘图的颜色均为前景色。

表 5-2-1　画笔工具组的四个工具选项栏内部分选项的作用

序　号	名　称	作　用
1	“模式”下拉列表框	用来设置绘画模式
2	“不透明度”文本框	它决定了绘制图像的不透明程度，其值越大，不透明度越大，透明度越小
3	“流量”文本框	它决定了绘制图像的笔墨流动速度，其值越大，绘制图像的颜色越深
4	“切换画笔面板”按钮	单击该按钮，可以调出“画笔样式”面板，利用该面板可以设置画笔笔触的大小和形状等
5	“启用喷枪模式”按钮	单击该按钮后，画笔会变为喷枪，可以喷出色彩
6	“取样”栏	用来设置鼠标拖动时的取样模式，它有 3 个按钮，介绍如下。 （1）“取样连续”按钮：在拖动时，连续对颜色取样； （2）“一次”按钮：只在第 1 次单击时对颜色取样并替换，以后拖动不再替换颜色； （3）“背景色板”按钮：取样的颜色为原背景色，只替换与背景色一样的颜色
7	“限制”下拉列表框	其内有“连续”“不连续”和“查找边缘”3 个选项，选择“连续”选项表示替换与鼠标指针处颜色相近的颜色；选择“不连续”选项表示替换出现在任何位置的样本颜色；选择“查找边缘”选项表示替换包含样本颜色的连续区域，同时能更好地保留形状边缘的锐化程度
8	“容差”文本框	该数值越大，在拖动涂抹图像时选择相同区域内的颜色越多
9	“消除锯齿”复选框	使用颜色替换工具时选中该复选框后，涂抹时替换颜色后可使边缘过渡平滑

续表

序　　号	名　　称	作　　用
10	“当前画笔载入”下拉列表框	它有 3 个选项，用来载入画笔、清理画笔和只载入纯色，载入纯色时，它和涂抹的颜色混合，混合效果由“混合”等数值框内的数据决定
11	“每次描边后载入画笔”按钮	单击该按钮后，每次涂抹绘图后，对画笔进行更新
12	“每次描边后清理画笔”按钮	单击该按钮后，每次涂抹绘图后，对画笔进行清理，相当于实际用绘图笔绘画时，画完一笔后将绘图笔在清水中清洗
13	“预设混合画笔组合”下拉列表框	用来选择用来设置一种预先设置好的混合画笔。其右边的 4 个数值框中的数值会随之变化
14	“潮湿”数值框	用来设置从画布拾取的油彩量
15	“载入”数值框	用来设置画笔上的油彩量
16	“混合”数值框	用来设置颜色的混合比例
17	“自动抹除”复选框	在使用“铅笔工具”时，选项栏中会增加“自动抹除”复选框，如果选中该复选框，当鼠标指针中心点所在位置的颜色与前景色相同时，则用背景色绘图；当鼠标指针中心点所在位置的颜色与前景色不相同时，则用前景色绘图。如果没选中该复选框，则总用前景色绘图

4．使用画笔组工具绘图

使用画笔工具组中的工具绘图的方法基本一样，只是使用画笔工具绘制的线条可以比较柔和；使用铅笔工具绘制的线条硬，像用铅笔绘图一样；使用喷枪工具绘制的线条像喷图一样；使用颜色替换工具绘图只是替换颜色。绘图的一些要领如下。

（1）设置前景色（即绘图色）和画笔类型等后，单击画布窗口内部，可以绘制一个点。

（2）在画布中拖动，可以绘制曲线。

（3）按住【Shift】键的同时拖动鼠标，可绘制水平或垂直直线。

（4）单击直线起点，再按住【Shift】键，然后单击直线终点，可以绘制直线。

（5）按住【Shift】键，再依次单击多边形的各个顶点，可以绘制折线或多边形。

（6）按住【Alt】键，可将画图工具切换到吸管工具。也适用于本节介绍的其他工具。

（7）按住【Ctrl】键，可将画图工具切换到移动工具。也适用于本节介绍的其他工具。

（8）如果已经创建了选区，则只可以在选区内绘制图像。

5．渲染工具组

工具箱中的渲染工具分别放置在两个工具组中，如图 5-2-22 所示。它们的作用如下。

（1）“模糊工具”：用来将图像突出的色彩和锐利的边缘进行柔化，使图像模糊。“模糊工具”的选项栏如图 5-2-23 所示，其“强度”（也叫压力）文本框是用来调整压力大小的，压力值越大，模糊的作用越大。

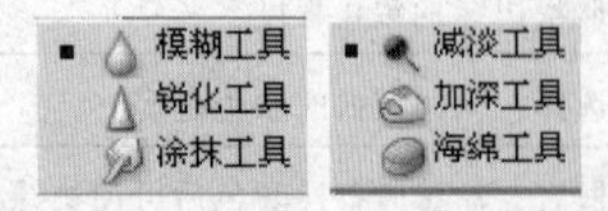

图 5-2-22　两个渲染工具组

图 5-2-23　“模糊工具”选项栏

在图 5-2-24 所示图像的右半部分创建一个矩形选区，单击“模糊工具”按钮，按照图 5-2-23 所示进行选项栏设置，再反复在选区内拖动，效果如图 5-2-25 所示。

图 5-2-24　图像

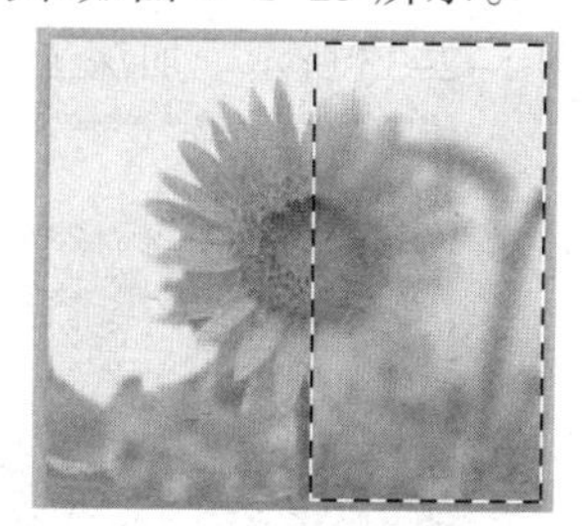

图 5-2-25　模糊加工的图像

（2）“锐化工具”：与“模糊工具“的作用正好相反，是用来将图像相邻颜色的反差加大，使图像的边缘更锐利，其使用方法与“模糊工具”的使用方法一样。其选项栏如图 5-2-26 所示，选中“保护细节”复选框后，可以使涂抹后的图像保护细节；选中“对所有图层取样”复选框后，在涂抹时对所有图层的图像取样，否则只对当前图层的图像取样。将图 5-2-24 所示图像右半部分进行锐化后的效果如图 5-2-27 所示。

图 5-2-26　“锐化工具”选项栏

（3）“涂抹工具”：可以使图像产生涂抹的效果，将图 5-2-24 所示图像右半部分进行涂抹加工后的效果如图 5-2-28 所示。如果选中“手指绘画”复选框，则使用前景色进行涂抹，如图 5-2-29 所示。“涂抹工具”的选项栏如图 5-2-30 所示。

图 5-2-27　锐化图像

图 5-2-28　涂抹图像 1

图 5-2-29　涂抹图像 2

图 5-2-30　“涂抹工具”选项栏

（4）“减淡工具”：作用是使图像的亮度增加。减淡工具的选项栏如图 5-2-31 所示。

图 5-2-31　“减淡工具”选项栏

其中，前面没有介绍的选项的作用如下。

◎“范围”下拉列表框：3 个选项为暗调（对图像暗色区域进行亮化），中间调（对图像中间色调区域进行亮化），高光（对图像高亮度区域进行亮化）。

◎“曝光度”文本框：用来设置曝光度大小，取值在 1%～100%之间。

按照图 5-2-31 进行设置后，将图 5-2-24 所示图像右半部分减淡后的图像如图 5-2-32 所示。

（5）“加深工具”：作用是使图像的亮度减小，将图 5-2-24 所示图像右半部分加深后的图像如图 5-2-33 所示。加深工具的选项栏如图 5-2-34 所示。

图 5-2-32　减淡图像

图 5-2-33　加深图像

图 5-2-34　“加深工具”选项栏

（6）“海绵工具”：作用是使图像的色饱和度增加或减小。海绵工具选项栏如图 5-2-35 所示。如果选择“模式”下拉列表框中的“降低饱和度”选项，则使图像的色饱和度减小；如果选择“模式”下拉列表框中的“饱和”选项，则使图像的色饱和度增加。

图 5-2-35　“海绵工具”选项栏

思考与练习 5-2

1. 绘制“荷塘月色”图像，如图 5-2-36 所示。
2. 制作一幅“封面设计”图像，如图 5-2-37 所示。

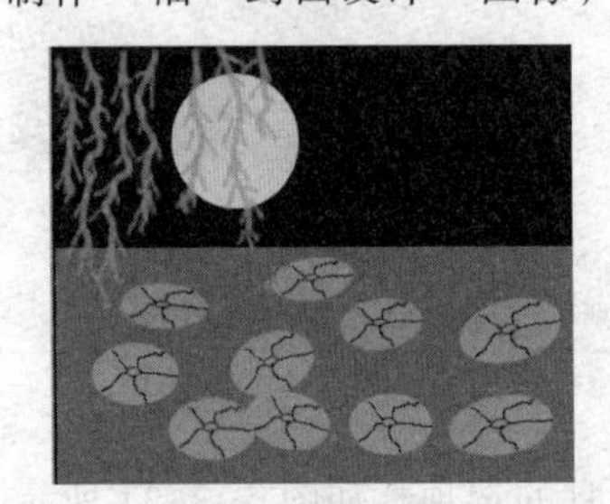
图 5-2-36　“荷塘月色”图像

图 5-2-37　“封面设计”图像

3. 制作如图 5-2-38 所示的 5 幅图形。

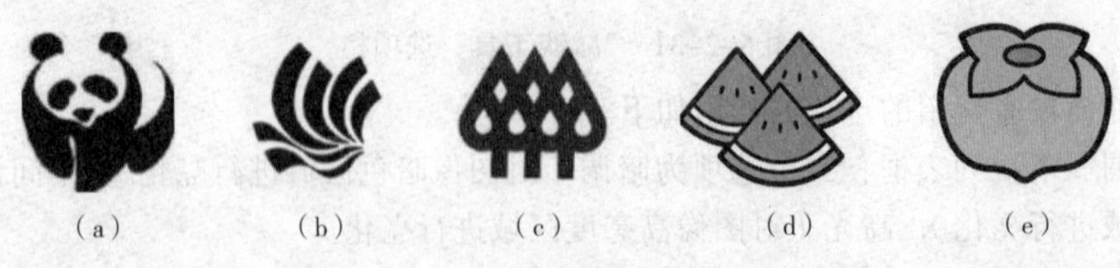

图 5-2-38　5 幅图形

5.3 【案例 18】中华旅游广告

案例 18 视频

案例效果

“中华旅游广告”图像如图 5-3-1 所示。它是一幅中华旅游公司的宣传画。背景是“九寨沟”图像，如图 5-3-2 所示。图像上有旅游胜地故宫、长城、庐山、苏州园林、布达拉宫和兵马俑、颐和园等景区图像，这些景区图像均有白色外框；有文字指明旅游胜地的名称和红色对勾；中间有环绕的绿色箭头，表示在中国的愉快旅游，还有标题等文字。

图 5-3-1　“中华旅游广告”图像

图 5-3-2　“九寨沟”图像

操作步骤

1．制作背景

（1）打开“九寨沟”图像，如图 5-3-2 所示，调整该图像宽度为 1000 像素、高度为 760 像素。双击“背景”图层，调出“新建图层”对话框，单击“确定”按钮，将背景图层转换成名称为“图层 0”的常规图层，再将该图层的名称改为“九寨沟”。然后将该图像以名称“【案例 18】中华旅游广告.psd”保存。

（2）打开“故宫.jpg”图像，使用“移动工具” 拖动该图像到“【案例 18】中华旅游广告.psd”图像上。再将“图层”面板中的“图层 1”图层的名称改为“故宫”。

（3）选中“图层”面板中的“故宫”图层，单击“编辑”→“自由变换”命令，调整该图像的大小和位置，按【Enter】键确定。

（4）按住【Ctrl】键，单击“图层”面板中的“故宫”图层的预览图标，创建选中“故宫”图像的选区。单击“编辑”→“描边”命令，调出“描边”对话框，在该对话框中设置描边为 4 像素，颜色为白色，选中“居外”单选按钮，单击“确定”按钮，给选区描边。

（5）按照上述方法，分别将“长城”“庐山”“苏州园林”“布达拉宫”“兵马俑”“颐和园”图像拖动到“【案例 18】中华旅游广告.psd”图像内不同位置，在“图层”面板中生成一些图层，将这些图层的名称进行更改，并调整好它们的位置和大小，效果见图 5-3-1。

（6）按照上述方法，给这些图像四周添加宽度为 4 像素的白色边框。

2．制作箭头图形

（1）新建一个文件名称为“箭头”、宽度为 400 像素、高度为 300 像素，模式为 RGB 颜色，背景为白色的文档。创建两条参考线。

（2）单击工具箱中的“自定形状工具”按钮，在工具选项栏中“工具模式”下拉列表框中选择“路径”选项，在“形状”下拉列表框中选择➡形状，再在画布上拖动出如图 5-3-3 所示的箭头。“路径”面板中会自动增加一个名称为“工作路径”的路径层。

（3）使用“直接选择工具”，单击选中箭头图像，水平拖动箭头图像的控制柄，使箭头图像变宽一些。按住【Ctrl】键，单击“路径”面板中的路径缩览图，将路径转换成选区。

（4）新建 “图层 1”图层。将前景色设置为淡绿色（R=25、G=123、B=48），按【Alt+Delete】组合键，给“图层 1”图层的选区填充前景色。如图 5-3-4 所示。复制“图层 1”图层，生成名称为“图层 1 副本”的图层。隐藏“图层 1”图层。

（5）选中“图层 1 副本”图层。使用“矩形选框工具”，在画布中拖动一个矩形选区，按【Delete】键，将选区内的图像删除，如图 5-3-5 所示。按【Ctrl+D】键，取消选区。

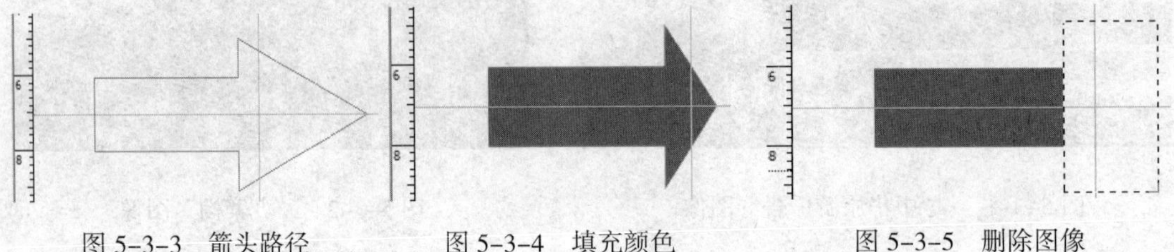

图 5-3-3　箭头路径　　图 5-3-4　填充颜色　　图 5-3-5　删除图像

（6）单击“编辑”→“自由变换”命令，调出控制柄，把图像拉长一点，在其选项栏 -60.0 度中，将角度调整为-60 度。按【Enter】键确定，效果如图 5-3-6 所示。

（7）显示“图层 1”图层，调整“图层 1”图层内的图像为 60 度。把图像调整好，如图 5-3-7 所示。选中“图层 1 副本”图层，按【Ctrl+E】组合键，使该图层和“图层 1”图层合并。

（8）使用工具箱中的“矩形选框工具”，在画布中创建一个矩形选区，按 Delete 键，将选区内的图像删除，如图 5-3-8 所示。按【Ctrl+D】组合键，取消选区。选中“图层 1”图层。

（9）单击“编辑”→“自由变换”命令，进入自由变换调整状态，把中心控制点拖动到如图 5-3-9 所示的位置上，将角度调整为 120 度 120.0 度，按【Enter】键确定。

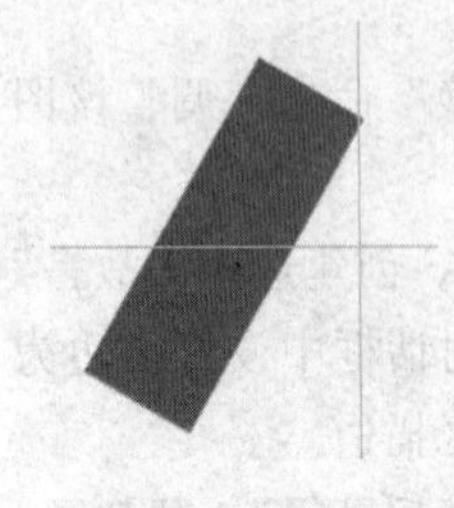

图 5-3-6　调整角度

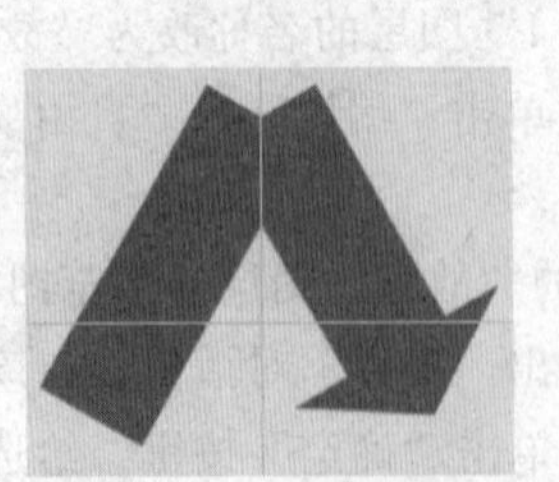

图 5-3-7 调整图像

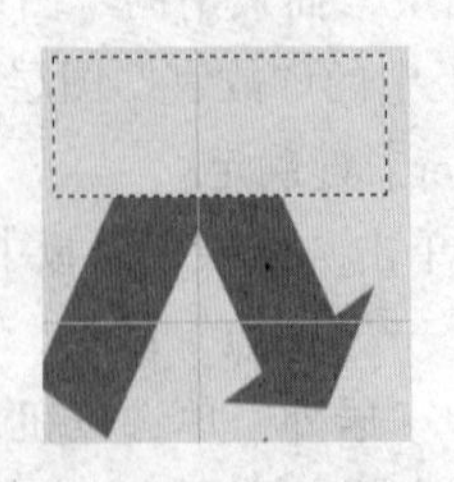

图 5-3-8　删除图像

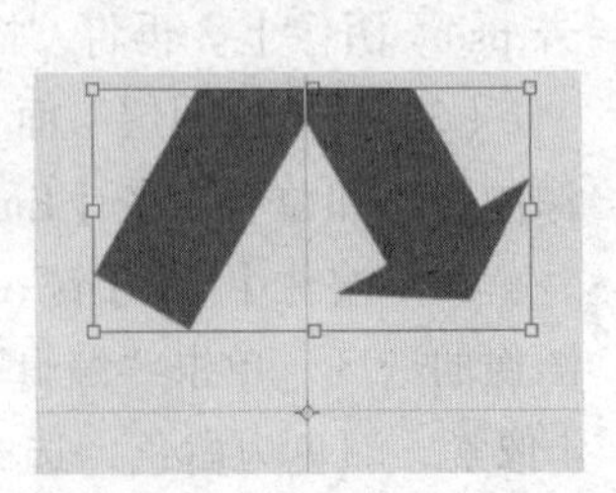

图 5-3-9　调整图像

（10）两次按【Ctrl+Shift+Alt+T】组合键，旋转并复制图像，如图 5-3-10 所示。选中“图层 1 副本 2”图层，按【Ctrl+E】组合键，重复两次，把所有图像合并到“图层 1”图层中。将“图层 1”图层重命名为“标志”，将当前图层的不透明度改为 85%，再为其添加上“斜面和浮雕”和“投影”的图层样式，效果如图 5-3-11 所示。

图 5-3-10　旋转并复制图像

图 5-3-11　标志

（11）使用“移动工具”按钮，将图 5-3-11 所示图像拖动到“【案例 18】中华旅游广告.psd”图像之上，调整复制图像的位置和大小如图 5-3-1 所示。然后，将该图像所在图层的名称改为“标志”。

3. 添加文字

（1）按照图 5-3-1 所示输入广告标语文字到图像中，添加“投影”图层样式效果。

（2）制作红对勾图像，其方法与制作箭头的方法基本一样，只是在“形状”下拉列表框中选择✔形状，在画布内创建路径，将其转换成选区，再填充红色。

相关知识

1. 形状工具的切换和工具模式的切换

单击工具箱中的形状工具组的绘图工具（如“自定形状工具”）按钮，调出该工具组中的工具，选中其中的一种工具，在画布中拖动，就可以绘制直线、曲线、矩形、圆角矩形、椭圆、多边形或自定形状的形状图像，还可以绘制路径和一般图像。

单击画布，调出“创建××形状”对话框，如图 5-3-12 所示。设置形状宽度和高度等，然后单击“确定”按钮，即可按照设置绘制一幅形状图形。

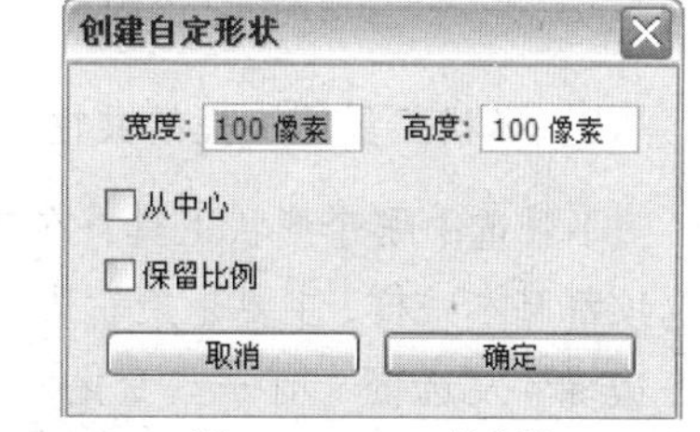

图 5-3-12　对话框

（1）形状工具组工具的切换方法：常用的切换方法如下。

◎ 单击形状工具组中的形状工具按钮。

◎ 按【Shift+U】组合键，自动切换形状工具组中的工具。

◎ 按住【Alt】键，再单击工具箱中的形状工具按钮。

（2）工具模式的切换：形状工具组工具选项栏中的“工具模式”下拉列表框用来选择工具模式，有“形状”“路径”“像素”三个选项。选择的选项不同，其选项栏会有一些变化。在绘制形状或路径的同时，在“路径”面板中也会新增一个路径层。当选中的是形状图层时，则不可以绘制路径和像素图像。下边简介选中不同选项后的选项栏和绘图特点。

◎“形状”选项：选中该选项，进入形状绘图状态，其选项栏如图 5-3-13 所示。在绘制路径中会自动填充前景色或一种选定的图案。如果当前图层不是形状图层，则绘制一个图像就增加一个形状图层，如图 5-3-14 所示；如果当前图层是形状图层，则绘制的图像会在当前图层形状图层内。绘制后的图像不可以用油漆桶工具填充颜色和图案。绘制的形状图像如图 5-3-15 中第 1 行图像所示。

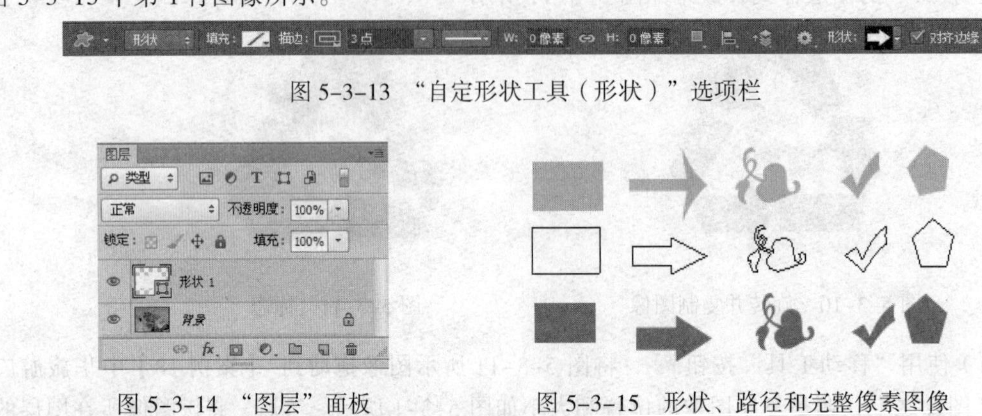

图 5-3-13 “自定形状工具（形状）”选项栏

图 5-3-14 “图层”面板　　图 5-3-15 形状、路径和完整像素图像

◎“路径”选项：选中该选项，进入路径绘制状态，其选项栏如图 5-3-16 所示。在此状态下，绘制的是路径，图 5-3-15 中第 2 行图像即所绘的路径。

图 5-3-16 “自定形状工具（路径）”选项栏

◎“像素”选项：选中该选项，进入一般的绘图状态，其选项栏如图 5-3-17 所示。此时绘制的图像的颜色由前景色决定，该图像可以用油漆桶工具填充颜色和图案，且不增加图层。图 5-3-15 中第 3 行图像就是在该状态下绘制的。

图 5-3-17 “自定形状工具”（像素）选项栏

2. 形状工具组工具的共性

不管选中哪个形状工具，在“工具模式”下拉列表框中选中“形状”选项后，选项栏中的选项都基本一样，主要是最右边一栏中的选项（除了最右边的“对齐边缘”复选框）有一些变化。下边简介形状工具组工具选项栏的共性。在第 3 栏有“路径对齐方式”按钮和“路径排列方式”按钮，第 2 栏和第 3 栏工具的作用将在第 7 章介绍。

（1）“路径操作”按钮的作用：该按钮是第 3 栏第 1 个按钮，单击后会调出“路径操作”菜单，如图 5-3-18 所示，各菜单命令的作用简介如下。

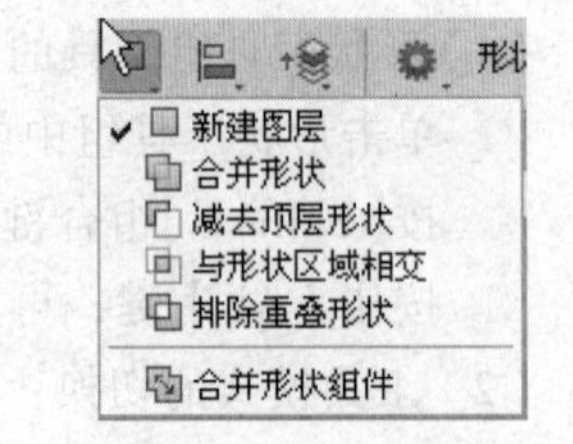

图 5-3-18 “路径操作”菜单

◎“新建图层”命令：单击后，绘制一个形状图像，如图 5-3-19 所示。此时，会创建一个形状图层。新图形的样式不会影响原图形的样式，如图 5-3-19 所示。

◎“合并图层”命令：该命令只有在已经创建了一个形状图层后才有效。单击该命令后，则绘制的新形状与原形状相加成一个新形状图像，而且新形状图像采用的样式会影响原来形状图像的样式，如图 5-3-20 所示。另外，还不会创建新图层。

在选择“新建图层”命令的情况下，按住【Shift】键，拖动出一个新形状图像，也可使创建的新形状图像与原来形状图像相加生成一个新的形状图像。

◎“减去顶层形状”命令：单击该命令后，则绘制的新形状图像与原来的形状图像相减，使创建的新形状与原来形状重合的部分减去，得到一个新形状图像，如图 5-3-21（a）所示。另外，不会创建新图层。在单击“新形状图像”按钮的情况下，按住【Alt】键，拖动出一个新形状，也可以使创建的新形状与原来形状重合部分减去，得到一个新形状图像。

◎“与形状区域相交”命令：单击该命令后，可以只保留新形状与原来形状重合的部分，得到一个新形状，而且不会创建新图层。例如，一个矩形形状与一个花状形状重合部分的新形状如图 5-3-21（b）所示。在单击“新形状图像”按钮的情况下，按住【Shift+Alt】组合键，拖动出一个新形状，也可只保留新形状将与原来形状重合的部分，得到一个新形状。

◎“排除重叠形状”命令：单击该命令后，可以清除新形状与原来形状重合的部分，保留不重合部分，得到一个新形状，而且不会创建新图层。例如，创建一个矩形形状与另一个花状形状不重合部分的新形状，如图 5-3-21（c）所示。

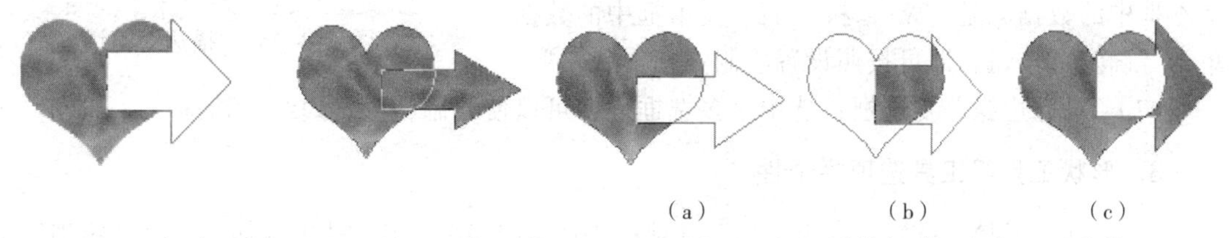

（a）（b）（c）

图 5-3-19 新建形状 图 5-3-20 添加形状 图 5-3-21 形状相减、相交和重叠外

◎“合并形状组件”命令：单击该命令后，可以将选中的同一图层内的多个形状对象合并为一个对象。

（2）“填充”按钮的作用：单击该按钮可调出“填充”面板。其内上边一行中，单击“无颜色”按钮，可设置不填充颜色；单击“纯色”按钮，“填充”面板如图 5-3-22（a）所示，用来设置填充的单色；单击“渐变色”按钮，“填充”面板如图 5-3-22（b）所示，用来设置填充的渐变色，具体方法可见 2.2 节内容；单击“图案”按钮，“填充”面板如图 5-3-22（c）所示，用来设置填充的图案，单击选中其内一种图案后按【Enter】键，或双击一种图案，即可完成设置。单击“拾色器”图标，可以调出“拾色器（填充颜色）”对话框，利用该对话框设置路径的填充色。

（3）“描边”按钮的作用：单击该按钮，调出“描边”面板，单击其中右上角的“拾色器”图标，调出“拾色器（描边颜色）”对话框，可以设置路径描边颜色。

（4）“设置形状描边宽度”数字框：用来设置形状描边的宽度，单位是点。

（5）“设置形状描边类型”按钮：单击该按钮，调出“线型”面板，如图 5-3-23 所示。单击“对齐”“端点”“角点”下拉按钮，可以分别调出相应列表，如图 5-3-24 所示，单击列表中的选项，可以设置线“对齐”“端点”“角点”的类型。

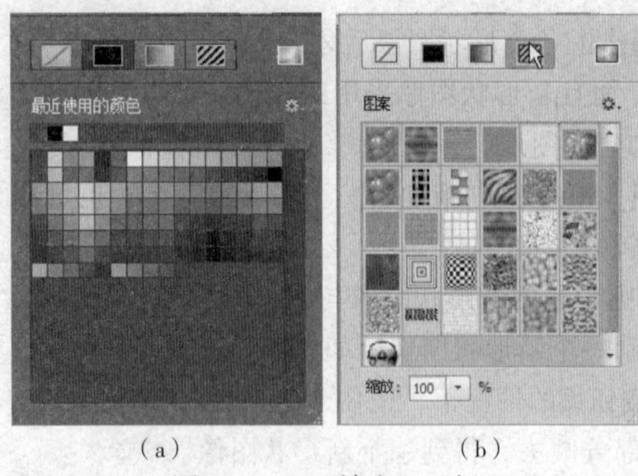

（a）（b）

图 5-3-22 “填充”面板

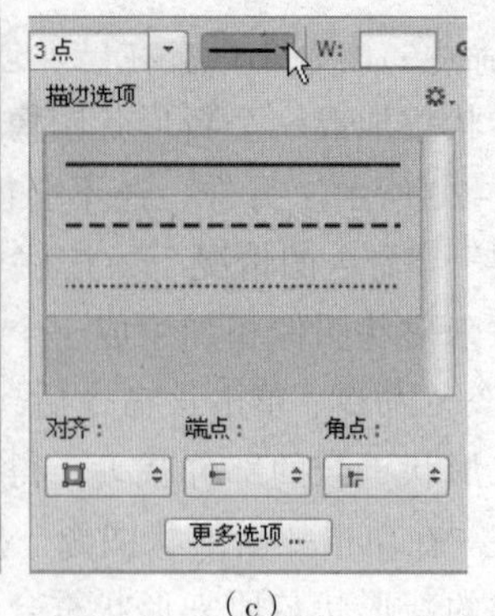

（c）

图 5-3-23 “线型”面板

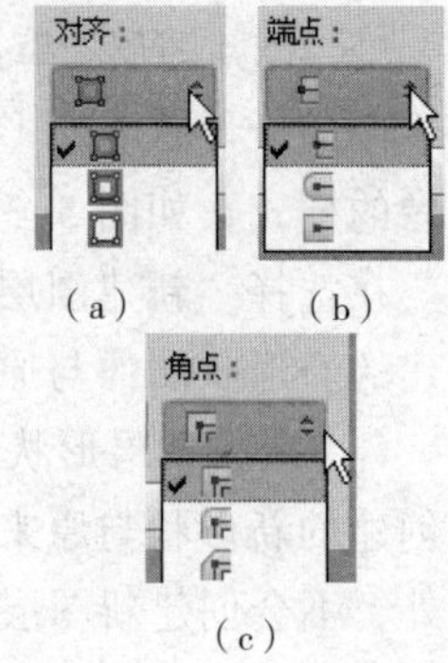

（a）（b）

（c）

图 5-3-24 三种列表

单击“更多选项”按钮，可以调出“描边”对话框，如图 5-3-25 所示，利用该对话框可以更集中和精细地设置描边线的类型特点。

图 5-3-25 “描边”对话框

（6）“W:”和“H:”文本框：用来输入形状的宽度和高度，以后单击画布，可以调出一个“创建××形状”对话框，如图 5-3-12 所示，其中的“宽度:”和“高度:”文本框中的数据就是“W:”和“H:”文本框中的数据。单击“确定”按钮，即可按照设置绘制一幅形状图形。

（7）“对齐边缘”复选框：选中该多选框后，可以使绘制的形状边缘更精细。

3．形状工具组工具选项栏个性

（1）“直线工具”：“直线工具”选项栏如图 5-3-26 所示。其中增加了一个“粗细”文本框，用来设置线粗细，单位是像素。按住【Shift】键并拖动，可绘制 45° 整数倍的直线。

图 5-3-26 “直线工具”选项栏

单击“几何选项”按钮，会调出“箭头”面板，如图 5-3-27 所示。利用该面板可以调整箭头的一些属性。图 5-3-28 给出了绘制的几种直线。该面板中各选项的作用如下。

◎“起点”复选框：选中该复选框后，表示直线的起点有箭头。

◎“终点”复选框：选中该复选框后，表示直线的终点有箭头。

◎“宽度”文本框：设置箭头相对于直线宽度的百分数，取值范围 10% ~ 1000%。

◎“长度”文本框：设置箭头宽度相对于直线宽度的百分数，取值范围 10% ~ 5000%。

◎“凹度”文本框：设置箭头长度相对于直线宽度的百分数，取值范围+50% ~ –50%。

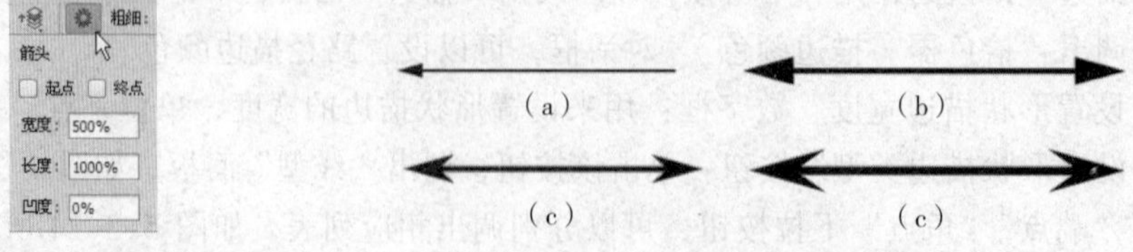

图 5-3-27 “箭头”面板　　图 5-3-28 绘制的各种箭头

（2）“矩形工具”：单击该按钮，“形状图层”模式下的矩形工具选项栏如图 5-3-29 所示。进行设置后，在画布内拖动即可绘出矩形。按住【Shift】键并拖动，可以绘制正方形。

图 5-3-29　“形状图层”模式下矩形工具的选项栏

单击“几何选项”按钮 ，可以调出“几何选项”面板，如图 5-3-30 所示，用来调整矩形的一些属性，简介如下。

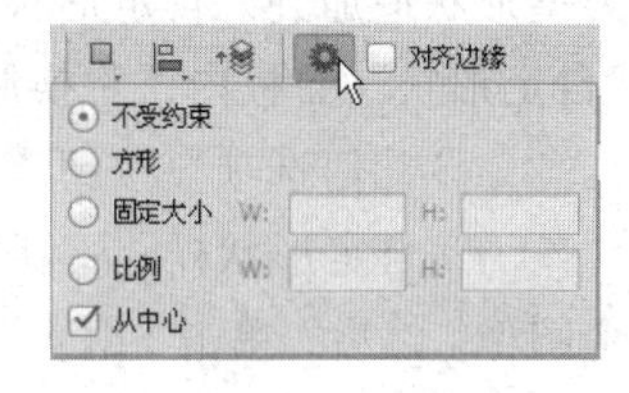

图 5-3-30　“几何选项”面板

◎“不受约束”单选按钮：选中该单选按钮后，可以在画布内拖动绘制任意宽高比和大小的矩形。

◎“方形”单选钮：选中该单选按钮后，可以在画布内拖动绘制任意大小的正方形。

◎“固定大小”单选按钮：选中该单选按钮后，其右边的文本框变为有效，用来输入矩形的宽度和高度。然后，单击画布内即可绘制出指定大小的矩形。

◎“固定大小”单选按钮：选中该单选按钮后，其右边的文本框变为有效，用来输入矩形的宽度和高度的比值。然后，在画布内拖动，可以绘制设置宽高比的矩形。

◎“从中心”复选框：选中该复选框后，绘制的矩形中心就是单击点。

（3）“圆角矩形工具” ：单击该单选按钮后的选项栏如图 5-3-31 所示，可以在画布内绘制圆角矩形形状。圆角矩形工具增加了一个“半径”文本框。其他与矩形工具的使用方法一样。

图 5-3-31　“圆角矩形工具”选项栏

◎“半径”文本框：该文本框中的数据决定了圆角矩形圆角的半径，单位是像素。

◎“几何选项”按钮 ：单击该按钮，会调出“几何选项”面板（见图 5-3-30）。

（4）“椭圆工具” ：单击该按钮后，即可绘制椭圆和圆形。其使用方法与矩形工具的使用方法基本一样。单击“椭圆选项”按钮 ，会调出“椭圆选项”面板，如图 5-3-32 所示，它与图 5-3-30 基本一样。

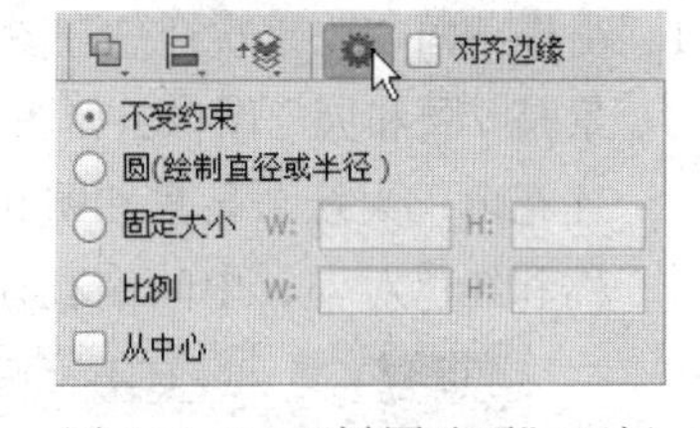

图 5-3-32　“椭圆选项”面板

（5）“多边形工具” ：“多边形工具”选项栏如图 5-3-33 所示。多边形工具增加了一个“边”文本框。其他与矩形工具的使用方法一样。进行设置后即可在画布内绘制多边形。

图 5-3-33　“多边形工具”选项栏

◎“边”文本框：该文本框中的数据决定了多边形的边数。

◎“几何选项”按钮 ：单击该按钮，调出“几何选项”面板，如图 5-3-34 所示。利用该面板可以调整多边形的一些属性。图 5-3-35 给出了绘制的几种形状。

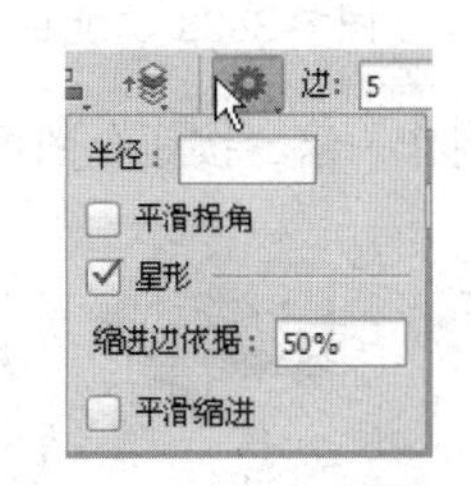

图 5-3-34　“几何选项”面板

（6）“自定形状工具” ：单击该按钮后，可以在画布内绘制自定形状的图像。其选项栏见图 5-3-13，增加了一个“形状”下拉列表框。其与矩形工具的使用方法基本一样。

◎“形状”下拉列表框：单击黑色箭头按钮，调出“自定形状”面板，如图 5-3-36 所示。双击面板中的一个图案样式，再拖动绘制选中的图案。单击“形状”面板右侧的按钮，调出它的面板菜单，单击其中一个命令，会调出一个提示框。单击“追加”按钮，可以将选中的一类型形状追加到“自定形状”面板后面；单击“确定”按钮，可以将选中的一类型形状添加到“自定形状”面板内，替换原形状。

◎“几何选项”按钮：单击该按钮，会调出“几何选项”面板（见图 5-3-30）。

（7）自定形状样式：新建一个画布，用各种自定形状工具，可以在一个形状图层中绘制各个图像。然后，单击“编辑”→“定义自定形状”命令，调出“形状名称”对话框，如图 5-3-37 所示。在“名称”文本框中输入新的名称，再单击“确定”按钮，即可将刚刚绘制的图像定义为新的自定形状样式，并追加到“自定形状”面板中自定形状样式图案的后面。

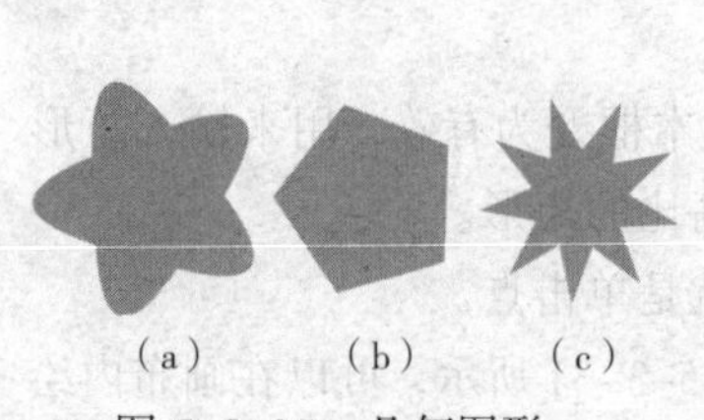
（a）（b）（c）
图 5-3-35 几何图形

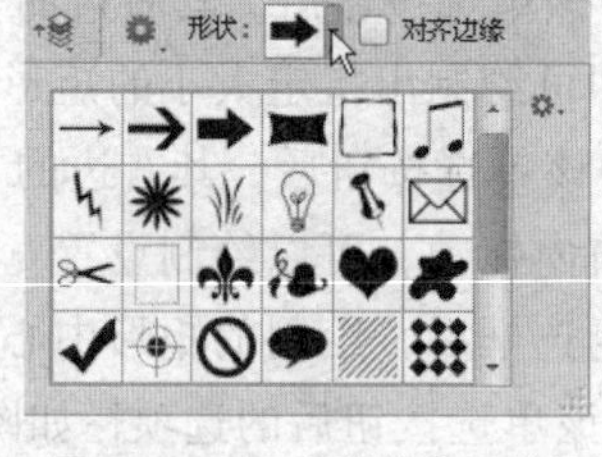

图 5-3-36 “形状”面板

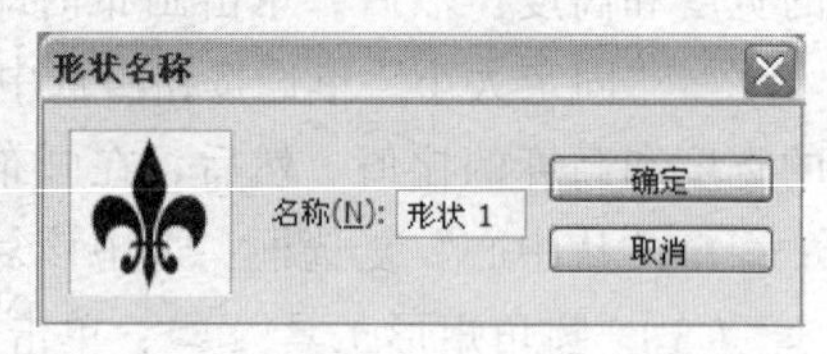

图 5-3-37 “形状名称”对话框

思考练习 5-3

1. 制作一幅“北京欢迎您”图像如图 5-3-38 所示。它是一幅北京四海旅游公司的宣传画。背景是“颐和园”图像，如图 5-3-39 所示。图像之上有旅游胜地故宫、长城、北海、圆明园、莲花山、天坛、鸟巢和颐和园等图像，这些图像均有白色外框；有文字指明旅游胜地的名称和红色对勾；中间偏右有环绕的绿色箭头，表示在北京的愉快旅游，还有标题等文字。

图 5-3-38 “北京欢迎您”图像

图 5-3-39 “颐和园”图像

2. 制作一幅“按钮”图像，如图 5-3-40 所示，它给出了多个按钮的图形。

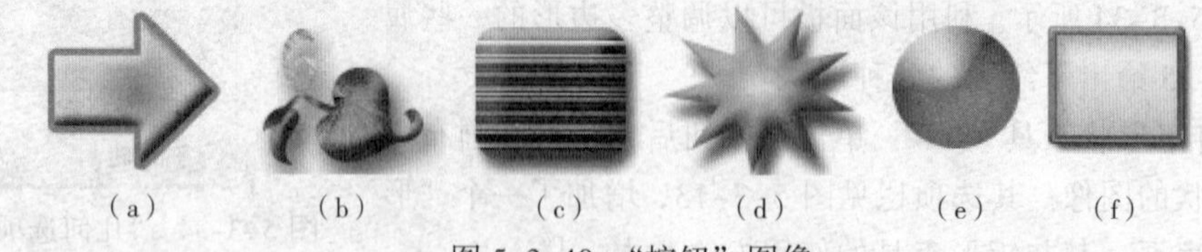
（a）（b）（c）（d）（e）（f）
图 5-3-40 “按钮”图像

3. 参考【案例 18】图像的操作过程，制作一幅“北京建筑物”宣传图像。
4. 制作一幅“国人期盼”图像，如图 5-3-41 所示。
5. 绘制四张扑克牌（红桃 6、黑桃 9、方片 3 和草花 10）图形。
6. 制作一幅“电影胶片”图像，如图 5-3-42 所示。

图 5-3-41　“国人期盼”图像

图 5-3-42　“电影胶片”图像

5.4　【案例 19】玉玲珑饭店

案例效果

“玉玲珑饭店”图像如图 5-4-1 所示。可以看到，它以繁华的都市夜晚咖啡店图像为背景，制作的霓虹灯文字散发出七彩光芒，搭配有金色广告牌外框，在夜晚的衬托下显示出华丽的气势，非常显眼。该图像是在图 5-4-2 所示“饭店”图像基础之上制作而成的。“饭店”图像是一幅曝光不足的、格式为“CMYK 颜色”的图像，需要进行色彩调整。

图 5-4-1　“玉玲珑饭店”图像

图 5-4-2　“饭店”图像

操作步骤

1. 图像色彩调整

（1）打开“饭店”图像（见图 5-4-2）。将图像宽度和高度分别调整为 600 像素和 500 像素，以名称“【案例 19】玉玲珑饭店.psd”保存。

（2）单击“图像”→“模式”命令，调出“模式”菜单，选择该菜单内的“RGB 模式”命令，将该图像转换为 RGB 颜色格式的图像。

（3）单击“图像”→“调整”→“曲线”命令，调出“曲线”对话框，在“通道”下拉列表框中选择“红”选项，拖动调整红曲线，如图 5-4-3（a）所示。

（4）在“通道”下拉列表框中选择“绿”选项，拖动绿曲线，如图 5-4-3（b）所示；选择“蓝”选项，拖动“蓝”曲线，与图 5-4-3（a）所示相似。选择“RGB”选项，拖动 RGB 曲线，如图 5-4-3（c）所示。

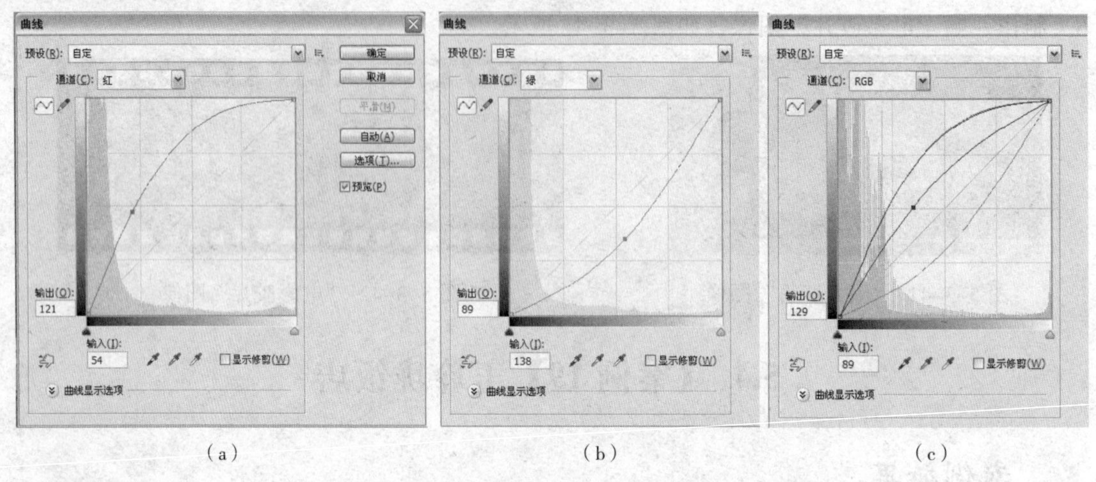

（a）　（b）　（c）

图 5-4-3　在“曲线”对话框内红、绿、RGB 通道的曲线

单击“确定”按钮，关闭“曲线”对话框。然后，再调出“曲线”对话框，再调整 RGB 曲线，与图 5-4-3（c）所示相似。单击“确定”按钮，效果如图 5-4-4 所示。

（5）单击“图像”→“调整”→“色阶”命令，调出“色阶”对话框，如图 5-4-5 所示。在“通道”下拉列表框中选择“RGB”选项，拖动“输入色阶”和“输出色阶”栏中的滑块，或者在文本框中修改数值，同时观察图像色彩的变化，使图像变亮。如果某种颜色不足，可以在“通道”下拉列表框中选择该基色，再进行调整。单击“确定”按钮。

图 5-4-4　曲线调整效果

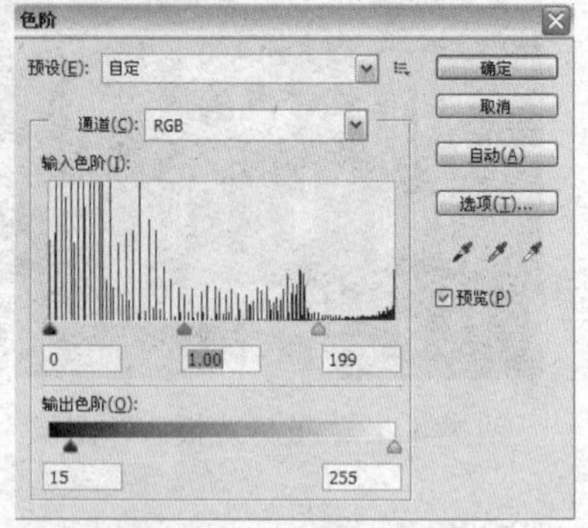

图 5-4-5　“色阶”对话框

（6）单击“图像”→“调整”→“亮度/对比度”命令，调出“亮度/对比度”对话框，如图 5-4-6 所示。利用该对话框可以调整图像的亮度和对比度。

（7）单击“图像”→“调整”命令，调出“调整”菜单，选择该菜单“色彩平衡”和“色相/饱和度”等命令，可以进行相应的色彩调整。

2. 绘制霓虹边框

（1）单击工具箱中的“自定形状工具”按钮，在选项栏中单击“形状”按钮，调出“形状”面板，单击该面板右侧的按钮，调出面板菜单，选择“横幅和奖品”命令，调出一个提示框，单击“追加”按钮，将一些形状追加到“形状”面板内后面。

（2）在选项栏的“工具模式”下拉列表框中选择“路径”选项，在“形状”面板中选择“横幅 2”形状图案，然后在画布中拖动鼠标，创建一个边框的路径。

（3）设置前景色为黄色，在“背景”图层上新建一个“霓虹灯边框”图层。使用“画笔工具”，右击画布内部，调出“画笔样式”面板，设置画笔大小 4 px，硬度 100%。

（4）单击“路径”面板中的“将路径作为选区载入”按钮，将选中的路径转换为选区。单击“编辑”→“描边”命令，调出“描边”对话框，设置宽度为 5 像素，选中“居中”单选按钮，单击“确定”按钮，给选区添加宽度为 4 像素的黄色边。按【Ctrl+H】组合键，隐藏路径。

（5）选中“霓虹灯边框”图层，单击“编辑”→“变换”→“变形”命令，进入变形调整状态，调整控制柄，使图形形状如图 5-4-7 所示。按【Enter】键确定。

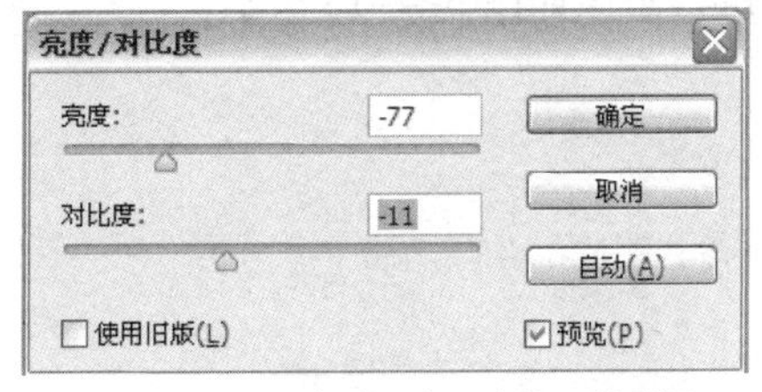

图 5-4-6　“亮度/对比度”对话框

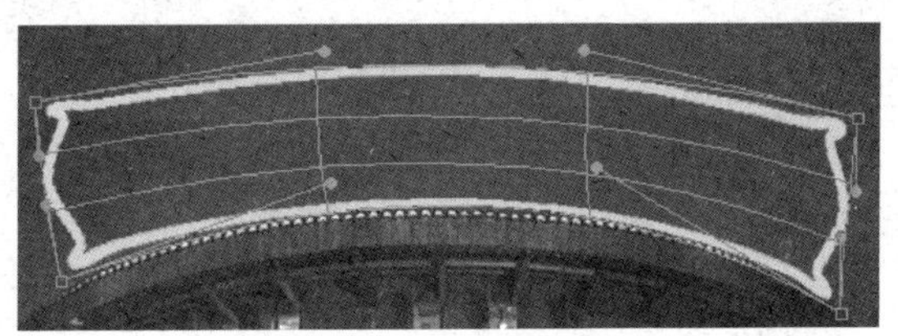

图 5-4-7　绘制边框

（6）单击“滤镜”→“模糊”→“高斯模糊”命令，调出“高斯模糊”对话框，在该对话框中设置半径为 1 像素。单击“确定”按钮，为“边框”图像添加模糊效果。

（7）单击“图层”面板中的“添加图层样式”按钮，调出其菜单，选择“外发光”命令，调出“图层样式”对话框，设置发光颜色为红色，其他设置如图 5-4-8 所示。单击“确定”按钮，效果如图 5-4-9 所示。

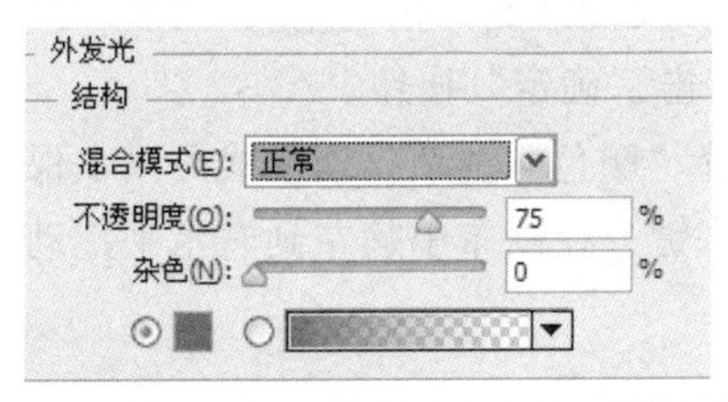

图 5-4-8　“图层样式”对话框

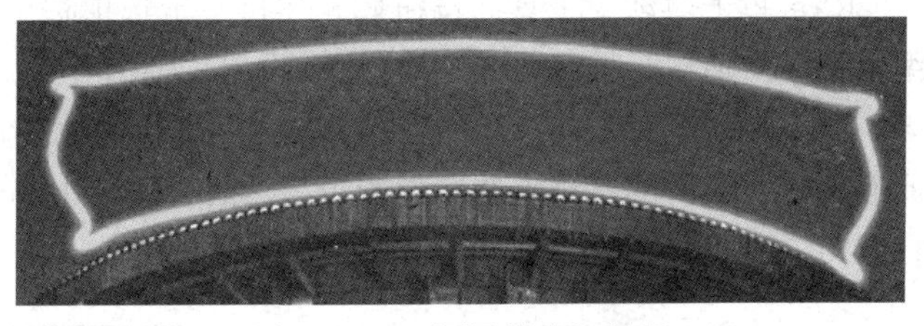

图 5-4-9　“图层样式”效果

（8）复制“边框”图像，将复制的图像进行缩小和变形调整，按【Enter】键确定，如图 5-4-10 所示。

3. 输入文字

（1）单击工具箱中的“横排文字工具”按钮，在其选项栏内设置字体为“隶书”，文字颜色为白色，字号为 50 点，输入文字“玉玲珑饭店”。单击工具箱中的“移动工具”按钮，将文字移到框架内的中间。利用“字符”面板将文字间距调大一些。

（2）在“玉玲珑饭店”文字图层下创建一个“图层 1”图层，给该图层的画布填充黑色。选中“玉玲珑饭店”文字图层，单击“图层”→“向下合并”命令，将“玉玲珑饭店”文字图层与“图层 1”图层合并。将合并后的图层名称改为“文字”。

（3）单击工具箱中的“矩形选框工具”按钮，在文字的外边创建一个矩形选区。单击

“滤镜”→“模糊”→“高斯模糊”命令，调出“高斯模糊”对话框，设置模糊半径为 2，单击“确定”按钮，模糊效果如图 5-4-11 所示。

注意：模糊操作是为了下一步使用曲线命令做准备的，如果没通过模糊操作在文字的边缘制作出一些过渡性的灰度的话，无论将曲线调整得多复杂，也无法在文字上制作出光泽的效果。

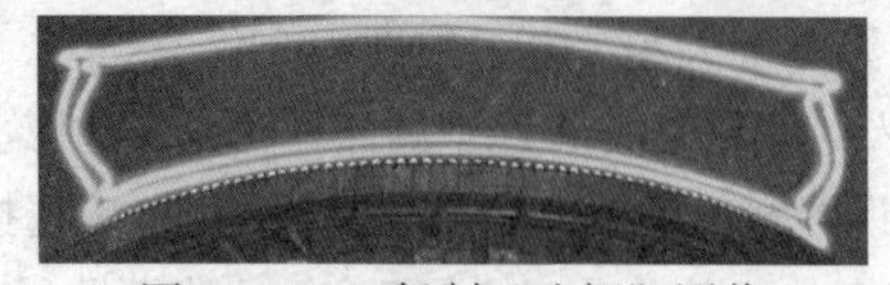

图 5-4-10 复制“边框”图像

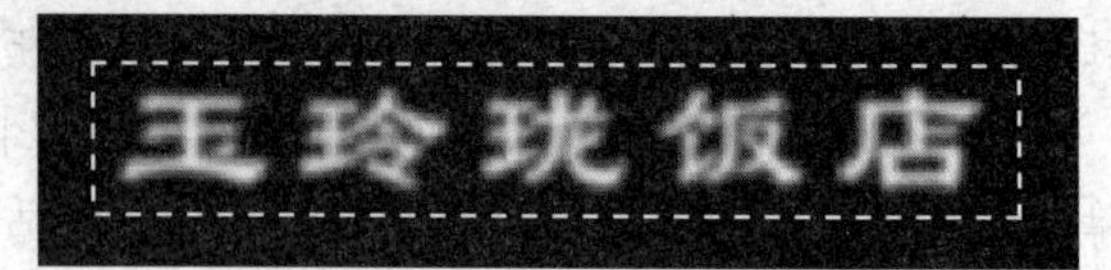

图 5-4-11 高斯模糊效果

（4）单击“图像”→“调整”→“曲线”命令，调出“曲线”对话框。在该对话框中拖动曲线，调整为图 5-4-12 所示的形状，单击“确定”按钮，图像如图 5-4-13 所示。

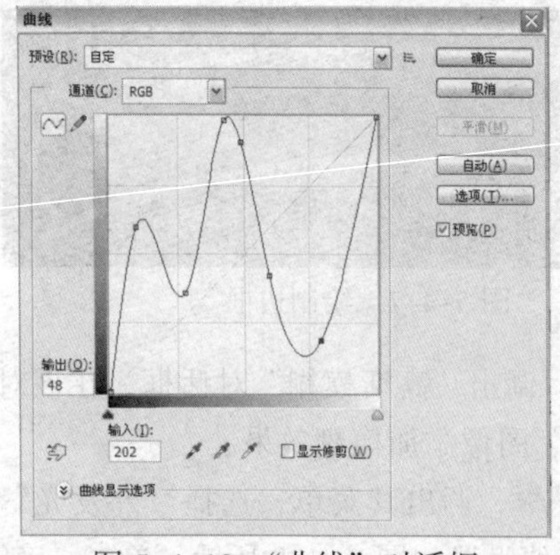

图 5-4-12 “曲线”对话框

图 5-4-13 调整曲线后的图像

（5）单击“渐变工具”按钮，再单击选项栏中的“线性渐变”按钮，调出“渐变编辑器”对话框，按照图 5-4-14 所示设置线性渐变色。单击“确定”按钮。

（6）在“渐变工具”选项栏的“模式”下拉列表中选择“颜色”选项，该模式可以在保护原有的图像灰阶的基础上给图像着色。然后，按住【Shift】键，在画布中从左到右水平拖动鼠标，给文字着色，效果如图 5-4-15 所示。

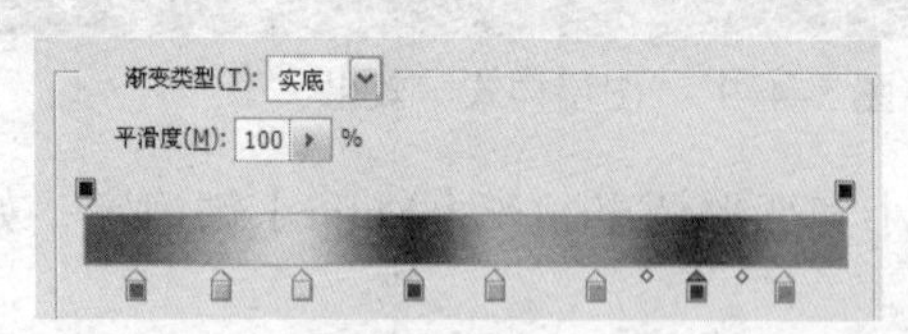

图 5-4-14 “渐变编辑器”对话框设置

图 5-4-15 渐变效果

（7）按【Ctrl+D】组合键，取消选区。单击“编辑”→“变换”→“变形”命令，进入变形调整状态，调整控制柄，使图形形状如图 5-4-16 所示。按【Enter】键确定。

图 5-4-16 文字的变形调整

（8）选中“图层”面板内的“文字”图层，在“设置图层混合模式”下拉列表框中选择“滤色”选项。至此，整个图像制作完毕，效果见图 5-4-1。

相关知识

1. 曲线调整

单击"图像"→"调整"→"曲线"命令，即可调出"曲线"对话框（见图 5-4-12），如果曲线是一条斜直线，表示没有调整。"曲线"对话框中各选项的作用如下。

（1）色阶曲线水平轴：表示原来图像的色阶值，即色阶输入值。单击水平轴上中间处的光谱条，可以使水平轴和垂直轴的黑色与白色互换。

（2）色阶曲线垂直轴：表示调整后图像的色阶值，即色阶输出值。

（3）按钮：单击该按钮后，将鼠标移动到色阶曲线处。当鼠标指针呈十字箭头形状或十字形状时，拖动鼠标可以调整曲线的弯曲程度，从而调整图像相应像素的色阶。单击鼠标左键，可以在曲线上生成一个空心正方形的控制点。

选中控制点（空心正方形变为黑色实心正方形），使"输入"和"输出"文本框出现。调整这两个文本框内的数值，改变控制点的输入和输出色阶值。

将鼠标指针移开曲线，当鼠标指针呈白色箭头形状时单击，可以取消控制点的选取，同时"输入"和"输出"的文本框消失，只是显示鼠标指针点的输入和输出色阶值。

（4）按钮：单击该按钮后，将鼠标移动到色阶曲线处，拖动鼠标可以改变曲线的形状。此时"平滑"按钮变为有效，单击该按钮可以使曲线平滑。

（5）"预设"下拉列表框：用来选择系统提供的调整好的曲线方案。

（6）"通道"下拉列表框：用来选择图像通道，可以分别对不同通道图像进行曲线调整。

2. 色域、色阶和色阶直方图

（1）色域：色域是指一种模式的图像可以有的颜色数目。例如：灰色模式的图像，每个像素用一个字节表示，则灰色模式的图像最多可以有 2^8=256 种颜色，它的色域为 0～255。RGB 模式的图像，每个像素的颜色用红、绿、蓝 3 种基色按不同比例混合得到，如果一种基色用一个字节表示，则 RGB 模式的图像最多可以有 2^{24} 种颜色，它的色域为 0～$2^{24}-1$。CMYK 模式的图像，每个像素的颜色由 4 种基色按不同比例混合得到，如果一种基色用一个字节表示，则 CMYK 模式的图像最多可以有 2^{32} 种颜色，它的色域为 0～$2^{32}-1$。

（2）色阶：色阶是指图像像素每一种颜色的亮度值，有 2^8=256 个等级，范围是 0～255。其值越大，亮度越暗；其值越小，亮度越亮。色阶等级越多，则图像的层次越丰富好看。

（3）色阶直方图：用于观察图像中不同色阶的像素个数，不可以进行修改。打开一幅图像，单击"窗口"→"直方图"命令，调出"直方图"面板，如图 5-4-17 所示。如果"直方图"面板中没有给出下边的数据信息，可以选择该面板菜单中的"扩展视图"命令，同时选择"显示统计数据"命令。该面板中各选项和数据的含义如下。

◎ 直方图图形：这是一个坐标图形。横轴表示色阶，其取值范围为 0～255，最左边为 0，最右边为 255。纵轴表示具有该色阶的像素数量。当鼠标指针在直方图图形内移动时，提示信息栏会给出鼠标指针点的色阶值和相应的具有该色阶的像素个数等信息。

◎"通道"下拉列表框：用来选择 RGB、明度（即亮度）和颜色等通道，观察不同通道的色阶。对于不同模式的图像，下拉列表框中的选项会不一样。"明度"选项表示灰度模式图像。

◎“源”下拉列表框：用来选择针对“整个图像”还是针对“选中的图层”等。

◎ 平均值：表示图像色阶的平均值。

◎ 标准偏差：表示图像色阶分布的标准偏差。该值越小，则所有像素的色阶就越接近色阶的平均值。

◎ 中间值：表示图像像素色阶的中间值。

◎ 像素：整个图像或选区内图像像素的总个数。

◎ 色阶：鼠标指针处的色阶值。如果在直方图图形内水平拖动，选中一个色阶区域，如图 5-4-18 所示，则该项给出的是色阶区域内色阶的范围。

◎ 数量：具有鼠标指针处色阶的像素个数。有色阶区域时，给出该区域内像素个数。

◎ 百分位（即百分数）：小于或等于鼠标指针处的色阶的像素个数占总像素个数的百分比。有色阶区域时，给出该区域内像素个数占总像素个数的百分比。

◎ 高速缓存级别：显示图像高速缓存设置编号。

3．色阶调整

单击“图像”→“调整”→“自动色阶”命令，可以自动调整图像各像素的色阶，调整图像的亮暗程度，使图像中亮度不正常的区域改变。单击“图像”→“调整”→“色阶”命令，可以调出“色阶”对话框，如图 5-4-19 所示。

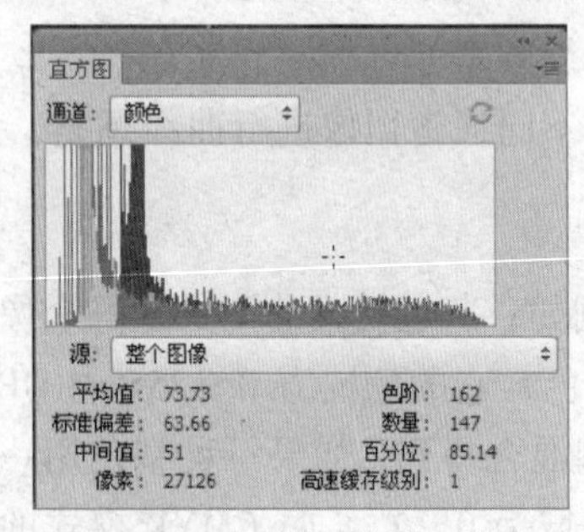

图 5-4-17 “直方图”面板 1

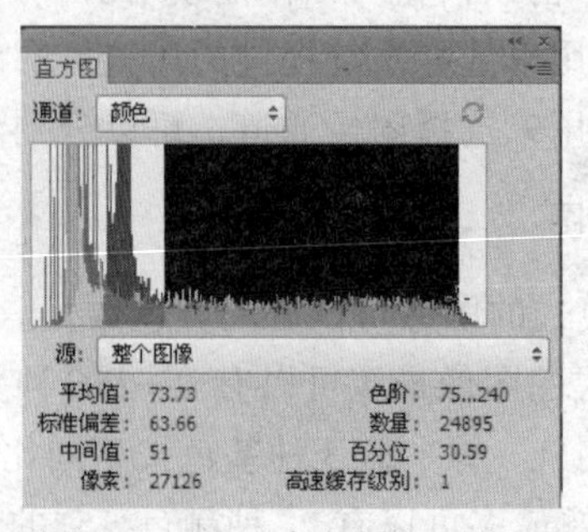

图 5-4-18 “直方图”面板 2

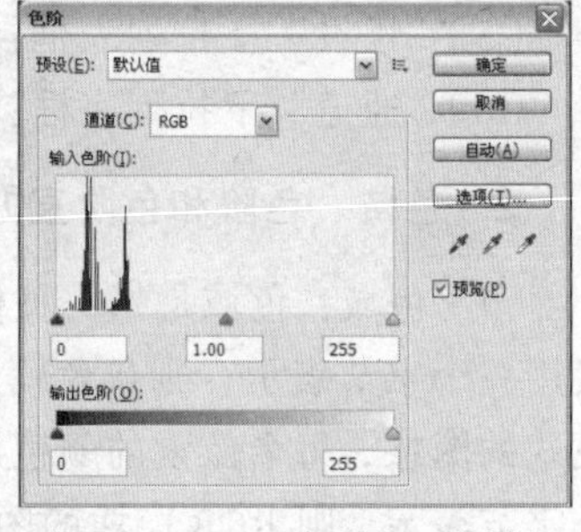

图 5-4-19 “色阶”对话框

该对话框中各选项的作用如下。

（1）“预设”下拉列表框：用来选择“默认值”或者其他一种预设。

（2）“预设”菜单，单击“色阶”对话框中“预设”下拉列表框左边的按钮，可以调出“预设”菜单，其中各命令的作用如下。

◎“载入预设”命令：用来载入磁盘中扩展名为“.ALV”的设置文件。

◎“存储预设”命令：可以将当前的设置存到磁盘中，文件的扩展名为“.ALV”。

◎“删除当前预设”命令：可以将当前的预设删除。

（3）“通道”下拉列表框：用来选择复合通道（如 RGB 通道）和颜色通道（如红、绿、蓝通道）。对于不同模式的图像，下拉列表框中的选项不一样，其色阶情况也不一样。

（4）色阶直方图：拖动横坐标上 3 个滑块，可以调整最小、中间和最大色阶值。

（5）“输入色阶”3 个文本框：从左到右分别用来设置图像的最小、中间和最大色阶值。当图像色阶值小于设置的最小色阶值时，图像像素为黑色；当图像色阶值大于设置的最大色阶值时，图像像素为白色。最小色阶值的取值范围是 0～253，最大色阶值取值范围是 2～255，中间色阶值的取值范围是 0.10～9.99。最小色阶值和最大色阶值越大，图像越暗；中间色阶值越大，图像越亮。

（6）“输出色阶”栏：左边的文本框用来调整图像暗的部分的色阶值，右边的文本框用来调整图像亮的部分的色阶值，取值范围都是 0～255。数值越大，图像越亮。

两个文本框上面的滑块分别调整“输出色阶”两个文本框的数值。

（7）“自动”按钮：单击该按钮后，系统把图像中最亮的 0.5%像素调整为白色，把图像中最暗的 0.5%像素调整为黑色。

（8）吸管按钮组：从左到右 3 个吸管按钮的名字分别为：“设置黑场”“设置灰点”“设置白场”。单击它们后，当鼠标指针移动到图像或“颜色”面板上时单击，即可获得单击处像素的色阶数值。

◎“设置黑场”吸管按钮：系统将图像像素的色阶数值减去吸管获取的色阶数值，作为调整图像各个像素的色阶数值。这样可以使图像变暗并改变颜色。

◎“设置灰点”吸管按钮：系统将吸管获取的色阶数值，作为调整图像各个像素的色阶数值。这样可以改变图像亮度和颜色。

◎“设置白场”吸管按钮：系统将图像像素的色阶加上吸管获取的色阶数值，作为调整图像各个像素的色阶数值。这样可以使图像变亮并改变颜色。

4. 亮度/对比度和色彩平衡调整

（1）亮度/对比度调整：单击“图像”→“调整”→“亮度/对比度”命令，调出“亮度/对比度”对话框（见图 5-4-6）。可以调整图像的亮度和对比度。它们的调整范围是+100～-50，选中“使用旧版”复选框后的调整范围是+100～-100。

（2）色彩平衡调整：单击“图像”→“调整”→“色彩平衡”命令，调出“色彩平衡”对话框，如图 5-4-20 所示。“色彩平衡”对话框中各选项的作用如下。

◎“青色”滑杆：用鼠标拖动滑杆上的滑块，调整从青色到红色的色彩平衡。向右拖动滑块，可以使图像变红；向左拖动滑块，可以使图像变青。

◎“洋红”滑杆：用鼠标拖动滑杆上的滑块，调整从洋红色到绿色的色彩平衡。

◎“黄色”滑杆：用鼠标拖动滑杆上的滑块，调整从黄色到蓝色的色彩平衡。

◎“色调平衡”栏：用来确定色彩的平衡处理区域。

◎“色阶”3 个文本框：分别用来显示 3 个滑块调整时的色阶数据，用户也可以直接输入数值，同时滑块的位置也随之改变。它们的数值范围是+100～－100。

（3）自动对比度调整：单击“图像”→“调整”→“自动对比度”命令，即可自动调整图像各像素的对比度，使图像中对比度不正常的区域改变。

5. 色相/饱和度调整

单击“图像”→“调整”→“色相/饱和度”命令，调出“色相/饱和度”对话框，如图 5-4-21 所示。该对话框中各选项的作用如下。

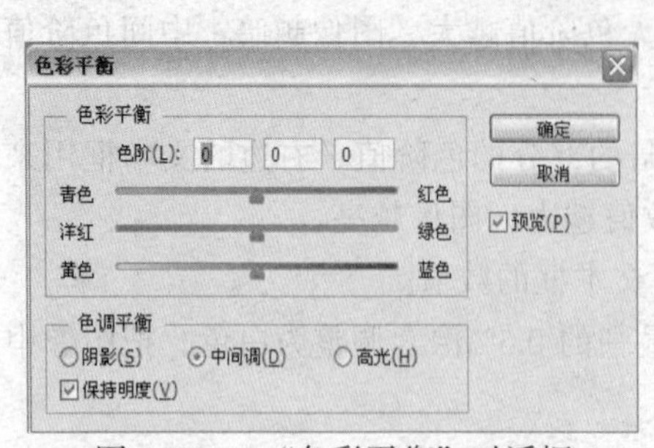

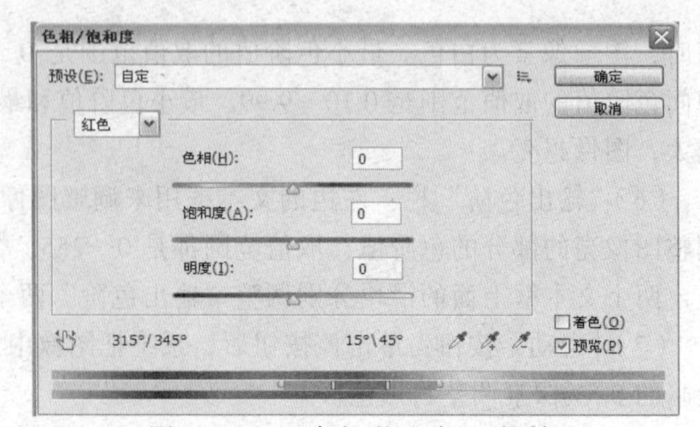

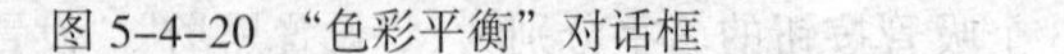

图 5-4-20 “色彩平衡”对话框　　图 5-4-21 “色相/饱和度”对话框

（1）“预设”下拉列表框：用来选择“默认”或者其他一种预设的设置。

（2）“编辑”下拉列表框：用来选择“全图”（所有像素）和某种颜色的像素。当选择的是“全图”时，对话框中下边按钮行的数值会消失、吸管按钮变为无效。

（3）“色相”“饱和度”和“明度”滑块及文本框：用来调整它们的数值。色相的数值范围是 - 180 ~ +180，饱和度和明度的数值范围是 - 100 ~ +100。

（4）两个彩条和一个控制条：两个彩条用来标示各种颜色，调整时，下边彩条的颜色会随之变化。控制条上有 4 个控制滑块，用来指示色彩的范围，拖动控制条内的 4 个滑块，可以调整色彩的变化范围（左侧）和禁止色彩调整的范围（右侧）。

（5）3 个吸管按钮：单击按钮后，将鼠标指针移动到图像或“颜色”面板时，单击后即可吸取单击处像素的色彩。其中，“吸管工具”按钮用来吸取的色彩作为色彩的变化范围；“添加到取样”按钮可以在原有的色彩范围的基础上确定增加的色彩；“从取样中减去”按钮可以在原有色彩范围的基础上确定减少的色彩。

（6）“着色”复选框：选中该复选框后，可以改变图像的颜色和明度的图像。

单击按钮，在图像上拖动，可以调整饱和度；按住【Ctrl】键的同时拖动，可以调整色相。

6．变化调整

单击“图像”→“调整”→“变化”命令，调出“变化”对话框，如图 5-4-22 所示。在其中列出了偏向各种颜色的预览图，单击预览图即可调整背景的颜色，可以直观、方便地调整图像的色彩平衡、亮度、对比度、饱和度等参数。“变化”对话框中各选项的作用如下。

（1）“原稿”和“当前挑选”预览图：前者是原图像，后者是调整后的图像，这样有利于对比。

（2）调色预览图：共有 7 幅，在对话框的左下方，其正中间是一幅“当前挑选”预览图，它四周是不同调色结果的预览图，单击这些图，可以改变“当前挑选”预览图色彩。

（3）调亮度预览图：共有 3 幅，在对话框的右下方。3 幅预览图的中间是一幅“当前挑选”预览图，它的上下是不同亮度的预览图，单击这些图，可以改变“当前挑选”预览图的亮度，除了“原稿”预览图外，其他预览图都随之改变。多次单击会有累计效果。

（4）单选按钮组：包括“暗调”（调节图像暗色调）“中间色调”（调节图像中间色调）“高光”（调节图像高色调）“饱和度”（调节图像饱和度）四个单选按钮。

选中“饱和度”单选按钮后，“变化”对话框下方的预览图将更换为调整饱和度的 3 幅预览图，如图 5-4-23 所示，利用它们可以调整图像的饱和度。

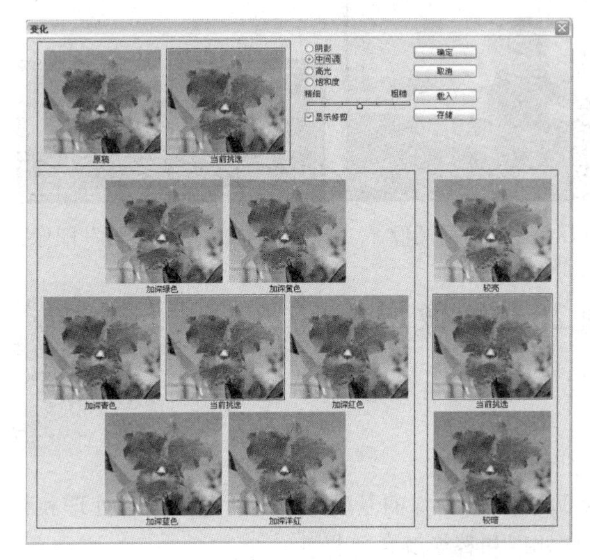

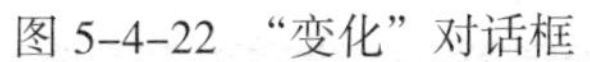
图 5-4-22　“变化”对话框

图 5-4-23　调整饱和度的 3 幅预览图

（5）“精细/粗糙”标尺：用鼠标拖动其滑块，可以控制图像调整的幅度。

（6）“显示剪贴板”复选框：选中该复选框后，会显示图像中颜色的溢出部分，避免图像调整后出现溢色现象。

思考与练习 5-4

1. 将图 5-4-24 所示黑白图像进行修复后着色，效果如图 5-4-25 所示。
2. 制作一幅“新年快乐”图像，如图 5-4-26 所示。它是在云图图像之上制作而成的。

图 5-4-24　原图像

图 5-4-25　“照片着色”图像

图 5-4-26　“新年快乐”图像

3. 将图 5-4-27 所示的图像进行调整，使因为逆光拍照造成的阴暗部分变得明亮，使偏黄色和片暗得到矫正，效果如图 5-4-28 所示。
4. 制作一幅“霓虹灯”图像，如图 5-4-29 所示。

图 5-4-27　照片图像　　图 5-4-28　调整后的图像　　图 5-4-29　“霓虹灯”图像

5.5 【案例 20】图像增色

案例 20 视频

案例效果

图 5-5-1 所示的图像是在图 5-5-2 所示“日落树”图像的基础之上进行色调均化处理和替换颜色后的结果。制作该图像使用了色调均化处理和替换颜色等操作。

图 5-5-1　改变颜色后的图像

图 5-5-2　“日落树”图像

操作步骤

（1）打开“日落树”图像，如图 5-5-2 所示。其背景色是很暗的，树枝是黑色的。

（2）单击“图像”→“调整”→“色调均化”命令，将图像进行色调均化。处理后的图像背景色变亮，如图 5-5-3 所示。

（3）单击“图像”→“调整”→“替换颜色”命令，调出“替换颜色”对话框。单击该对话框中的“吸管工具”按钮，再单击图像中最黑色的树枝，调整“颜色容差”值为 105。然后，单击“添加到取样”按钮，再单击图像中其他黑色和棕色的树干和树枝。单击“从取样中减去”按钮，再单击图像中不应该选择的区域，可以从取样中减去单击的图像和与它颜色相近的图像。

（4）设置好的“替换颜色”对话框如图 5-5-4 所示。单击“确定”按钮，即可将树枝颜色调整为深绿色，效果见图 5-5-1。

图 5-5-3　图像背景更亮

图 5-5-4　“替换颜色”对话框

相关知识

1. 颜色调整

（1）替换颜色调整：打开一幅“花”图像，如图 5-5-5 所示。单击“图像”→“调整”→“替换颜色”命令，调出“替换颜色”对话框。该对话框中的“颜色容差”文本框中的数据用来调整选区内颜色的容差范围。其他文本框中的数据用来调整替换颜色的属性。用紫色替换绿色后的效果如图 5-5-6 所示。操作方法如下。

◎ 单击“吸管工具”按钮，单击图像中的一种颜色（例如粉红色），确定要替换的颜色；或单击“选区”栏中的“颜色”色块，调出“拾色器（选区颜色）”对话框，用来选择要替换的颜色（例如粉红色）。

◎ 单击“添加到取样”按钮，单击图像中一种颜色，添加该颜色到取样颜色中。单击“从取样中减去”按钮，单击图像中一种颜色，从取样颜色中减去该颜色。

◎ 调整“颜色容差”滑杆中的滑块，同时观察显示框内的变化，以确定颜色的容差。

◎ 调整色相、饱和度和明度，以确定替换的颜色；或单击“替换”栏中的“颜色”色块，调出“拾色器（结果颜色）”对话框，用来选择替换的颜色（此处为绿色）。

（2）去色调整：单击“图像”→“调整”→“去色”命令，可以将图像颜色去除。

（3）可选颜色调整：单击“图像”→“调整”→“可选颜色”命令，调出“可选颜色”对话框，如图 5-5-7 所示。在“颜色”下拉列表框中可以选择不同颜色，针对不同颜色进行替换颜色调整。“可选颜色”对话框中各选项的作用如下。

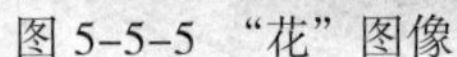
图 5-5-5 “花”图像

图 5-5-6 图像颜色替换

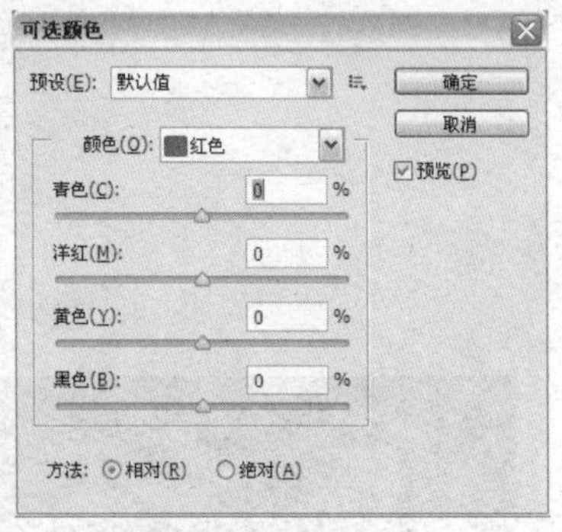

图 5-5-7 “可选颜色”对话框

◎“颜色”下拉列表框：选择一种颜色，表示下面的调整是针对该颜色进行。

◎“方法”栏：有两个单选按钮，分别是“相对”与“绝对”单选按钮。

选中“相对”单选按钮后，改变后的数值按青色、洋红、黄色和黑色（CMYK）总数的百分比计算。例如：像素占黄色的百分比为 30%，如果改变了 20%，则改变的百分数为 30%×20%=6%，改变后，像素占有黄色的百分数为 30%+30%×20%=36%。

选中“绝对”单选按钮后，改后数值按绝对值调整。例如：像素占有黄色的百分比为 30%，如改为 20%，则改变的百分数为 20%，像素占有黄色的百分数为 30%+20%=50%。

（4）“色调均化”调整：单击“图像”→“调整”→“色调均化”命令，可以将图像的色调均化，重新分布图像像素的亮度值，更均匀地呈现所有范围的亮度级。使最亮的值呈白色，最暗的值呈黑色，中间值均匀分布在整个灰度中。当图像显得较暗时，可以进行色调均化调整，以产生较亮的图像。配合使用“直方图”面板，可看到亮度的前后对比。

（5）“匹配颜色”调整：单击“图像”→“调整”→“匹配颜色”命令，调出“匹配颜色”对话框。同时，鼠标指针将变成吸管形状。利用该对话框可以将一个图像（源图像）中的颜色与另一个图像（目标图像）中的颜色相匹配；可以匹配多个图像、多个图层或者多个选区之间的颜色；可以匹配同一个图像中不同图层之间的颜色；还可以通过更改亮度和色彩范围以及中和色痕来调整图像颜色。其仅适用于 RGB 模式。使用吸管工具可以在“信息”面板中查看颜色的像素值。在使不同图像中的颜色保持一致时，该对话框非常有用。“匹配颜色”对话框中各选项的作用，以及匹配颜色的方法如下。

◎ 如果是在两幅图像之间进行颜色匹配，则打开两幅图像，选中要替换颜色的图像的图层（该图层内的图像是目标图像）。如果要替换目标图像中的某一区域内的图像颜色，则需要创建选中该区域的选区。如果使用源图像某一区域内的图像进行颜色匹配，则应在源图像内创建选区，选中该区域内的图像。

此处，打开图 5-5-5 所示的“花”图像和图 5-5-8 所示的“湖水”图像。选中“花”图像为目标图像，“湖水”图像为源图像，在“花”图像中创建选区，如图 5-5-9 所示。

◎ 单击“图像”→“调整”→“匹配颜色”命令，调出“匹配颜色”对话框。

如果要替换目标图像中选区内的图像颜色，则不选中“应用调整时忽略选区”复选框，在“源”下拉列表框内选中源图像“湖水”图像，如图 5-5-10 所示。

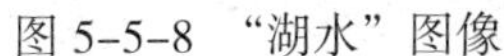

图 5-5-8 “湖水”图像

图 5-5-9　创建选区

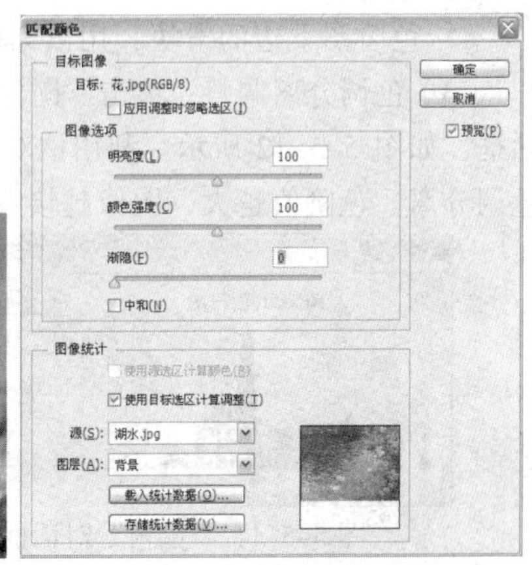

图 5-5-10 “匹配颜色”对话框

◎ 在“图层”下拉列表框中选中相应的图层选项。如果要匹配源图像中所有图层的颜色，则还可以在“图层”下拉列表框中选中“合并的”选项。

◎ 如果要使用源选区内的图像匹配颜色，则应选中“使用源选区计算颜色”复选框；如果要使用目标选区内的图像匹配颜色，则选中“使用目标选区计算调整”复选框。

◎ 当不希望参考另一个图像来计算色彩调整时，可以在“源”下拉列表框内选中“无”选项。在选择了“无”选项时，目标图像和源图像相同。

◎ 如果要将调整应用于整个目标图像，应选中“目标图像”区域内的“应用调整时忽略选区”复选框。则可以忽略目标图像中的选区，并将调整应用于整个目标图像。

◎ 如果在源图像中建立了选区，但不想使用选区中的颜色来计算调整，应该不选中“图像统计”区域内的“使用源选区计算颜色”复选框。

◎ 如果在目标图像中建立了选区并且想要使用选区中的颜色来计算调整，应选中“使用目标选区计算调整”复选框。

◎ 如果要擦除目标图像中的色痕，应该选中“中和”复选框。

◎ 要调整目标图像的亮度，应该改变“明亮度”文本框内的数值。“明亮度”文本框的最大值是 200，最小值是 1，默认值是 100。

◎ 要调整目标图像的色彩饱和度，应该改变“颜色强度”文本框内的数值。“颜色强度”文本框的最大值为 200，最小值为 1（生成灰度图像），默认值为 100。

◎ 要控制应用于图像的调整量，应该调整“渐隐”文本框内的数值。

◎ 单击“存储统计数据”按钮，可以命名并存储设置。

◎ 单击“载入统计数据”按钮，可以载入存储的设置文件。

2．反相、阈值和色调分离调整

（1）反相调整：单击“图像”→“调整”→“反相”命令，使图像颜色反相。

（2）阈值调整：单击“图像”→“调整”→“阈值”命令，调出“阈值”对话框，如图 5-5-11 所示。利用该对话框，可以根据设定的转换临界值（阈值），将彩色图像转换为黑白图像。“阈值”对话框中各选项的作用如下。

◎“阈值色阶”文本框：用来设置色阶转换的临界值。大于该值的像素颜色将转换为白色，小于该值的像素颜色将转换为黑色。

◎ 色阶图下边的滑块：用鼠标拖动滑块可以调整阈值色阶的数值。

（3）色调分离调整：单击“图像”→“调整”→“色调分离”命令，调出“色调分离”对话框，如图 5-5-12 所示。利用该对话框，可按“色阶”文本框设定的色阶值，将彩色图像的色调分离。色阶值越大，图像越接近原图。

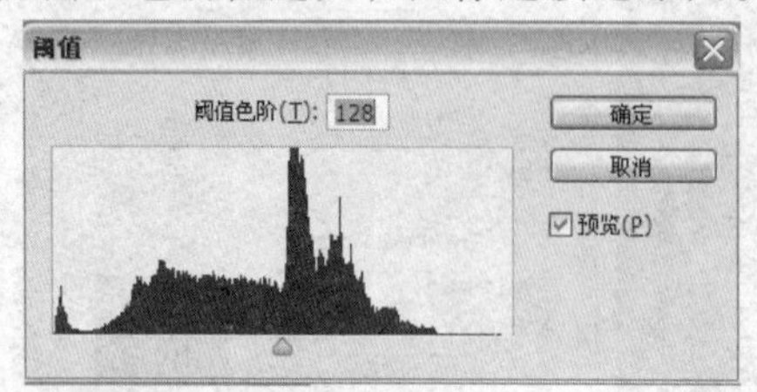

图 5-5-11 “阈值”对话框

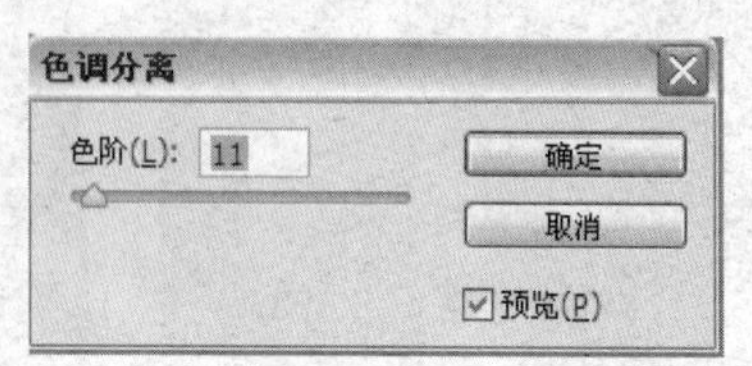

图 5-5-12 “色调分离”对话框

3．渐变映射调整

单击“图像”→“调整”→“渐变映射”命令，调出“渐变映射”对话框，如图 5-5-13 所示。利用它可以用各种渐变色调整图像颜色。该对话框中各选项的作用如下。

（1）“灰度映射所用的渐变”下拉列表框：用来选择渐变色的类型。

（2）“渐变选项”栏：有两个复选框，分别是“仿色”和“反向”复选框。

◎ “仿色”复选框：选中该复选框，将进行渐变色仿色，一般影响不大。

◎ “反向”复选框：选中该复选框，将渐变色反向。

在图 5-5-5 所示图像内创建选中花朵的选区，如图 5-5-9 所示。经“渐变映射”调整（见图 5-5-13）后的图像如图 5-5-14 所示。

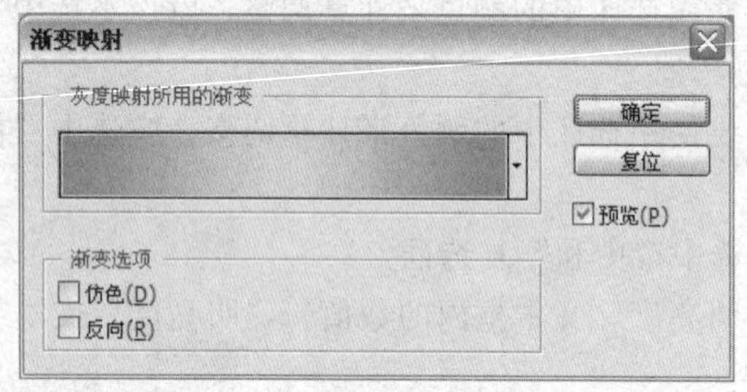

图 5-5-13 “渐变映射”对话框

图 5-5-14 经渐变映射调整后的图像

4．“照片滤镜”调整

单击“图像”→“调整”→“照片滤镜”命令，调出“照片滤镜”对话框，如图 5-5-15 所示。利用该对话框可以调整颜色平衡，模仿在照相机镜头前面加彩色滤镜等。

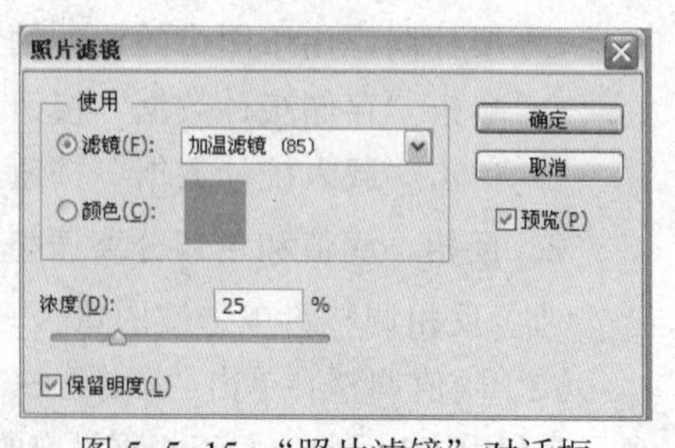

图 5-5-15 “照片滤镜”对话框

在“照片滤镜”对话框中，选中“滤镜”单选按钮，其右边的“滤镜”下拉列表框变为有效，可以选择一种滤镜预设。选中“颜色”单选按钮，单击其色块，调出“拾色器（照片滤镜颜色）”对话框，利用该对话框设置一种滤镜颜色，再调整“浓度”文本框内的百分比数据，完成自定滤镜。如果不希望通过添加颜色滤镜使图像变暗，可以选中“保留亮度”复选框。“滤镜”下拉列表框中一些预设滤镜的含义如下。

（1）加温滤镜（85 和 LBA）及冷却滤镜（80 和 LBB）：用于调整图像白平衡的颜色转换滤镜。如果图像是使用色温较低的光（微黄色）拍摄的，则冷却滤镜（80）使图像颜色更蓝，以便补偿色温较低的环境光。相反，如果照片是用色温较高的光（微蓝色）拍摄的，则加温滤镜（85）会使图像的颜色更暖。

（2）加温滤镜（81）和冷却滤镜（82）：使用光平衡滤镜对图像的颜色品质进行细微调整。

（3）个别颜色：根据所选颜色或预设给图像应用色相调整。例如，照片有色痕，则可以选取一种补色来中和色痕；“水下”颜色可以模拟在水下照片中的稍带绿色的蓝色色痕。

5. “调整”和“属性”面板使用

单击“窗口”→“调整”命令，可以调出“调整”面板，如图 5-5-16 所示。“调整”面板以 16 个按钮的形式集中了“调整”菜单内的大部分图像调整命令。将鼠标指针移动到这些图标之上时，会显示相应的名称。单击这些图标，或者选择“调整”面板菜单中的命令，都可以调出相应的不同的“属性”面板。同时，在“图层”面板中会自动在要调整的当前图层之上添加一个“调整”图层，如图 5-5-17 所示。不破坏原图像，有利于修改调整参数。

单击“图层”→“新建调整图层”命令，调出它的菜单，其中有 16 个命令，单击其中的任意一个命令，均可以调出“新建图层”对话框，单击“确定”按钮，可以调出相应的“属性”面板。例如，单击“图层”→“新建调整图层”→“渐变映射”命令，调出“新建图层”对话框。在该对话框中的“名称”文本框中可以输入新建调整图层的名称，在“颜色”下拉列表框中选择新建调整图层的颜色，在“模式”下拉列表框中选择图层混合模式，还可以调整不透明度。然后，单击该对话框中的“确定”按钮，调出“属性”（渐变映射）面板，如图 5-5-18 所示。可以看出，该面板中的选项与图 5-5-13 所示“渐变映射”对话框内的选项基本一样。此时，在“图层”面板中会自动生成一个“渐变映射 1”调整图层，而且与其下面的图层组成图层剪贴组，“背景”和“图层 1”图层成为基底图层，“渐变映射 1”调整图层是蒙版，如图 5-5-19 所示。以后的调整不会破坏“背景”和“图层 1”图层内的图像。

图 5-5-16 “调整”面板

图 5-5-17 “图层”面板

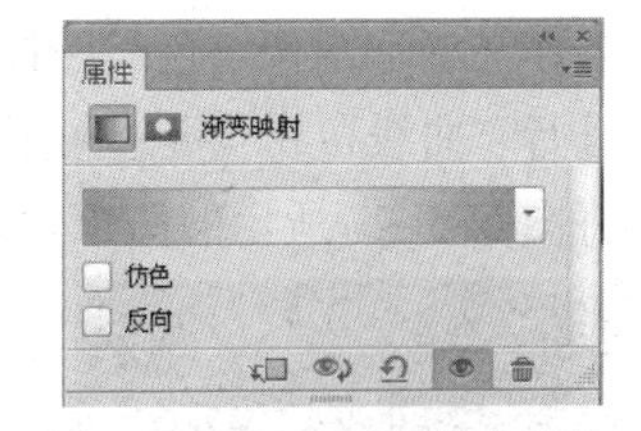

图 5-5-18 “属性”（渐变映射）面板

“属性”面板底部一行按钮的作用简介如下。

（1）按钮：单击该按钮，产生的调整图层会只影响下面一个图层，同时产生剪贴蒙版，如图 5-5-19 所示，画布效果如图 5-5-20（a）所示（原图是在图 5-5-5 所示“花”图像上复制了一幅“足球”图像）；再单击该按钮，产生的调整图层会影响下面所有图层，同时剪贴蒙版取消，画布效果如图 5-5-20（b）所示。

（2）按钮：单击该按钮，可以查看上一个图像状态。释放鼠标后可以恢复图像。

（3）按钮：可以恢复到调整的默认值。

（4）按钮：单击该按钮，可以隐藏当前调整图层；再次单击，可以显示隐藏的调整图层。

（5）按钮：单击该按钮，可以删除当前调整图层。

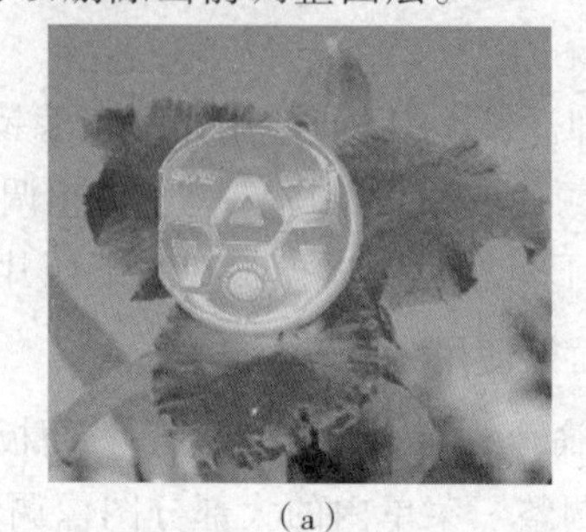
（a）

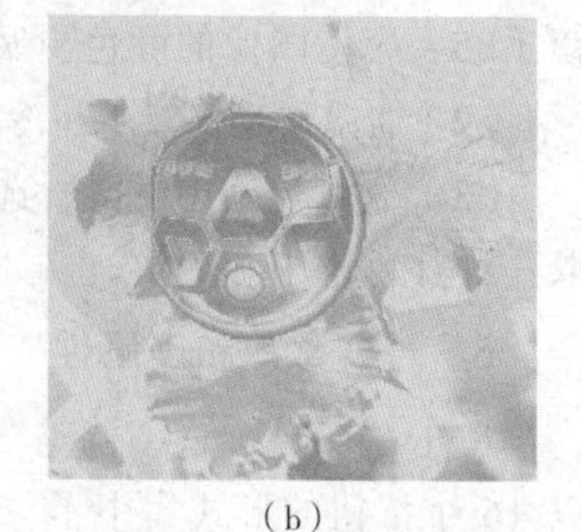
（b）

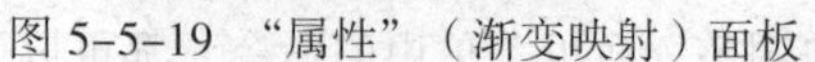
图 5-5-19 “属性”（渐变映射）面板

图 5-5-20 渐变映射的图像

思考与练习 5-5

1. 图 5-5-21 所示彩色图像中的彩球是由蓝色到淡蓝色的渐变色，小鹿的颜色是棕色，眼睛是黑色。将该图像中的彩球颜色改为红色到棕色的渐变色，小鹿的颜色改为绿色，眼睛改为红色，如图 5-5-22 所示。
2. 制作一幅木刻图像，如图 5-5-23 所示。该图像是将图 5-5-24 所示图像改变颜色和加工后获得的。制作该图像主要需要使用色调均化、反相和阈值等图像调整技术。

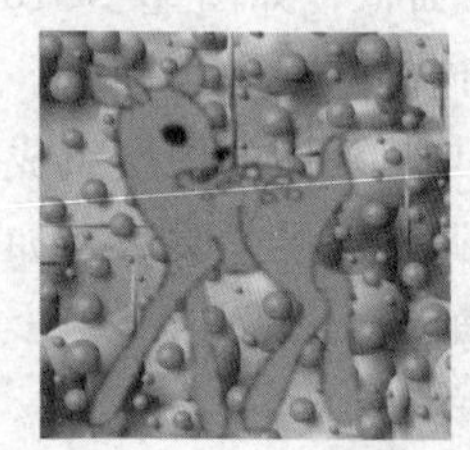
图 5-5-21 原图像

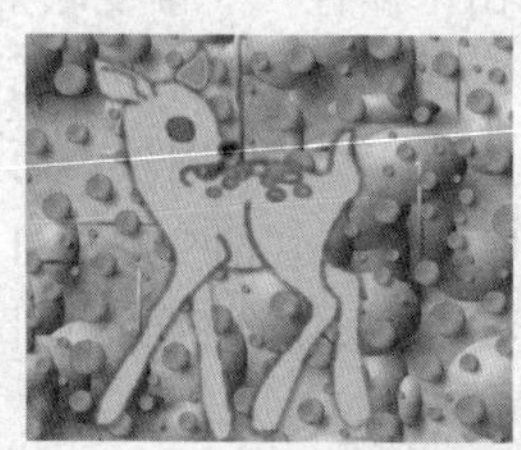
图 5-5-22 “替换颜色”图像

图 5-5-23 木刻图像

图 5-5-24 原图像

3. 制作一幅“图像增色”图像，如图 5-5-25 所示。该图像是将图 5-5-26 所示“瀑布”图像进行“曲线”和“可选颜色”调整，再进行裁剪后获得的。对比原来图像，色彩感增强了。
4. 将图 5-5-27 所示的两幅“热气球”图像中热气球的颜色进行更换。

图 5-5-25 “图像增色”图像

图 5-5-26 “瀑布”图像

（a）

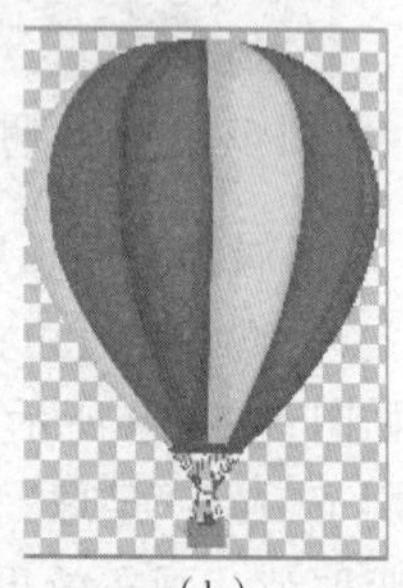
（b）

图 5-5-27 两幅“热气球”图像

第6章 通道和蒙版

本章通过5个案例制作的学习，可以了解通道的基本概念，掌握“通道”面板的使用方法，将通道转换为选区、存储选区和载入选区的方法，掌握创建和应用快速蒙版和蒙版的方法，掌握应用“应用图像”命令和“计算”命令进行图像处理的方法。

6.1 【案例21】梦幻

案例21视频

案例效果

“梦幻”图像如图6-1-1所示，该图像是在图6-1-2所示的“风景”图像基础之上制作而成的。制作该图像主要利用了“通道”面板，在该面板中的红、绿、蓝通道中绘制不同的图像，合成后的图像即可获得五彩缤纷的幻觉效果。

图6-1-1 “梦幻”图像

图6-1-2 “风景”图像

操作步骤

1. 制作梦幻效果

（1）新建一个画布宽度为600像素、高度为400像素，模式为RGB颜色，背景为黑色的文档。然后以名称“【案例21】梦幻.psd”保存。

（2）设置前景色为白色，使用工具箱中的“画笔工具”，调整画笔的大小，单击画布中任意处，绘制一些柔边、不同大小和形状的白色图形，如图6-1-3所示。在同一处单击多次，可以使图形颜色更白。

（3）在“通道”面板选中“红”通道，如图 6-1-4 所示。再单击“滤镜”→“扭曲”→“极坐标”命令，调出“极坐标”对话框，选中“极坐标”对话框中的“平面坐标到极坐标”选项，单击“确定”按钮，得到如图 6-1-5 所示的效果。然后，再使用工具箱中的“涂抹工具”，在图形之上涂抹。

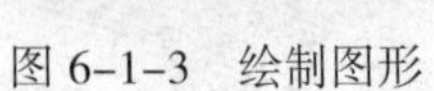

图 6-1-3　绘制图形

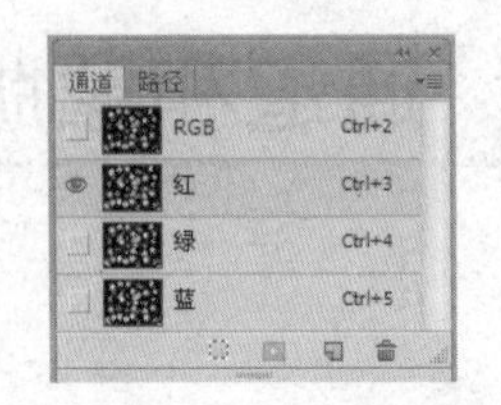

图 6-1-4　“通道”面板 1

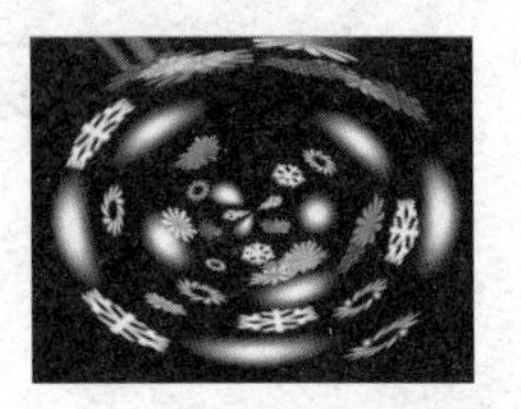

图 6-1-5　“极坐标”滤镜效果

（4）选中“绿”通道，如图 6-1-6 所示。单击“滤镜”→“扭曲”→“切变”命令，调出“切变”对话框，“切变”对话框设置如图 6-1-7 所示，单击“确定”按钮，效果如图 6-1-8 所示。然后，再使用工具箱中的“涂抹工具”，在图形之上涂抹。

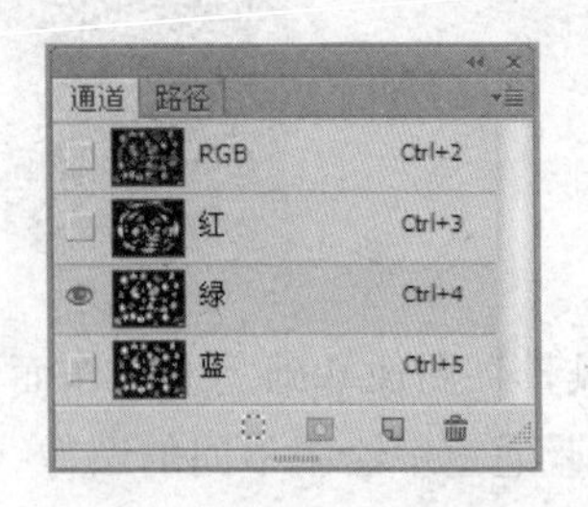

图 6-1-6　“通道”面板 2

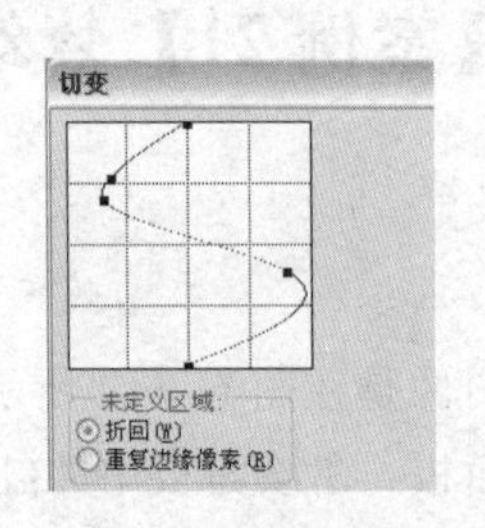

图 6-1-7　“切变”滤镜设置

图 6-1-8　“切变”滤镜效果

（5）选中“蓝”通道，如图 6-1-9 所示。使用工具箱中的“涂抹工具”，在其选项栏中设置画笔为 50 像素的圆形画笔，选中“对所有图层取样”复选框，“强度”设置为 50%。然后，在画布中涂抹，改变的是图像中蓝色图像的内容。

（6）单击“滤镜”→“扭曲”→“旋转扭曲”命令，调出“旋转扭曲”对话框。设置旋转角度为 300，再单击“确定”按钮。此时，改变的还是图像中蓝色图像的内容，图像效果如图 6-1-10 所示。

（7）选中“通道”面板中的“RGB”通道，将所有通道恢复显示，效果如图 6-1-11 所示。此时可以对所有通道进行加工处理。

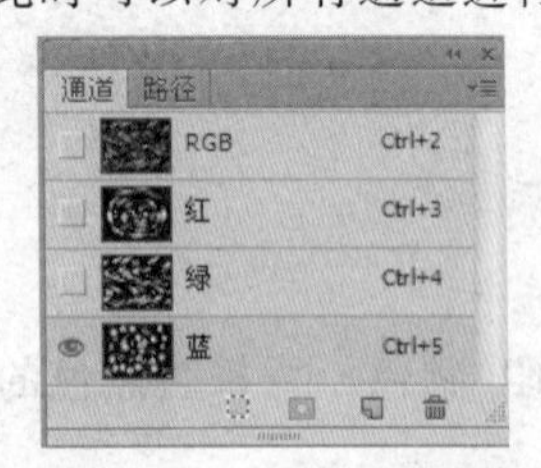

图 6-1-9　“通道”面板 3

图 6-1-10　涂抹和“旋转扭曲”滤镜效果

图 6-1-11　加工后的图像

（8）单击“滤镜”→“模糊”→“高斯模糊”命令，调出“高斯模糊”对话框。设置模糊半径为 3.0，再单击“确定”按钮。

2．添加风景和人物图像

（1）打开一幅“风景”图像（见图 6-1-2）。将该图像调整为宽度 600 像素、高度 400 像素，单击“移动工具”按钮，将其拖动到“【案例 21】梦幻.psd”内。调整复制图像的位置，使其刚好将整个画布覆盖。在“图层”面板中自动生成“图层 1”图层存放复制图像。

（2）双击“图层”面板中的“背景”图层，调出“新建图层”对话框，单击“确定”按钮，将“背景”图层转换为常规图层“图层 0”图层。在“图层”面板中，将“图层 0”图层移到“图层 1”图层上。

（3）打开一幅“人物”图像，如图 6-1-12 所示。单击工具箱中的“套索工具”按钮，创建选中图像内人物的选区。再采用选区相加和相减的方法修改选区。

（4）单击“选择”→“修改”→“平滑”命令，调出“平滑选区”对话框，在“取样半径”文本框中输入 5，单击“确定”按钮，使选区平滑一些，效果如图 6-1-13（a）所示。

（5）单击“选择”→“修改”→“扩展”命令，调出“扩展选区”对话框，在“扩展量”文本框中输入 5，单击“确定”按钮，扩展选区 5 个像素。

（6）单击“选择”→“修改”→“羽化”命令，调出“羽化选区”对话框，在“羽化半径”文本框中输入 6，单击“确定”按钮，将选区羽化 6 个像素，如图 6-1-13（b）所示。

（7）单击“移动工具”按钮，将选区内的图像拖动到“【案例 21】梦幻.psd”内。在“图层”面板中自动生成“图层 2”图层存放复制图像。选中“图层 2”图层，调整该图层人物图像的大小和位置，如图 6-1-14 所示。

（8）单击“编辑”→“变换”→“水平翻转”命令，使人物图像水平翻转，如图 6-1-15 所示。

图 6-1-12　“人物”图像

（a）

（b）

图 6-1-13　选区修改

图 6-1-14　复制图像

图 6-1-15　图像变换

3．制作梦幻效果

（1）选中“图层”面板中的“图层 0”图层，单击“滤镜”→“渲染”→“镜头光晕”命令，调出“镜头光晕”对话框。设置亮度为 69，镜头类型为“电影镜头”，如图 6-1-16 所示。单击“确定”按钮。

（2）按照上述方法再调出“镜头光晕”对话框，拖动图像框内的亮点到左上角，其他设置不变，单击“确定”按钮，效果如图 6-1-17 所示。

（3）选中“图层”面板中的“图层 0”图层，在“图层”面板中调整“填充”数字框内的数值为 45%，图像效果见图 6-1-1。

图 6-1-16 “镜头光晕”对话框设置

图 6-1-17 添加镜头光晕效果

相关知识

1. “通道”面板

通道可以存储图像的颜色信息、选区和蒙版，主要有颜色通道、Alpha 通道和专色通道。Alpha 通道是用来存储选区和蒙版的，可以在该通道中绘制、粘贴和处理图像，图像只是灰度图像。要将 Alpha 通道中的图像应用到图像中，可以使用许多方法，例如，可以在“光照效果”滤镜中使用。一幅图像最多可以有 24 个通道。在打开一幅图像时就产生了颜色通道。图像的色彩模式决定了颜色通道的类型和通道的个数。常用的通道有灰色通道、CMYK 通道、Lab 通道和 RGB 通道等。

（1）RGB 模式有 4 个通道，分别是红、绿、蓝和 RGB 通道。红、绿、蓝通道分别保留图像的红、绿、蓝基色信息，RGB 通道保留图像三基色的混合色信息。RGB 通道也称 RGB 复合通道，一般不属于颜色通道。每一个通道用一个或两个字节来存储颜色信息。“通道”面板如图 6-1-18 所示。

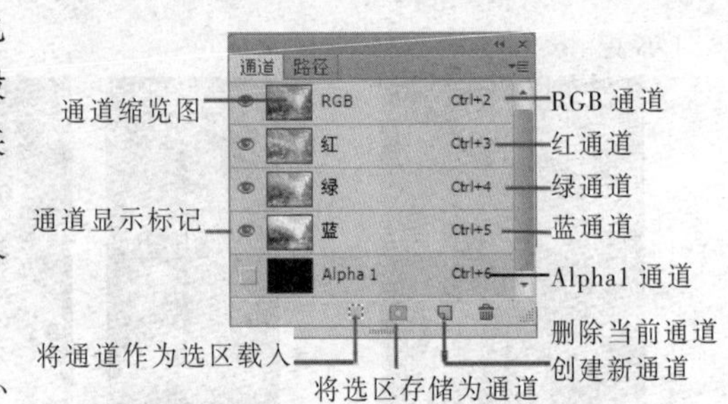

图 6-1-18 “通道”面板

（2）灰色模式图像的“通道”面板中只有一个灰色通道。

（3）CMYK 模式图像的“通道”面板中有 CMYK、青色、洋红、黄色、和黑色通道。

（4）Lab 模式图像的“通道”面板中有 Lab、明亮、a 和 b 通道。“明亮”通道存储图像亮度情况的信息；a 通道存储绿色与红色之间的颜色信息；b 通道存储蓝色与黄色之间的颜色信息。

2. Alpha 通道

（1）单击“通道”面板中的“将选区存储为通道”按钮，可将选区（例如，一个椭圆选区）存储，同时在“通道”面板中产生一个 Alpha 通道，该通道内是选区形状图像，如图 6-1-19 所示。单击“通道”面板中 Alpha 通道左边的图标，使图标出现；同时单击该面板 RGB 通道左边的图标，使它变为图标，隐藏其他通道。画布内会只显示 Alpha 通道的图像，如图 6-1-20 所示。白色对应选区内区域，黑色对应选区外区域。

（2）单击“通道”→“新建通道”命令，调出“新建通道”对话框，如图 6-1-21 所示。Alpha 通道的名称自动设置为 Alpha 1、Alpha 2……。在对话框中进行设置后，单击“确定”按钮，即可创建一个 Alpha 通道。

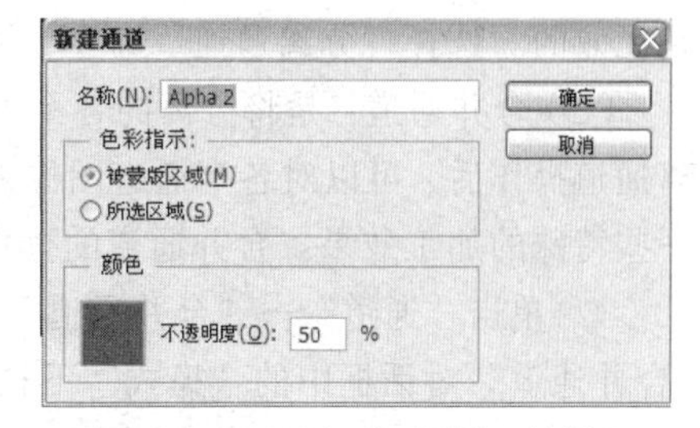

图 6-1-19 “通道”面板　　图 6-1-20 Alpha 通道的图像　　图 6-1-21 “新建通道”对话框

该对话框中各选项的作用如下。

◎“名称”文本框：用来输入通道的名称。

◎“被蒙版区域”单选按钮：选中该单选按钮后，新建一个背景色为黑色的 Alpha 通道。同时设置有颜色的区域代表蒙版区；没有颜色的区域代表非蒙版区。蒙版区是被保护的区域，许多操作只能对该区域之外的非蒙版区内的图像进行，不可以对蒙版区内的图像进行。

◎“所选区域”单选按钮：选中该单选按钮后，新建一个背景为白色的 Alpha 通道。同时设置有颜色区域代表非蒙版区；没颜色区域代表蒙版区。其与“被蒙版区域”作用正相反。

◎“颜色”栏：可在“不透明度”文本框中输入通道的不透明度百分数据。单击颜色块，可以调出“拾色器”对话框，利用该对话框可以设置蒙版的颜色。

其他创建通道的方法将在下面介绍。

3. 通道基本操作

（1）选中/取消选中通道：一般在对通道进行操作时，首先需要选中通道。选中的通道背景色为浅蓝色。选中通道和取消选中通道的方法如下。

◎ 选中一个通道：单击“通道”面板中要选中的通道的缩览图或其右边的地方。

◎ 选中多个通道：按住【Shift】键，单击要选中的通道的缩览图或其右边的地方。

◎ 选中所有颜色通道：选中“通道”面板中的复合通道（CMYK 通道或 RGB 通道）。

◎ 取消通道的选中：单击“通道”面板中未选中的通道，即可取消其他通道的选中。按住【Shift】键，同时单击“通道”面板中选中的通道，即可取消该通道的选中。

（2）显示/隐藏通道：在图像加工中，常需要将一些通道隐藏起来，而让另一些通道显示出来。其操作方法与显示和隐藏图层的方法很相似。不可以将全部通道隐藏。

单击“通道”面板中要显示的通道左边的图标，使其内出现眼睛图标，可以将该通道显示出来。单击通道左边的图标，使其内的眼睛图标消失，可以将该通道隐藏起来。

（3）删除通道：选中“通道”面板中的一个通道。单击“删除当前通道”按钮，调出一个提示框，单击“是”按钮，即可删除选中通道。将要删除的通道拖到“通道”面板中的“删除当前通道”按钮之上，再释放鼠标左键，也可以删除选中的通道。

4. 分离与合并通道

（1）分离通道：是将图像中的所有通道分离成多个独立的图像。一个通道对应一幅图像。新图像的名称由系统自动给出，分别由“原文件名”+“-”+“通道名称缩写”组成。分离后，原图像将自动关闭。对分离的图像进行加工，不会影响原图像。在进行分离通道的操作以前，一定要将图像中的所有图层合并到背景图层中，否则“通道”面板菜单中的“分离通道”命令是无效的。选择“分离通道”命令，可以分离通道。

（2）合并通道：是将分离的各个独立的通道图像再合并为一幅图像。在将一幅图像进行分离通道操作后，可以对各个通道图像进行编辑修改，再将它们合并为一幅图像。这样可以获得一些特殊的加工效果。合并通道的操作方法如下。

◎ 单击“通道”→“合并通道”命令，调出“合并通道”对话框，如图 6-1-22 所示。在“合并通道”对话框中的“模式”下拉列表框内选择一种模式。如果某种模式选项呈灰色，表示不可选。选择“多通道”模式选项可以合并所有通道，包括 Alpha 通道，但合并后的图像是灰色；选择其他模式选项后，不能够合并 Alpha 通道。

◎ 在“合并通道”对话框内的“通道”文本框中输入要合并的通道个数。在选择 RGB 或 Lab 模式后，通道的最大个数为 3；在选择 CMYK 模式后，通道的最大个数为 4；在选择多通道模式后，通道数为通道个数。通道图像的次序是按照分离通道前的通道次序。

◎ 在选择 RGB 模式和 3 个通道后，单击“合并通道”对话框内的“确定”按钮，即可调出“合并 RGB 通道”对话框，如图 6-1-23 所示。在选择 Lab 模式和 3 个通道后，单击“合并通道”对话框内的“确定”按钮，即可调出“合并 Lab 通道”对话框。

在选择 CMYK 模式和 4 个通道后，单击“合并通道”对话框内的“确定”按钮，即可调出“合并 CMYK 通道”对话框。利用这些对话框可以选择各种通道对应的图像，通常采用默认状态。然后单击“确定”按钮，即可完成合并通道工作。

◎ 如果选择了多通道模式，则单击“合并通道”对话框内的“确定”按钮后，会调出“合并多通道”对话框，如图 6-1-24 所示。在该对话框的“图像”下拉列表框内选择对应通道 1 的图像文件后，单击“下一步”按钮，又会调出下一个“合并多通道”对话框，再设置对应通道 2 的图像文件。如此继续，直到给所有通道均设置了对应的图像文件为止。

图 6-1-22 “合并通道”对话框

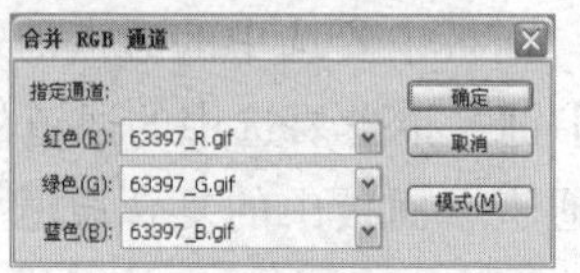

图 6-1-23 “合并 RGB 通道”对话框

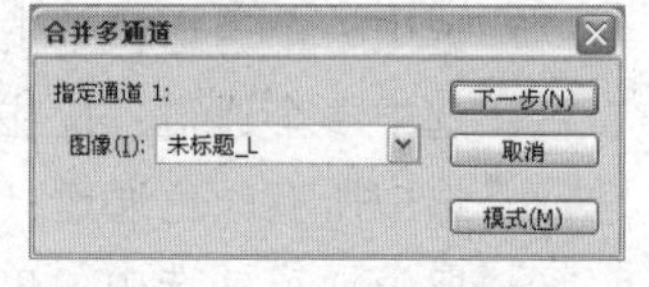

图 6-1-24 “合并多通道”对话框

思考与练习 6-1

1. 参考本案例的制作方法，制作一幅“幻影别墅”图像，如图 6-1-25 所示。
2. 制作一幅“色彩飞扬”图像，如图 6-1-26 所示。可以看到一个小女孩手握一个光球，漂浮彩云中。提示：首先给白色背景的画布填充灰色到透明白色的线性渐变色，再绘制一些黑点，再将红、绿、蓝通道内的图像使用“极坐标”“切变”和“旋转扭曲”滤镜加工。然后，添加如图 6-1-27 所示“女孩”图像和使用“镜头光晕”滤镜加工。

图 6-1-25 “梦幻别墅”图像

图 6-1-26　“色彩飞扬”图像

图 6-1-27　“女孩”图像

3. 采用通道的分离与合并方法，制作本案例。将图 6-1-1 所示图形进行通道的分离，针对分离后的 3 幅图像分别进行一些滤镜加工，然后再将加工后的 3 幅图像合并。

6.2　【案例 22】宇宙大爆炸

案例效果

“宇宙大爆炸”图像如图 6-2-1 所示，它幻想地表述出宇宙大爆炸的状态。

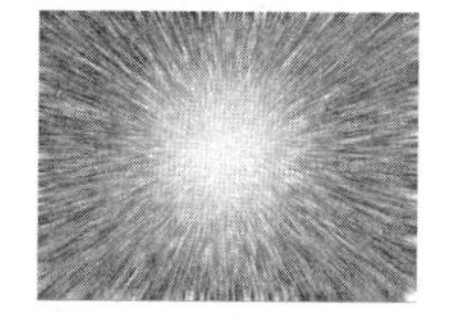

图 6-2-1　“宇宙大爆炸”图像

1. “Alpha 1”通道处理

（1）新建一个宽度 400 像素、高度 300 像素，模式为 RGB，背景为白色的画布。然后，以名称“【案例 22】宇宙大爆炸.psd”保存。

（2）单击“通道”面板中的“创建新通道”按钮，创建一个名称为“Alpha 1”的通道。选中“Alpha 1”通道。设置前景色为白色，背景色为黑色。单击“滤镜”→“渲染”→“云彩”命令，使图像产生云彩，如图 6-2-2 所示。

（3）单击“滤镜”→“扭曲”→“极坐标”命令，调出“极坐标”对话框，按照图 6-2-3 所示进行设置，再单击“确定”按钮。

（4）单击“滤镜”→“模糊”→“径向模糊”命令，调出“径向模糊”对话框，按照图 6-2-4 所示进行设置，再单击“确定”按钮，效果如图 6-2-5 所示。

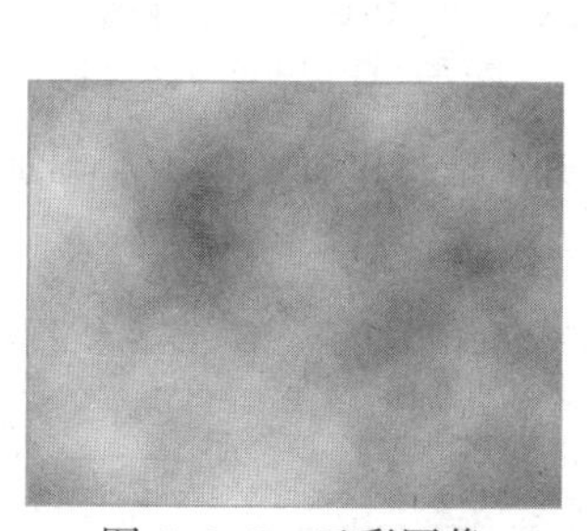

图 6-2-2　云彩图像

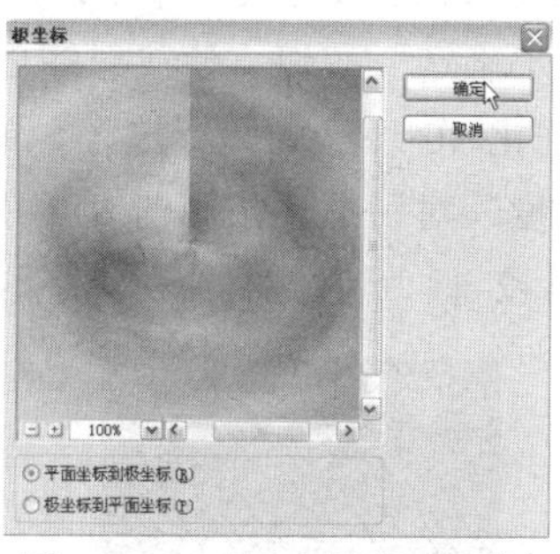

图 6-2-3　“极坐标”对话框

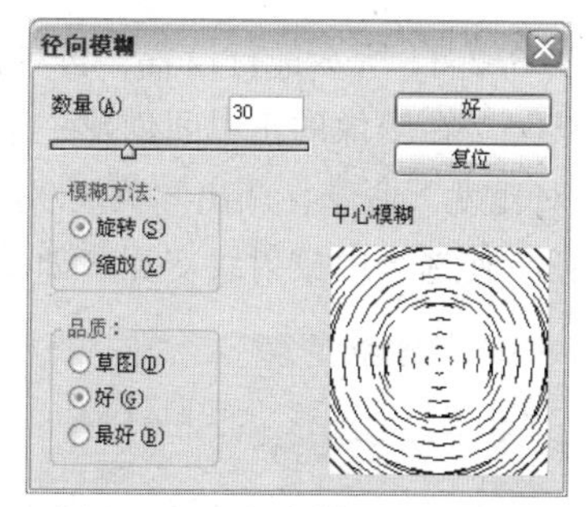

图 6-2-4“径向模糊”对话框

（5）选中“通道”面板中的“RGB”通道，隐藏“Alpha 1”通道，选中“图层”面板。设置前景色为蔚蓝色，按【Alt+Delete】组合键，将“背景”图层填充为蔚蓝色。

（6）单击“选择”→“载入选区”命令，调出“载入选区”对话框，按照图 6-2-6 所示进行设置，单击“确定”按钮，载入选区。单击“编辑”→“清除”命令，删除选区内的图像，效果如图 6-2-7 所示。按【Ctrl+D】组合键，取消选区。

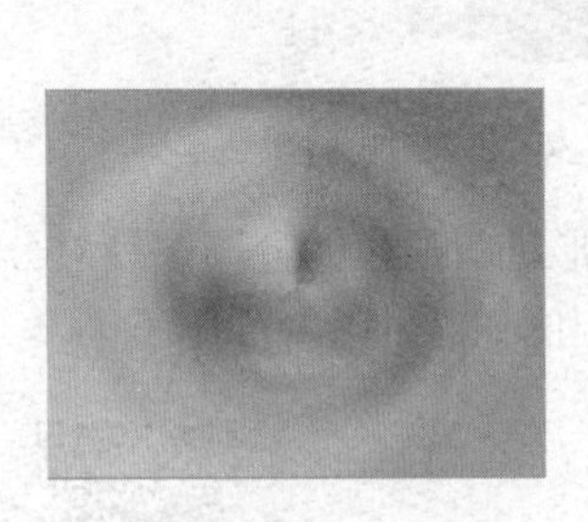

图 6-2-5 效果图

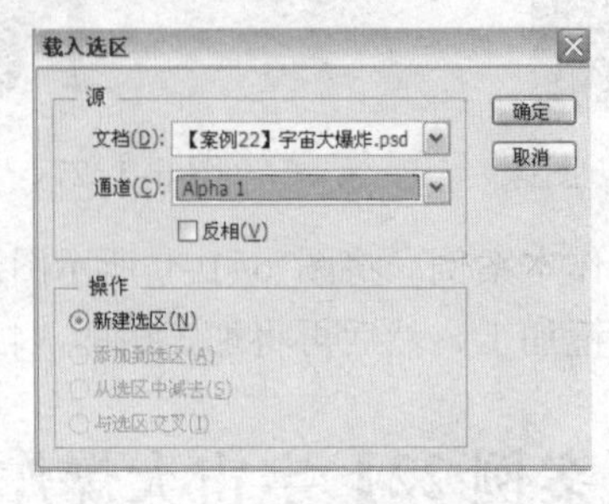

图 6-2-6 “载入选区”对话框

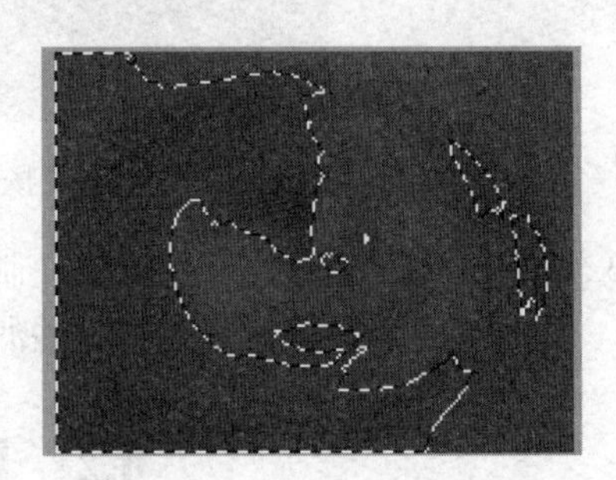

图 6-2-7 创建的选区

2. “Alpha 2”通道处理

（1）单击“通道”面板中的“创建新通道”按钮，创建一个名称为“Alpha 2”的通道。选中“Alpha 2”通道。设置前景色为白色。

（2）单击“滤镜”→“杂色”→“添加杂色”命令，调出“添加杂色”对话框，按照图 6-2-8 所示进行设置，再单击“确定”按钮。

（3）单击“滤镜”→“模糊”→“径向模糊”命令，调出“径向模糊”对话框，按照图 6-2-9 所示进行设置，再单击“确定”按钮，效果如图 6-2-10 所示。

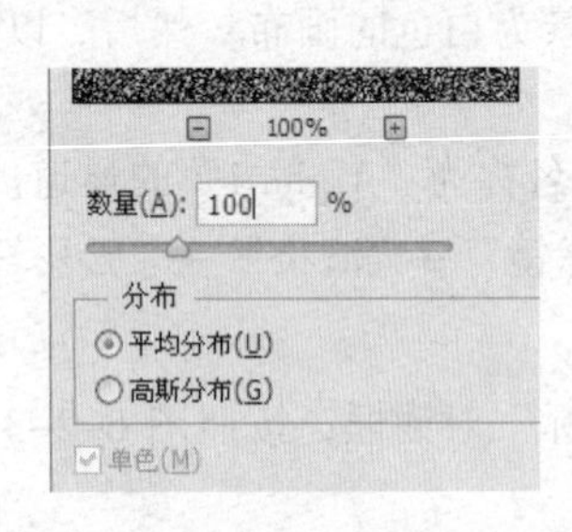

图 6-2-8 “添加杂色”对话框

图 6-2-9 “径向模糊”对话框

图 6-2-10 效果图

（4）单击“图像”→“调整”→“亮度/对比度”命令，调出“亮度/对比度”对话框，按照图 6-2-11 所示进行设置，再单击“确定”按钮，使放射线更清晰，如图 6-2-12 所示。

（5）在图像的正中间创建一个羽化 40 像素的圆形选区。单击“图像”→“调整”→“亮度/对比度”命令，调出“亮度/对比度”对话框，按照图 6-2-13 所示进行设置。单击“确定”按钮，使选区内放射线变亮，如图 6-2-14 所示。

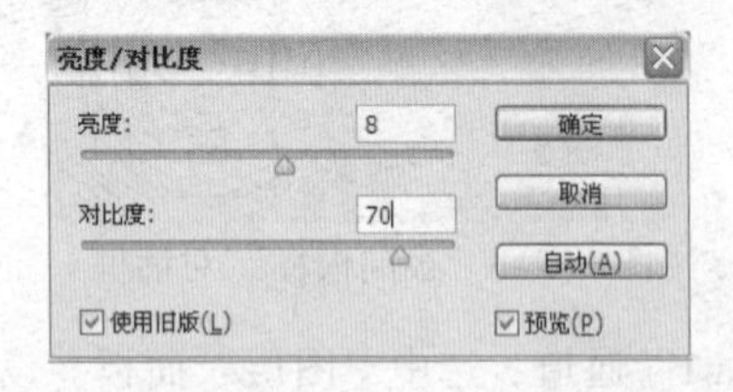

图 6-2-11 “亮度/对比度”对话框

图 6-2-12 效果图

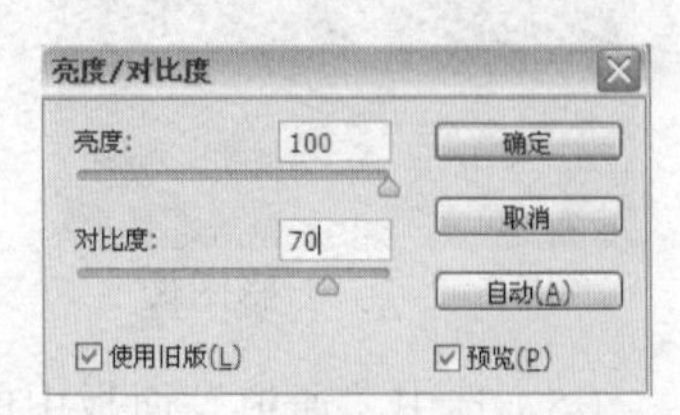

图 6-2-13 “亮度/对比度”对话框

（6）选中 RGB 通道，隐藏“Alpha 1”通道，按【Ctrl+D】组合键，取消选区。在选项栏中的“羽化”文本框中输入 0。选中“图层”面板。

（7）单击“选择”→“载入选区”命令，调出“载入选区”对话框，在“通道”下拉列表框中选择“Alpha 2”选项，单击“确定”按钮，载入选区，如图 6-2-15 所示。

（8）设置背景色为白色，单击“编辑”→“清除”命令，删除选区内的图像，效果如图 6-2-16 所示。按【Ctrl+D】组合键，取消选区。最后效果见图 6-2-1。

图 6-2-14　效果图

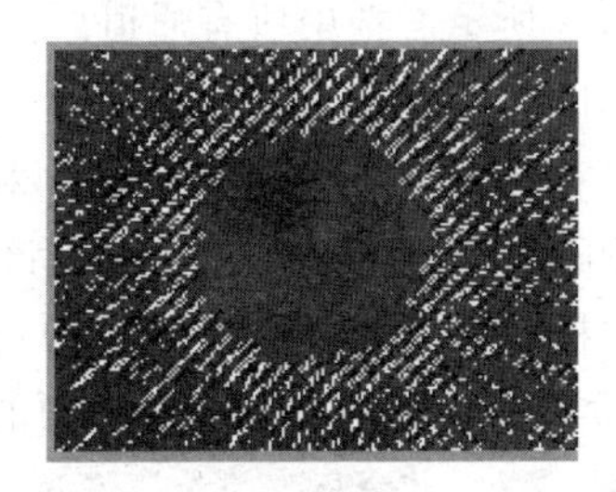

图 6-2-15　载入选区

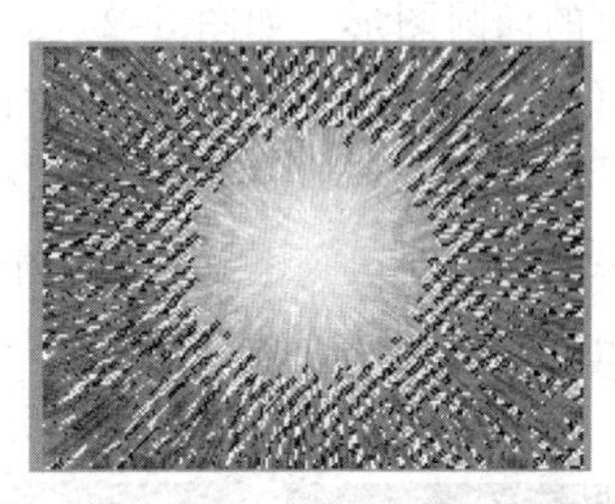

图 6-2-16　清除选区内图像

相关知识

1. 复制通道

（1）复制通道的一般方法：选中“通道”面板中的一个通道（例如：Alpha1 通道）。再单击“通道”→“复制通道”命令，调出“复制通道”对话框，如图 6-2-17 所示。利用该对话框进行设置后，单击“确定”按钮，即可将选中的通道复制到指定的图像文件中，或新建的图像文件中。其中各选项的作用如下。

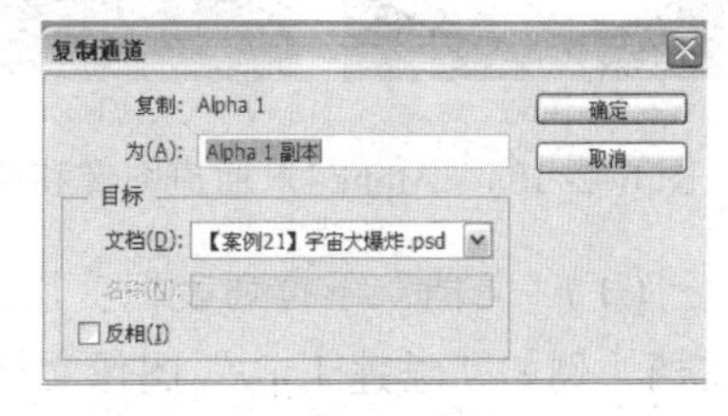

图 6-2-17　“复制通道”对话框

◎“为”文本框：输入复制的新通道的名称。

◎“文档”下拉列表框：包含打开的图形文件名称，用来选择复制的目标图像。

◎“名称”文本框：当“文档”下拉列表框选择“新建”选项时，“名称”文本框会变为有效。它用来输入将新建的图像文件的名称。

◎“反相”复选框：复制的新通道与原通道相比是反相的。即原来通道中有颜色的区域，在新通道中为没有颜色的区域；原来通道中没有颜色的区域，在新通道中为有颜色的区域。

（2）在当前图像中复制通道：在“通道”面板中，拖动要复制的通道到“创建新通道”按钮上，再释放鼠标，即可复制选中的通道。

（3）将通道复制到其他图像：拖动通道到其他图像的画布窗口中。

2. 通道转换为选区

（1）按住【Ctrl】键，单击“通道”面板中相应的 Alpha 通道的缩览图或缩览图右边处。

（2）按住【Ctrl+Alt】组合键，同时按通道编号数字键。通道编号从上到下（不含第 1 个）。

（3）选中“通道”面板 Alpha 通道，单击“将通道作为选区载入”按钮。

（4）将“通道”面板中的 Alpha 通道拖到“将通道作为选区载入”按钮上。

（5）单击“选择”→“载入选区”命令，也可以将通道转换为选区。

3. 存储选区

存储选区是在“通道”面板中建立相应的 Alpha 通道。存储选区和载入选区在 2.3 节已经介绍过了。此处重点介绍存储选区和载入选区中与通道有关的内容。为了了解存储选区，打开一幅“睡莲 1”图像。进入“通道”面板，创建一个名称为“Alpha1”的通道，其中绘制两个白色的椭圆图形，如图 6-2-18（a）所示。选中所有通道。再进入“图层”面板，在图像的画布窗口内创建一个矩形选区，如图 6-2-18（b）所示。

单击“选择”→“存储选区”命令，调出“存储选区”对话框，如图 6-2-19（a）所示。如果选择“通道”下拉列表框中的 Alpha 通道名称选项，则该对话框中“操作”栏的所有单选按钮均变为有效，而“名称”文本框变为无效，如图 6-2-19（b）所示。进行设置后，单击“确定”按钮，即可将选区存储，建立相应的通道。其中各选项的作用如下。

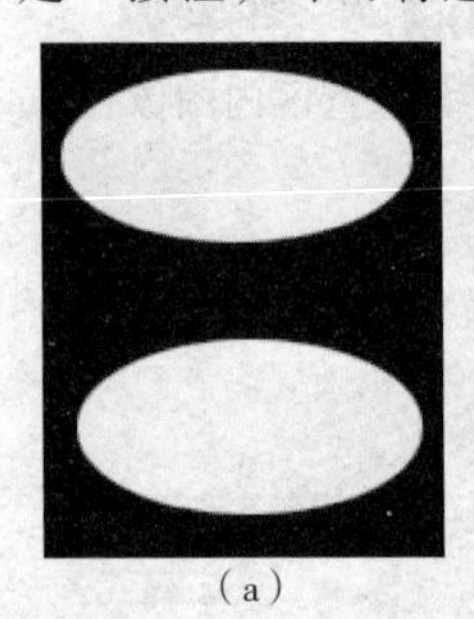
（a）

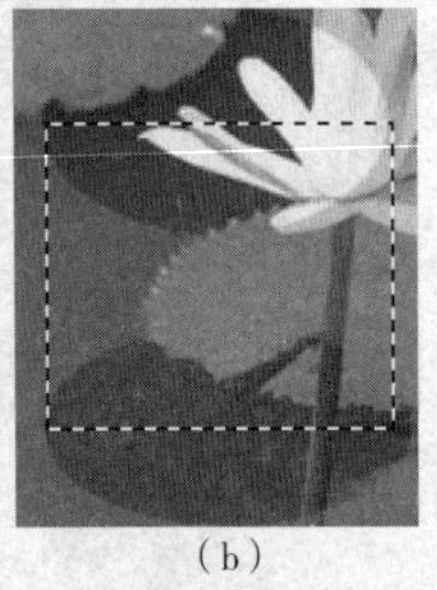
（b）

图 6-2-18 “Alpha 1”通道图像和选区

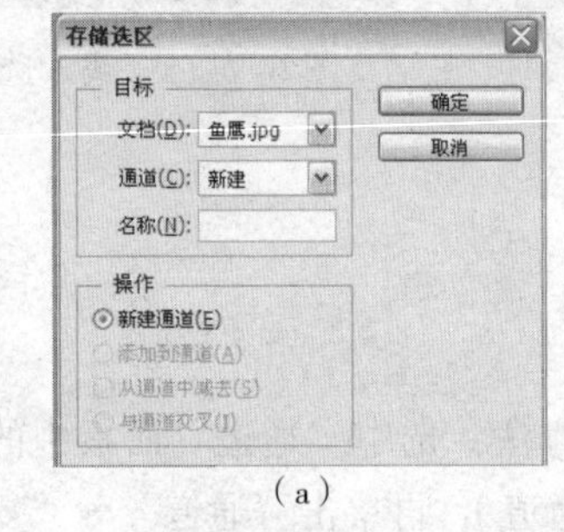

（a）

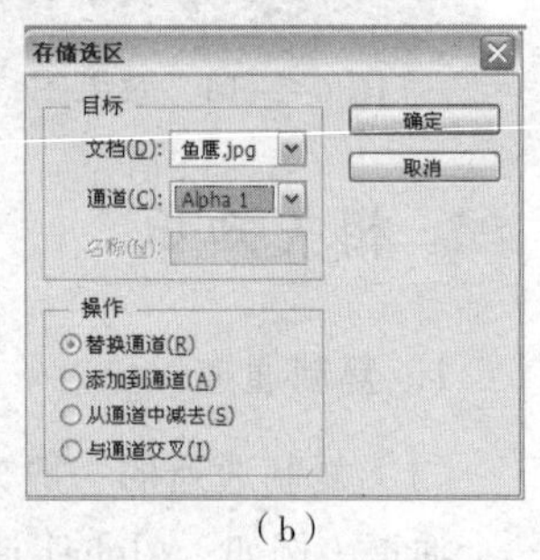

（b）

图 6-2-19 “存储选区”对话框

（1）“文档”下拉列表框：用来选择选区将存储在哪一个图像中。其中的选项有当前图像文档（例如“睡莲 1.jpg”图像文档）、已经打开的与当前图像文档大小一样的图像文档和“新建”选项。如果选择“新建”选项，则将创建一个新文档来存储选区。

（2）“通道”下拉列表框：用来选择“文档”下拉列表框选定的图像文件中的 Alpha 通道名称和“新建”选项。用来决定选区存储到哪个 Alpha 通道中。如果选择“新建”选项，则将创建一个新的通道来存储选区，“名称”文本框变为有效。

（3）“名称”文本框：用来输入新 Alpha 通道的名称。

（4）“新建通道”单选按钮：如果“通道”下拉列表框选择“新建”选项，则该单选按钮唯一出现。它用来说明选区存储在新 Alpha 通道中。

（5）“替换通道”单选按钮：如果“通道”下拉列表框没选择“新建”选项，则该单选按钮和以下 3 个单选按钮有效。选择该单选按钮和其他 3 个单选按钮中的任意一个，都可以确定存储选区的通道是“通道”下拉列表框中已选择的“Alpha1”选项。

如果“通道”下拉列表框选择了“Alpha 1”通道，“Alpha 1”通道内的图像如图 6-2-18（a）所示，而选区的形状如图 6-2-18（b）所示。选择“替换通道”单选按钮后，原“Alpha 1”通道内的图像会被选区和选区内填充白色的图像替换，如图 6-2-20（a）所示。

（6）“添加到通道”单选按钮：“通道”下拉列表框中选择的 Alpha 通道（即 Alpha 1 通道）的图像添加了新的选区。此时原 Alpha 通道的图像如图 6-2-20（b）所示。

（7）“从通道中减去”单选按钮：“通道”下拉列表框中选择的 Alpha 通道的图像是，选区减去原 Alpha 通道内图像后的图像。此时原 Alpha 通道的图像如图 6-2-20（c）所示。

（8）“与通道交叉”单选按钮：“通道”下拉列表框中选择的 Alpha 通道的图像是，选区包含的原 Alpha 通道内图像后的图像。此时原 Alpha 通道的图像如图 6-2-20（d）所示。

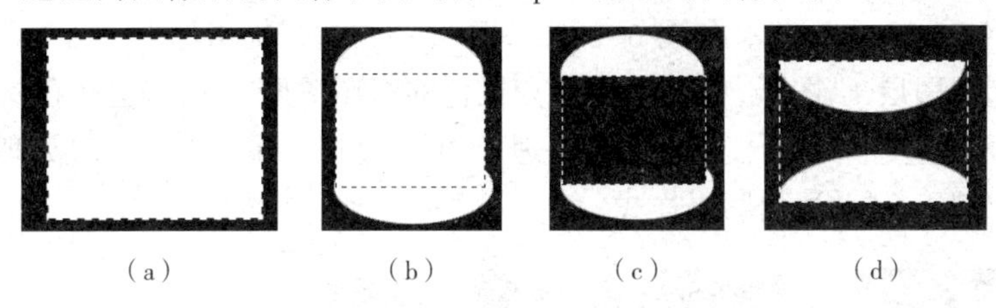

（a） （b） （c） （d）

图 6-2-20 Alpha 通道的图像

4. 载入选区

载入选区是将 Alpha 通道存储的选区加载到图像中。其是存储选区的逆过程。单击“选择”→“载入选区”命令，调出“载入选区”对话框。如果当前图像中已经创建选区，则该对话框中“操作”栏中的所有单选按钮均为有效，否则只有“新选区”单选按钮有效。设置后单击“确定”按钮，可以将选定的通道内的图像转换为选区，并加载到指定的图像中。“载入选区”对话框中各选项的作用如下。

（1）“文档”和“通道”下拉列表框的作用：与“存储区域”对话框内相应选项的作用基本一样，只是后者用来设置存储选区的图像文档和 Alpha 通道，而前者用来设置要转换为选区的通道图像所在的图像文档和 Alpha 通道。因此，“文档”和“通道”下拉列表框中没有“新建”选项，而且没有“名称”文本框。如果打开的图像中的当前图层不是背景图层，则“载入选区”对话框中的“通道”下拉列表框中会有表示当前图层的透明选项。如果选择该选项，则将选中图层中的图像或文字非透明部分作为载入选区。

（2）“载入选区”对话框中其他选项的作用如下。

◎“反相”复选框：选中该复选框则载入到当前图像的选区，否则载入选区以外的部分。

◎“新建选区”单选按钮：选中该单选按钮后，载入到当前图像的选区是指定的 Alpha 通道中的图像转换来的新选区。其替代了当前图像中原来的选区。

◎“添加到选区”单选按钮：选中该单选按钮后，载入到当前图像的新选区是通道转换来的选区添加到当前图像原选区后形成的选区。

◎“从选区中减去”单选按钮：选中该单选按钮后，载入到当前图像的新选区是当前图像原选区减去通道转换来的选区后形成的选区。

◎“与选区交叉”单选按钮：选中该单选按钮后，载入到当前图像的新选区是当前图像原选区与通道转换来的选区相交部分形成的选区。

思考与练习 6-2

1. 制作一幅“天天向上”图像，如图 6-2-21 所示。它是在图 6-2-22 所示的“向日葵”图像上添加从左到右逐渐透明且再到不透明的红色“好好学习 天天向上”文字。制作过程提示如下。（1）打开“向日葵”图像，输入文字，使文字变形；（2）创建文字选区，删除文字图层；（3）切换到“通道”面板，将文字选区转换为一个新的 Alpha 通道，给文字填充水平浅灰色到深灰色再到浅灰色线性渐变色；（4）将通道转换为选区，删除 Alpha 通道；（5）选中“RGB”通道，切换到“图层”面板，给选区填充红色。

2. 制作一幅“银色金属环”图像，如图 6-2-23 所示。制作过程提示如下。（1）在“背景”图层之上创建一个“图层 1”图层，绘制一幅填充银色的圆环图形；（2）将选区存储为“Alpha1”通道，针对该通道进行“高斯模糊”滤镜处理；（3）“光照效果”渲染滤镜处理；（4）两次进行“曲线”调整；（5）添加图层样式。

图 6-2-21 “天天向上”图像

图 6-2-22 “向日葵”图像

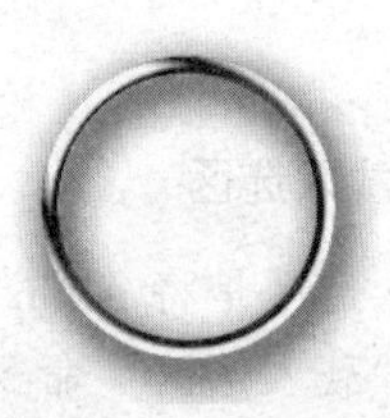

图 6-2-23 “银色金属环”图像

3. 制作一幅“风驰电掣”图像，如图 6-2-24 所示。可以看到，一辆汽车飞速向前驶来，图像之上有“风驰电掣”飞行文字。该图像的背景是利用图 6-2-25 所示的“道路”和“汽车”图像制作而成的，在背景图像之上再制作飞行文字。制作该图像需要使用 Alpha 通道通道、斜切变换、径向模糊、“模糊”和“风”滤镜，以及曲线调整等操作方法。

图 6-2-24 “风驰电掣”图像

（a）

（b）

图 6-2-25 “道路”和“汽车”图像

6.3 【案例 23】我爱中国

案例效果

“我爱中国”图像如图 6-3-1 所示。图像中的外国人会想起曾在中国的日子，热爱中国的天安门、长城、颐和园、天坛、建筑、九寨沟和美食……，回想曾经参加过的中国扶贫救灾活动……可以看出她对中国的向往之情。该图像是利用图 6-3-2～图 6-3-4 所示图像制作而成的。

制作该图像的关键是在图像中创建一个选区，将选区转换为快速蒙版，对快速蒙版进行加工处理，几乎所有对图像加工的手段均可以用于对蒙版的加工处理。然后，将快速蒙版转化为选区，从而获得特殊的选区。

图 6-3-1　“我爱中国”图像

图 6-3-2　“外国建筑”图像

（a）

（b）

（c）

（d）

图 6-3-3　“人物”“长城”“天坛”“颐和园”图像

（a）

（b）

（c）

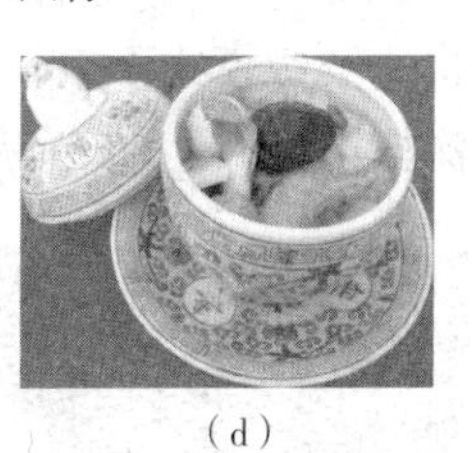

（d）

图 6-3-4　“建筑”“救灾”“九寨沟”“美食”图像

操作步骤

（1）打开图 6-3-2 所示的“外国建筑”图像，进行裁剪和图像大小调整，使该图像宽度为 800 像素，高度为 500 像素。再以名称“【案例 23】我爱中国.psd”保存。

（2）打开图 6-3-3 和图 6-3-4 所示 8 幅图像。将这 8 幅图像分别调整为宽度 300 像素，高度按原比例变化。选中“人物.jpg”图像，按【Ctrl+A】组合键，选中全部图像的选区；按【Ctrl+C】组合键，将选区内图像复制到剪贴板中。

（3）选中“【案例 23】我爱中国.psd”图像，在图像的左下角创建一个羽化 20 像素的椭圆选区，单击“编辑”→“选择性粘贴”→“贴入”命令，将剪贴板中的图像复制入选区内，同时在“背景”图层上增加一个图层用来放置粘贴入的图像。将该图层的名称改为“人物”。选中该图层，按【Ctrl+D】组合键，取消选区。

（4）单击“编辑”→“自由变换”命令，调整“人物”图层内人物头像的大小和位置，按【Enter】键确认。使用“移动工具”可以移动人物头像的位置。

（5）选中“长城.jpg”图像，在该图像中创建一个椭圆形选区。单击工具箱中下边的“以快速蒙版模式编辑”按钮，在图像中创建一个快速蒙版，如图 6-3-5 所示。

（6）单击“滤镜”→“扭曲”→“波纹”命令，调出“波纹”对话框。设置数量为 350，大小为“大”，单击“确定”按钮，即可使图像的蒙版边缘变形，效果如图 6-3-6 所示。

（7）单击工具箱中下面的“以标准模式编辑”按钮，将蒙版转换为选区。将选区内的图像复制到剪贴板中，再粘贴到“【案例 23】我爱中国.psd”图像中。

图 6-3-5 快速蒙版 1

图 6-3-6 “波纹”滤镜效果

（8）使用工具箱中的“涂抹工具”和“模糊工具”，微微涂抹粘贴图像的边缘。再适当调整该图像的大小，效果如图 6-3-7 所示。

（9）选中“救灾”图像。在该图像中创建一个羽化 30 像素的椭圆形选区。单击“选择”→“在快速蒙版模式下编辑”命令，在图像中创建一个快速蒙版。再进行“纹波”滤镜处理，使用“涂抹工具”修改蒙版，效果如图 6-3-8 所示。

图 6-3-7 粘贴图像

图 6-3-8 快速蒙版 2

（10）再次单击“选择”→“在快速蒙版模式下编辑”命令，取消命令前的对勾，将蒙版转换为选区，再依次将选区内的图像复制到“【案例 23】我爱中国.psd”图像中。

（11）单击“移动工具”按钮，将选区内的图像拖动到“【案例 23】我爱中国.psd”图像内的中间处，调整图像的大小和位置。然后，使用“涂抹工具”和“模糊工具”，微微涂抹粘贴图像的边缘。

（12）参考上述方法，将其他 6 幅图像进行加工处理，最后效果如图 6-3-1 所示。

（13）输入红色、90 点、华文行楷文字“我爱中国”，再给该文字图层添加“斜面和浮雕”图层样式，使文字立体化。最终效果见图 6-3-1。

相关知识

1. 快速蒙版

默认状态下，快速蒙版呈半透明红色，与掏空了选区的红色胶片相似，遮盖在非选区图像的上面，通过半透明的蒙版可以看到下面的图像。

双击工具箱中的“以快速蒙版模式编辑”按钮，调出“快速蒙版选项”对话框，如图 6-3-9 所示，其与图 6-1-21 所示的“新建通道”对话框相似。“快速蒙版选项”对话框中各选项的作用也与“新建通道”对话框内各选项的作用一样。

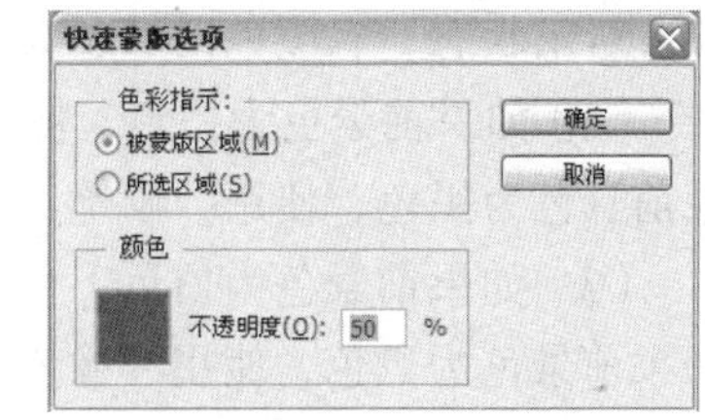

图 6-3-9　“快速蒙版选项”对话框

（1）“被蒙版区域”单选按钮：选中该单选按钮后，蒙版区域（即非选区）有颜色，非蒙版区域（即选区）无颜色，如图 6-3-10（a）所示。“通道”面板如图 6-3-10（b）所示。

（2）“所选区域”单选按钮：选中该单选按钮后，蒙版区域（即选区）有颜色，非蒙版区域选区（即非选区）没有颜色，如图 6-3-11（a）所示。“通道”面板如图 6-3-11（b）所示。

（3）“颜色”栏：可在“不透明度”文本框中输入通道的不透明度百分数据。单击色块，可调出“拾色器”对话框，用来设置蒙版颜色，默认值是不透明度为 50%的红色。

在建立快速蒙版后，可以看出“通道”面板中增加了一个“快速蒙版”Alpha 通道，其中是与选区相应的灰度图像。

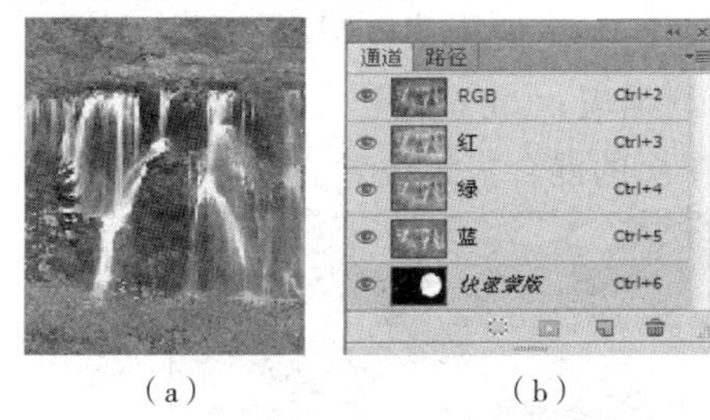

（a）　（b）

图 6-3-10　非选区有颜色和“通道”面板

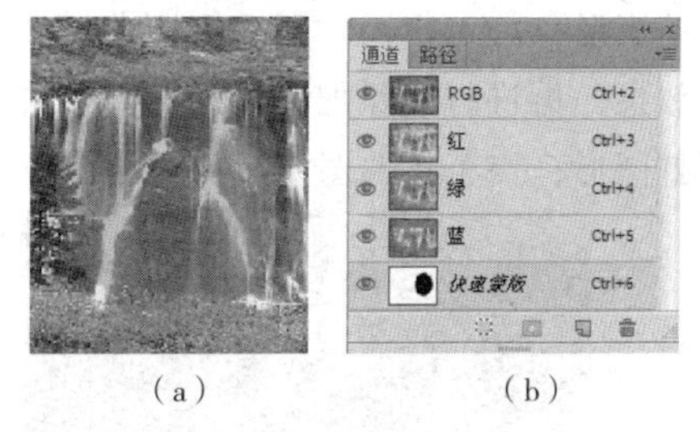

（a）　（b）

图 6-3-11　选区有颜色和“通道”面板

2. 选区和快速蒙版转换

在快速蒙版模式下，可以将选区转换为一个临时的蒙版，同时在“通道”面板中创建一个临时的“快速蒙版”Alpha 通道。以后可以使用几乎所有工具和滤镜来编辑修改蒙版。修改好蒙版后，再回到标准模式下，即可将蒙版转换为特殊的选区。

默认状态下，快速蒙版呈半透明红色，与掏空了选区的红色胶片相似，遮盖在非选区图像的上边。蒙版是半透明的，可以通过蒙版观察到其下面的图像。

单击工具箱中的“以快速蒙版模式编辑”按钮或单击“选择”→“在快速蒙版模式下编辑”命令（使命令左边出现对勾），可以建立快速蒙版。

单击工具箱中下面的“以标准模式编辑”按钮或单击“选择”→“在快速蒙版模式下编辑”命令（使命令左边的对勾取消），可以将蒙版转换为选区。

3. 编辑快速蒙版

编辑加工快速蒙版的目的是为了获得特殊效果的选区。将快速蒙版转换为选区后，“通道”面板中的“快速蒙版”通道会自动取消。选中“通道”面板中的“快速蒙版”通道，可以使用各种工具和滤镜对快速蒙版进行编辑修改，改变快速蒙版的大小与形状，也就调整了选区的大小与形状。在使用画笔和橡皮擦等工具修改快速蒙版时，遵从以下规则。

（1）针对图 6-3-10（a）所示状态，有颜色区域越大，蒙版越大，选区越小。针对图 6-3-11

（b）所示状态，有颜色区域越大，蒙版越小，选区越大。

（2）如果前景色为白色，使用“画笔工具” 在有颜色区域绘图，会减少有颜色区域。如果前景色为黑色，使用“画笔工具” 在无颜色区域绘图，会增加有颜色区域。

（3）如果前景色为白色，使用“橡皮擦工具” 在无颜色区域擦除，会增加有颜色区域。如果前景色为黑色，使用“橡皮擦工具” 在有颜色区域擦除，会减少有颜色区域。

（4）如果前景色为灰色，则在绘图时会创建半透明的蒙版和选区。如果背景色为灰色，则在擦图时会创建半透明的蒙版和选区。灰色越淡，透明度越高。

思考与练习 6-3

1. 制作一幅“沙漠绿洲”图像，如图 6-3-12 所示。可以看到，在沙漠和蓝天中，有一些不同的园林和美景，若隐若现。该图像是在一幅“沙丘”图像基础之上加工成的。
2. 制作一幅“彩虹”图像，如图 6-3-13 所示。该图像是在一幅“风景”图像之上加工一条彩虹而成的。制作该图像的方法提示如下。（1）在背景图像之上创建一幅填充线性七彩渐变色的矩形；（2）使用“切变”扭曲滤镜使矩形弯曲；（3）使用快速蒙版使彩虹两端产生渐变效果，再进行删除加工处理，使彩虹的两端逐渐消失；（4）使用“高斯模糊”滤镜处理彩虹图形；（5）在“图层”面板中将“图层 1”图层的混合模式设置为“滤色”。

图 6-3-12 “沙漠绿洲”图像

图 6-3-13 “彩虹”图像

6.4 【案例 24】旅游北京和云中气球

案例效果

“旅游北京”图像如图 6-4-1 所示。“云中气球”图像如图 6-4-2 所示。

图 6-4-1 “旅游北京”图像

图 6-4-2 “云中气球”图像

操作步骤

1. 制作“旅游北京”图像

（1）打开图6-4-3所示的3幅图像，将这3幅图像的宽度和高度分别调整为400像素和600像素。新建一个高度600像素、宽度400像素、背景透明、“RGB”颜色模式的画布。再以名称“【案例24】旅游北京.psd”保存。

（a）

（b）

（c）

图6-4-3 “长城”“建筑”和“故宫”图像

（2）单击工具箱中的“移动工具”按钮，依次将“长城”“建筑”和“故宫”图像拖动到“【案例24】旅游北京.psd”图像内，调整3幅复制图像的位置，使“建筑”图像分别遮盖部分“长城”和“故宫”图像，如图6-4-4所示。在“图层”面板中将新增的图层的名称分别改为“长城”“建筑”“故宫”，如图6-4-5所示，分别放置复制的“长城”、“建筑”“故宫”图像。

（3）选中“图层”面板中的“建筑”图层。再单击“图层”面板中的“添加图层蒙版”按钮，给“建筑”图层添加一个蒙版。

（4）单击工具箱中的“画笔工具”按钮，单击其选项栏中的“喷枪”按钮，设置画笔为柔化的60像素。

（5）设置前景色为黑色。选中“图层”面板中的“建筑”图层的蒙版缩览图。然后在“长城”和“建筑”图像交界处，以及“故宫”和“建筑”图像交界处拖动，使交界处“建筑”图像下面的“长城”和“故宫”图像显示出来部分内容。

（6）设置前景色为白色。在“长城”和“建筑”图像、“故宫”和“建筑”图像交界处拖动，可以使隐藏的部分“建筑”图像显示出来。最后效果见图6-4-1。“图层”面板如图6-4-6所示。

图6-4-4　添加3幅图像

图6-4-5 图层名称修改后的“图层”面板

图6-4-6 “图层”面板

2. 制作“云中热气球”图像

（1）打开图 6-4-7 所示的“热气球”图像和“云图”图像。将“云图”图像的宽度和高度分别调整为 460 像素和 400 像素，将“热气球”图像的宽度和高度分别调整为 460 像素和 340 像素，再以名称“【案例 24】云中热气球.psd”保存。

图 6-4-7 “热气球”图像和“云图”图像

（2）单击工具箱中的“移动工具”按钮，将“热气球.jpg”图像拖动到“云图”图像中，并调整位置，效果如图 6-4-8 所示。在“图层”面板中新增一个放置“热气球”图像的图层，将该图层的名称改为“热气球”。

（3）单击“图层”→“图层蒙版” →“隐藏全部”命令，添加图层蒙版。此时的“图层”面板如图 6-4-9 所示。此时，画布中只看到“云图”图像。

（4）选中“热气球”图层中的“图层蒙版缩览图”图标，设置前景色为白色，背景色为黑色。

（5）单击工具箱中的“渐变工具”按钮，在选项栏中单击“线性渐变”按钮，再单击“渐变样式”下拉列表框，调出“渐变编辑器”对话框，单击“预设”栏中第 1 个“前景色到背景色渐变”图标，水平向左拖动左边的色标，单击“确定”按钮，完成渐变色设置。

（6）按住【Shift】键，从上至下（到下边三分之一处）拖动鼠标，填充由白色到黑色的线性渐变色。

（7）使用“画笔工具”按钮，单击其选项栏中的“喷枪”按钮，设置画笔为柔化的 60 像素。设置前景色为黑色，在气球上边蓝天处和气球部分处拖动，显示出一些白云。设置前景色为白色，在气球上边蓝天白云处拖动，可取消这些白云。

最后，“图层”面板如图 6-4-10 所示。画布中的图像见图 6-4-2。

图 6-4-8 合成两幅图像

图 6-4-9 添加图层蒙版

图 6-4-10 加工蒙版

相关知识

1. 蒙版和创建蒙版

蒙版也称图层蒙版，作用是保护图像的某一个区域，使用户的操作只能对该区域之外的图像进行。从这一点来说，蒙版和选区的作用正好相反。选区的创建是临时的，一旦创建新选区后，原来的选区便自动消失，而蒙版可以是永久的。

选区、蒙版和通道是密切相关的。在创建选区后，实际上也就创建了一个蒙版。将选区和蒙版存储起来，即生成了相应的 Alpha 通道。它们之间相对应，还可以相互转换。

蒙版与快速蒙版有相同与不同之处。快速蒙版主要目的是为了建立特殊的选区，所以其是临时的，一旦由快速蒙版模式切换到标准模式，快速蒙版转换为选区，而图像中的快速蒙版和“通道”面板中的“快速蒙版”通道会立即消失。创建快速蒙版时，对图像的图层没有要求。蒙版一旦创建后，会永久保留，同时在“图层”面板中建立蒙版图层（进入快速蒙版模式时不会建立蒙版图层）和在“通道”面板中建立“蒙版”通道，只要不删除它们，它们会永久保留。在创建蒙版时，不能创建背景图层、填充图层和调整图层的蒙版。蒙版不用转换成选区，就可以保护蒙版遮盖的图像不受操作的影响。

创建蒙版后，可以像加工图像那样来加工蒙版。可以将蒙版移动、变形变换、复制、绘制、擦除、填充、液化和加滤镜等。常用的创建蒙版的方法有以下两种。

（1）选中要添加蒙版的图层（不可以是背景图层），创建一个选区（例如椭圆形选区），单击“图层”面板中的“添加图层蒙版”按钮，可在选中的图层创建一个蒙版，选区外的区域是蒙版（黑色），选区包围的区域是蒙版中掏空的部分（白色）。此时的“图层”面板如图 6-4-11 所示，“通道”面板如图 6-4-12 所示。

如果在创建蒙版以前，没创建选区，则创建的蒙版是一个白色的空蒙版。

单击图 6-4-12 所示的“通道”面板中“图层 1 蒙版”通道左边的处，使图标出现。同时图像中的蒙版也会随之显示出来。

（2）选中要添加蒙版的图层，再选中该图层，创建选区。然后，单击“图层”→“图层蒙版”命令，调出其子菜单，如图 6-4-13（a）所示。然后，单击一个子命令，可创建蒙版。如果选中了有蒙版的图层，则单击“图层”→“图层蒙版”命令，调出其子菜单，如图 6-4-13（b）所示。

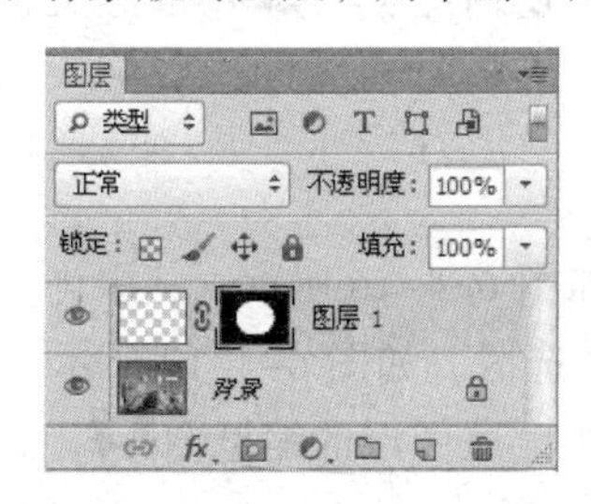

图 6-4-11　“图层”面板

图 6-4-12　“通道”面板

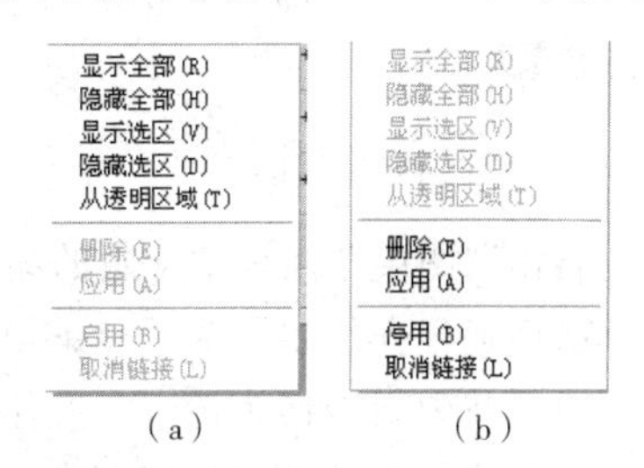

图 6-4-13　子菜单

有关添加蒙版的子命令的作用如下。

◎ 显示全部：创建一个空白的全白蒙版。

◎ 隐藏全部：创建一个没有掏空的全黑蒙版。

◎ 显示选区：根据选区创建蒙版。选区外的区域是蒙版，选区包围的区域是蒙版中掏空的部分。只有在添加图层蒙版前已经创建了选区，此命令才有效。

◎ 隐藏选区：将选区反向后再根据选区创建蒙版。选区包围的区域是蒙版，选区外的区域是蒙版中掏空的部分。只有在添加图层蒙版前已经创建了选区，此命令才有效。

◎ 从透明区域：根据透明区域创建蒙版。只有已经创建选区，此命令才有效。

2. 蒙版基本操作

（1）设置蒙版的颜色和不透明度：双击"通道"面板中的蒙版通道的缩览图，可以调出"图层蒙版显示选项"对话框，如图 6-4-14 所示。用来设置蒙版的颜色和不透明度。

（2）显示图层蒙版：单击"通道"面板中蒙版通道左边的处，使图标出现，显示蒙版。单击"RGB"通道左边的图标，隐藏"通道"面板中的其他通道（使这些通道的图标消失），只显示"图层 1 蒙版"通道，如图 6-4-15 所示。

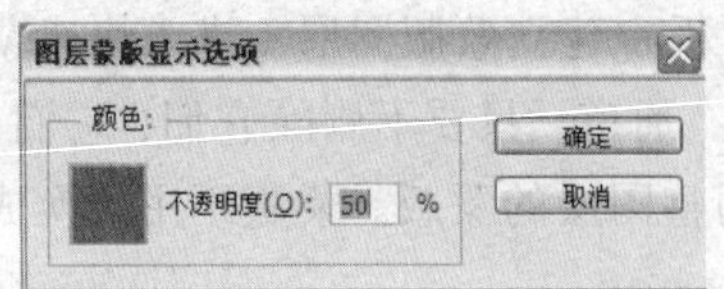

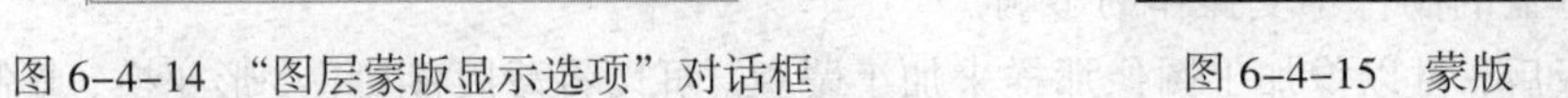

图 6-4-14 "图层蒙版显示选项"对话框　　图 6-4-15 蒙版

（3）加工蒙版：在创建蒙版后要使用蒙版，应先显示蒙版。选中"通道"面板中蒙版通道，或者选中图层中的"图层蒙版缩览图"图标，即可进行蒙版加工，以后的操作都是在蒙版的掏空区域内进行，对蒙版遮罩的图像没有影响。

（4）删除图层蒙版：选中"图层"面板中蒙版图层，选择"图层"→"图层蒙版"→"删除"命令，可以删除蒙版，取消蒙版效果，不删除蒙版所在的图层。选择"图层"→"图层蒙版"→"应用"命令，也可以删除蒙版，但保留蒙版效果，不删除蒙版所在的图层。

（5）停用图层蒙版：右击"图层"面板中蒙版图层的缩览图，调出它的快捷菜单，选择该菜单中的"停用图层蒙版"命令，即可禁止使用蒙版，但没有删除蒙版。此时"图层"面板中蒙版图层内的缩览图上增加了一个红叉。

（6）启用图层蒙版：选中"图层"面板中禁止使用的蒙版图层，再选择"图层"→"启用图层蒙版"命令，即可恢复使用蒙版。此时"图层"面板中蒙版图层内缩览图中的红叉自动取消。

3. 蒙版转换选区

右击"图层"面板中蒙版的缩览图，调出一个快捷菜单，如图 6-4-16 所示，其中许多命令前面已经介绍过。为了验证第 3 栏命令，需在图像中创建一个选区，如图 6-4-17 所示。

（1）将蒙版转换为选区：按住【Ctrl】键，单击"图层"面板中蒙版图层的缩览图，此时，图像中原有的所有选区消失，将蒙版转换为选区，如图 6-4-18 所示。

（2）添加蒙版到选区：选择图 6-4-16 所示菜单内的"添加蒙版到选区"命令，将蒙版转换选区与原选区合并后作为新选区，如图 6-4-19 所示。

（3）从选区中减去蒙版：选择图 6-4-16 所示菜单内的"从选区中减去蒙版"命令，从图像原选区中减去蒙版转换的选区作为新选区，如图 6-4-20 所示。

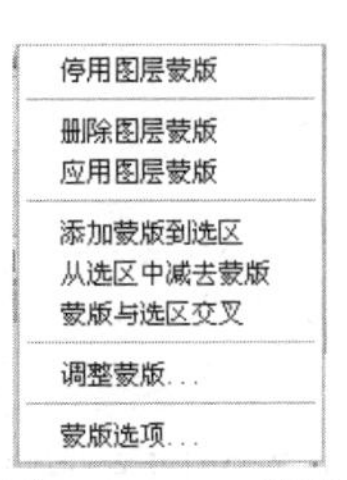

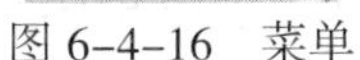

图 6-4-16　菜单

图 6-4-17 创建选区

图 6-4-18　新选区

图 6-4-19　添加蒙版到选区

（4）蒙版与选区交叉：选择图 6-4-16 所示菜单中的“蒙版与选区交叉”命令，将蒙版转换的选区和原选区相交叉部分作为新选区，如图 6-4-21 所示。

图 6-4-20　选区与蒙版相减

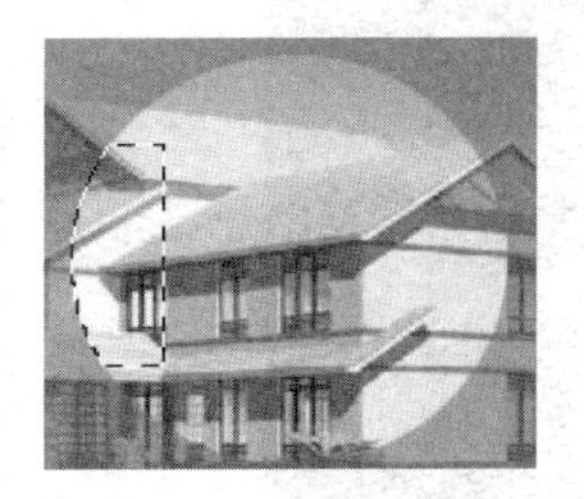

图 6-4-21　蒙版与选区交叉

思考与练习 6-4

1. 制作另外一幅“云中气球”图像，如图 6-4-22 所示。它是利用图 6-4-23 所示两幅图像制作而成的。

图 6-4-22　“云中气球”图像

（a）

（b）

图 6-4-23　“气球”和“云图”图像

2. 制作一幅“探索宇宙”图像，如图 6-4-24 所示。一个火箭从分开的地球中冲出，冲向宇宙。这幅图像象征了人类在宇宙航天事业上不断发展，突飞猛进。该图像是利用图 6-4-25 所示的 3 幅图像制作而成的。

图 6-4-24　“探索宇宙”图像

（a）

（b）

（c）

图 6-4-25　“地球”“火箭”“星球”图像

6.5 【案例 25】木刻卡通娃娃

案例效果

“木刻卡通娃娃”图像如图 6-5-1 所示，它是利用图 6-5-2 所示的“卡通娃娃”和图 6-5-3 所示的“木纹”图像制作而成的。

图 6-5-1 “木刻卡通娃娃”图像

图 6-5-2 “卡通娃娃”图像

图 6-5-3 “木纹”图像

操作步骤

1．Alpha 通道设计

（1）打开“卡通娃娃”和“木纹”图像。将它们均调整为高度 500 像素，宽度 400 像素。双击“卡通娃娃.jpg”图像“图层”面板中的“背景”图层，调出“新建图层”对话框，单击“确定”按钮，将该图层转换为名称是“图层 0”的常规图层。再将右上角的背景黑色删除，修改后图像如图 6-5-4 所示。

（2）选中“卡通娃娃.jpg”图像，选中卡通娃娃图像的选区；按【Ctrl+C】组合键，将选区内图像复制到剪贴板中。

（3）双击“木纹”图像“图层”面板中的“背景”图层，调出“新建图层”对话框，单击“确定”按钮，将该图层转换为名称是“图层 0”的常规图层。以名称“【案例 25】木刻卡通娃娃.psd”保存。在“通道”面板中，单击“创建新通道”按钮，新建一个名称为“Alpha 1”的通道，并选中该通道。

（4）按【Ctrl+V】组合键，将剪贴板中的卡通娃娃图像粘贴到“Alpha 1”通道画布中。单击“编辑”→“自由变换”命令，调整复制到通道中的卡通娃娃图像的大小和位置。按【Ctrl+D】组合键，取消选区。通道中的图像如图 6-5-5 所示。

（5）将“Alpha1”通道拖动到“新建通道”按钮上，创建一个名称为“Alpha 1 副本”的通道，并选中“Alpha 1 副本”通道，如图 6-5-6 所示。

（6）单击“滤镜”→“模糊”→“高斯模糊”命令，调出“高斯模糊”对话框。设置模糊半径为 1.0，单击“确定”按钮，图像如图 6-5-7 所示。

（7）单击“滤镜”→“风格化”→“浮雕效果”命令，调出“浮雕效果”对话框。在“浮雕效果”对话框中，设置浮雕角度为 135 度，高度为 4 像素，数量为 300%。单击“确定”按钮，图像如图 6-5-8 所示。

图 6-5-4　修改的图像

图 6-5-5　通道内图像

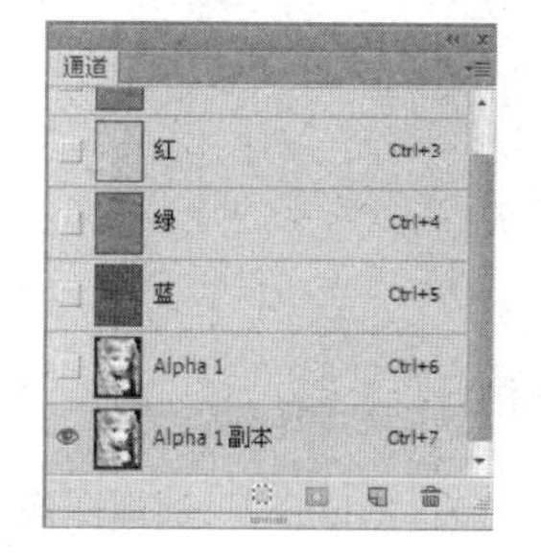

图 6-5-6　“通道”面板

2. 应用“计算”和“应用图像”命令

（1）选中“图层”面板中的“图层 0”图层，单击“图像”→“计算”命令。调出“计算”对话框，在“源 1”栏内的“通道”下拉列表框中选择“Alpha 1”选项。在“源 2”栏的“通道”下拉列表框中选择“Alpha 1 副本”选项，在“混合”下拉列表框中选择“叠加”选项，如图 6-5-9 所示。

图 6-5-7　高斯模糊效果

图 6-5-8　浮雕效果

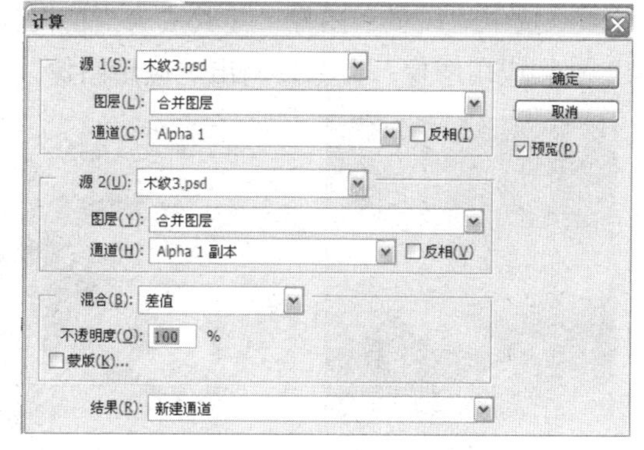

图 6-5-9　“计算”对话框

（2）单击“计算”对话框中的“确定”按钮。此时，“通道”面板中会生成“Alpha 2”通道，该通道内的图像如图 6-5-10 所示。

（3）单击“通道”面板中“RGB”通道，选中“图层”面板中的“图层 0”图层。单击“图像”→“应用图像”命令，调出“应用图像”对话框。在“图层”下拉列表框中选择“合并图层”选项，在“通道”下拉列表框中选择“Alpha 2”选项，在“混合”下拉列表框内选择“叠加”选项，在“不透明度”文本框中输入 100，如图 6-5-11 所示。单击“确定”按钮，效果如图 6-5-12 所示。

（4）单击“图像”→“调整”→“曲线”命令，调出“曲线”对话框。向右下方拖动曲线，使图像颜色变深，最终效果见图 6-5-1。

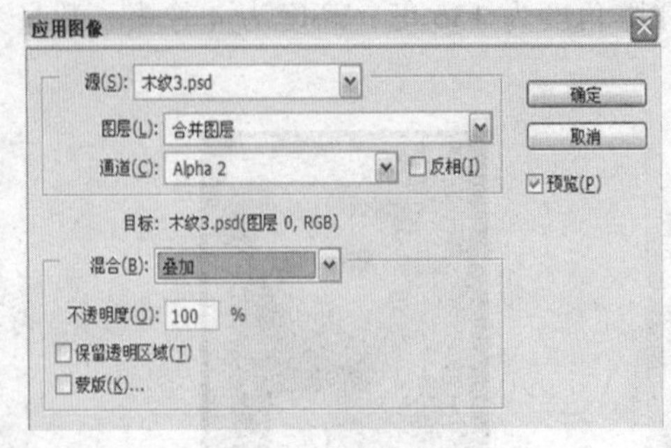

图 6-5-10 “Alpha 2”通道图像　图 6-5-11 “应用图像”对话框设置　图 6-5-12 图像效果

相关知识

1. 使用“应用图像”命令

“应用图像”可以将两个图层和通道以某种方式合并。为了介绍合并方法，准备两幅图像。如图 6-5-13 所示，“女孩”图像的背景是透明的。而且两幅图像的尺寸一样大。

（1）图层合并的操作步骤如下。

◎ 选中“风景”图像，使其成为当前图像。合并后的图像存放在目标图像内。单击“图像”→“应用图像”命令，调出“应用图像”对话框，如图 6-5-14 所示。

（a）

（b）

图 6-5-13 “风景”和“女孩”图像

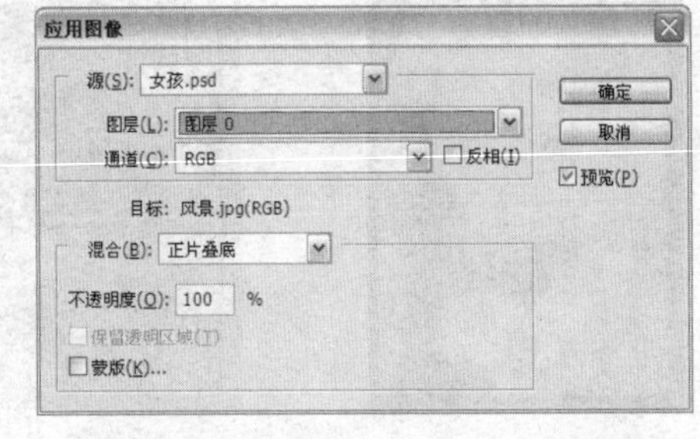

图 6-5-14 “应用图像”对话框

◎ 可以看出，目标图像就是当前图像，而且是不可以改变的。在“源”下拉列表框内选择源图像文件，即与目标图像合并的图像文件。此处选择“女孩”图像文件。

◎ 在“图层”下拉列表框中选择源图像的图层。如果源图像有多个图层，可以选择“合并图层”选项，即选择所有图层。此处选择“图层 0”选项，即“女孩”图像所在图层。

◎ 在“通道”下拉列表框中选择相应的通道，选择 RGB 选项，即选择合并的复合通道（对于不同模式的图像，复合通道名称是不一样的）。此处选择 RGB 选项。

◎ 在“混合”下拉列表框中选择一种混合模式，即目标图像与源图像合并时采用的混合方式。此处选择“正片叠底”选项。在“不透明度”文本框中输入不透明度的百分数。该不透明度是指合并后源图像内容的不透明度，此处设置 80%。

◎ 确定是否选中“反相”复选框。选中该复选框后，可使源图像颜色反相后再与目标图像合并，此处不选择该复选框。单击“确定”按钮，合并的图像如图 6-5-15 所示。

（2）加入蒙版：单击“应用图像”对话框中的“蒙版”复选框，即可展开“蒙版”复选框下面的选项，如图 6-5-16 所示。为了了解蒙版作用还需打开“热气球”图像，如图 6-5-17 所示。其大小与“风景”和“女孩”图像一样。

图 6-5-15　合并的图像

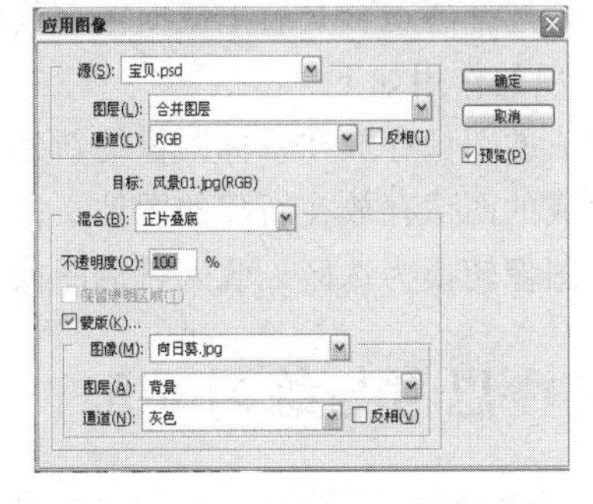

图 6-5-16　“应用图像”对话框

图 6-5-17　“热气球”图像

新增各选项的作用如下。

◎“蒙版”下拉列表框：用来选择作为蒙版的图像。默认的是目标图像。

◎“图层”下拉列表框：用来选择作为蒙版的图层。默认的是“背景”选项。

◎“通道”下拉列表框：用来选择作为蒙版的通道。默认的是“灰色”选项。

◎“反相”复选框：选中该复选框，则蒙版内容反转，即黑变白，白变黑，浅灰变深灰。

2. 使用“计算”命令

使用“图像”→“计算”命令可以将两个通道以某种方式合并。打开“风景”“女孩”“热气球”图像。要求 3 幅图像大小一样。通道合并的操作步骤如下。

（1）选中“风景”图像，使其成为目标图像。合并后的图像存放在目标图像内。

（2）单击“图像”→“计算”命令，调出“计算”对话框，如图 6-5-18 所示。该对话框中有两个源图像，每个源栏中的选项与“应用图像”对话框的一样。

（3）选中图 6-5-18 所示的“计算”对话框中的“蒙版”复选框，展开“计算”对话框。在“蒙版”下拉列表框中选择“热气球”图像作为蒙版，选中“反相”复选框。

（4）按照图 6-5-18 所示设置后，单击“确定”按钮，生成一个有合并图像的通道，其图像如图 6-5-19 所示。

图 6-5-18　“计算”对话框

图 6-5-19　合并图像

在“计算”对话框中的，源 1 图像为“风景”图像，源 2 图像为“女孩”图像。在“图层”下拉列表框中分别选择“背景”选项和“合并图层”选项，在“通道”下拉列表框中选择“灰色”选项，不选中“反相”复选框，“混合”下拉列表框中选择“正片叠底”选项，“不透明度”文本框的值为 100%（见图 6-5-18）。

（5）“结果”下拉列表框用来选择通道合并后生成图像存放的位置。其有 3 个选项。此处选择“新建通道”选项。3 个选项的作用如下。

◎“新建通道”：合并后生成的图像存放在目标图像的新建通道中。

◎“新建文档”：合并后生成的图像存放在新建的图像文档中，此处选择该选项。

◎“选区”：合并后生成的图像转换为选区，载入目标图像中。

思考与练习 6-5

1. 制作一幅“抗战纪念”图像，如图 6-5-20 所示，它是利用图 6-5-21 所示的“抗战”和“木纹”图像制作而成的。

图 6-5-20 “抗战纪念”图像

（a）

（b）

图 6-5-21 “抗战”和“木纹”图像

2. 制作 “人民英雄”和“平型关大捷”图像，效果如图 6-5-22 和图 6-5-23 所示。

图 6-5-22 “人民英雄”图像

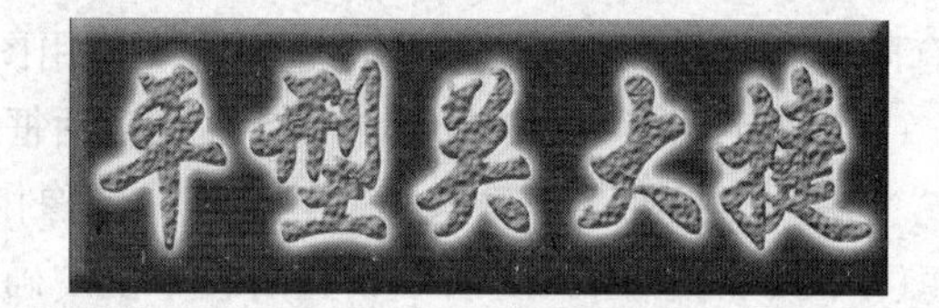

图 6-5-23 “平型关大捷”图像

3. 制作一幅“木刻角楼”图像，如图 6-5-24 所示，它是利用图 6-5-25 所示的“角楼”和一幅“木纹”图像制作而成的。

图 6-5-24 “木刻角楼”图像

图 6-5-25 “角楼”图像

第 7 章　路径、动作、切片和 Adobe Bridge

本章通过 4 个案例的制作学习，可以掌握路径与动作的基本概念，创建、编辑和应用路径的方法，掌握使用动作和创建自定义动作的方法，使用切片工具制作网页的方法。

7.1 【案例 26】电磁效应

案例效果

“电磁效应”图像如图 7-1-1 所示。它的背景是图 7-1-2 所示的“北极光”图像，图像之上是多色毛刺文字。

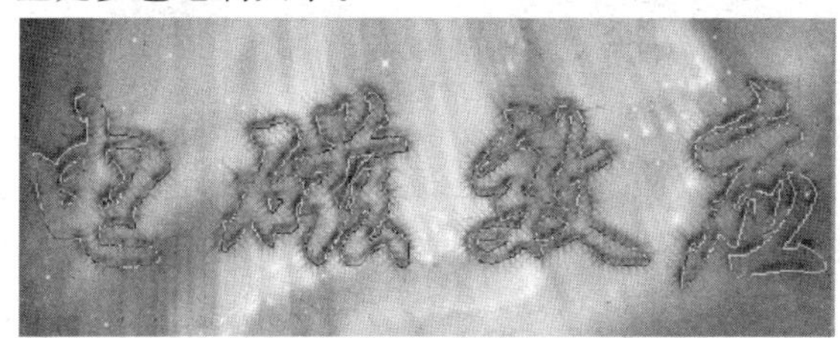
图 7-1-1　“电磁效应”图像

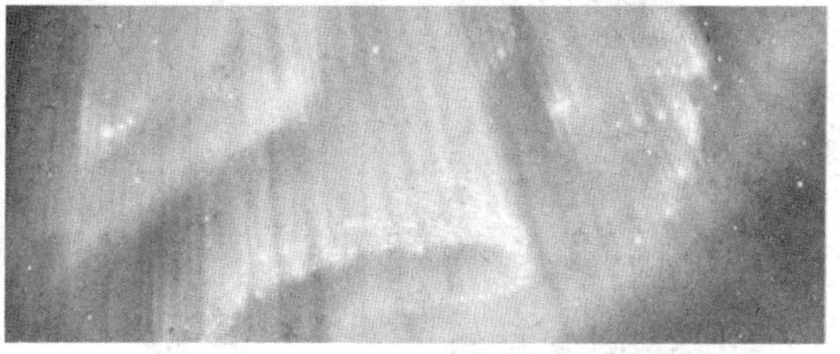
图 7-1-2　“北极光”图像

操作步骤

1. 创建文字路径和自定义画笔

（1）新建宽度为 500 像素、高度为 200 像素，模式为 RGB 颜色，背景为白色的画布。

（2）输入字体为“华文行楷”，字号为 100 点，绿色文字“电磁效应”。

（3）单击“编辑”→“自由变换”命令，调整文字大小与位置，将其移到画布中间处。按住【Ctrl】键，选择“电磁效应”文字图层的缩略图，创建选中文字的选区。

（4）单击“路径”→“建立工作路径”命令，调出“建立工作路径”对话框，如图 7-1-3 所示。在该对话框中的“容差”文本框中输入 0.5，单击“确定”按钮，将选区转换为路径。删除“电磁效应”文字图层。再创建“图层 1”图层，并选中该图层。

（5）设置前景色为红色，背景色为黄色。使用工具箱中的“画笔工具”，单击其选项栏中的“画笔”按钮按钮或右击画布窗口内部，调出“画笔样式”面板。

（6）单击“画笔样式”→“混合画笔”子命令，导入新画笔。选中“画笔样式”面板中的

“星爆-小”画笔图标，调整画笔大小为 30，如图 7-1-4 所示。

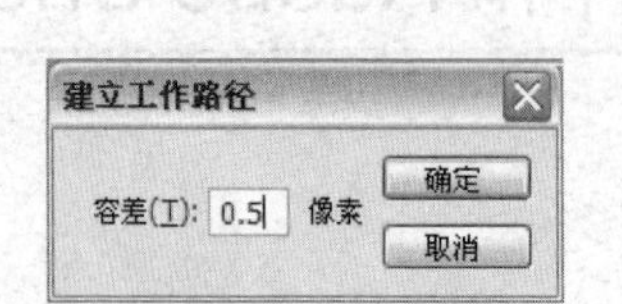

图 7-1-3 “建立工作路径”对话框

图 7-1-4 “画笔样式”面板

（7）单击“窗口”→“画笔”命令，调出“画笔”面板，选中的“画笔笔尖形状”选项，在“画笔形状”列表框中默认选中“星爆-小”画笔图标，大小默认设置为 30 像素，选中“间距”复选框，设置“间距”值为 15%，如图 7-1-5 所示。

（8）为了使沿路径描边的颜色是前景色到背景色的渐变色，选中“颜色动态”选项，按照图 7-1-6 所示进行设置。单击“画笔”面板中的“创建新画笔”按钮，或者单击“画笔”→“创建新画笔预设”命令，调出“画笔名称”对话框。在“名称”文本框中输入“电磁”，单击“确定”按钮，创建新画笔。

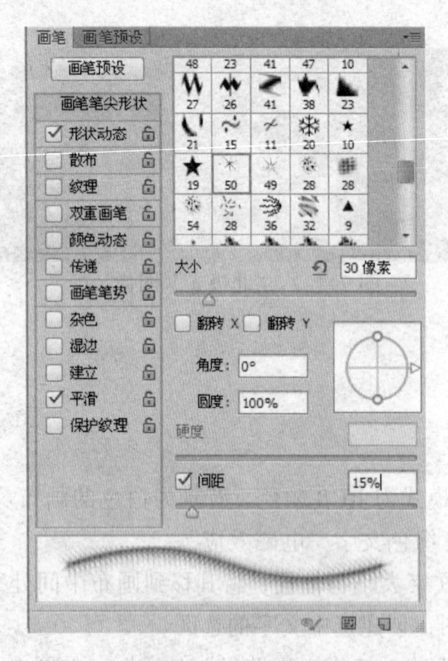

图 7-1-5 “画笔”（画笔笔尖形状）面板

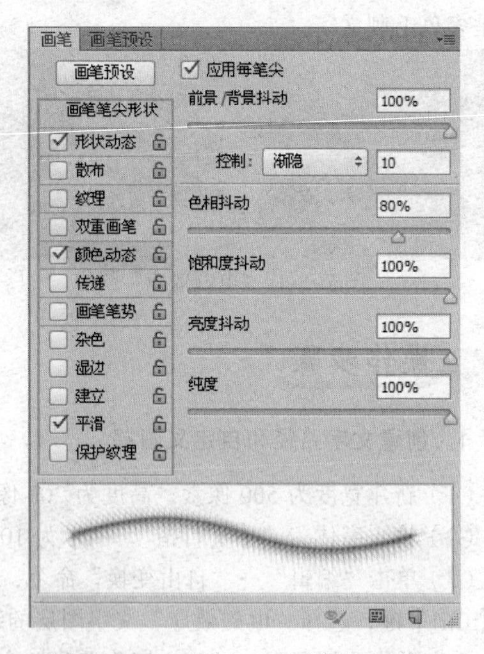

图 7-1-6 “画笔”（动态颜色）面板

2. 路径描边和添加背景图像

（1）单击“路径”→“描边路径”命令，调出“描边路径”对话框，如图 7-1-7 所示。在“工具”下拉列表框中选择“画笔”选项，选择用画笔描边，再单击“确定”按钮，即可制作前景色到背景色的渐变色描边路径，效果如图 7-1-8 所示。

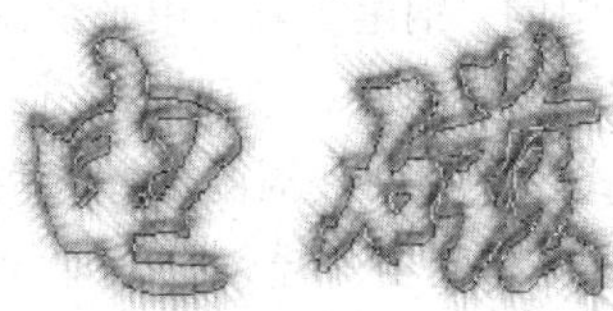
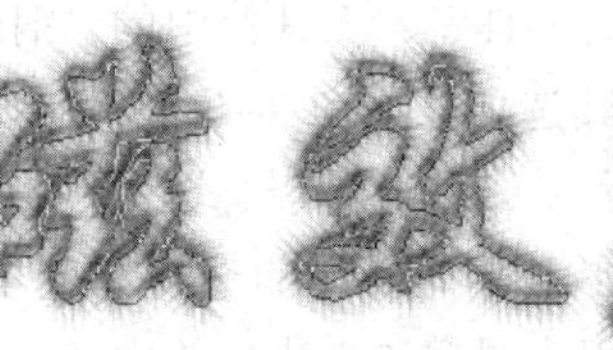

图 7-1-7　“描边路径”对话框　　　　图 7-1-8　文字路径描边路径效果

（2）单击“路径”→“删除路径”命令，完成毛刺文字的制作。然后将该图像以名称“【案例 26】电磁效应.psd”保存。

（3）打开图 7-1-2 所示的“北极光”图像，调整其宽度为 500 像素、高度为 200 像素，单击“移动工具”按钮 拖动该图像到“【案例 26】电磁效应.psd”图像上。同时在“图层”面板中新增一个图层，放置“北极光”图像。调整图像的位置。

（4）将新增的图层名称改为“北极光”，在“图层”面板中，调整“北极光”图层位于“图层 1”图层（其内是毛刺文字）的下面，最终效果见图 7-1-1。

相关知识

1．钢笔工具组与路径工具组

路径是由多个结点的矢量线（也称贝赛尔曲线）构成的图形，如图 7-1-9 所示。形状是较规则的路径。通过使用钢笔工具或形状工具，可以创建各种形状的路径。贝赛尔曲线是一种以三角函数为基础的曲线，它的两个端点称节点，也称锚点。路径很容易编辑修改，可以与图像一起输出，也可以单独输出。贝赛尔曲线的每一个锚点都有一条直线控制柄，直线的方向与曲线锚点处的切线方向一致，控制柄直线两端的端点称控制点，如图 7-1-10 所示。拖动控制点，可以很方便地调整贝赛尔曲线的的形状（方向和曲率）。

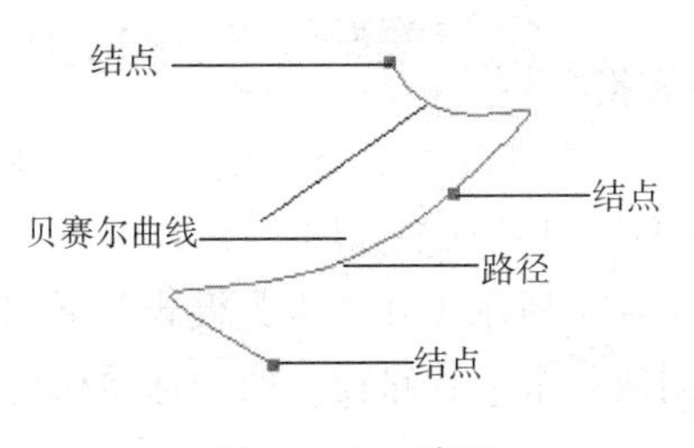

图 7-1-9　路径

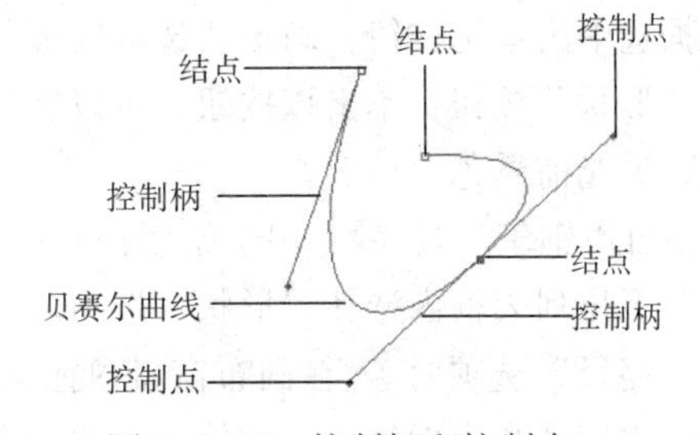

图 7-1-10　控制柄和控制点

工具箱中钢笔工具组的所有工具如图 7-1-11 所示。路径工具组中的所有工具如图 7-1-12 所示。这些工具的作用及使用方法简介如下。

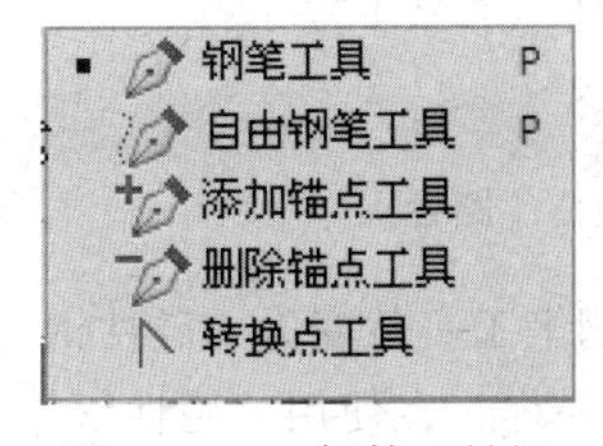

图 7-1-11　钢笔工具组

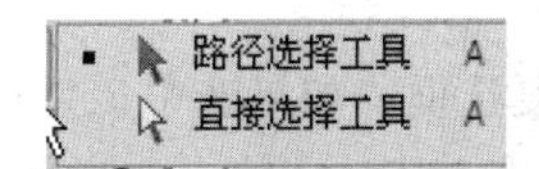

图 7-1-12　路径工具组

（1）钢笔工具 ：工具箱中的“钢笔工具”用来绘制直线和曲线路径。在单击“钢笔工具”按钮 后，其选项栏如图 7-1-13 所示（在“工具模式”下拉列表框内选择“形状”选项）或图 7-1-14 所示（在“工具模式”下拉列表框内选择“路径”选项）。钢笔工具的选项栏与形状工具组中矩形工具等工具的选项栏基本一样，只是增加了“自动添加/删除”复选框，共同选项的作用可以参见第 5.3 节有关内容。

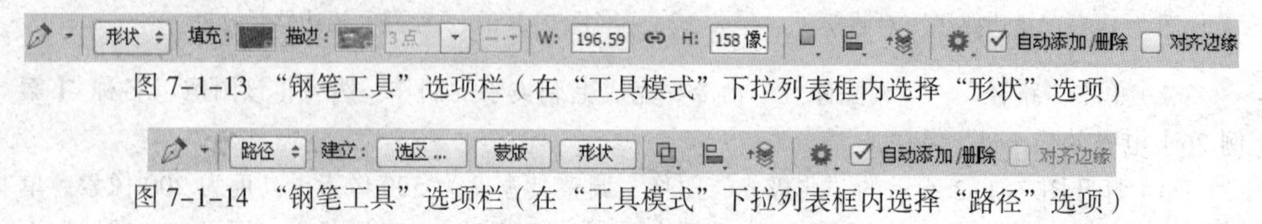

图 7-1-13 “钢笔工具”选项栏（在“工具模式”下拉列表框内选择“形状”选项）

图 7-1-14 “钢笔工具”选项栏（在“工具模式”下拉列表框内选择“路径”选项）

其他选项的作用简介如下。

◎“自动添加/删除”复选框：如果选中该复选框，则钢笔工具不但可以绘制路径，还可以在原路径上删除或增加锚点。当鼠标指针移动到路径线上时，鼠标指针会在原指针 的右下方增加一个“+”号，单击路径线，即可在单击处增加一个锚点。当鼠标指针移动到路径的锚点上时，鼠标指针会增加一个“-”号，单击锚点后，即可删除该锚点。

◎“几何选项”按钮 ：单击该按钮可以调出一个面板，其中只有一个“橡皮带”复选框，选中该复选框后，则在钢笔工具创建一个锚点后，会随着鼠标指针的移动，在上一个锚点与鼠标指针之间产生一条直线，像拉长了一根橡皮筋。

◎“选区”按钮：在刚创建完路径后，或者使用“路径选择工具” 或“直接选择工具” 选中了路径，则单击该按钮，可以调出“建立选区”对话框，如图 7-1-15 所示。如果已经有了选区，则下面 3 个单选按钮才会呈有效状态。进行设置后，单击“确定”按钮，即可创建新选区。根据选中的单选按钮，确定新选区的形状。

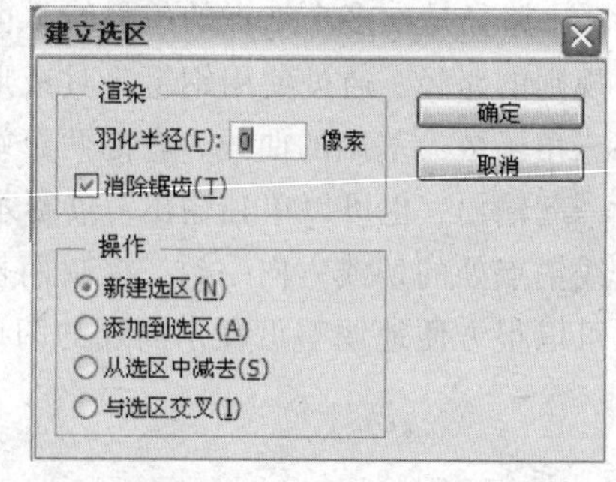

图 7-1-15 “建立选区”对话框

◎“形状”按钮：单击该按钮，可以将当前路径转换为形状，填充前景色。

（2）自由钢笔工具 ：用于绘制任意形状曲线路径。其选项栏如图 7-1-16 所示（在“工具模式”下拉列表框内选择“形状”选项时）或图 7-1-17 所示（在“工具模式”下拉列表框内选择“路径”选项时）。在画布窗口内拖动鼠标，创建一个形状路径。两个选项栏中各增加的选项的作用和自由钢笔工具的使用方法如下。

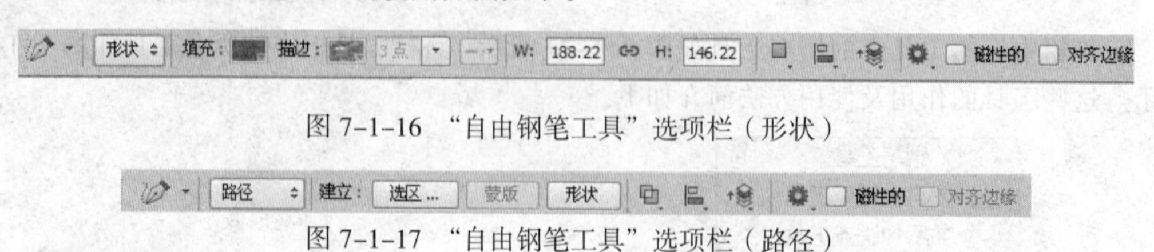

图 7-1-16 “自由钢笔工具”选项栏（形状）

图 7-1-17 “自由钢笔工具”选项栏（路径）

◎“磁性的”复选框：如果选中该复选框，则自由钢笔工具就变为“磁性钢笔工具”，鼠标指针会变为 形状。其磁性特点与磁性套索工具基本一样，在使用“磁性钢笔工具”绘图时，系统会自动将鼠标指针移动的路径定位在图像的边缘上。

◎“几何选项”按钮：位于“自定形状工具”按钮的右侧。单击该按钮可以调出一个“自由钢笔选项”面板，如图 7–1–18 所示。该面板中各选项的作用如下。

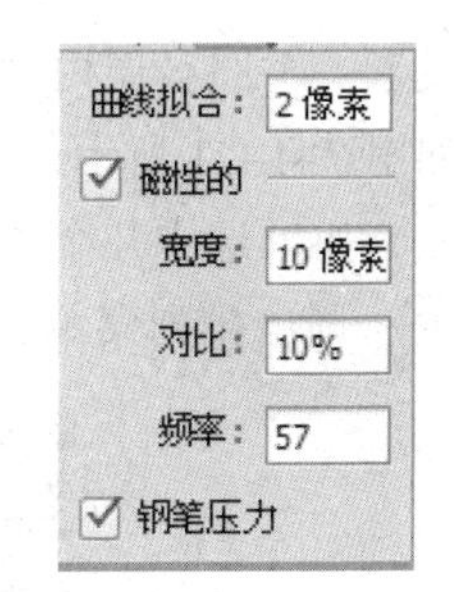

图 7–1–18 “自由钢笔选项”面板

◎“曲线拟合”文本框：用于输入控制自由钢笔创建路径的锚点的个数。该数值越大，锚点的个数就越少，曲线就越简单。取值范围是 0.5～10。

◎“磁性的”复选框：作用同上。该栏中的“宽度”“对比”“频率”文本框分别用来调整“磁性钢笔工具”的相关参数。“宽度”文本框用来设置系统的检测范围；“对比”文本框用来设置系统检测图像边缘的灵敏度，该数值越大，则图像边缘与背景的反差也越大；“频率”文本框用来设置锚点的速率，该数越大，则锚点越多。

◎“钢笔压力”复选框：在安装钢笔后，该复选框有效，选中后，可以使用钢笔压力。

（3）添加锚点工具：单击该按钮，当鼠标指针移动到路径线上时，指针会增加一个“+”号，单击路径线，即可在单击处增加一个锚点。

（4）删除锚点工具：单击该按钮，当鼠标指针移动到路径线上的锚点或控制点处时，在原指针的右下方增加一个“–”号，单击锚点，即可将该锚点删除。

（5）转换点工具：单击该按钮，当鼠标指针移动到路径线上的锚点处时，鼠标指针会由原指针形状变为形状，拖动曲线即可使这段曲线变得平滑。使用“转换点工具”，拖动直线锚点，可以显示出该锚点的切线，拖动切线两端的控制点，可以改变路径的形状。单击锚点，可以将曲线锚点转换为直线锚点，或者将直线锚点转换为曲线锚点。

（6）“路径选择工具”：单击该按钮，将鼠标指针移动到画布窗口内，此时鼠标指针呈形状。

单击路径线（形状）或拖动围住一部分路径（形状），可以将路径或形状中的所有锚点（实心黑色正方形）显示出来，如图 7–1–19 所示，同时选中整个路径或形状。再拖动路径或形状，可以整体移动它们。单击路径线或形状外部画布窗口内的任意一点，可以取消选中，隐藏路径或形状的锚点。

（7）“直接选择工具”：单击该按钮，将鼠标指针移动到画布窗口内，鼠标指针会呈形状。拖动围住部分路径，可以将围住的路径中的所有锚点显示出来（实心黑色正方形），没有围住的路径中的所有锚点为空心小正方形，如图 7–1–20 所示。

拖动锚点，即可改变锚点在路径上的位置和形状。拖动曲线锚点或曲线锚点的切线两端的控制点，可以改变路径曲线的形状，如图 7–1–20 所示。按住【Shift】键的同时拖动鼠标，可以在 45° 的整数倍方向上移动控制点或锚点。单击路径线外画布，可以隐藏锚点。

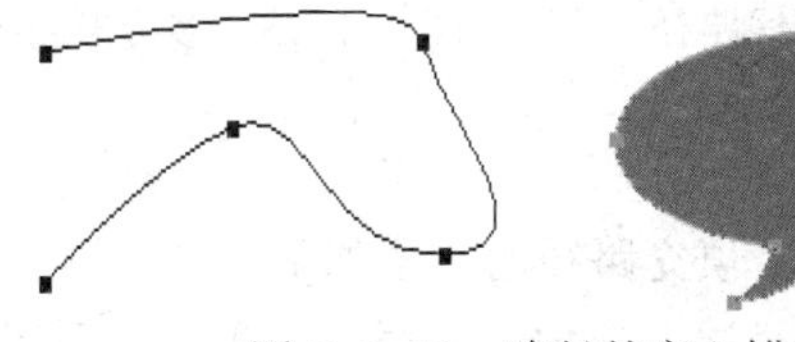

图 7–1–19　路径的实心锚点

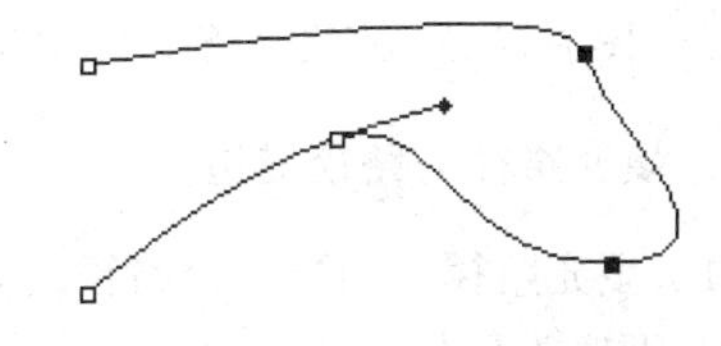

图 7–1–20　路径的曲线形状

使用“路径选择工具”或“直接选择工具”，选中一个形状图层内的多个形状对象或者一个路径层内的多个路径后，单击选项栏中的“路径对齐方式”按钮，调出对齐菜单，如图 7-1-21 所示，利用其中的命令，可以按照指定的方式对齐对象。

如果选中几个重叠的形状或路径对象中的一个时，单击选项栏中的“路径排列方式”按钮，调出排列菜单，如图 7-1-22 所示，利用其中的命令，可以按照指定的方式排列对象。

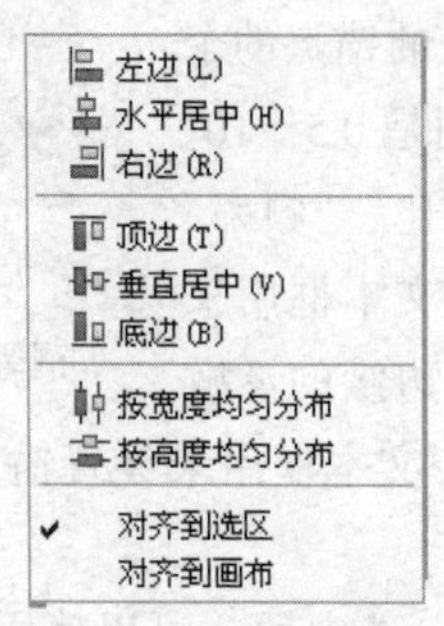

图 7-1-21　对齐菜单

图 7-1-22　排列菜单

2．创建直线、折线与多边形路径

若要绘制直线、折线或多边形，应先单击“钢笔工具”按钮。再将鼠标指针移动到画布窗口内，此时鼠标指针在原指针的右下方增加一个 *，表示单击后产生的是起始锚点。单击创建起始锚点后，单击直线终点，在单击后，原指针的右下方增加一个“/”号，表示产生一条直线路径。在绘制路径时，如果按住【Shift】键的同时拖动，可以保证曲线路径的控制柄的方向是 45° 的整数倍方向。

（1）绘制直线路径：单击直线路径的起点，释放鼠标后再单击直线路径的终点，即可绘制一条直线路径，如图 7-1-23 所示。

（2）绘制折线路径：单击折线路径起点，再单击折线路径的下一个转折点，不断依次单击各转折点，最后双击折线路径的终点，即可绘制一条折线路径，如图 7-1-24 所示。

（3）绘制多边形路径：单击折线路径的起点，再单击折线路径的下一个转折点，不断依次单击各转折点，最后将鼠标指针移动到折线路径的起点处，此时鼠标指针将在原指针的右下方增加一个“。”号，单击该起点，即可绘制一条多边形路径，如图 7-1-25 所示。

在绘制完路径后，按【Enter】键，即可结束路径的绘制。

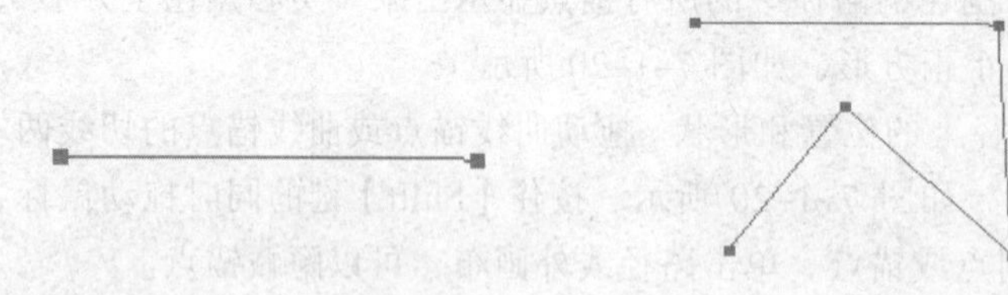

图 7-1-23　直线路径

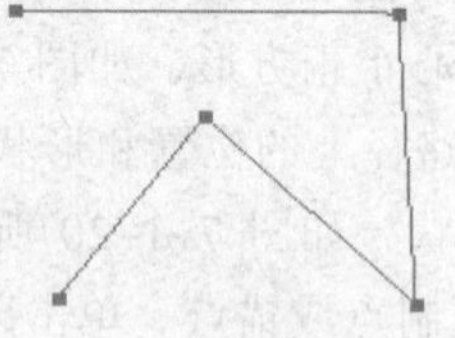

图 7-1-24　折线路径

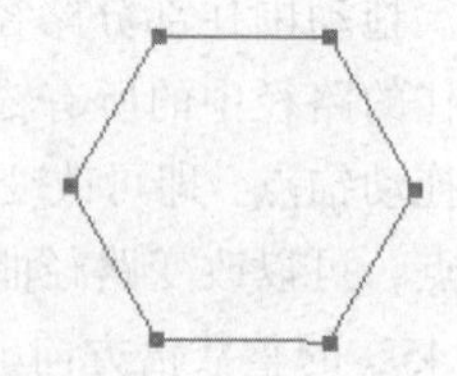

图 7-1-25　多边形路径

3．填充路径与路径描边

（1）填充路径：创建一个路径，如图 7-1-25 所示。填充路径的方法如下。

◎ 设置前景色。选中“路径”面板中要填充的路径层。选中“图层”面板中普通图层。单击“路径”面板中的“用前景色填充路径”按钮，即可用前景色填充路径。

◎ 单击“路径”→“填充路径”命令，调出“填充路径”对话框。利用该对话框设置填充方式和其他参数。按照图 7-1-26 所示进行设置，再单击“确定”按钮，即可完成填充，填充后的效果图如图 7-1-27 所示。

（2）路径描边：创建一个路径（见图 7-1-25）。路径描边的方法如下。

◎ 设置前景色。选中“路径”面板中要描边的路径。使用“画笔工具”或者“图案图章工具”等绘图工具（默认是“画笔工具”），设置相关参数。单击“路径”面板的“用前景色描边路径”按钮，可以用前景色和设定的画笔形状给路径描边。

◎ 单击“路径”→“描边路径”命令，调出“描边路径”对话框，如图 7-1-28 所示。在“工具”下拉列表框内选择一种绘图工具。选中“模拟压力”复选框后可以在使用画笔时模拟压力笔的效果，单击“确定”按钮，也可以设定描边的绘图工具。

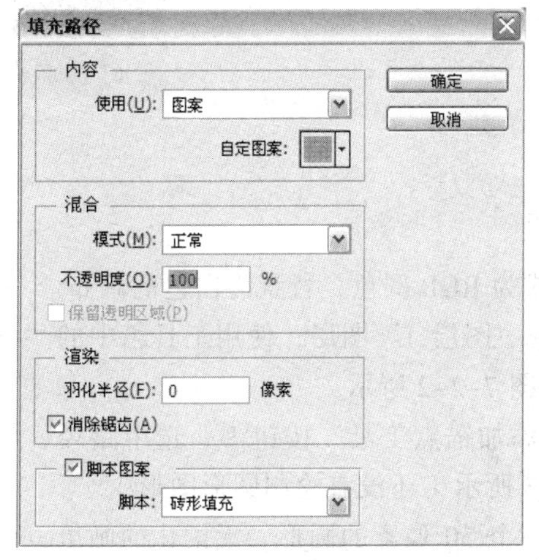

图 7-1-26　“填充路径”对话框

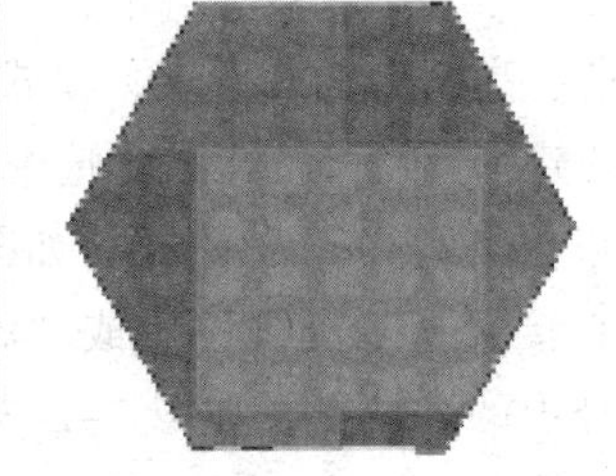

图 7-1-27　路径填充

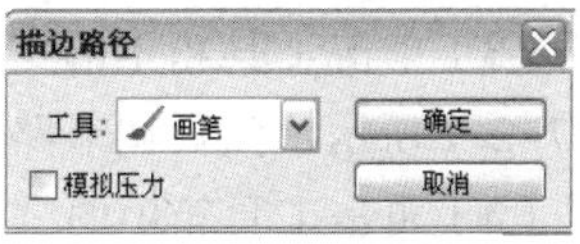

图 7-1-28　“描边路径”对话框

图 7-1-29 是用“画笔工具”描边后的图像，图 7-1-29（a）是没有选中“模拟压力”复选框的效果，图 7-1-29（b）是选中该复选框的效果。用“图案图章工具”描边后的图像如图 7-1-30 所示。

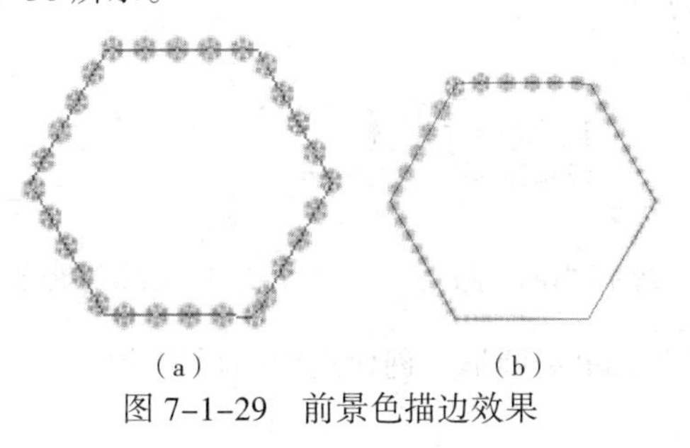

图 7-1-29　前景色描边效果

图 7-1-30　图案图章描边效果

思考与练习 7-1

1. 创建一个图 7-1-31 所示图像中的飞鹰围起来的路径，再转换为选区，将选区内的图像复制粘贴到一幅图像，制作“傲雪飞鹰”图像，效果如图 7-1-32 所示。
2. 制作一个“刺猬”毛刺文字图像，如图 7-1-33 所示。

图 7-1-31 “鹰”图像和路径

图 7-1-32 “傲雪飞鹰”图像

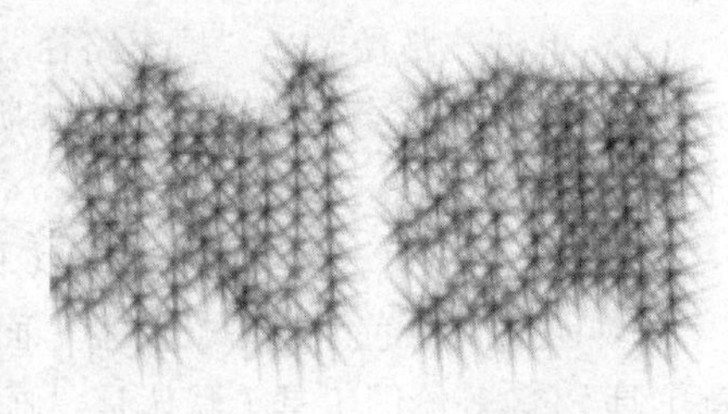

图 7-1-33 “刺猬”图像

7.2 【案例 27】手写立体文字

案例 27 视频

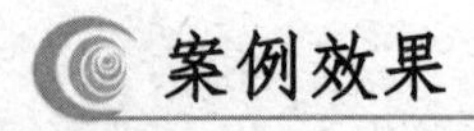

案例效果

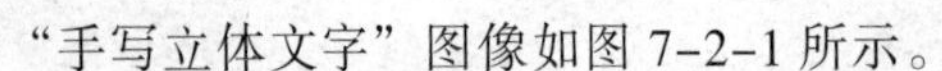

“手写立体文字”图像如图 7-2-1 所示。

操作步骤

（1）新建宽度为 400 像素、高度为 300 像素，模式为 RGB 颜色，背景为白色的画布。

（2）在“图层”面板中新建“图层 1”图层，选中“图层 1”图层，使用工具箱中的“自由钢笔工具”，在画布窗口内书写“yes”路径，如图 7-2-2 所示。

（3）单击工具箱中的“直接选择工具按钮或“添加锚点工具”按钮，选中路径，如图 7-2-2 所示，然后调节路径中的各结点，如图 7-2-3 所示（还没有绘制圆形图形）。

（4）单击工具箱中的“画笔工具”按钮，选择一个 50 像素的圆形、无柔化的画笔，再在“yes”路径的起始处单击一下，绘制一个圆形图形，如图 7-2-3 所示。

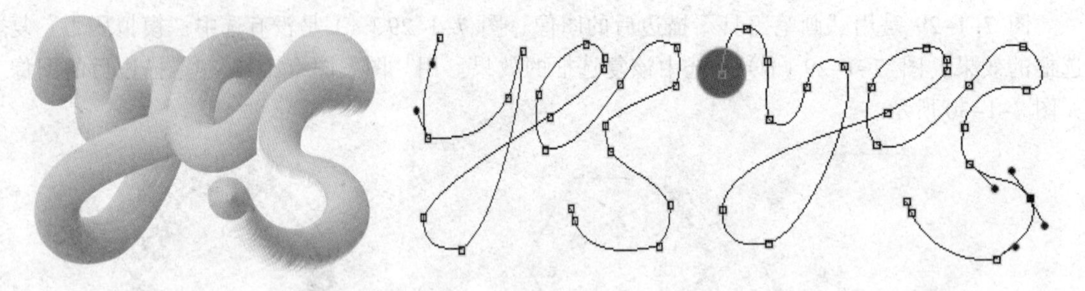

图 7-2-1 “手写立体文字”图像　图 7-2-2 选中“yes”路径　图 7-2-3 调节路径节点

（5）单击工具箱中的“魔棒工具”按钮，单击圆形，创建选中圆形的选区，如图 7-2-4（a）所示。

（6）单击工具箱中的“填充工具”按钮，单击其选项栏中“角度渐变”按钮，单击“渐变样式”列表框图案处，调出“渐变编辑器”对话框。在“预设”列表框中选中“橙，黄，橙渐变”图标，单击“确定”按钮，完成“橙，黄，橙渐变”角度渐变色设置。由圆形中心向边缘拖动，给圆形填充渐变色，如图 7-2-4（b）所示。

（7）按【Ctrl+D】组合键，取消选区。单击工具箱中的“涂抹工具”按钮，在其选项栏内选中刚刚使用过的画笔，设置“强度”为 100%。然后，单击“路径”→“描边路径”命令，调出“描边路径”对话框，选择“涂抹工具”选项，再单击“确定”按钮，即可给路径描边涂抹“橙，黄，橙渐变”渐变色，如图 7-2-5 所示。

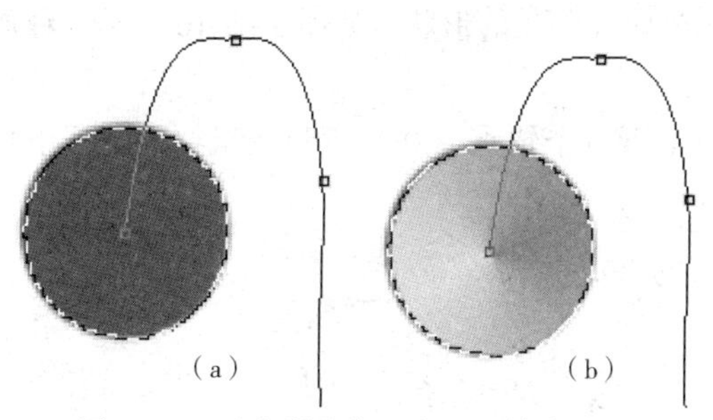

图 7-2-4　圆形图形、选区和填充选区

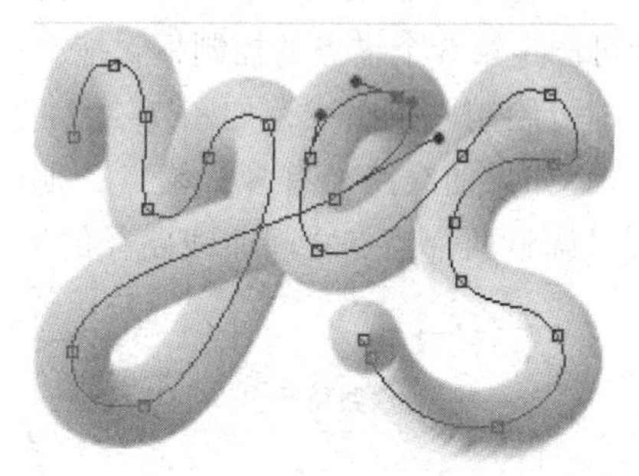

图 7-2-5　路径涂抹描边

注意：“yes”路径的起始点必须与正圆的圆心对齐，否则要使用工具箱中的“直接选择工具”进行调整。

（8）单击“路径”→“删除路径”命令，删除路径。然后将该图像以名称“【案例 27】手写立体文字.psd”保存。

相关知识

1. 创建曲线路径的两种方法

（1）先绘直线再定切线：操作方法如下。

◎ 单击工具箱中的“钢笔工具”按钮。

◎ 选中曲线路径起点，释放鼠标；再单击下一个锚点，则在两个锚点之间会产生一条线段。在不释放鼠标的情况下拖动鼠标，会出现两个控制点和两个控制点间的控制柄，如图 7-2-6 所示。控制柄线条是曲线路径线的切线。拖动鼠标改变控制柄的位置和方向，从而调整曲线路径的形状。

◎ 如果曲线有多个锚点，则应依次单击下一个锚点，并在不释放鼠标的情况下拖动鼠标以产生两个锚点之间的曲线路径，如图 7-2-7 所示。

◎ 曲线绘制完毕，单击任一按钮，结束路径绘制。绘制完毕的曲线如图 7-2-8 所示。

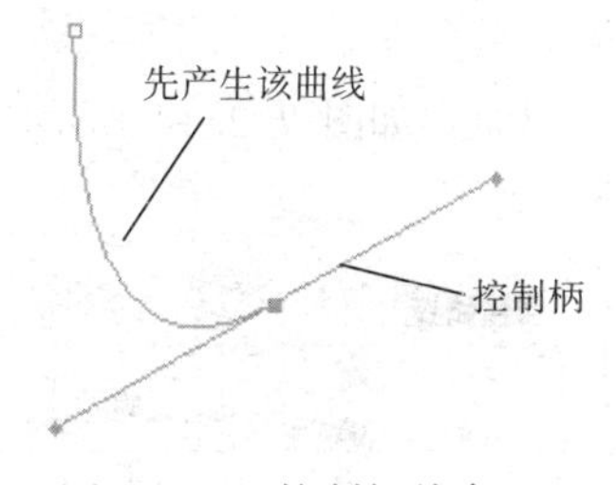

图 7-2-6　控制柄线条

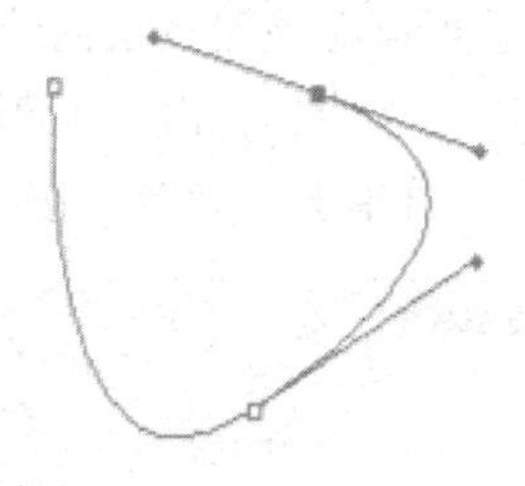

图 7-2-7　曲线路径

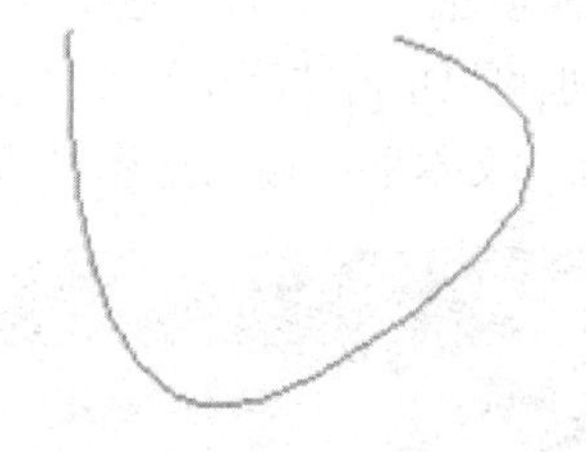

图 7-2-8　绘制的曲线

（2）先定切线再绘曲线：操作方法如下。

◎ 单击工具箱中的“钢笔工具”按钮。

◎ 单击以确定曲线路径起点，不释放鼠标，拖动以形成方向合适的控制柄，然后释放鼠标，此时会产生一条控制柄。再单击下一个锚点，则该锚点与起始锚点之间会产生一条曲线路径，如图 7-2-9 所示。然后再单击下一个锚点处，即可产生第 2 条曲线路径，按住鼠标左键不放，拖动即可产生第 3 个锚点的控制柄，拖动鼠标可调整曲线路径的形状，如图 7-2-10 所示。释放鼠标，即可绘制一条曲线，如图 7-2-11 所示。

◎ 如果曲线路径有多个锚点，则应依次单击下一个锚点，并在不释放鼠标的情况下拖动鼠标以调整两个锚点之间曲线路径的形状。

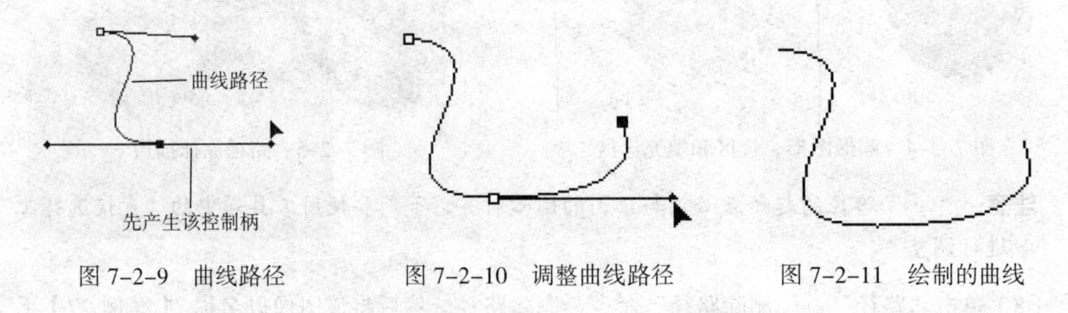

图 7-2-9　曲线路径　　图 7-2-10　调整曲线路径　　图 7-2-11　绘制的曲线

2．删除与复制路径和创建路径层

（1）按键删除锚点和路径：按【Delete】或【Backspace】键，可以删除选中的锚点。选中的锚点呈实心小正方形状。如果锚点都呈空心小正方形状，则删除的是最后绘制的一段路径。如果锚点都呈实心小正方形状，则删除整个路径。

（2）“路径”面板删除路径：选中“路径”面板中要删除的路径，如图 7-2-12 所示。将它拖到“删除当前路径”按钮上，释放鼠标后，即可删除选中的路径。

单击“路径”→“删除路径”命令，也可以删除选中的路径。

（3）复制路径：单击“路径选择工具”按钮或“直接选择工具”按钮，拖动围住部分路径或单击路径线（只适用于路径选择工具），将路径中的所有锚点（实心小正方形）显示出来，表示选中整个路径。按住【Alt】键，同时拖动路径，可复制一个路径。

（4）复制路径层：选中“路径”面板中要复制的路径层。单击“路径”→“复制路径”命令，调出“复制路径”对话框，如图 7-2-13 所示。在“名称”文本框中输入新路径层名称，单击“确定”按钮，即可在当前路径层上创建一个复制的路径层。

（5）创建一个空路径层：单击“路径”面板中的“创建新路径”按钮，即可在当前路径层下面创建一个新的空路径层。以后可以在该路径层内绘制路径。

也可以单击“路径”→“新建路径”命令，调出“新建路径”对话框，如图 7-2-14 所示。在“名称”文本框中输入路径层的名称，再单击“确定”按钮。

图 7-2-12　“路径”面板

图 7-2-13　“复制路径”对话框

图 7-2-14　“新建路径”对话框

（6）利用文字工具创建路径层：使用“文字工具”，在画布窗口内输入文字（例如

"LUJING"，如图 7-2-15 所示），单击"文字"→"创建工作路径"命令，即可将文字的轮廓线转换为工作路径。使用"路径选择工具" ，拖出一个矩形，选中文字对象，显示出路径锚点，如图 7-2-16 所示。另外，单击"文字"→"转换为形状"命令，可以将选中的文字轮廓线转换为形状路径。

LUJING LUJING

图 7-2-15 输入文字 　　图 7-2-16 路径的锚点

3. 路径与选区的相互转换

（1）路径转换为选区：选中"路径"面板中要转换为选区的路径。然后，单击"路径"面板中的"将路径作为选区载入"按钮 ，即可将选中的路径转换为选区。

单击"路径"→"建立选区"命令，调出"建立选区"对话框。利用该对话框进行设置后单击"确定"按钮，也可以将路径转换为选区。

（2）选区转换为路径：创建选区。然后，单击"路径"→"建立工作路径"命令，调出"建立工作路径"对话框。利用该对话框进行容差设置，再单击"确定"按钮，即可将选区转换为路径。单击"路径"面板中的"从选区生成工作路径"按钮 ，可以在不改变容差的情况下，将选区转换为路径。

思考与练习 7-2

1. 采用创建路径再将路径转换为选区的方法，将图 7-2-17 所示"佳人"图像中的人物背景更换为绿色。
2. 制作一幅"照片框架"图像，如图 7-2-18 所示。它是通过给"佳人"图像添加艺术像框后获得的。
3. 制作一幅"办公用品"图像，如图 7-2-19 所示。可以看到，在蓝白渐变的背景上有一套办公用品，包括信封、信纸和圆珠笔。

图 7-2-17 "佳人"图像

图 7-2-18 "照片框架"图像

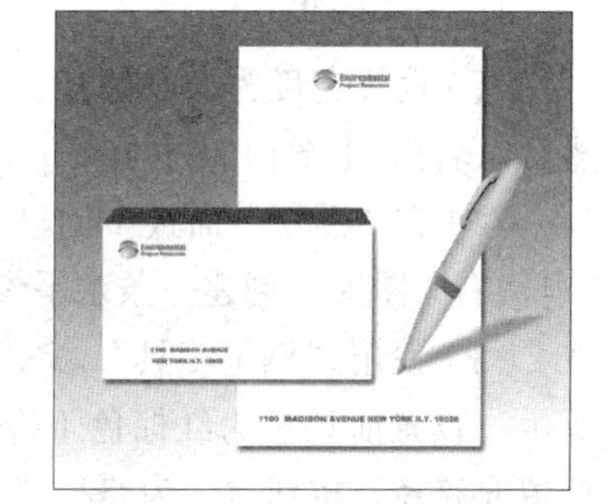

图 7-2-19 "办公用品"图像

4. 制作一幅"龙"图像，它是手写立体文字图像，如图 7-2-20 所示。
5. 使用创建路径的方法，绘制一幅"小鸟"和"仙鹤"图像，如图 7-2-21 所示。

图 7-2-20 “龙”图像

图 7-2-21 “小鸟”和“仙鹤”图像

7.3 【案例 28】折扇

案例效果

“折扇”图像如图 7-3-1 所示。在扇骨上贴的“杨柳”图像如图 7-3-2 所示。

图 7-3-1 “折扇”图像

图 7-3-2 “杨柳”图像

操作步骤

1. 制作扇柄

（1）设置宽度为 500 像素、高度为 500 像素，模式为 RGB 颜色，背景为白色的画布文件。然后以名称“【案例 28】折扇.psd”保存。

（2）在“图层”面板中创建一个名称为“折扇”的图层组。在“折扇”图层组中新建一个“扇柄右”图层。创建一条水平参考线和一条垂直参考线。

（3）使用“钢笔工具”，以参考线为基准，勾画出一个扇柄形状的路径，如图 7-3-3 所示。设置前景色为红棕色（C=64，M=99，Y=90，K=60），单击“路径”面板中的“用前景色填充路径”按钮，为路径填充颜色，如图 7-3-4 所示。再单击“路径”面板中的空白处，隐藏该路径。

（4）选中“扇柄”图层，单击“添加图层样式”按钮 fx，调出其快捷菜单，单击 “斜面和浮雕”命令，调出“图层样式”对话框。参照图 7-3-5 所示设置浮雕效果。单击“确定”按钮，给扇柄添加立体效果，效果如图 7-3-6 所示。

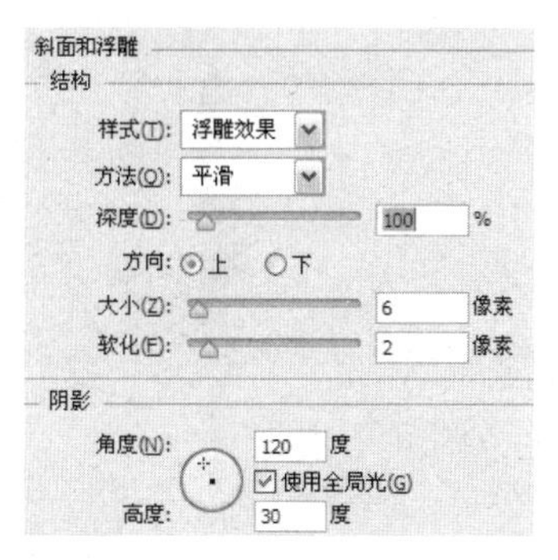

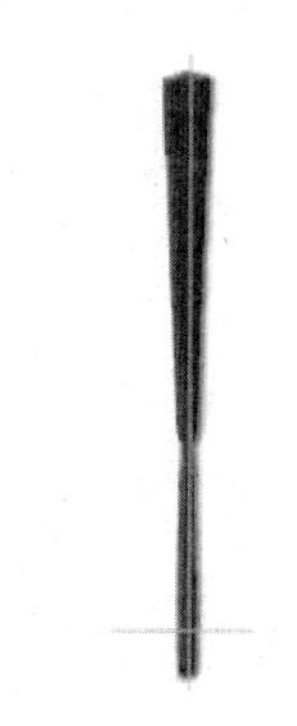

图 7-3-3　路径　　图 7-3-4　填充路径　　图 7-3-5　“图层样式”对话框　　图 7-3-6　立体效果

（5）单击“编辑”→“变换”→“旋转”命令，在扇柄的周围出现变换控制柄，按住【Alt】键，将变换的轴心点移动到两条参考线交点的位置。然后在选项栏内，设置旋转的角度为 70 度，按【Enter】键确认，效果如图 7-3-7 所示。

（6）将“扇柄”图层拖动到“创建新图层”按钮上，复制一个名称为“扇柄副本”的图层，将其命名为“扇柄左”。并将其拖到“扇柄”图层的下面，选中它。单击“编辑”→“变换”→“旋转”命令，将变换的轴心点移动到两条参考线交点的位置。然后在选项栏中设置旋转的角度为-70 度，按【Enter】键确认，效果如图 7-3-8 所示。

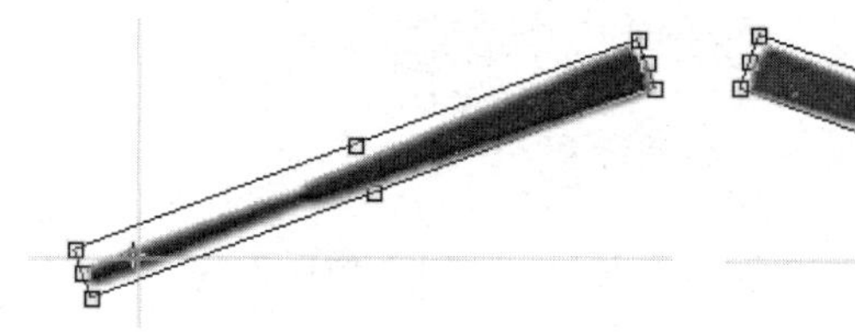

图 7-3-7　将扇柄旋转 70°

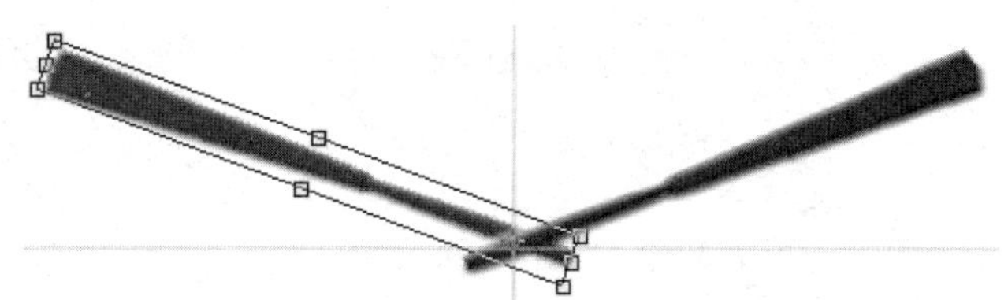

图 7-3-8　将复制的扇柄旋转-70°

2. 制作扇面

（1）在“扇柄左”图层上创建一个图层，将其命名为“扇面”，选中该图层。使用工具箱中的“钢笔工具”，以参考线为基准，勾画出两个对称的扇面折页路径，如图 7-3-9 所示。设置前景色为浅灰色（C=18，M=14，Y=21，K=0），单击“路径”面板中的“用前景色填充路径”按钮，为扇面折页路径填充浅灰色，如图 7-3-10 所示。

（2）设置前景色为浅灰色（C=28，M=19，Y=23，K=0）。使用“路径选择工具”，选中右侧的扇面折页路径，单击“路径”面板中的“用前景色填充路径”按钮，为右侧的扇面折页路径填充颜色。再单击“路径”面板的空白处，隐藏该路径。

注意：为左右两侧的路径填充深浅不同的颜色，可以更好地表现折扇的折页效果。

（3）使用“移动工具”，在“图层”面板中选中“扇面”图层。单击“编辑”→“变换”→“旋转”命令，将变换的轴心点移动到两条参考线交点的位置，再在其选项栏内设置旋转的角度为-70 度，按【Enter】键确认，将扇面向左旋转 70 度。

（4）单击“动作”→“新建动作”命令，调出“新建动作”对话框。设置新动作的名称为“扇子”，其他选项为默认，如图 7-3-11 所示。然后，单击“记录”按钮，开始记录，此时的“动作”面板如图 7-3-12 所示。

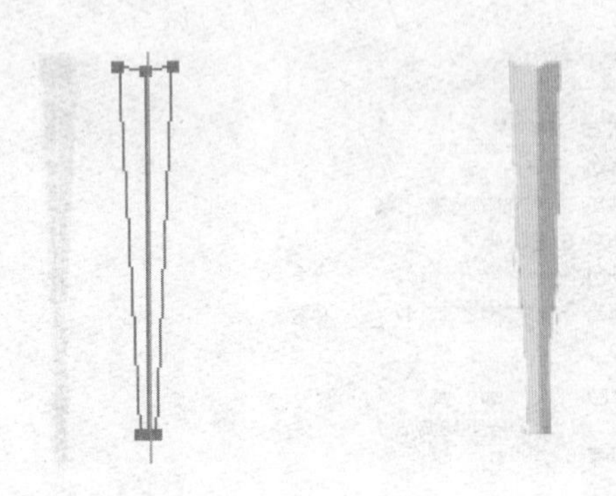

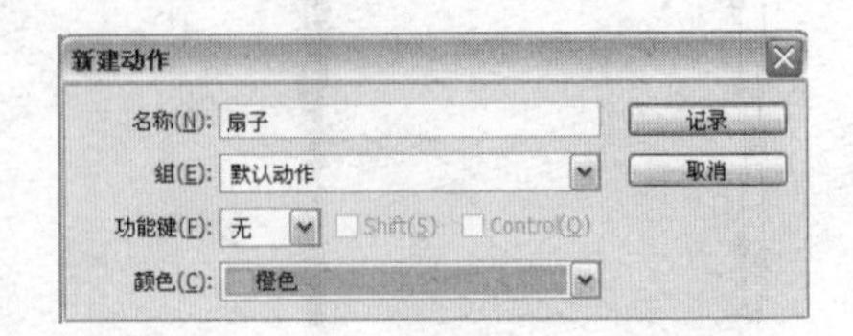

图 7-3-9　扇面折页路径　　图 7-3-10　填充颜色　　图 7-3-11　“新建动作”对话框

（5）拖动“扇面”图层到“创建新图层”按钮上，复制一个新的“扇面副本”图层。此时，在动作面板中会自动记录刚才的操作。

（6）单击“编辑”→“变换”→“旋转”命令，将变换的轴心点移动到两条参考线交点的位置；再在其选项栏内，设置旋转的角度为 5 度，按【Enter】键确认。“动作”面板如图 7-3-13 所示。

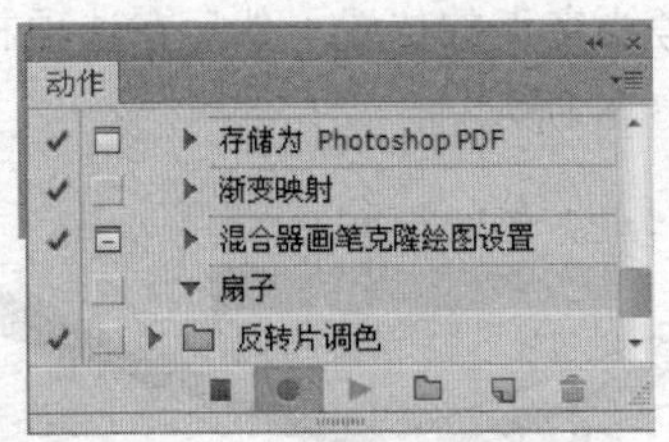

图 7-3-12　“动作”面板 1

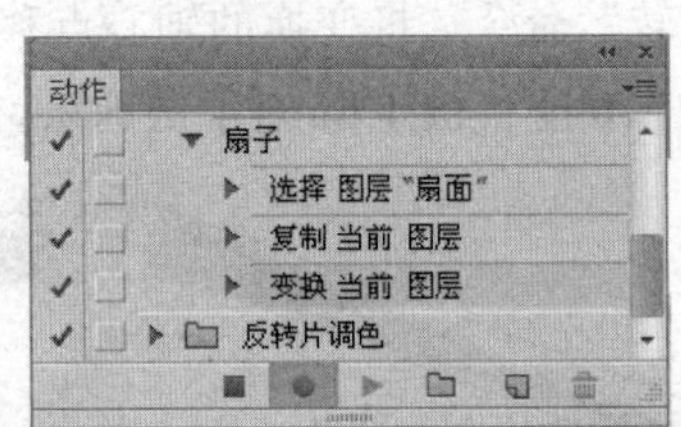

图 7-3-13　“动作”面板 2

（7）单击“动作”面板中的“停止播放/记录”按钮，停止记录。再选中“扇子”动作选项，然后单击 26 次“动作”面板中的“播放选定的动作”按钮，执行刚录制的动作，此时的图像如图 7-3-14 所示。

（8）分别单击“背景”图层、“扇柄”图层和“扇柄左”图层内的图标，使它们隐藏。选中“扇面”图层，再单击“图层”→“合并可见图层”命令，将所有的扇面图层合并为 1 个名称为“扇面”的图层。

（9）将“扇面”图层拖到“创建新图层”按钮上，复制一个名称为“扇面副本”的图层，选中它。单击“编辑”→“自由变换”命令，将变换的轴心点移动到两条参考线交点的位置，将扇面略微缩小，按【Enter】键确认，效果如图 7-3-15 所示。

图 7-3-14　执行动作后的图像效果

图 7-3-15　将图像缩小并调亮

（10）单击“图像”→“调整”→“亮度/对比度”命令，调出“亮度/对比度”对话框。设置亮度为 15、对比度为 5。单击“确定”按钮，将“扇面副本”图层中的图像调亮，制作出扇子的边缘效果。按【Ctrl+E】组合键，将“扇面副本”图层和“扇面”图层，合并为一个图层。至此，扇面制作完成。

3. 制作扇骨

（1）设置前景色为深棕色（C=56，M=78，Y=100，K=34）。在“扇柄左”图层上创建一个图层，将其命名为“扇骨”，选中该图层。单击工具箱中的“圆角矩形工具”按钮，在其选项栏中，按照图 7-3-16 所示设置。然后，在画布窗口中创建一个圆角矩形。

图 7-3-16　“圆角矩形工具”选项栏

（2）单击“编辑”→“自由变换”命令，将圆角矩形的顶部略微缩小，按【Enter】键确认。选中“扇骨”图层，单击“图层”面板的“添加图层样式”按钮，弹出其菜单，选择“斜面和浮雕”命令，调出“图层样式”对话框。参照图 7-3-5 所示设置浮雕效果。单击“确定”按钮，给扇骨添加立体效果，效果如图 7-3-17 所示。

（3）使用和创建“扇面”相同的方法，创建一个新动作，其旋转的角度为 10 度，其他设置和扇面的制作方法完全相同，由读者自己完成，效果如图 7-3-18 所示。

（4）将所有与扇骨有关的图层合并在“扇骨”图层。

4. 制作扇面图案和扇坠

（1）打开一幅“杨柳”图像文件，用作扇面贴图（见图 7-3-2）。按【Ctrl+A】组合键，全选该图像；按【Ctrl+C】组合键，将整个“杨柳”图像复制到剪贴板中。再将该文件关闭。

（2）按住【Ctrl】键，单击“图层”面板中“扇面”图层的缩览图，创建一个选中扇面图像的选区。然后单击“编辑”→“贴入”命令，将剪贴板中的“杨柳”图像粘贴到选区内。此时，在“图层”面板中自动生成一个“图层 1”图层，其内是粘贴的杨柳图像和选区蒙版。将该图层的名称改为“图像”。

（3）在“图层”面板中将“图像”图层移到“扇面”图层上。单击“编辑”→“自由变换”命令，调整粘贴图像的大小与位置，最终效果如图 7-3-19 所示。

图 7-3-17　扇骨　　图 7-3-18　制作出扇骨效果　　图 7-3-19　粘贴入选区

（4）单击“图像”→“调整”→“亮度/对比度”命令，调出“亮度/对比度”对话框。设置亮度为 17、对比度为 35，单击“确定”按钮，将扇面图像效果加强。

（5）选中“图像”图层，设置其混合模式为“正片叠底”模式，使“图像”图层和“扇面”

图层的图像效果融合，产生真实的扇面效果，如图 7-3-20 所示。

（6）在“图像”图层上创建一个“扇轴”图层，选中该图层。单击“椭圆选框工具”按钮，在扇柄的交叉处创建一个椭圆选区，并为其填充浅棕色。按【Ctrl+D】组合键，取消选区。

（7）单击“图层”面板中的“添加图层样式”按钮，调出“图层样式”菜单。选择“斜面和浮雕”命令，调出“图层样式”对话框。设置大小为 5 像素、软化为 1 像素、其他为默认值。单击“确定”按钮，为“扇轴”添加立体效果。

图 7-3-20 产生真实的扇面效果

（8）打开“扇坠.jpg”图像，作为扇子的装饰。单击“移动工具”按钮，将“扇坠”图像拖到“【案例 28】折扇.psd”图像中，单击“编辑”→“自由变换”命令，调整其位置和大小，最后效果见图 7-3-1。

相关知识

1. “动作”面板

动作是一系列操作（即命令）的集合。动作的记录、播放、编辑、删除、存储、载入等操作都可以通过“动作”面板和“动作”面板菜单来实现。“动作”面板如图 7-3-21 所示。下面先对“动作”面板进行初步的介绍。

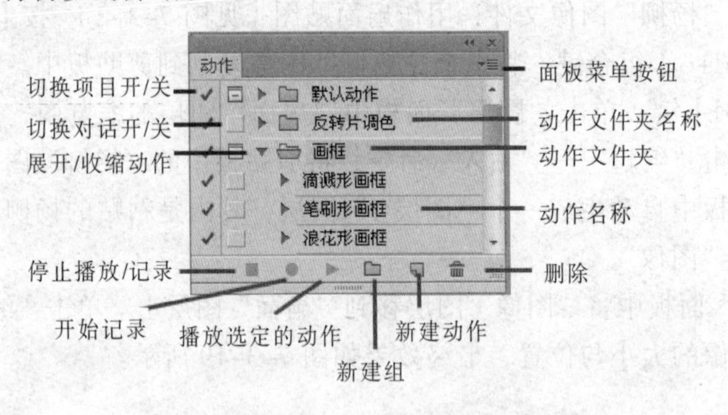

图 7-3-21 “动作”面板

（1）“切换项目开/关”按钮：如果该按钮没显示对勾，则表示该动作文件夹内的所有动作都不能执行，或表示该动作不能执行，或该操作不能执行。如果该按钮显示黑色对勾时，表示该动作文件夹内的所有动作和所有操作都可以执行。如果该按钮显示红色对勾时，表示该动作文件夹内的部分动作或该动作下的部分操作可以执行。

（2）“切换对话开/关”按钮：当该按钮显示黑色时，表示在执行动作的过程中，会调出对话框并暂停，等用户单击“确定”按钮后才可以继续执行。当该按钮没有显示时，表示在执行动作的过程中，不调出对话框就暂停。当该按钮显示红色时，表示动作文件夹中只有部分动作会在执行过程中调出对话框并暂停。

（3）“展开/收缩动作”按钮▶：单击动作文件夹左边的“展开动作”按钮▶，可以将该动作文件夹中所有的动作展开，此时，“展开动作”按钮变为▼形状。再单击按钮▼，又可以将展开的动作收回。单击动作名称左边的展开按钮▶，即可展开组成该动作的所有操作名称，此时展开按钮会变为▼形状。单击按钮▼，可收回动作的所有操作名称。同样，每项操作的下边还有操作和选项设置，也可以通过单击按钮▶展开，单击按钮▼收回。

（4）“停止播放/记录”按钮■：单击该按钮可以使当前正在录制动作的工作暂停。

（5）“开始记录”按钮●：单击该按钮可以开始录制一个新的动作。

（6）“播放选定的动作”按钮▶：单击该按钮可以执行当前的动作或操作。

（7）“新建组”按钮：组是存储动作的文件夹，单击该按钮，可以创建一个新的组，它的右边给出了动作文件夹名称。

（8）“新建动作”按钮：单击该按钮可新建一个动作，它将存放在当前动作文件夹内。

（9）“删除”按钮：单击该按钮可以删除当前的动作文件夹、动作或操作等。

2. 使用动作

（1）关于动作的注意事项：不是所有操作都可以进行录制，例如：使用绘画工具、色彩调整和工具选项设置等都不能进行录制，但可以在执行动作的过程中进行这些操作。另外，高版本 Photoshop 可以使用低版本 Photoshop 创建的动作，低版本 Photoshop 不可以使用高版本 Photoshop 创建的动作。

（2）选中多个动作的方法：按住【Ctrl】键，同时单击动作或动作文件夹，可以选中多个动作或动作文件夹。按住【Shift】键，同时单击起始和终止动作或动作文件夹，可以选中多个连续的动作或动作文件夹。选中动作文件夹，也就选中动作文件夹中的所有动作。

（3）使用动作：选中一个或多个动作，单击“动作”面板中的“播放选定的动作”按钮▶，或选择“动作”→“播放”命令，即可依次执行选中的动作。

（4）设置动作的执行方式：选择“动作”→“回放选项”命令，可调出“回放选项”对话框，如图 7-3-22 所示。该对话框中各选项的作用如下。

◎“加速”单选按钮：选中该单选按钮后，动作执行的速度最快。

◎“逐步”单选按钮：选中该单选按钮后，以蓝色显示每一步当前执行的操作命令。

◎“暂停”单选按钮：选中该单选按钮后，每执行一个操作就暂停设定的时间。暂停时间由其右边文本框内输入的数值决定。文本框中输入数的范围为 1～60，单位为秒。

（5）“为语音注释而暂停”复选框：选中该复选框后，可暂停声音注释。

单击“回放选项”对话框中的“确定”按钮，即可完成动作执行方式的设置。

3. 载入、替换、复位和存储动作

完成载入、替换、复位和存储动作的操作都需要执行“动作”面板菜单的命令。为了介绍方便，下面先给出进行这些操作前的“动作”面板状态，如图 7-3-23 所示。

（1）载入动作：单击“动作”→“载入动作”命令，调出“载入”对话框。选中该对话框中的文件名称（文件的扩展名是“.ATN”），再单击“载入”按钮。

也可以直接单击“动作”面板菜单中第六栏中的动作名称，直接载入选中的动作。例如，单击“动作”→“画框”命令，此时“动作”面板如图 7-3-24 所示。

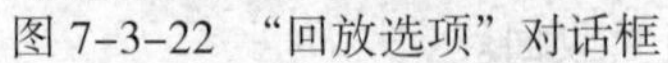

图 7-3-22 “回放选项”对话框

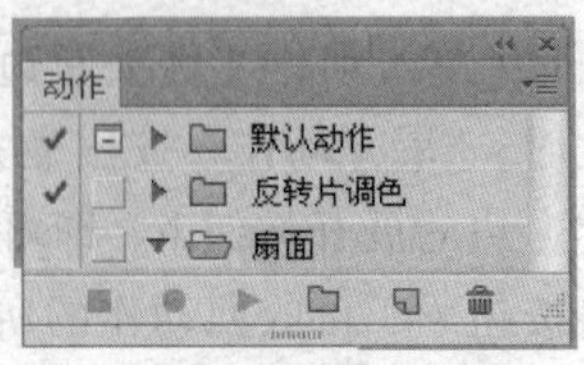

图 7-3-23 “动作”面板 1

图 7-3-24 “动作”面板 2

（2）替换动作：单击“动作”→“替换动作”命令，调出“载入”对话框。选中该对话框中的文件名称，再单击“载入”按钮，即可将选中的动作载入“动作”面板中，并取代原来的所有动作。

（3）复位动作：单击“动作”→“复位动作”命令，调出提示框。单击其中的“追加”按钮，将“默认动作”动作追加到“动作”面板中原有动作的后面，如图 7-3-25 所示。单击提示框中的“确定”按钮，即可用“默认动作”动作替换原来的所有动作。

（4）存储动作：单击“动作”面板中文件夹名称。单击“动作”→“存储动作”命令，调出“存储”对话框，输入文件的名字，再单击“存储”按钮。

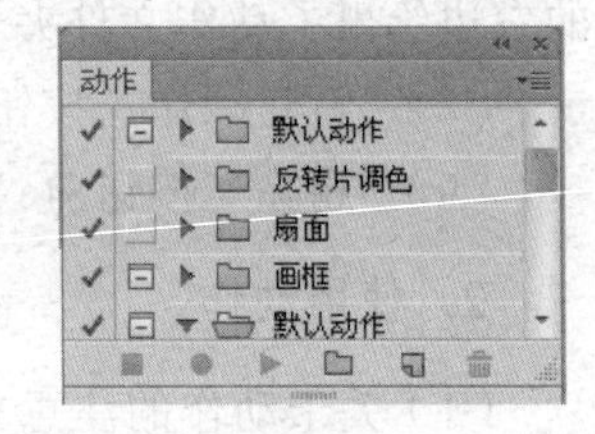

图 7-3-25 “动作”面板 3

4．动作基本操作

（1）复制动作：在“动作”面板中，将要复制的动作拖动到“创建新动作”按钮上。或选中要复制的动作，再单击“动作”→“复制”命令。

（2）移动动作：在“动作”面板中，将要移动的动作拖动到目标位置。

（3）删除动作：在“动作”面板中，将要删除的动作拖动到“删除”按钮上。

（4）更改动作名称：双击“动作”面板中的动作名称，即进入动作名称修改状态。

（5）更改动作文件夹名称（即组名称）：双击“动作”面板中要更改的组名称，进入组名称修改状态，修改动作文件夹名称。

5．插入菜单项目、暂停和路径

（1）插入菜单项目：它是在动作的操作中插入命令。选中“动作”面板中的动作名称或操作名称，然后单击“动作”→“插入菜单项目”命令，调出“插入菜单项目”对话框，如图 7-3-26 所示。例如，单击“编辑”→“拷贝”命令。此时，“插入菜单项目”对话框如图 7-3-27 所示。单击该对话框中的“确定”按钮。即可将操作的命令加入到当前操作的下面。

图 7-3-26 “插入菜单项目”对话框 1

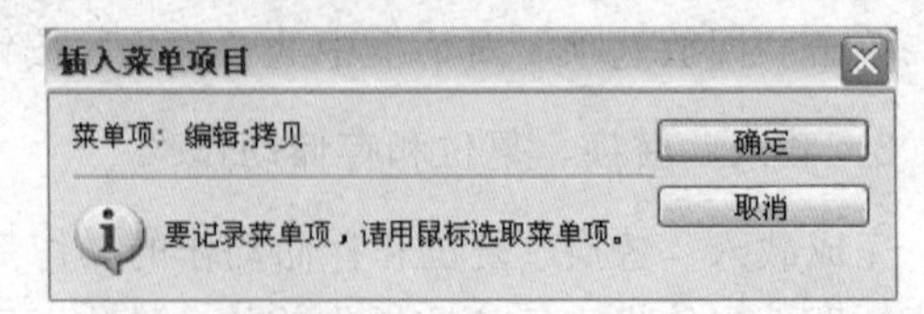

图 7-3-27 “插入菜单项目”对话框 2

注意：如果选中的是“动作”面板中的动作名称，则增加的命令会自动加在当前动作的最后面。如果选中的是操作名称，则增加的命令会自动增加在当前操作的后面。

（2）插入暂停：它是在动作的操作中插入暂停和提示框。可以在动作暂停时，进行不能录制的手动操作。暂停时的提示框还能以文字提示用户可以进行何种操作。单击“动作”→“插入停止”命令，调出“记录停止”对话框，如图7-3-28所示。

如果选中该对话框内的“允许继续”复选框，则以后该动作执行到“停止”操作时，会调出一个“信息”提示框，如图7-3-29所示。单击“继续”按钮后，会继续执行“停止”操作下面的其他操作。单击“停止”按钮，会停止执行动作。

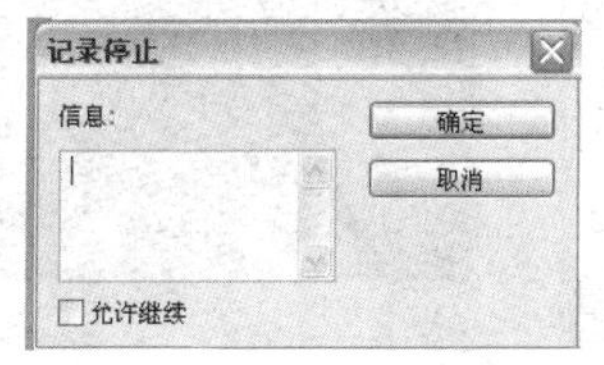

图7-3-28 “记录停止”对话框

图7-3-29 “信息”提示框

（3）插入路径：选中动作名称或操作名称，再单击“动作”面板菜单中的“插入路径”命令，即可在当前操作的下面插入“设置工作路径”操作。注意：如果选中的是“动作”面板中的动作名称，则增加的“设置工作路径”操作会自动增加在当前动作的最后面。

思考与练习7-3

1. 制作图7-3-30所示的一组相同特点的立体文字。

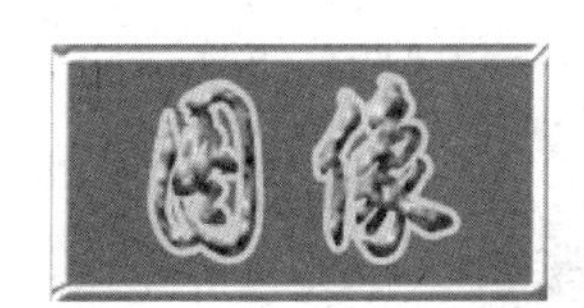

图7-3-30 4幅“系列按钮”图像

2. 制作一幅“童星”图像，如图7-3-31所示。制作该图像需使用图7-3-32所示的“夜景”和“儿童”图像。
3. 制作一幅“彩珠串”图像，如图7-3-33所示。

图7-3-31 “童星”图像

图7-3-32 “夜景”和“儿童”图像

图7-3-33 “彩珠串”图像

7.4 【案例29】世界名胜图像浏览网页

案例效果

“世界名胜图像浏览网页”网页的画面如图7-4-1所示。单击框架内的图像，即可调出相应的大图像，如图7-4-2所示。该网页的制作方法如下。

图 7-4-1 “中国旅游”网页的主页画面

图 7-4-2 大图像网页

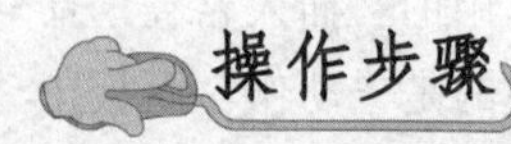

操作步骤

1. 调出 Adobe Bridge 软件

单击“文件”→“在 Bridge 中浏览”命令，调出 Adobe Bridge 窗口，如图 7-4-3 所示。或者单击“开始”按钮，调出“开始”菜单，再单击该菜单中的“所有程序”→“Adobe Bridge CS6”命令，也可以调出 Adobe Bridge 窗口。

图 7-4-3 Adobe Bridge 窗口

“内容”面板也叫“内容”窗口，“内容”窗口用来显示由导航菜单按钮、路径栏、“收藏夹”面板或“文件夹”面板指定的文件；“预览”面板用来显示在“内容”窗口中选中的图像；“文件属性”列表内显示选中图像的相关属性。在菜单栏有一个“工具”菜单，利用该菜单中的命令可以给图像成批重命名，对图像进行批处理、镜头校正和合成图像等操作。

2. 批量更改图像名称

（1）在 Adobe Bridge 窗口内选择“世界名胜”文件夹，单击“编辑”→“全选”命令，选中“世界名胜”文件夹内的 12 幅图像。

（2）单击“工具”→“批重命名”命令，调出“批重命名”对话框。选中该对话框中的“复制到其他文件夹”单选按钮，显示出“浏览”按钮，如图 7-4-4 所示（还没有设置）。

（3）单击该对话框中的“浏览”按钮，调出“浏览文件夹”对话框，利用该对话框中的列表框，选中目标文件夹“世界名胜 1”，如图 7-4-5 所示。单击“确定”按钮。

（4）在“新文件名”栏内原来有 4 行，单击第 2 行和第 3 行的按钮⊟，取消这两行命名选择，第 1 行的下拉列表框中选择“文字”选项，在第 1 行文本框中输入“世界名胜”；在第 2 行第 1 个下拉列表框中选择“序列数字”选项，在文本框内输入 1，在第 2 个下拉列表框内选择“2 位数字”。

单击⊞按钮，可增加一行选项；单击⊟按钮，可删除最下边一行选项。在“批重命名”对话框中“预览”栏中会显示第 1 幅图像原来的名称，以及更名后该图像的名称。

（5）单击“批重命名”对话框中的“重命名”按钮，即可自动完成重命名工作。

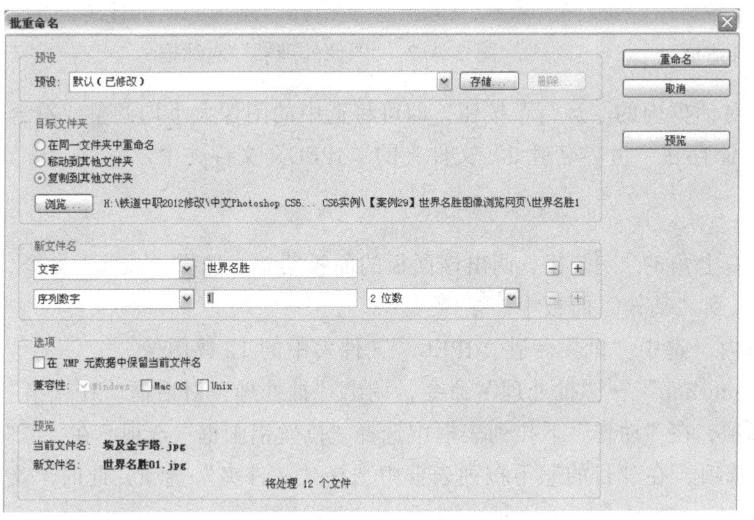

图 7-4-4 “批重命名”对话框

图 7-4-5 “浏览文件夹”对话框

3. 批量改变图像大小

（1）在 Adobe Bridge 窗口内，选中“世界名胜 1”文件夹内的所有图像。然后，单击“工具”→“Photoshop”→“图像处理器”命令，调出“图像处理器”对话框。

（2）选中“选择文件夹”按钮左边的单选按钮，单击“选择文件夹”按钮，调出“选择文件夹”对话框，利用该对话框选择加工后的图像所存放的“世界名胜 2”文件夹，如图 7-4-6 所示。单击“确定”按钮，回到“图像处理器”对话框，如图 7-4-7 所示。

（3）选中“图像处理器”对话框内“文件类型”栏内的“存储为 JPEG”和“调整大小以适合”复选框。

（4）在“W”文本框内输入加工后图像的宽度 200 像素，在“H”文本框内输入加工后图像的高度 150 像素。在处理图像时，Photoshop 会根据源图像的宽高比，保证图像宽高比不变、高度为 150 像素的情况下，自动进行调整到与设定值接近。

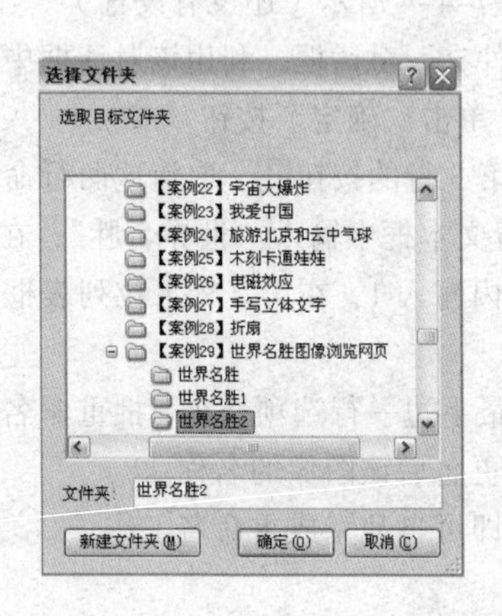

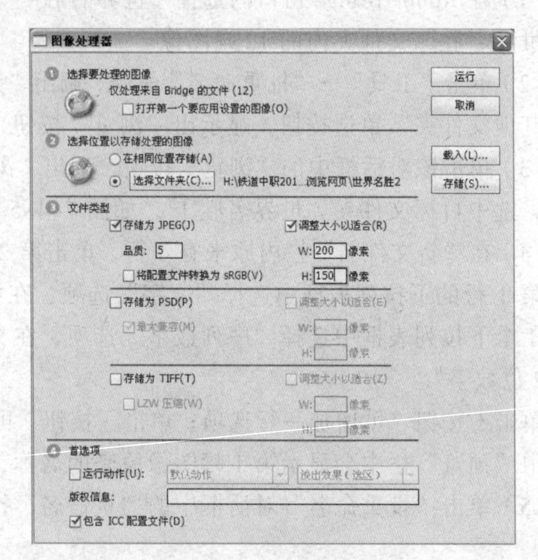

图 7-4-6 “浏览文件夹”对话框　　　　图 7-4-7 “图像处理器”对话框

（5）单击“图像处理器”对话框内的“运行”按钮，即可将选中的图像大小均调整成符合要求，格式统一为 JPG 格式，保存在“世界名胜 2”文件夹的“JPEG”文件夹中。

4. 批量给图像加框架

（1）单击“动作”面板中右上角的按钮，调出该面板的面板菜单，选择“画框”命令，将外部的“画框.atn”动作载入到“动作”面板中。

（2）在 Adobe Bridge 窗口内，选中“世界名胜 2\JPEG”文件夹中的 12 幅图像。

（3）单击“工具”→“Photoshop”→“批处理”命令，调出“批处理”对话框。在“组”下拉列表框中选择“画框”选项，在“动作”下拉列表框中选择“拉丝铝画框”选项，在“源”下拉列表框内选择“Bridge”选项，在“目的”下拉列表框中选择“文件夹”选项，此时“文件命名”栏各项变为有效。

（4）单击“选择”按钮，调出“浏览文件夹”对话框，利用该对话框选择加工后图像所保存的“世界名胜 3”目标文件夹。如果不在“目的”下拉列表框中选择“文件夹”选项，则默认的目标文件夹即为源图像所在的文件夹。

（5）单击“确定”按钮，回到“批处理”对话框，“选择”按钮右边会显示出目标文件夹的路径，如图 7-4-8 所示。

（6）在“文件命名”栏中的第 1 个下拉列表框中输入“带框架”，在第 2 个下拉列表框中选择“文件名称”选项，在第 3 个下拉列表框中选择“扩展名（小写）”选项，如图 7-4-8 所示。加工后的新图像的扩展名为“.psd”。

（7）单击“批处理”对话框内的“确定”按钮，开始加工图像。如果出现一些提示框或对话框，可以按【Enter】键，或者根据内容，单击“继续”“保存”或“确定”按钮。

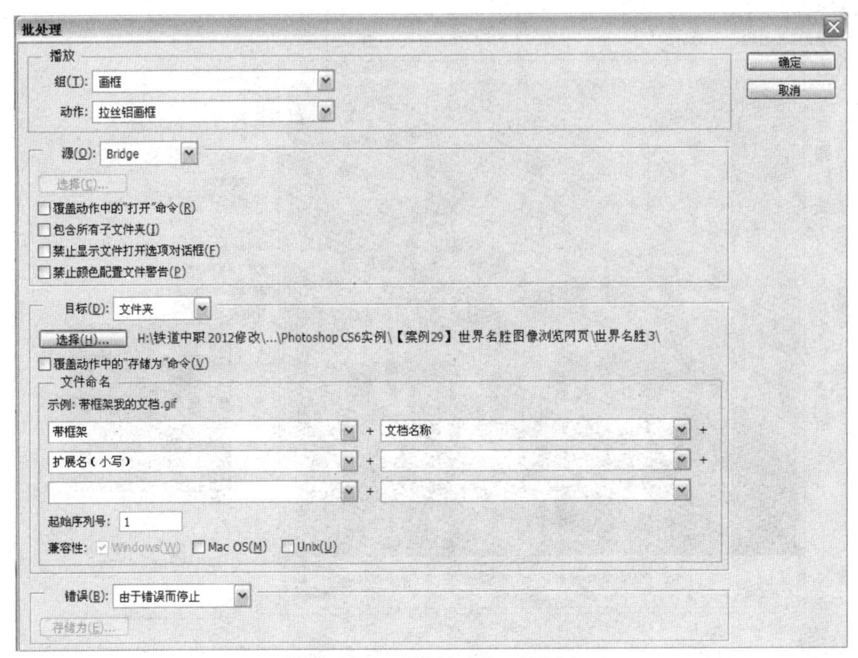

图 7-4-8　“批处理”对话框

5. 制作主页画面

（1）在 Adobe Bridge 窗口内，选中“世界名胜 3”文件夹内的所有图像。然后，单击“工具”→“Photoshop”→“图像处理器”命令，调出“图像处理器”对话框。选中“在相同位置内存储”单选按钮，其他设置与图 7-4-7 所示一样。单击“运行”按钮，在“世界名胜 3”文件夹的“JPEG”文件夹中保存调整大小后的 12 幅 JPG 格式的相同内容图像。

（2）新建宽度为 820 像素、高度为 470 像素，模式为 RGB 颜色，背景为深绿色的画布。

（3）打开“世界名胜 3”文件夹的“JPEG”文件夹中的 12 幅小图像文件。依次将 12 幅图像拖到新建画布窗口中，复制 12 幅图像。调整复制图像的位置（见图 7-4-1）。

（4）选中“图层”面板内的“图层 12”图层，单击“工具”面板中的“直排文字工具”按钮 ↓T，单击画布窗口内右上角。在其选项栏中设置字体为隶书、字号 48 点、“平滑”、红色，然后输入文字“世界名胜图像”。

（5）利用“样式”面板，参考【案例 4】中的方法，制作图 7-4-1 所示文字。

6. 制作切片和建立网页链接

（1）打开“世界名胜”文件夹内的 12 幅大图像。选中“俄罗斯克里姆林宫.jpg”图像，单击“文件”→“存储为 Web 所用格式”命令，调出“存储为 Web 所用格式”对话框，如图 7-4-9 所示，利用它将图像优化，减少文件字节数。

（2）单击“存储”按钮，调出“将优化结果存储为”对话框。选择保存在“【案例 29】世界名胜图像浏览网页”文件夹中，在“格式”下拉列表框中选择“HTML 和图像”选项，在“文件名”文本框中输入文件的名字“俄罗斯克里姆林宫.html”。单击“保存”按钮，将“俄罗斯克里姆林宫.jpg”图像保存为网页文件（图像以 GIF 格式保存在“【案例 29】世界名胜图像浏览网页”文件夹内的“images”文件夹中）。

图 7-4-9 “存储为 Web 所用格式”对话框

（3）按照上述方法，将其他 11 幅图像也保存为网页文件（HTML 文件和 GIF 图像文件），文件名称分别为“白宫.html”……“布达拉宫.html”。然后关闭这 12 幅图像。

（4）选中“图层”面板中图像所在的图层，单击“工具”面板中的“切片工具”按钮，在“样式”下拉列表框选择“正常”选项，再在画布窗口内拖动选中左上边第 1 幅图像，创建一个切片。按照相同的方法，再使用“切片工具”，为其他 11 幅图像创建独立的切片，最后效果如图 7-4-10 所示。

（5）右击第 1 图像，调出其快捷菜单，选择“编辑切片选项”命令，调出“切片选项”对话框。在该对话框的 URL 文本框中输入要链接的网页名称“埃及金字塔.html”，在“信息文本”文本框内输入“埃及金字塔”，如图 7-4-11 所示。然后，单击“确定”按钮，即可建立该切片与当前目录下名称为“埃及金字塔.html”网页文件的链接。

（6）按照上述方法，建立另外其他 11 幅图像切片与相应网页文件的链接。

图 7-4-10 将 12 幅图像创建切片

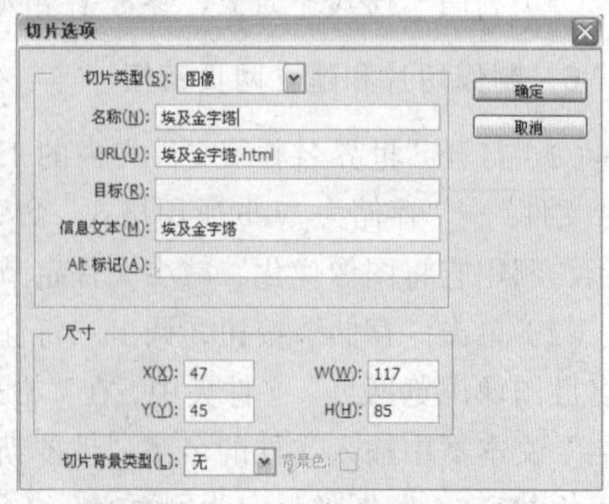

图 7-4-11 “切片选项”对话框

（7）将加工的图像保存。单击“文件”→“存储为 Web 所用格式”命令，调出“存储为 Web 所用格式”对话框。将该图像以名称“【案例 29】世界名胜图像浏览网页.html”保存。

相关知识

1. 切片工具

“切片工具”的作用是将画布切分出几个矩形热区切片，其选项栏如图 7-4-12 所示。

图 7-4-12　“切片工具”选项栏

（1）“切片工具”选项栏中各选项的作用如下。

◎“样式”下拉列表框：用来设置选取切片长宽限制的类型。3 个选项分别为：“正常”（自由选取）“固定长宽比”“固定大小”（固定切片的长宽数值）。

◎“宽度”和“高度”文本框：在“样式”下拉列表框选择“固定长宽比”或“固定大小”选项后，用来输入“宽度”和“高度”的比值或大小。

（2）用户切片和自动切片：单击工具箱中的“切片工具”按钮，在画布内拖动鼠标（“样式”下拉列表框选择“正常”或“固定长宽比”选项时）或单击（“样式”下拉列表框选择“固定大小”选项时），即可创建切片，如图 7-4-13 所示。

切片分为用户切片和自动切片，用户切片是用户自己创建的，自动切片是系统自动创建的。用户切片的外框线的颜色与自动切片的外框线的颜色不一样，而且是高亮蓝色显示。将鼠标指针移到自动切片内右击，调出一个快捷菜单，再单击菜单中的“提升到用户切片”命令，即可将自动切片转换为用户切片。

（3）切片的超级链接：右击切片内任意处，调出其快捷菜单，再选择“编辑切片选项”命令，调出“切片选项”对话框（见图 7-4-11）。在该对话框中的“URL”文本框中输入网页的 URL，即可建立切片与网页的超级链接。

如果在“切片类型”下拉列表框中选择“无图像”选项，则“切片选项”对话框如图 7-4-14 所示。可以在“显示在单元格中的文本”文本框中直接输入 HTML 标识符。

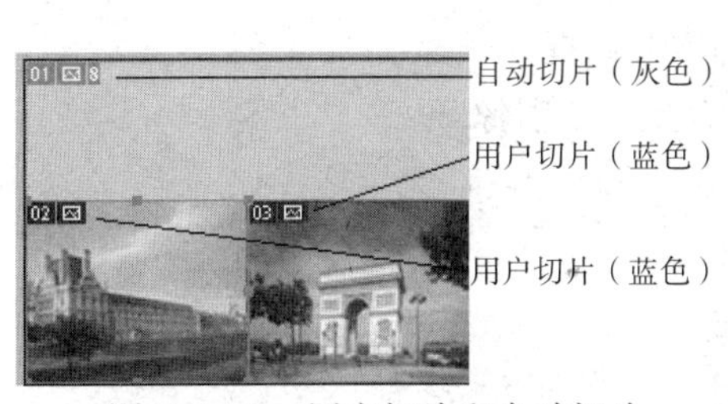

图 7-4-13　用户切片和自动切片

图 7-4-14　“切片选项”对话框

2. 切片选择工具

“切片选择工具”主要用来选取切片。其选项栏如图 7-4-15 所示。

图 7-4-15 “切片选择工具”选项栏

（1）“切片选择工具”选项栏各选项的作用如下。

◎ 按钮组：它用来移动多层切片的位置。是将切片移到最上面，是将切片向上移一层，是将切片向下移一层，是将切片移到最下面。

◎“提升”按钮：将选中的自动切片转换为用户切片。单击切片即可选中切片。

◎“划分”按钮：单击该按钮可调出“划分切片”对话框，如图 7-4-16 所示。

◎“隐藏自动切片”按钮：单击该按钮可隐藏自动切片，同时该按钮变为显示自动切片。再单击“显示自动切片”按钮，可显示隐藏的自动切片，同时该按钮变为隐藏自动切片。

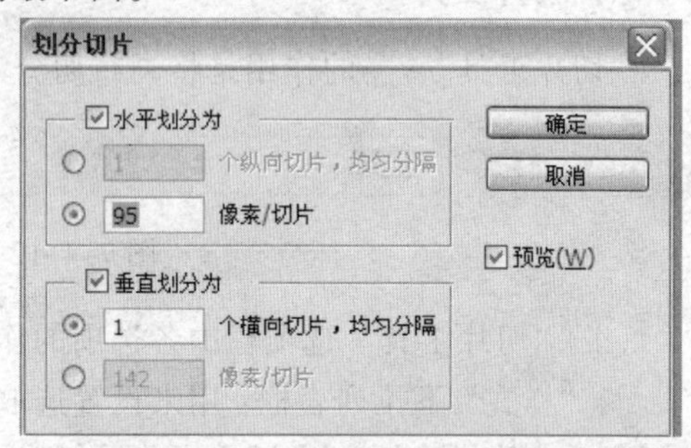

图 7-4-16 “划分切片”对话框

（2）调整切片的大小与位置：在单击 “切片选择工具”按钮后，选中要调整的用户切片。拖动用户切片，可移动切片；拖动用户切片边框上的灰色方形控制柄，可调整用户切片的大小。

思考与练习 7-4

1. 参考本案例网页的操作过程，制作一个“中国旅游”网页，主画面如图 7-4-17 所示。单击其中一个缩小的中国名胜图像，即可调出相应的高清晰度中国名胜大图像。

图 7-4-17 “中国旅游”网页的主页画面

2. 参考本案例网页的操作过程，制作一个“中国美食”网页。
3. 将“图像”文件夹内的 6 幅图像，名称改为“图 01.jpg”~“图 06.jpg”，图像大小均调整为 400 像素宽度，300 像素高度。再将它们都添加木制画框。
4. 将思考与练习 5-1 中的 3 幅加工处理好的图像合成一幅图像。

第 8 章　综合案例

8.1 【案例 30】名车掠影

案例效果

“名车掠影”图像如图 8-1-1 所示。可以看到，以蓝色云彩为背景（见图 8-1-2），在带阴影的胶片之上有 3 幅汽车图像，左边有 3 个半径不一样的白色同心圆和中心在圆心的十字线。

图 8-1-1 “名车掠影”图像

图 8-1-2 蓝色云彩背景

操作步骤

1. 制作“胶片”图像

（1）新建宽度为 900 像素、高度为 300 像素，背景为透明的画布窗口。在“图层 1”图层上创建一个“图层 2”图层，填充白色。创建 5 条参考线。在“背景”图层上创建“图层 1”图层。再以名称“胶片.psd”保存。

（2）选中“图层 2”图层，单击“矩形选框工具”按钮 ，创建一个正方形选区，填充黑色，如图 8-1-3（a）所示。然后，单击“选择”→“变换选区”命令，调整正方形选区是原来的 2 倍，如图 8-1-3（b）所示。按【Enter】键，完成选区调整。

（3）单击“编辑”→“定义图案”命令，调出“图案名称”对话框，在“名称”文本框中输入“黑白相间”文字，如图 8-1-4 所示。单击“确定”按钮，完成定义图案。

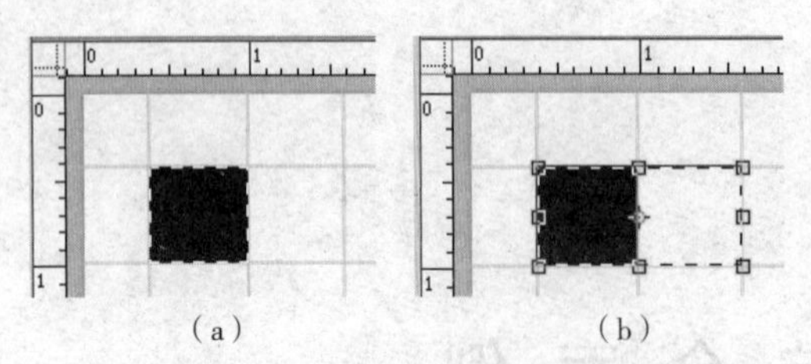

（a）　　　　（b）

图 8-1-3　矩形选区填充黑色和调整选区

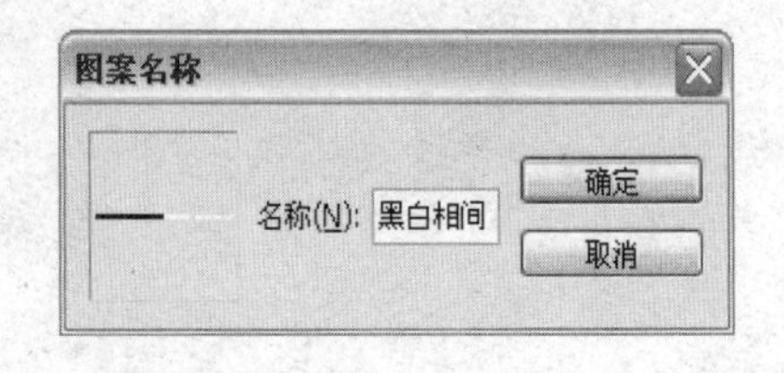

图 8-1-4　“图案名称”对话框

（4）利用“历史记录”面板回到新建“图层 2”图层状态，选中“图层 2”图层，填充黑色。在画布上边创建高度与原来选区高度一样、宽度接近 900 像素的矩形选区。单击“编辑”→“填充”命令，调出“填充”对话框，设置使用“黑白相间”图案进行图案填充，不透明度为 100%，不选中“脚本图案”复选框，如图 8-1-5 所示。单击“确定”按钮，给选区填充“黑白相间”图案。

（5）将选区垂直移到画布下方，单击“油漆桶工具”按钮，在其选项栏中设置填充“黑白相间”图案，单击选区内部，给选区填充“黑白相间”图案。按【Ctrl+D】组合键，取消选区。将“图层 1”和“图层 2”图层合并。“胶片”图像如图 8-1-6 所示，将图像保存。

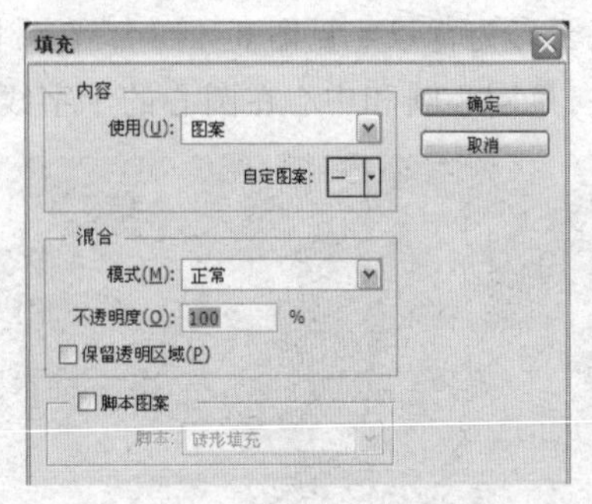

图 8-1-5　“填充”对话框

图 8-1-6　“胶片”图像

另外，可以使用工具箱中的“钢笔工具”，绘制一条路径；使用工具箱中的“画笔工具”，在“画笔预设”面板菜单中追加“方头画笔”；在“画笔”面板中设置画笔粗细为 25，“间距”调为 200%；然后描边路径。采用这种方法来创建胶片。

2．制作背景和胶片汽车图像

（1）新建一个宽度为 900 像素，高度为 400 像素，模式为 RGB，颜色为白色的画布。然后，以名称“【案例 30】名车掠影.psd”保存。

（2）设置前景色为浅蓝色，设置背景色为白色，单击“滤镜”→“渲染”→“云彩”命令，制作出蓝色云彩背景，效果如图 8-1-2 所示。

（3）打开“胶片”图像，单击“移动工具”按钮将该图像拖动到“【案例 30】名车掠影.psd”图像内，在“图层”面板的“背景”图层上新增一个图层，其内是“胶片”图像。将该图层的名称改为“胶片”。

（4）选中“胶片”图层，单击“编辑”→“自由变换”命令，将该图层内的“胶片”图像进行位置和大小的调整。

（5）打开 3 幅汽车图像，将它们进行裁切和大小调整，再分别拖动复制到“【案例 30】名车掠影.psd”图像中，调整复制图像的大小和位置，效果如图 8–1–7 所示。

图 8–1–7　添加 3 幅汽车图像

（6）在“图层”面板中，双击“胶片”图层，调出“图层样式”对话框，选中“投影”复选框，其中的设置如图 8–1–8 所示，单击“确定”按钮。效果如图 8–1–9 所示。

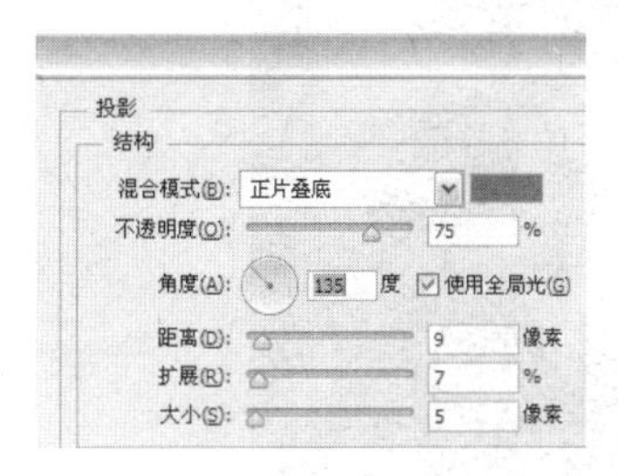

图 8–1–8　“图层样式”对话框设置

图 8–1–9　投影效果图

3. 制作圆和十字线及文字

（1）新建一个图层，命名为“圆和线”。选中该图层，单击工具箱中的“椭圆选框工具”按钮，在画布中创建一个圆形选区。设置前景色为白色。单击“编辑”→“描边”命令，调出“描边”对话框，具体设置如图 8–1–10 所示。单击“确定”按钮，给选区描边。

（2）单击“选择”→“修改”→“收缩”命令，调出“收缩选区”对话框，在该对话框的“收缩量”文本框中输入 10，单击“确定”按钮，将圆形选区缩小。然后，单击“编辑”→“描边”命令，调出“描边”对话框，单击“确定”按钮，给选区描边。

（3）使用同样的方法，再绘制一个小一些的圆形图形。按【Ctrl+D】组合键，取消选区。

（4）新建一个图层。单击工具箱中的“铅笔工具”按钮，在选项栏中设置大小为 2 ，模式采用“正常”模式。按住【Shift】键，同时在画布窗口中拖动出一条横直线。单击工具箱中“移动工具”按钮，将直线调整到适当的位置。用同样的方法再在画布窗口中绘制一条竖直线，最后效果如图 8–1–11 所示。

（5）在“图层”面板中，双击“圆和线”图层，调出“图层样式”对话框，选择“斜面和浮雕”选项，单击“确定”按钮，效果如图 8–1–12 所示。

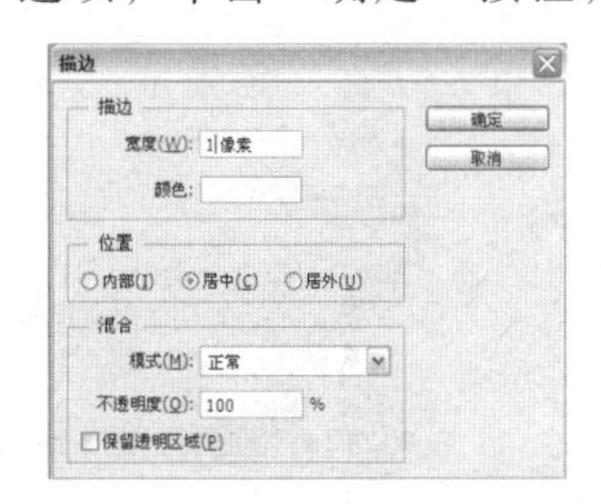

图 8–1–10　“描边”对话框

图 8–1–11　绘制圆和线

图 8–1–12　添加图层样式

（6）在画布上输入一个字号为 68 点、字体为“华文行楷”、颜色为金色的文字“名车掠影”。再添加“斜面和浮雕”图层样式。最后效果见图 8-1-1。

8.2 【案例 31】七彩鹦鹉

案例 31 视频

案例效果

“七彩鹦鹉”图像如图 8-2-1 所示。图中是一只嘴叼镜框的七彩鹦鹉。镜框内的“鹦鹉照片”图像如图 8-2-2 所示（没有其内的矩形选区）。

图 8-2-1 “七彩鹦鹉”图像

图 8-2-2 “鹦鹉照片”图像

操作步骤

1. 制作“鹦鹉照片”图像

（1）打开“鹦鹉 2”图像。单击“选择”→“全选”命令，创建选中全部图像的矩形选区。然后，单击工具箱中的“矩形选框工具”按钮，按住【Alt】键的同时，在图像中拖出一个矩形，进行矩形选区相减，形成框架选区，如图 8-2-2 所示。

（2）新建一个图层，命名为“框架”。将前景色设置为金黄色，单击“编辑”→“填充”命令，调出“填充”对话框，按照图 8-2-3 所示设置，单击“确定”按钮，给选区填充金黄色。按【Ctrl+D】组合键，取消选区，效果如图 8-2-4 所示。

（3）单击“滤镜”→“滤镜库”命令，选中“纹理”文件夹下的“颗粒”图案，按照图 8-2-5 所示进行设置，单击“确定”按钮退出。制作效果如图 8-2-6 所示。

图 8-2-3 “填充”对话框设置

图 8-2-4 效果图

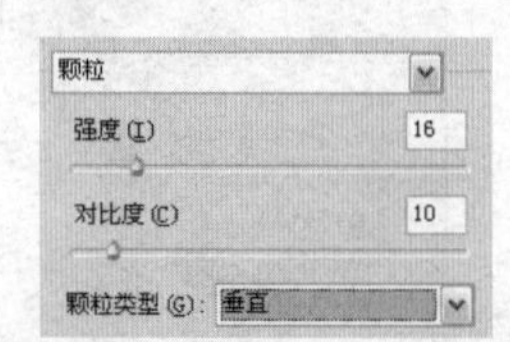

图 8-2-5 “颗粒”对话框设置

（4）双击“框架”图层，调出“图层样式”对话框，选中“外发光”复选框，其中的设置使用 Photoshop CS6 的默认设置。再选中“浮雕和斜面”复选框和选项，按照图 8-2-6 所示进行设置，单击“确定”按钮退出。效果如图 8-2-7 所示。

（5）单击“滤镜”→“滤镜库”命令，选择“纹理”文件夹下的“龟裂缝”图标，按照图 8-2-8 所示进行设置，单击“确定”按钮退出。

图 8-2-6 “图层样式”对话框设置

图 8-2-7 效果图

图 8-2-8 “龟裂缝”对话框设置

（6）单击“图层”面板内左上角按钮，调出“图层”面板菜单，单击该菜单中的“拼合图层”命令，将所有图层合并到“背景”图层。再以名称“鹦鹉照片.psd”保存。

2. 制作“七彩鹦鹉”图像

（1）单击“选择”→“全选”命令，按【Ctrl+A】组合键，将选区内图像复制到剪贴板中。

（2）打开“鹦鹉 1”图像。单击“编辑”→“粘贴”命令，将剪贴板中的鹦鹉和框架图像粘贴“鹦鹉 1”图像中。再以名称“【案例 31】七彩鹦鹉.psd”保存。

（3）单击“编辑”→“自由变换”命令，将图像的大小、位置和角度进行调整，调整到最佳效果。调整后的效果如图 8-2-9 所示。

（4）选中“背景”图层，再单击工具箱中的“磁性套索工具”按钮，选中鹦鹉的嘴，单击“图层”→“新建”→“通过拷贝的图层”命令，新建一个“图层 2”图层，其内是选区中的鹦鹉嘴图像。按【Ctrl+D】组合键，取消选区。

（5）将“图层 2”图层放置在“图层 1”图层的上方，效果如图 8-2-11 所示。

图 8-2-9 效果图

图 8-2-10 调整图像

图 8-2-11 调整图像

（6）打开“蝴蝶 1”和“蝴蝶 2”图像。选中“蝴蝶 1”图像，单击工具箱中的“魔棒工具”按钮，选中蝴蝶的背景白色，单击“选择”→“反向”命令，创建选中蝴蝶图像的选区。

（7）单击“移动工具”按钮将选区内的蝴蝶图像拖动到“【案例 31】七彩鹦鹉.psd”图

像中。单击“编辑”→“自由变换”命令，将图像的大小、位置和角度进行调整。

（8）将复制的蝴蝶图像再复制一份，调整其大小、位置和角度。按照上述方法，再将“蝴蝶 2”图像复制到“【案例 31】七彩鹦鹉.psd”图像中，进行调整，再复制一份后继续调整。最后效果见图 8-2-1。

3. 制作文字

（1）单击工具箱中的“直排文字工具”按钮，然后在图像中输入红色、华文行楷字体、72 点大小的竖排文字“七彩鹦鹉”。

（2）单击文字工具选项栏中的“创建文字变形”按钮，调出“变形文字”对话框，按照图 8-2-12 所示进行设置，单击“确定”按钮退出。

（3）双击该文字图层，调出“图层样式”对话框，选中“外发光”复选框，其中的设置使用默认设置。再选中“浮雕和斜面”复选框和选项，具体设置如图 8-2-13（a）所示。选中“渐变叠加”复选框，具体设置如图 8-2-13（b）所示，单击“确定”按钮退出，效果见图 8-2-1。

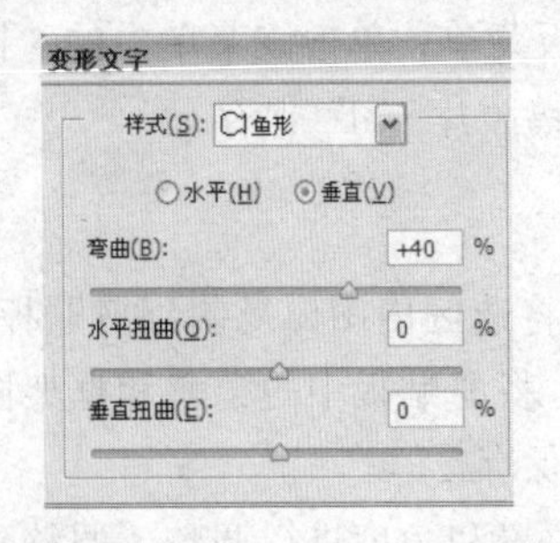

图 8-2-12 “变形文字”对话框设置

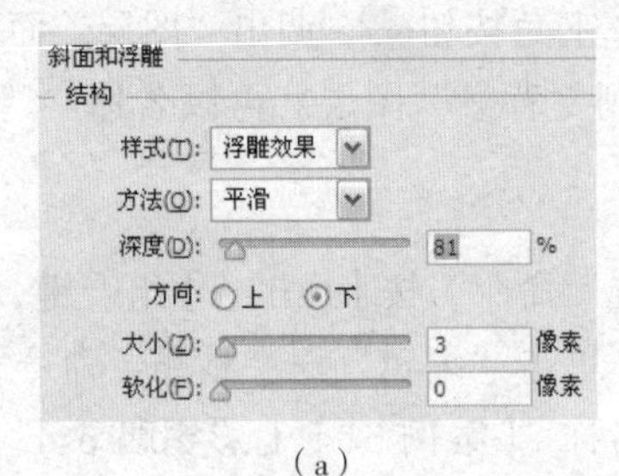

（a）

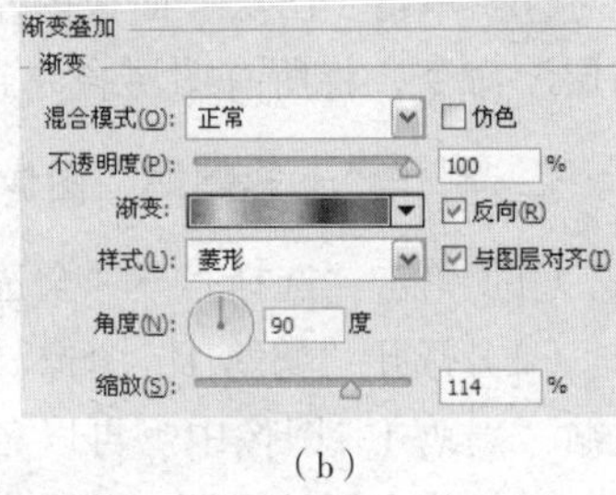

（b）

图 8-2-13 “图层样式”对话框设置

8.3 【案例 32】舞美乐章

案例效果

“舞美乐章”音乐海报图像如图 8-3-1 所示。玫瑰花背景体现了整个画面的浪漫，整个画面体现了音乐中纯美、自然的天籁情调。其中的五线谱和小提琴代表音乐的声音，制作的气泡象征着音乐的纯净，以及跳舞人影共同象征了“舞美乐章”主题。

图 8-3-1 “舞美乐章”音乐海报效果图

操作步骤

1. 制作气泡图像

（1）设置背景色为红色，新建一个文件名称为“气泡”，宽度为 200 像素，高度为 200 像素，分辨率为 72 像素／英寸，模式为 RGB 颜色，背景为背景色的画布窗口。

（2）新建“图层 1”图层，设置前景色为白色，单击工具箱中的“椭圆选框工具”按钮，按住【Shift】键，创建一个圆形选区，单击“编辑”→“描边”命令，调出“描边”对话框，设置描边宽度为 6 px，位置居内，然后，单击“确定”按钮，为选区描一个 6 像素的白色边，如图 8–3–2 所示。

（3）单击“滤镜”→“模糊”→“高斯模糊”命令，调出“高斯模糊”对话框，设置模糊半径为 7 像素，单击“确定”按钮，效果如图 8–3–3 所示。按【Ctrl+D】组合键，取消选区。

（4）新建“图层 2”图层，单击“椭圆选框工具”按钮，创建一个小的椭圆选区，填充为白色，单击“滤镜”→“模糊”→“高斯模糊”命令，设置模糊半径为 6 像素。然后，单击“确定”按钮，制作出气泡的上反光部分。按【Ctrl+D】组合键，取消选区。效果如图 8–3–4 所示。单击“移动工具”按钮，将制作的上反光部分的图像移至气泡的左上方。效果如图 8–3–5 所示。

图 8–3–2　描边效果

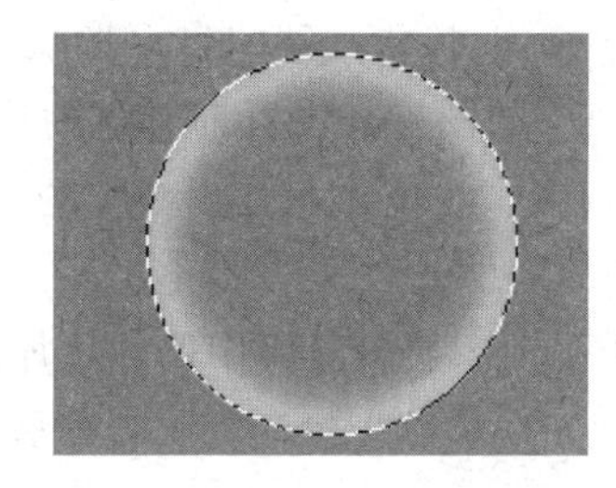

图 8–3–3　高斯模糊效果

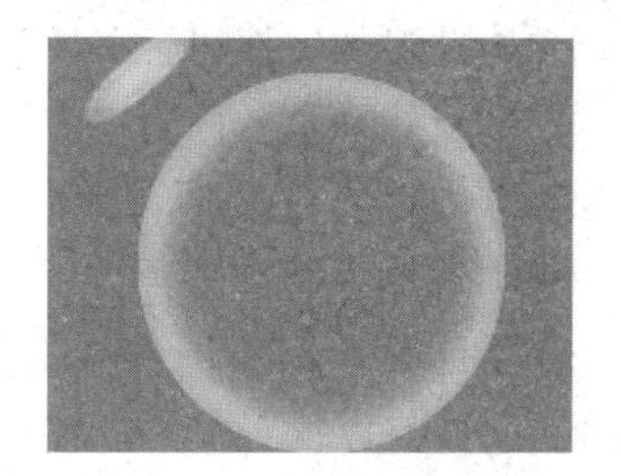

图 8–3–4　绘制上反光图像

（5）新建“图层 3”图层，单击“钢笔工具”按钮，在其选项栏“工具模式”下拉列表框中选择“路径”选项，然后绘制一个月牙路径。

（6）设置前景色为白色，在“路径”面板中单击“用前景色填充路径”按钮，为月牙路径填充白色，单击“路径”面板的空白处，隐藏该路径。

（7）单击“滤镜”→“模糊”→“高斯模糊”命令，调出“高斯模糊”对话框，设置模糊半径为 6 像素。单击“确定”按钮，制作出气泡的下反光部分，如图 8–3–6 所示。单击“移动工具”按钮，将制作的下反光部分的图像移动至气泡的右下方。效果如图 8–3–7 所示。

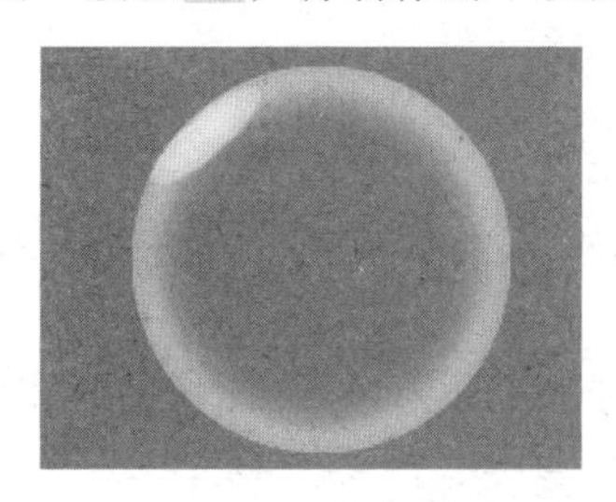

图 8–3–5　移动上反光图像

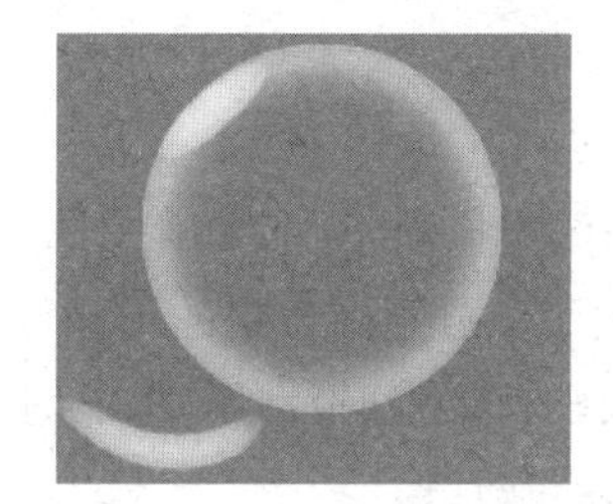

图 8–3–6　绘制下反光图像

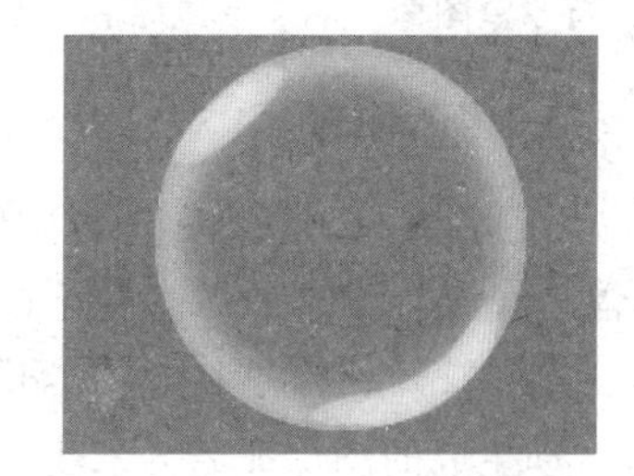

图 8–3–7　移动下反光图像

（8）合并除背景层以外的图层，命名为“气泡”图层。

2. 制作五线谱和音符

（1）新建一个宽度为 600 像素、高度为 800 像素，分辨率为 72 像素 / 英寸，模式为 RGB 颜色的画布窗口。以名称“【案例 32】舞美乐章.psd”保存。

（2）打开“玫瑰背景”的图像文件，调整宽度为 600 像素、高度为 800 像素，单击工具箱中的“移动工具”按钮，将其拖动至“【案例 32】舞美乐章.psd”图像的画布中，如图 8–3–8

所示。将自动生成的图层名称更名为“玫瑰背景”。

（3）新建一个名为“五线谱”的图层，单击工具栏中的“钢笔工具”按钮，在其选项栏中单击“路径”按钮，在画布中绘制出一条五线谱的路径。

（4）设置前景色为白色，单击工具箱中的“画笔工具”按钮，在其选项栏中选择“尖角 3 像素”画笔，单击“路径”面板中的“用画笔描边路径”按钮，即可为路径描 3 像素的白色边。单击“路径”面板的空白处，隐藏该路径。

（5）复制 4 个“五线谱”图层，单击工具箱中的“移动工具”按钮，分别移动复制的五线谱图像，如图 8-3-9 所示。

（6）单击“自定形状工具”按钮，单击选项栏中“形状”按钮，调出“自定形状”面板，单击“自定形状”面板右侧的按钮，调出其菜单，选择“音乐”命令，调出一个提示框，单击“追加”按钮，将“音乐”形状载入到“自定形状”面板中。

（7）新建一个名称为“音符 1”的图层，设置前景色为桃红色，在选项栏“工具模式”下拉列表框中选择“像素”选项，选择“自定形状”面板中的“高音谱号”形状图案，然后在画布中拖动鼠标绘制“高音谱号”图案。

（8）选中“音符 1”图层，单击“图层”面板中的“添加图层样式”按钮，调出其菜单，选择“斜面与浮雕”命令，调出“图层样式”对话框，各参数设置均为默认设置，单击“确定”按钮，效果如图 8-3-10 所示。

（9）用同样的方法制作出其他两个音符，效果如图 8-3-10 所示。

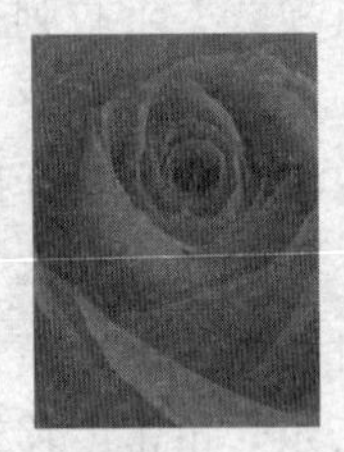
图 8-3-8 “玫瑰背景”图像

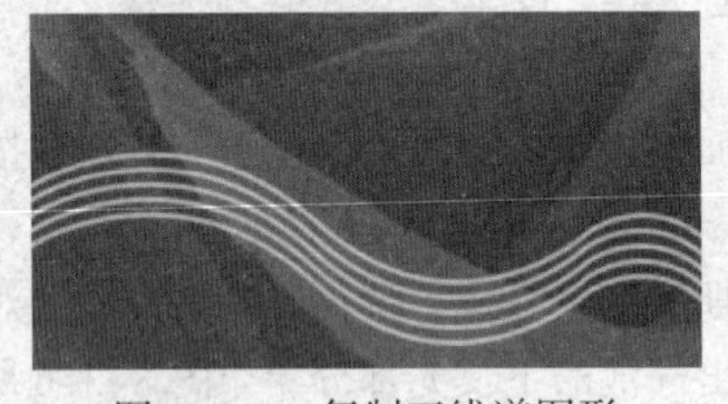
图 8-3-9 复制五线谱图形

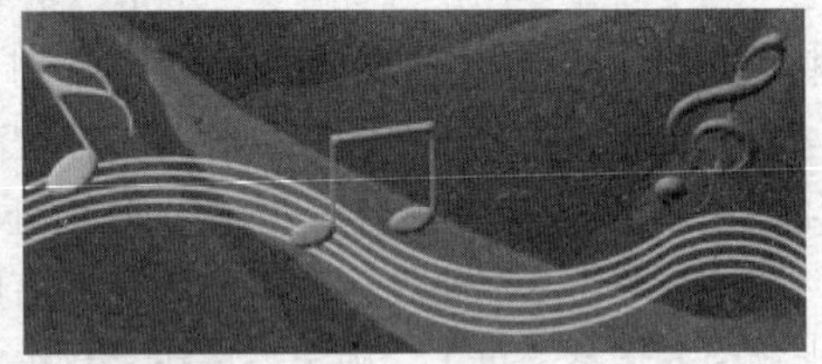
图 8-3-10 制作音符图案

3. 导入图像

（1）5 次将“气泡”图像中的图像拖动至“【案例 32】舞美乐章.psd”图像的画布中，复制 5 幅“气泡”图像，调整它们的大小，放至画布中的不同位置。

（2）打开一幅“小提琴.psd”图像，将其拖动至“【案例 32】舞美乐章.psd”图像的画布中，将自动生成的图层命名为“小提琴”图层。

（3）打开一幅“跳舞剪影”图像，创建选中将其人物的选区，填充白色，再单击工具箱中的“移动工具”按钮，将选区内的图像拖动到“【案例 32】舞美乐章.psd”图像的画布中，将自动生成的图层命名为“跳舞剪影”图层。最后效果见图 8-3-1。

4. 绘制文字

（1）单击工具箱中的“横排文字工具”按钮，在其选项栏中设置字体为“华文彩云”，字号为 100 点，颜色为蓝色，在画布中输入文字“舞美乐章”。再拖动选中文字“美乐章”，将文字字号改为 72 点。

（2）单击“图层”面板中的“添加图层样式”按钮 fx，调出其快捷菜单，再选择“斜面与浮雕”命令，调出“图层样式”对话框，采用默认设置；再选中“描边”选项，设置描边颜色为黄色，单击“确定”按钮，效果见图 8-3-1。

（3）单击工具箱中的“横排文字工具”按钮 T，在其选项栏中设置字体为“黑体”，字号为 36 点，颜色为黄色，在画布中输入文字“天籁乐团在天津首演”。

（4）单击工具箱中的“横排文字工具”按钮 T，在其选项栏中设置字体为“黑体”，字号为 24 点，颜色为黄色，在画布中输入地址、日期、电话号内容。

8.4 【案例 33】大漠落日

案例效果

荒漠总是和太阳联系在一起的，大漠中的落日曾经是无数西部侠客眼中最美丽的风景。如今，想要一睹大漠落日的豪情，不一定需要身临其境。图 8-4-1 就是一幅大漠落日图。画面中展现的是一片被落日染成红色的荒原，一直延伸到远处的地平线。天空中漂浮着一层淡淡的云彩，紫红色的太阳正在缓缓落下。

图 8-4-1 “大漠落日”图像

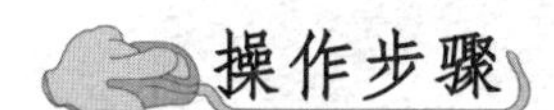

操作步骤

1. 制作大漠

（1）新建一个宽度为 800 像素、高度为 600 像素，黑色背景的 RGB 图像文件，并将其以名称“【案例 33】大漠落日.psd”保存。新建一个图层，将该图层命名为“大漠”。

（2）选中“大漠”图层。单击“滤镜”→“渲染”→“云彩”命令。此时的画布的局部图像如图 8-4-2 所示。单击“滤镜”→“杂色”→“添加杂色”命令，调出“添加杂色”对话框，将该对话框设置成如图 8-4-3 所示的结果。然后单击“确定”按钮。

（3）单击“滤镜”→“模糊”→“高斯模糊”命令，调出“高斯模糊”对话框，设置半径为 5，单击“确定”按钮。

（4）单击“滤镜”→“风格化”→“浮雕效果”命令，调出“浮雕效果””对话框，设置如图 8-4-4 所示，然后单击“确定”按钮。

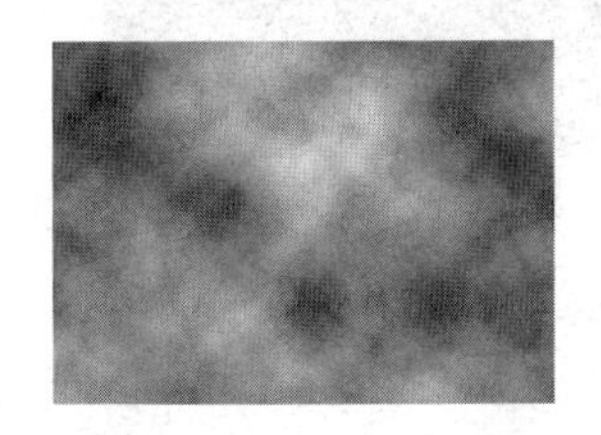

图 8-4-2 云彩滤镜处理效果

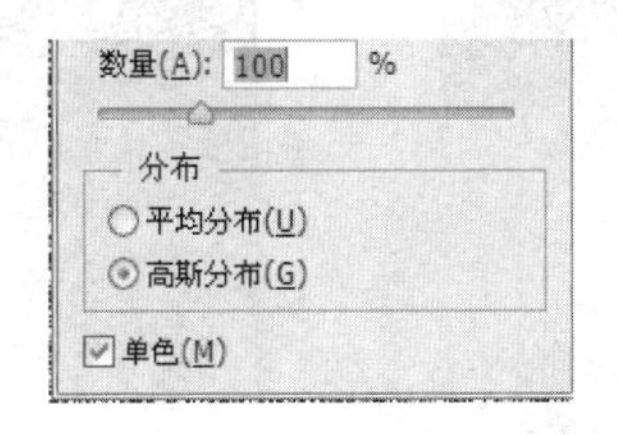

图 8-4-3 “添加杂色”对话框设置

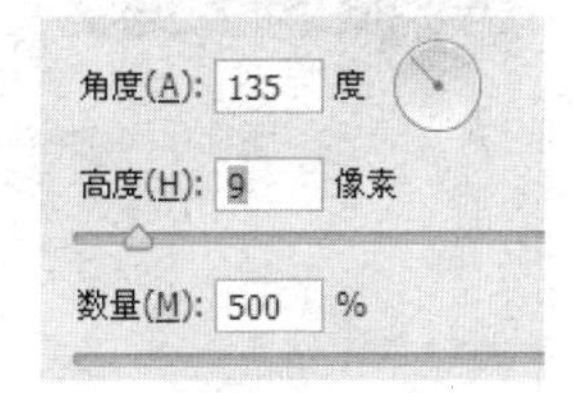

图 8-4-4 “浮雕效果”对话框设置

（5）单击“编辑”→“自由变换”命令，进入“自由变换”状态，向下拖动上面的控制柄，再按住【Ctrl+Alt+Shift】组合键，同时水平向右拖动右下角的控制柄，水平向左拖动右上角的控制柄，将当前“大漠”图层中的图像变形成如图 8-4-5 所示的形状。

（6）将当前图层复制一份，并拖动到“大漠”图层的下面，命名为“大漠 2”。对该图层内的图像也进行自由变换调整，如图 8-4-6 所示。

图 8-4-5 “大漠”图层中的图像变形

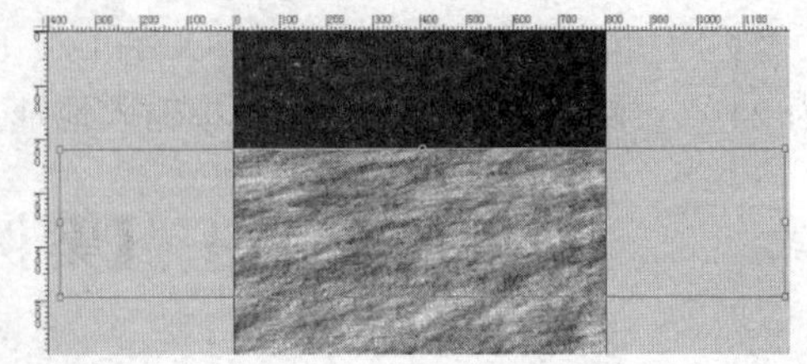

图 8-4-6 “大漠 2”图层内图像自由变换调整

（7）合并“大漠 2”和“大漠”图层，将合并图层命名为“大地”。单击“图像”→“调整”→“色相/饱和度”命令，调出“色相/饱和度”对话框，选中“着色”复选框，设置如图 8-4-7 所示。单击“确定”按钮，此时局部图像效果如图 8-4-8 所示。

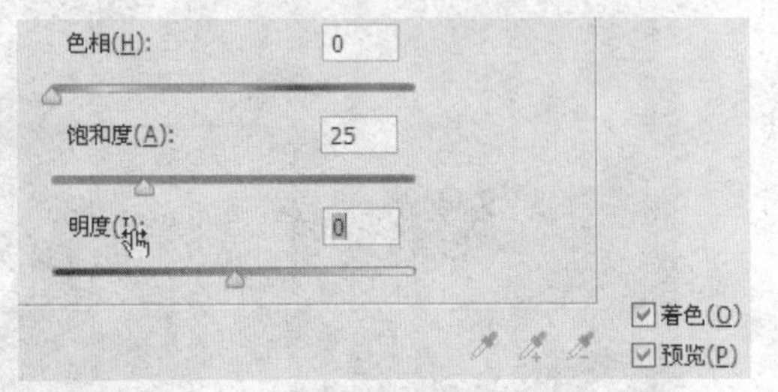

图 8-4-7 “色相/饱和度”对话框设置

图 8-4-8 局部图像效果

（8）单击工具箱内的“套索工具”按钮，在大地的上方从左到右拖动出一条不规则的有许多拐点的折线，当到达画布最右端时再沿着边界向上，将这条折线以上的区域全部选取，以模仿不规则的地平线，将当前图层中选区内的图像删除，效果如图 8-4-1 所示。

（9）新建一个名称为“大地阴影”的图层。将“大地”图层作为选区载入，在选区内从上到下拖动出一条从黑色到白色的渐变，如图 8-4-9 所示。然后单击“画笔工具”按钮，参照图 8-4-10 在选区内绘制出几块颜色比较深的深灰色区域。

图 8-4-9 拖出一条从黑到白色的渐变

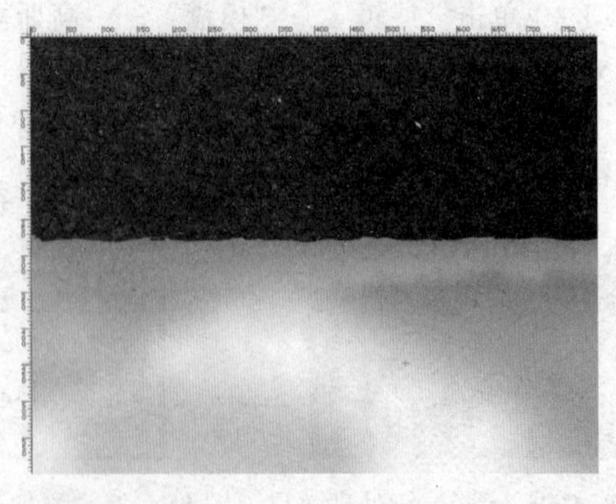

图 8-4-10 绘制几块颜色比较深的深灰色区域

（10）改变当前图层的混合模式为“正片叠底”，大漠图像效果如图 8-4-11 所示。

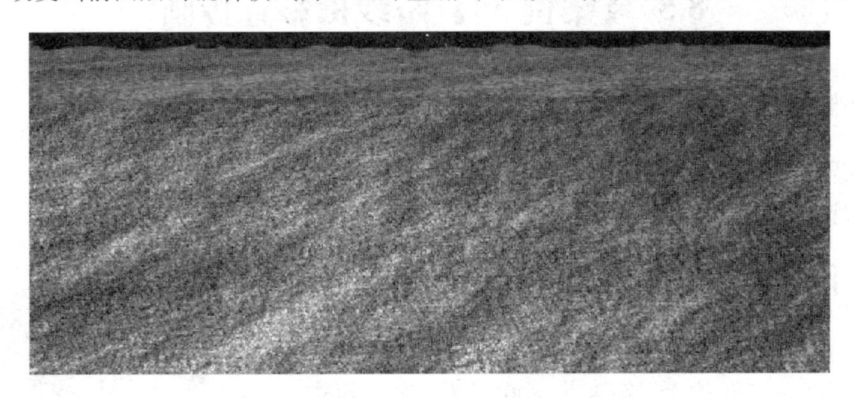

图 8-4-11　大漠图像

2. 制作落日

（1）新建一个图层“背景”。单击“滤镜”→“KPT6”→“KPT SkyEffects”命令，打开 KPT 6 外挂滤镜中的“KPT SkyEffects”对话框，参照图 8-4-12 所示对该窗口进行设置。该窗口中的各项主要参数如下：

Camera Focal（照相机焦距）：16；

Sun Position（太阳位置）：6:15 左右；

Sky Color（天空颜色）：天蓝色.；

Sun Color（太阳颜色）：淡黄色.；

Aura Sun Color（太阳光晕色）：紫红色。

（2）拖动“背景”图层到“图层”面板中最底部。复制“背景”图层，将复制图层改名为“落日”，并拖动到“图层”面板中最顶端。

（3）单击“图层”面板底部的“添加图层蒙版”按钮，从上到下拖动出一条从白色到黑色的渐变，位置如图 8-4-13 所示。这一步是运用图层蒙版将“落日”图层的下面部分隐藏起来，露出来底下的“大漠”图层。

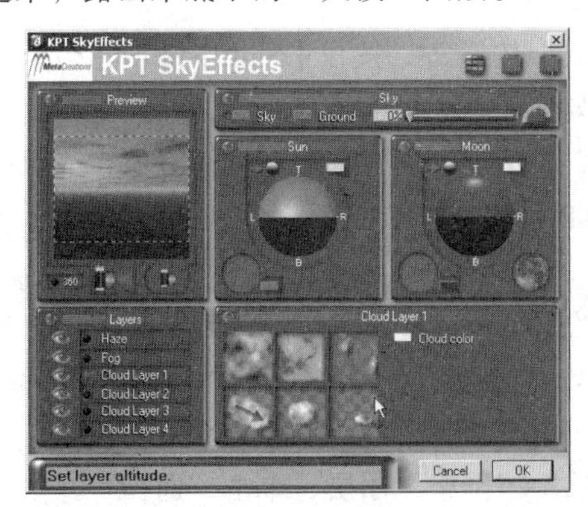

图 8-4-12　“KPT SkyEffects”对话框

图 8-4-13　从上到下拖动出一条白到黑渐变

8.5 【案例 34】婚纱摄影宣传画

案例效果

“婚纱摄影”效果图如图 8-5-1 所示。画面以浅蓝色为底色，绘制的网格图像搭配风景图像使整个画面显得简单、明净。

图 8-5-1 “婚纱摄影”效果图

操作步骤

（1）设置背景色为浅蓝色。新建一个名称为“婚纱摄影宣传画”，宽度为 600 像素、高度为 800 像素，颜色模式为 RGB 颜色，背景色为浅蓝色的画布窗口。

（2）打开“风景 1”和“风景 2”图像，将它们依次拖动到画布中，将自动生成的 2 个图层分别改名为“风景 1”和“风景 2”。将 2 幅图像分别旋转变换，按【Enter】键确认变换操作，效果如图 8-5-2 所示。

（3）显示网格。单击“编辑”→“首选项”→“参考线、网格和切片”命令，调出“首选项”对话框，设置参数如图 8-5-3 所示。单击“确定”按钮，效果如图 8-5-4 所示。

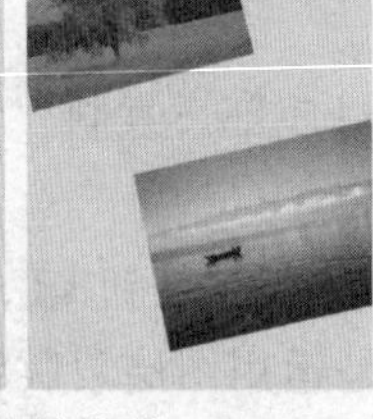

图 8-5-2 图像旋转变换

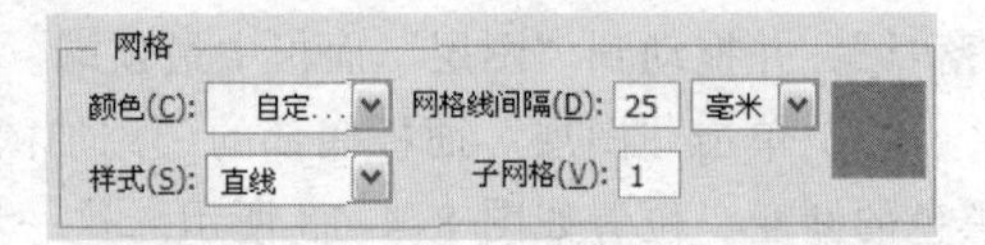

图 8-5-3 设置“首选项”对话框

（4）新建一个“网格”图层，单击“单行选框工具”按钮，按住【Shift】键创建多个单行选区，单击“单列选框工具”按钮，创建多个单列选区，如图 8-5-5 所示。

（5）单击“编辑”→“描边”命令，调出“描边”对话框，设置描边宽度为 2 像素，颜色为白色，位置为居外，单击“确定”按钮。按【Ctrl+D】组合键，取消选区。按【Ctrl+H】组合键，隐藏网格，效果如图 8-5-6 所示。

（6）复制“网格”图层并单击“网格”图层左侧的图标，将该图层隐藏。单击“风景 1”图层的缩览图，载入选区，选中“网格”副本图层，单击“选择”→“反选”命令，按【Delete】键删除。按【Ctrl+D】组合键，取消选区，效果如图 8-5-7 所示。

（7）单击“风景 2”图层的缩览图，载入选区，选中“网格”图层，单击“选择”→“反选”命令，按【Delete】键删除。按【Ctrl+D】组合键，取消选区。打开“婚纱人物”图像文件，将其拖动至画布中，效果如图 8-5-1 所示。

图 8-5-4 显示网格

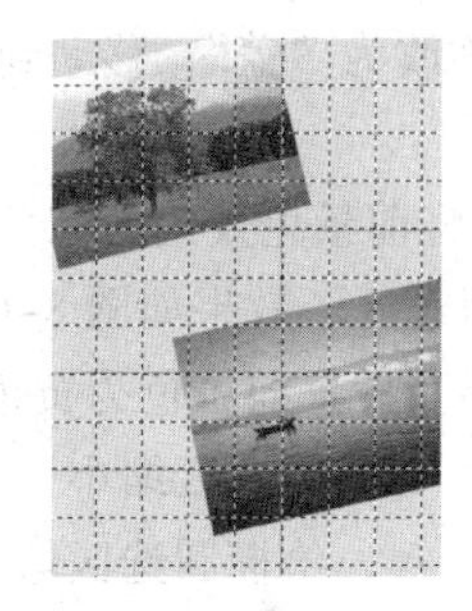
图 8-5-5 创建选区

图 8-5-6 描边效果

图 8-5-7 删除网格效果

（8）单击工具箱中的“横排文字工具”按钮T，在其选项栏中设置字体为“黑体”，字大小为 60 点，输入文字“婚纱摄影”。单击“样式”面板中的“毯子”（纹理）图标，给文字应用样式效果。设置字体为“黑体”，字号为 48 点，输入文字“婚纱摄影 让你做最美的新娘”。单击“样式”面板中的“毯子”（纹理）图标，给文字应用样式效果。

8.6 【案例 35】苹果醋

案例效果

“苹果醋”图像如图 8-6-1 所示，它是一幅精美的广告图片，广告中介绍了一种新时代饮品，它就是将甘甜的苹果汁和醋融合到一起的新一代饮料“苹果醋”，图片中的绿色立体文字“即开即饮的苹果醋”与开盖的苹果图文相映。

操作步骤

1. 制作苹果

（1）新建一个宽度 500 像素，高度 400 像素，背景白色的画布，以名称“【案例 35】苹果醋.psd”保存。打开图 8-6-2 所示的“苹果”图像，将该图像中的苹果复制到“【案例 35】苹果醋.psd”图像中。调整苹果图像的大小和位置。将新增图层的名称改为“苹果”。

图 8-6-1 “苹果醋”图像

图 8-6-2 “苹果”图像

（2）创建选取苹果上半部分的选区，单击“图层”→“新建”→“通过剪切的图层”命令，将苹果的上半部分剪切并置于新的图层中，调整苹果盖图像的旋转中心点位于右下角，旋转苹果盖图像，效果如图 8-6-3 所示。将新图层名称改为“盖”，移动到“图层”面板最顶端。将该图层隐藏。

（3）在“苹果”图层上添加“椭圆”图层。将前景色设定为红色，在苹果的缺口处创建一个椭圆，然后进行 4 像素的选区内部描边，取消选区，效果如图 8-6-4 所示。

（4）在“椭圆”图层下新增“苹果汁”图层。设置前景色为黄色，创建一个椭圆形选区，按【Alt+Delete】组合键，给椭圆选区填充黄色；将椭圆选区缩小，调整它的位置，羽化 3 像素，再设置前景色为橙色，按【Alt+Delete】组合键，给椭圆选区填充橙色。

（5）设置前景色为橙色，单击“画笔工具”按钮，在苹果的缺口处绘制橙色线条。然后，单击“滤镜”→“液化”命令，调出“液化”对话框，进行液化加工。单击“确定”按钮，关闭“液化”对话框。按【Ctrl+D】组合键，取消选区，效果如图 8-6-5 所示。

图 8-6-3　苹果盖位置和大小

图 8-6-4　绘制椭圆

图 8-6-5　苹果汁

2. 制作标签和其他

（1）在“图层”面板内新建“图层 1”图层。创建一个矩形选区，设置前景色为绿色，按【Alt+Delete】组合键，给矩形选区填充绿色。

（2）在绿色矩形中创建一个圆形选区，单击“图层”→“新建”→“通过拷贝的图层”命令，将圆形选区内的图像复制到新图层的画布内。图层名称改为“图层 2”。

（3）选中“图层”面板“图层 2”图层，单击“图层”→“图层样式”→“斜面和浮雕”命令，调出“图层样式”对话框，按图 8-6-6 所示设置，单击“确定”按钮。

（4）将“图层 1”图层和“图层 2”图层合并，并将名称改为“标签”图层。选中该图层，单击“图层”→“图层样式”→“投影”命令，调出“图层样式”对话框，设置如图 8-6-7 所示，单击“确定”按钮。

（5）在“标签”图像中间输入文字“醋”。选中“图层”面板中的“醋”图层，再单击“图层”→“栅格化”→“文字”命令，将文字图层转成普通图层。

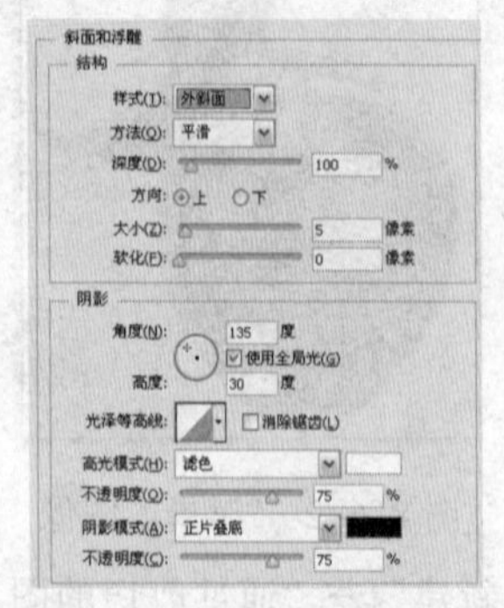

图 8-6-6　“斜面和浮雕”设置

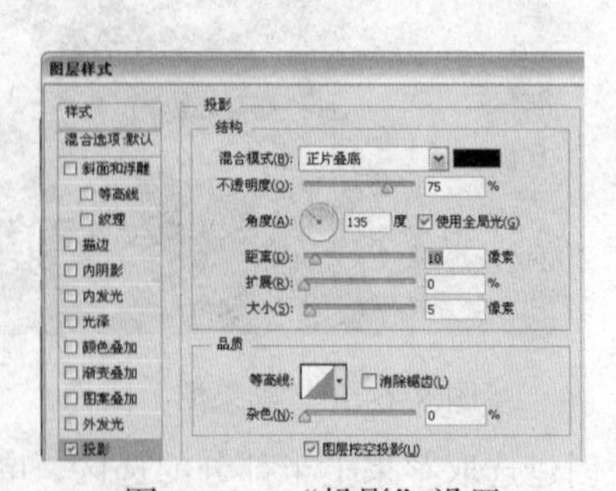

图 8-6-7　“投影”设置

（6）单击“图层”→“图层样式”→“斜面和浮雕”命令，调出“图层样式”对话框，进行设置；选择“投影”选项，再进行设置；使文字立体化和带阴影，单击“确定”按钮，效果如图 8-6-1 所示。“图层样式”对话框的设置由读者自行完成。

（7）在“标签”图层的下方创建一个“小绳”图层。单击“画笔工具”按钮，在“标签”图层图像内与苹果上面的缺口处绘制一条直线。选中“小绳”图层，调出“图层样式”对话框，读者自行设置，然后单击“确定”按钮。

（8）打开“瓶子”图像，两次将其复制粘贴到在“【案例 35】苹果醋.psd”图像中，移动到苹果的右下方。然后，在苹果的左边输入浅蓝色文字“喝即开即饮的苹果醋”。选中该文字图层，单击“图层”→“栅格化”→“文字”命令，将文字图层转成普通图层。然后，给该图层添加“斜面和浮雕”与“阴影”图层样式效果，阴影颜色为淡绿色。

（9）将“背景”图层填充金黄色到浅黄色，再到金黄色的线性渐变色。

8.7 【案例 36】书刊

案例效果

“书刊”图像如图 8-7-1 所示，“巨浪中永生”图像表现了人类在大自然面前的临危不惧，暗示了人们要勇敢，它是通过合成图 8-7-2 所示的“海浪”图像和图 8-7-3 所示的“海潮”图像后加工获得的。在“巨浪中永生”图像的基础上制作成一幅书刊封面。

图 8-7-1　“书刊”图像

图 8-7-2　“海浪”图像

图 8-7-3　“海潮”图像

操作步骤

1. 制作冲浪

（1）打开“海浪”和“海潮”图像，将“海浪”图像复制到“海潮”图像内，“海潮”图像的“图层”面板如图 8-7-4 所示。按【Ctrl+T】组合键，进入“自由变换”状态，缩小并移动粘贴的图像，按【Enter】键，效果如图 8-7-5 所示。再以名称“书刊.psd”保存。

（2）单击“图层”面板中的“添加图层蒙版”按钮，为“图层 1”图层添加蒙版。再单击工具箱中的“渐变工具”按钮，单击其选项栏中的“线性渐变”按钮，在“渐变编辑器”对话框中设置渐变色为“黑色、灰色到白色”，如图 8-7-6 所示。

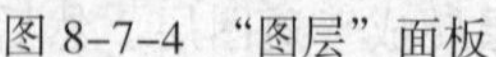

图 8-7-4 “图层”面板

图 8-7-5 调整后的效果

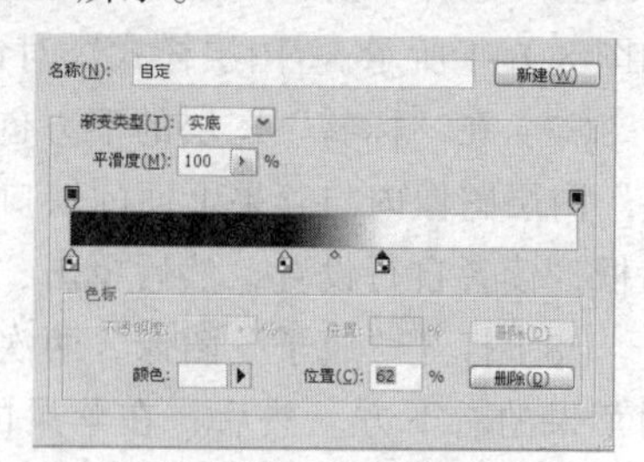

图 8-7-6 渐变色设置

（3）在“图层 1”图层的蒙版中从上到下绘制一个从褐黑色到白色的线性渐变，效果如图 8-7-7 所示。此时图层蒙版如图 8-7-8 所示。设置前景色为黑色，单击工具箱中的“画笔工具”按钮，按【F5】键，调出“画笔”面板，其设置如图 8-7-9 所示。

图 8-7-7 绘制渐变效果

图 8-7-8 图层蒙版状态

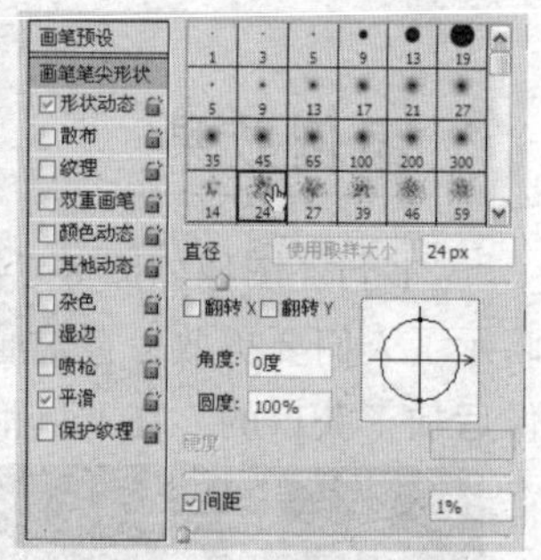

图 8-7-9 “画笔”面板设置

然后，在海潮与海浪图像相交处涂抹，得到图 8-7-10 所示的效果。此时图层蒙版状态如图 8-7-11 所示。

注意：涂抹的动作以单击为主，尽量不要拖动画笔，以免出现不自然的混合效果。

（4）新建一个“图层 2”图层，设置前景色为浅蓝色（十六进制数为 5F7EA2）。按【F5】键，调出“画笔”面板。选择大小为 27 的画笔，进行涂抹，效果如图 8-7-12 所示。

图 8-7-10 涂抹后的效果

图 8-7-11 图层蒙版状态

图 8-7-12 涂抹后的效果

设置“图层 2”图层的不透明度为 30%，混合模式为“颜色加深”，获得图 8-7-13 所示的效果。

（5）打开“冲浪者”图像，如图 8-7-14 所示。单击“移动工具”按钮，将其图像拖动到“书刊.psd”图像中，并调整好“冲浪者”图像大小和位置，效果如图 8-7-15 所示。

图 8-7-13　设置不透明度效果

图 8-7-14　“冲浪者”图像

图 8-7-15　调整后的效果

（6）单击“钢笔工具”按钮，在选项栏“选择工具模式”下拉列表框中选择“路径”选项，沿人物的身体边缘绘制冲浪者的大致轮廓，如图 8-7-16 所示。按【Ctrl+Enter】组合键，将当前路径转换为选区，单击“添加图层蒙版”按钮，为“图层 5”图层添加蒙版，得到如图 8-7-17 所示的效果。单击“画笔工具”按钮，按【F5】键，调出“画笔”面板，按照图 8-7-18 所示进行设置。

图 8-7-16　绘制路径

图 8-7-17　添加图层蒙版效果

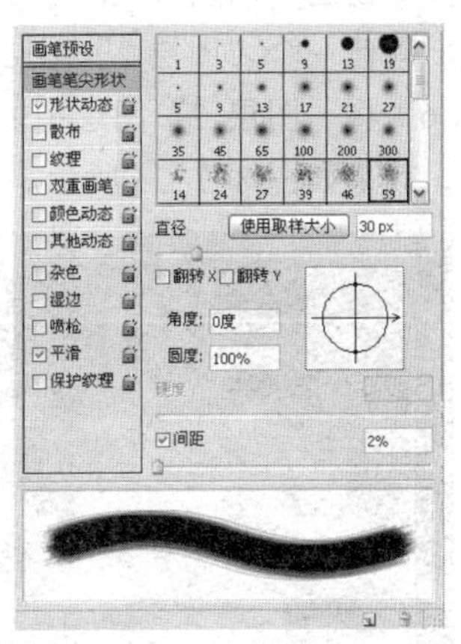

图 8-7-18　“画笔”面板设置

（7）选中“图层”面板中“图层 3”图层的蒙版缩览图，分别以黑色或白色进行涂抹，直至得到图 8-7-19 所示的效果。

图 8-7-19　涂抹后的效果

2. 制作书刊

（1）新建一个文件名称为“海洋”画布、宽度 560 像素、高度 750 像素，模式为 RGB 颜色，背景为白色的画布。将前景色设置为深紫色，按【Alt+Delete】组合键，给“背景”图层填充前景色。

（2）单击“【案例 36】书刊.psd”图像的画布窗口，按【Ctrl+A】组合键，将图像全部选中，再单击“编辑”→“合并拷贝”命令，将其复制到新建的图像中。再按【Ctrl+T】组合键，进入“自由变换”状态，调整图像的大小和位置，调整到最佳效果。效果如图 8-7-20 所示。

（3）单击工具箱中的“椭圆选框工具”按钮，在画布内拖动出一个椭圆形的选区，如图 8-7-21 所示。单击“选择”→“反向”命令，将所选的区域反选。单击“选择”→“羽化”命令，调出“羽化”对话框，设置羽化半径为 10 像素，单击“确定”按钮。

图 8-7-20 调整位置

图 8-7-21 创建椭圆选区

（4）单击“图像”→“调整”→“亮度/对比度”命令，调出“亮度/对比度”对话框，中将亮度设置为-60，单击“确定”按钮。按【Ctrl+D】组合键，取消选区。

（5）创建“图层 1”图层图像轮廓的选区。描边 4 像素，颜色为白色，效果如图 8-7-22 所示。新建一个“图层 2”图层，描边 4 像素，颜色为黄色。

（6）将“图层 2”图层中的边框调宽一些，再将“图层 2”图层拖动到“图层 1”图层的下面，效果如图 8-7-23 所示。再加上文字和图片，书刊的封面效果见图 8-7-1。

图 8-7-22 描边白色

图 8-7-23 描边黄色

参 考 文 献

[1] 沈大林. 中文版 Photoshop 6.0 操作与实例[M]. 北京：人民邮电出版社，2001.

[2] 甘登岱，郭鸿. 跟我学 Photoshop 7.0 [M] . 北京：人民邮电出版社，2002.

[3] 国家职业技能鉴定专家委员会计算机专业委员会. 计算机图形图像处理试题汇编[G]. 北京：希望电子出版社，1999.

[4] 周建国. Photoshop 7.0 中文版基础培训教程[M]. 北京：人民邮电出版社，2003.

[5] Adobe 公司北京代表处. Adobe Photoshop 7.0 标准培训教程[M]. 北京：人民邮电出版社，2002.

[6] Adobe 专业人员资格认证教材编委会. Photoshop 7.0 专业人员资格认证试题汇编[G]. 北京：科学出版社，2003.

[7] Adobe 专业人员资格认证教材编委会. Photoshop 7.0 专业人员资格认证试题解答[M]. 北京：科学出版社，2003.

[8] 传智播客高级产品研发部.Photoshop CS6 图像处理案例教程[M]. 北京：中国铁道出版社，2016.